中国林业科学研究院
林业科技信息研究所所史
（1964—2019）

本书编委会　编

中国林業出版社
·北京·

图书在版编目(CIP)数据

中国林业科学研究院林业科技信息研究所所史:1964—2019 /《中国林业科学研究院林业科技信息研究所所史》编委会编. —北京:中国林业出版社,2021.9
ISBN 978-7-5219-1332-3

Ⅰ. ①中…　Ⅱ. ①中…　Ⅲ. ①中国林科院-科学研究组织机构-历史-1964-2019　Ⅳ. ①S7-242

中国版本图书馆 CIP 数据核字(2021)第 173809 号

责任编辑:何　鹏　　**电　　话**:(010)83143543

出　　版:中国林业出版社(100009 北京西城区刘海胡同 7 号)
网　　站:http://www.forestry.gov.cn/lycb.html
印　　刷:三河市双升印务有限公司
发　　行:中国林业出版社
版　　次:2021 年 9 月第 1 版
印　　次:2021 年 9 月第 1 次
开　　本:16
印　　张:17.75
字　　数:410 千字
定　　价:90.00 元

《中国林业科学研究院林业科技信息研究所所史》
编委会

前　言

中国林业科学研究院林业科技信息研究所是专门从事林业软科学研究和科技信息服务的科研机构。1958 年 10 月，中国林业科学研究院建院时就成立了科学技术情报室，1964 年 3 月，正式成立了中国林业科学研究院林业科学技术情报研究所(简称情报所)，1993 年 5 月，情报所更名为中国林业科学研究院林业科技信息研究所(简称科信所)。55 年来，我所广大科研人员严谨治学、潜心研究、艰苦创业，涌现出一批知名专家学者，取得了一系列具有广泛影响的科研成果，为我国林业事业发展做出了重要贡献。

为了真实记录、展示我所的发展历程和取得的主要成就，2019 年成立《中国林业科学研究院林业科技信息研究所所史》(以下简称《所史》)编委会，所领导班子多次研究，确定了《所史》编著的主要章节框架和内容，具体包括发展历程、业务发展与成就、国际合作与交流、人才队伍建设、综合管理、条件建设、党建与院所文化以及附录等部分。

《所史》的编著经历了资料收集、调查考证和手稿编纂三个时段，至 2021 年 9 月脱稿时已历时 2 年的时间。《所史》全书约 40 万字，如实地记述了我所 55 年的发展历史，记述了在此工作过的科技专家的事迹和学术成就，为当代人和后人提供了翔实的资料，更为激励后辈不忘初心、砥砺前行提供了新的动力。

在《所史》即将付梓之际，我们真诚地感谢为《所史》编写工作付出辛勤劳动的所有人员，特别要感谢原党委书记李凡林高级工程师、丁蕴一研究员、徐春富高级工程师三位资深专家，在历时 2 年多的时间里，他们尽心尽力、忘我工作，丁蕴一先生还专门为此设计篆刻了“林业科技信息研究所”印章，他们的无私奉献为确保《所史》编著的质量和水平奠定了坚实的基础。

《所史》编纂系统性强、时间跨度长，工作难度大。由于研究机构的几经更名，数度迁址，大量珍贵历史资料遗失，许多人和事被逐渐淡忘，在整理我所机构变迁、历史传承、学科发展等历史资料的过程中，难免有疏漏和考虑不周之处，敬请批评指正。

《所史》编委会

2021 年 11 月

目　录

第一章　发展历程

第一节　本所前身（1958—1964）

中国林业科学研究院林业科技信息研究所（简称科信所），原名为林业科学技术情报研究所，成立于1964年2月25日，1993年5月更为现名，1999年3月明确为副司局级科研事业单位。

一、成立情报室的背景

1958年5月，国务院批准了《关于开展科学技术情报工作方案》。该方案确定，科学技术情报工作的任务是：报道最近期间在各种重要的科学技术领域内，国内、国外的成就和动向，使科学、技术、经济、国防和高等教育及时获得必要的情报与资料，便于吸收现代化科学技术成就，节省人力和时间，避免工作重复，促进我国科学技术的发展。

1958年11月1—12日，国务院科学规划委员会与国家科学技术委员会在北京召开了第一次全国科技情报工作会议。会议提出了《关于加强科学技术情报工作的意见》。会议确定国家科学技术委员会科学技术情报局为管理全国科学技术工作和直接管理一部分绝密科学技术的职能机构。中国科学院情报研究所为全国科学技术情报事业的中心，在中央各单位部门建立该专业的科学技术情报机构，作为各专业的全国科技情报中心。

科学技术情报机构的主要工作：准确及时报道国内外科学技术成就和发展方向，根据各地区、各单位、各部门完成生产和科学研究的要求，提供情报资料并广泛搜集和系统积累资料。

科学技术情报工作的任务：我国的科学技术情报工作要为我国的社会主义建设服务，也就是为多快好省地建设社会主义的总路线服务。它的具体任务是：为生产和科学研究服务。

科技情报工作的具体要求：

（1）保证各地区、各部门、各单位在制定和执行生产建设和科学研究计划时，都能及时获得必要的科学技术情报和资料。

（2）迅速全面地把国内重要的发明创造和科学研究成功的情报集中起来，传播开去。

（3）及时地、系统地介绍苏联和其他社会主义各国的重要科学技术成就，及时地、有选择地报道各主要资本主义国家获得“专利”权的发明和重要科学发现。

（4）定期地分别评述各重要科学技术部门的国内外水平和发展趋势。

(5)有步骤、有计划地积累和系统地整理科学技术资料。

1958 年 10 月 27 日，中国林业科学研究院正式成立，根据国务院对科技情报工作的意见，建立中国林业科学研究院林业科学技术情报室。该室是由林业研究所编译室和森林工业研究所编辑推广室合并而成，为林科院职能处室。

二、情报室的职能

林科院成立情报室主要是为林业部领导和林业科学研究提供国内外林业科技现状和发展趋势，为领导决策服务。情报室成立后，林业部对林业情报工作非常重视，1960 年 3 月 2 日曾致函各省、自治区林业厅(局)，并抄送各省、自治区林科所关于开展全国林业科技情报工作的规定，内容提到当时群众性的技术革命和技术革新运动正深入全面开展的形势，要求各省林业厅要大力加强科技情报工作，以中国林业科学研究院科学技术情报室为全国林业情报中心，建立全国林业情报网。林科院情报室承担全国林业情报工作的协调、经验交流、业务指导，负责国内外林业情报的研究和交流等。原林业部董智勇副部长曾指出，1958 年我们在中国林科院设立了林业情报室，这个室实际上是承担部情报所的责任。他对林业情报室的工作给予了充分的肯定。

三、情报室的主要业务和经历

1958 年 10 月 27 日，林科院成立了林业科学技术情报室，情报室的工作范围包括收集国内外林业研究和生产情报、组织翻译和打印、负责资料出版及交换、资料保管和图书管理工作(1961 年 9 月图书馆划归林科院院部管理)以及承担林科院外事工作。

情报室成立之前，已开始筹备《林业科技参考资料》出版工作，并于 1958 年 4 月 10 号出版《林业科技参考资料》第一期，内容是《苏联林业科学工作参考资料》。1958 年 5 月 20 日，第三期内容是《苏联林业当前主要问题》。1958 年情报室的《林业科技参考资料》共出版 12 期，1959 年 40 期、1960 年 40 期、1961 年 40 期、1962 年 35 期、1963 年 50 期。从 1958—1963 年情报室编辑出版《林业科技参考资料》一共 217 期，六年年平均出版 36 期。《林业科技参考资料》主要是为林业部、林科院领导和各级林业管理部门的领导服务。情报室还出版《林业快报》《森工快报》。《林业快报》开始由方堪同志负责，后来由关百钧和王瑜同志负责。赵志欧同志负责《森工快报》工作，由崔瑞华同志负责《林业快报》工作，王瑜同志曾负责《森工快报》工作。《快报》为半月刊，内部发行，其服务对象是面向广大林业科技工作者和林业科研院所。为了适应我国林业科学研究、生产和教学工作上的需要，全面系统和及时地提供林业和森林工业方面的科学技术文献资料，中国林业科学研究院科学技术情报室决定从 1960 年起编辑出版《林业文摘》。《林业文摘》为双月刊，每期刊载文摘、简介和题录约有 600 条左右。文摘收录的范围，主要是将我国、苏联及其他各国有关林业与森工方面的现期刊(初步选定约 150 种)，以及研究报告、学术会议文献、学位论文、专利说明书和书籍等重要论文，摘编而成。《林业文摘》内容包括：①林业总论、林业教育和林业科学研究；②林业经济；③林业基础科学；④造林、森林改良土壤；⑤森林保护；⑥森林经理；⑦森林采伐；⑧木材学；⑨加工制材；⑩林产化学；⑪狩猎和其他等方面。凡是生产和科学研究上的重要问题和迫切需要的资料，都予以加强收集和报道。

《林业文摘》编辑出版是由林业部、中国林业科学研究院、北京林学院和中国科学技术情报研究所等单位组成林业文摘编辑委员会负责编辑计划、组稿和审稿工作，并由中国林科院科学技术情报室负责具体操作，编辑成文后交给中国科技情报所出版发行。《林业文摘》创办之初至1963年6年期间，包括林业部分和森工部分，1963年7月开始《林业文摘》编辑部为了方便读者阅读分为2个分册，即《林业文摘》第一分册(林业部分)和第二分册(森林工业部分)，均为双月刊，由邮局公开发行。王书清同志负责国外《林业文摘》第一分册(林业部分)的编辑工作，徐国镒同志负责《林业文摘》第二分册(森林工业部分)的编辑工作。由于“文化大革命”原因两个分册先后于1967年和1968年停办。读者通过《林业文摘》可以较全面地掌握国外林业和森林工业的动态，并可获得重要的结论和数据。情报室中心资料馆除开展正常的资料交换、登记分编、资料上架下架、对外借阅、浏览业务外，还扩大服务领域，开展资料汇编工作。例如1963年汇编《怎样管理科学研究事业》1~4分册，共72页，得到读者的好评。

1963年7月18日，林科院新技术应用研究室成立，林业情报室的翻译同志积极配合新技术室的工作，收集大量有关林业现代科学技术成就资料，得到新技术室同志的欢迎和好评。

1960年开始，林业科学技术情报室在文献收集和刊物出版以外，充分利用中国林科院进口和交换来的外文期刊的优势，组织懂外语的同志开展情报研究工作。最突出的是1963年，由丁方同志主编，有柴禾(沈照仁)、李树苑和方堪等同志编写，并由农业出版社出版的《国外林业和森林工业发展趋势》一书，成为当时最有影响的书籍。为该书提供英文翻译资料的有黄秉端和乔海清同志，提供德文翻译资料的有关百钧同志，提供捷文翻译资料的有林凤鸣同志，提供波兰文翻译资料的有李禄康同志(当时为林科院外事室职工)。本书主编丁方同志做了大量的工作，投入巨大精力，懂外语的同志齐心协力，积极配合，可以说该书的出版是中国林业科学研究院林业情报室集体创作的结晶，也是情报室成立以来最大的研究成果。该书用辩证唯物主义的方法，客观的分析了20世纪50年代末60年代初，国外林业和森林工业的现状和发展趋势，概括了世界各国森林发展史的几个共同阶段，讲述了不同国家的森林经营特点，提出了森林工业发展的4个阶段、5种类型国家的理念，受到林业部领导赞扬。该书出版不久，林业情报室接到通知，请丁方同志到国务院汇报该书出版的指导思想和成书过程。丁方同志提出让关百钧同志陪他一起去。当时主管农林系统的国务院谭震林副总理听了丁方同志的汇报，很高兴，对该书非常欣赏，他认为此书对我国林业发展有指导意义，让林业部将此书发给全国林业干部学习。当时此书成为林业干部学习的重要资料。并于1965年6月第三次印刷扩大发行。1986年此书荣获国家科委科技情报成果三等奖。

1960年，林业情报室关百钧、徐国镒、张静兰和张进德同志四人到山西离石县大武公社劳动锻炼。林业部和中国林科院(到山西劳动锻炼)共派出32名干部，并由林业部刘广宁同志任队长，中国林科院关百钧、王毓清和胡长龄同志任副队长。1960年年底结束劳动锻炼回京，关百钧同志回到情报室继续负责林业情报工作。

四、情报室的外事工作

中国林科院情报室是外语人员密集的地方，外事工作是情报室的一项重要工作。1958年中国林科院聘请了两位苏联专家。一位是森林采运经济专家耶鲁特克夫，另一位是林产化工专家朱可夫。关百钧任耶鲁特克夫翻译，赵廷珪任朱可夫翻译。耶鲁特克夫帮助林科院建立林业经济研究所和确定该所的研究发展方向。他提供了一篇题为《苏联木材采伐运输机械化的现状与远景》的论文，对中国很有启示，颇受中方有关领导和专家的重视和好评。朱可夫主要是帮助林科院建立林化研究所和确定该所的研究发展方向。

1959年两位苏联专家回国后，林业情报室翻译小组撤销。关百钧同志任林业情报组组长，负责俄文和德文营林方面的情报工作，主要是为《国外林业科技资料》供稿，赵廷珪同志调到南京林化研究所工作。

1958年关百钧同志两次去苏联参加国际林业会议任翻译。第一次是9月份与中国林科院林业研究所吴中伦副所长(后任中国林科院副院长、中国科学院院士)参加国际林业经济会议；第二次是11月份与中国林科院李万新副院长、阳含熙研究员(后任中国科学院院士)和中国科学院沈阳林业土壤研究所李万英研究员参加苏联在莫斯科召开的全苏提高森林生长量会议。中国代表团李万新、阳含熙和李万英同志都在会上作了报告，会议宣告组织一个社会主义阵营的提高森林生长量委员会，主席是苏联，副主席是民主德国、波兰和中国。

1960年，3月8日至5月18日，中国林业代表团一行7人参加莫斯科中苏科技合作会议。代表团由中国林业科学研究院陶东岱秘书长率领，代表团成员有林业部同志、林科院吴中伦、张万儒、潘志刚同志，情报室王瑜同志出任翻译。此次中苏科技合作会议内容是关于合作项目中第122项的第12方面第八项关于“中国西南高山林区森林植物条件、采伐方式和集材技术研究”的总结。王瑜同志来情报室之前(她1958年从林业部调到林科院)曾参加过莫斯科国际森林土壤学术讨论会和在印度召开的世界森林大会。

1962—1967年的5年期间，情报所黄伟观同志先后三次赴缅甸参加国家经济援助工作(中国政府援建缅甸胶合板厂的项目，每次有20~30名专家)，累计在缅甸工作时间达两年多。黄伟观同志担任翻译，工作量很大，但他不怕麻烦，不怕辛苦，克服气候炎热和生活上的困难，积极工作，得到专家们的一致好评。

五、情报室的职工

中国林业科学研究院林业科学技术情报室陈致生同志任主任，丁方同志为副主任，下设办公组、翻译组、情报组和资料组。文孔嘉同志负责行政工作，关百钧同志任翻译组组长，王瑜同志任情报组组长，郑桂媞同志任资料组组长。

1958年中国林科院科学技术情报室成立之初，包括图书资料方面的职工约有30多人，他们是：陈致生、丁方、方堪、关百钧、王瑜、黄伟观、李树苑、沈照仁、鲍发、李振英、高岚、黄秉端、郑桂媞、金永至、崔瑞华、王莹、苗素萍、张静兰、赵廷珪、李世维、陈兆文、鄢守民、汪华福、文孔嘉、徐国镒、王乃贤、张进德、张士灿、孙侠凤、乔海清、殷功武、吴进喜、唐子民、蔡正平、赵陆、杨公陶、郑启秀、田庆美、杨正莲、马玉滨、刘冠钧、王宝珠、郑品恩、姚凤卿、杜厚仁和练子明等人。

1962 年 7 月 19 日，由郑万钧副院长主持院务扩大会议，院领导和院属职能处(室)处长、各研究所室主任、副主任 36 人参加会议，会议根据林业部党组确定中国林科院编制人数为 850 人，经过讨论确定各所处、室编制人数。全院正式编制 825 人，科技情报室编制 32 人，图书馆 8 人。

第二节　建所初期(1964—1966)

一、成立情报所的背景

1958 年中国林业科学研究院成立林业科学技术情报室，林业情报室开展了卓有成效的工作，得到林业部、林科院的认可和重视。随着林业事业的发展，中国林业科学研究院重视林业情报工作，根据林业情报室现有的力量去承担全国的情报工作有很大困难。为了加强林业情报工作，1963 年 5 月 30 日，中国林科院分党组向罗玉川副部长和林业部党组提交了《加强林业情报工作，成立林业科学技术情报研究所》的请示。1963 年 10 月 26 日，林业部部长会议同意林科院成立情报研究所，并提出人员一定要精干，所长要做研究工作。1963 年 11 月 2 日，林业部向国家科委提出关于建立情报所的报告。1964 年 2 月 25 日，国家科委批复林业部，同意建立“林业科学技术情报研究所”，其编制列在国家规定的林业部劳动计划内。1964 年 3 月 8 日，林科院根据国家科委批准的文件和林业部 1964 年第 20 次部长办公会议决定在北京建立林业科学技术情报研究所(简称情报所)，于同年 3 月 16 日启用印章。林业科技情报研究所为中国林业科学研究院直属研究所。

二、情报所的职能

林业科技情报所是全国林业科技情报中心，也是林业部领导的科技情报工作的职能机构，其主要任务是为领导部门制定年度及长远规划，重大技术问题及科研布局提供参考资料，收集整理国外林业科技资料，全面系统地报道国内外林业科技新成果，以及组织全国林业科技情报网，开展林业科技情报及技术经济状况的研究；分析研究林业科技和林业生产发展的水平趋势预测；开展国际林业合作；传递林业信息，开展信息服务工作。

中国林科院林业科技情报研究所成立之初由陈致生同志任所长，丁方同志任副所长。下设办公室、林业情报室、森工情报室和中心资料馆。鲍发同志任办公室主任(后来是李振英同志任主任)，关百钧同志任林业情报室主任，王瑜同志任森林工业情报室主任，郑桂媞和邓炳生同志任中心资料馆正、副主任。邓炳生同志还兼任中国林科院外事工作。

三、情报所的主要业务

林业科技情报研究所成立后，出版发行《林业快报》《森工快报》《林业科技参考资料》《林业文摘》等，为全国林业生产建设和林业科研提供林业科技情报服务。情报所拥有一支由英、俄、日、德、法、西班牙、捷克和波兰等近10个语种的翻译队伍，从事林业文献服务，科技刊物编辑出版工作，同时开展国外林业情报研究工作。情报所中心资料馆除开展正常的资料交换、资料登记分类编号、资料上下架、对外借阅和浏览业务，继续开展资料汇编工作，不断开拓服务领域，更好地为科技工作者服务。例如1964年继续汇编《怎样管理科研事业》第5~8分册。1964年1月汇编《开展群众性林业科学试验运动》。1964年10月汇编《科研基点工作资料汇编》。1965年5月汇编《在战争中林业和森林工业会遇到什么问题》。这些工作得到有关部门的好评。同时还开展林业和森林工业方面的战略情报研究，为制定我国林业发展战略和长远规划提供科学依据。1964年4—10月，情报所编译出版专题研究报告"国外林业技术经济指标"：采运部分(64页)、营林部分(30页)、国外刨花板质量和技术经济指标(35页)、国外胶合板原料消耗指标和劳动生产率(17页)。1964年继续出版《林业科技参考资料》全年46期，1965年20期。内容包括营林、木材采运、木材加工和林产化学4个方面，以翻译国外林业科技文献为主，也报道少量的国内林业科技资料。该刊为内部发行，每期页码不固定，出版时间也因实际情况而定。该刊服务对象是林业部、林科院领导和各级林业管理部门的领导。情报所的林业快报由崔瑞华同志负责编辑，后来因崔瑞华同志工作调动改为张作芳同志负责；森工快报开始由王瑜同志负责，后来改为张士灿同志负责。"文化大革命"期间，情报所大多数刊物都处于停滞状态，唯有《林业快报》容许继续出版，关百钧同志仍然负责这项工作，具体编辑工作由张作芳同志承担。这项工作一直到1971年5月林业科技情报所和农科院情报室合并后，才改为《林业科技通讯》，并将半月刊改为月刊，也由内部发行改为公开发行。情报所的《林业文摘》是和中国科技情报研究所合作办的刊物，情报所编辑加工后交给中国科技情报所出版发行。王书清同志负责《林业文摘》第一分册(林业部分)编辑工作，徐国镒同志负责《林业文摘》第二分册(森林工业部分)编辑工作。两个分册均为双月刊，内容是国外林业科技文献的摘要，科技人员通过两个文摘，以较短的时间获得重要的结论和数据。情报所翻译同志工作量相对较大，因为所有的外文文献按语种分工过滤，有的需要全文翻译，有的仅作摘要，为《林业文摘》和《林业科技参考资料》提供素材。

中国林业科学研究院图书馆进口或交换来的许多外文林业期刊，作为林业情报研究所同志阅览来说是具有得天独厚的优势，就当时来说是了解世界林业的主要窗口。林业情报所成立后，所领导非常重视职工干部的外语学习，要求情报人员要会三种以上外语，达到能阅览外文期刊。当时不像现在有那么多外语培训机构，主要靠自学。除提倡自学外，让曾经学过日语的李树苑、白文祯和关百钧同志跟李世维同志(留日)学习日语，不脱产学习半年，要求能初步阅读日文林业文献。这种做法，既对本人强化工作技能，又为后来的情报工作开展发挥了积极的作用。

1964年开始在我国农村和林区开展的"四清"(清政治、清经济、清组织、清思想)运动。在林业部的部署下，中国林科院于1964年夏秋先后抽调200余人去搞"四清"和林区社会主义教育运动。林科院各个研究所抽出科技人员分批到大兴安岭和小兴安岭林区搞"四清"。

1964年情报所所长陈致生同志去了东北搞"四清"，丁方副所长因病在家休息，林科院领导任命关百钧同志为情报所代所长，并兼情报所党支部书记，主持情报所全面工作。

1965 年春，周恩来总理率中国党政代表团访问阿尔巴尼亚期间，阿尔巴尼亚霍查总书记送给中国政府两棵油橄榄树，中国林科院种植在昆明滇池旁边的海口林场。1966 年 3 月情报所邓炳生同志、林业部造林司李聚祯同志和林研所熊惠、李彬去海口林场蹲点，观察那两棵油橄榄树生长情况，并开展“油橄榄树叶黄化原因及消除措施的研究”，他们的工作一直到 1966 年 7 月才返京。

四、情报所的外事工作

1964—1978 年情报所承担外事工作的主要是邓炳生和黄伟观两位同志，他们努力工作，出色的完成了任务。

1964 年 10 月至 1965 年 12 月，情报所邓炳生同志受林科院委派，赴阿尔巴尼亚学习油橄榄栽培技术（主要是翻译任务），与他同去的有林业部造林司李聚祯同志、广西林科所生物学专家丁名有同志和四川林科所刘代俊专家。这个学习任务是中国林科院林业研究所徐纬英所长访问阿尔巴尼亚时，向阿政府提出来的。当时中阿关系很密切，毛泽东主席曾称阿尔巴尼亚是欧洲社会主义明灯。阿方欣然同意徐纬英所长的意见，同意中方派 4 人到那儿去学习油橄榄栽培技术。邓炳生同志一行在阿尔巴尼亚学习期间，正好赶上周恩来总理访问阿尔巴尼亚。1965 年 3 月 27 日晚上，周总理和谢富治副团长等在地拉那中国大使馆小礼堂接见使馆全体工作人员、在阿的中国专家和留学生等，邓炳生一行荣幸地参加了周总理接见活动。邓炳生同志坐在第一排，周总理亲切地和他们握手，大家非常高兴。虽然岁月逝去，而周总理接见他们时那亲切热烈的情景成了邓炳生同志终生难忘的记忆，周总理接见他们的照片至今保存的很好。

1967 年，由于缅甸奈温政府反华，对我国不友好，中国政府决定撤回在缅甸的中国经援专家。1967 年 11 月 6 日下午，从缅甸撤回来的中国专家和技术人员 412 人、分乘 5 架专机回到北京。周总理、李富春、陈毅和李先念副总理等中央领导和首都群众到首都机场迎接他们归来。当黄伟观同志一行走下飞机时，周总理和其他中央领导同志迎上前去，同经援专家和技术人员一一握手表示慰问。周总理亲切地对他们说：“祝你们胜利归来。”当大家见到周总理时都非常激动，倍感祖国亲切和温暖，从内心深处十分感谢周总理和中央领导的关怀。

1967 年 11 月 14 日晚上 7 点半，毛泽东主席，林彪副主席，周恩来总理，李富春、陈毅和李先念副总理等中央领导在人民大会堂接见从印尼归来的外交战士和从缅甸撤回来的所有中国专家和工作人员。那一天，周总理向大家宣布：“我们伟大领袖毛主席和他的亲密战友林彪副主席来看你们来了”，顿时全场响起雷鸣般的掌声。毛主席走上主席台，十分高兴地同大家亲切见面，毛主席迈着稳健的步伐，从主席台的一端走到另一端，向全场革命战士招手鼓掌。此时此刻黄伟观同志与大家一样，心情无比激动。有的同志激动的热泪盈眶，与毛主席这么近距离接触对于大家来说都是生平第一次，这幸福的时刻给大家留下了终生难忘的美好回忆。

1972 年 10 月 4—18 日，情报所黄伟观同志以翻译的身份随以农林部梁昌武副部长为团长的中国林业代表团一行6~7人参加在阿根廷首都布宜诺斯艾利斯召开的联合国第七届世界林业大会，会期为两个星期。会后，中国林业代表团顺访设在意大利罗马的联合国粮农组织(FAO)林业司，时间为一周，目的是了解FAO林业司情况，为恢复中国在FAO的地位做工作。经多方面努力于1973年4月恢复中国在FAO的地位。

1973年9月至1978年10月情报所黄伟观同志受国家农林部国际司委派出任中国常驻联合国粮农组织(FAO)代表处(意大利罗马)官员，处理中国与FAO一切相关业务，并兼任FAO同声传译工作，每两年召开一次大会，每年召开一次理事会议，黄伟观同志均出任同声传译工作。在代表处工作5年期间，他工作积极，认真负责，出色完成各项任务，为中国在FAO发挥作用做出了积极贡献，得到了中国常驻FAO代表处领导和国家农林部国际司领导的好评。

五、情报所成立之初的职工(包括图书资料方面的职工)

林业情报所成立之后，陈致生同志任所长，丁方同志任副所长，鲍发同志任办公室主任，后改为李振英同志，关百钧同志任林业情报室主任，王瑜同志任森工情报室主任，郑桂媞和邓炳生同志任中心资料馆正、副主任。成立之初全所有50多位同志，他们是：陈致生、关百钧、邓炳生、黄伟观、李树苑、王瑜、丁方、方堪、沈照仁、赵志欧、白文祯、林凤鸣、徐国镒、李世维、王书清、乔海清、黄秉端、刘东来、金正铁、施昆山、张作芳、许云龙、曾宪常、邵青还、高岚、尹怀邦、汪华福、李惠琴、郑桂媞、张静兰、杨鸣盛、陈兆文、艾军、王乃贤、黄婉文、王莹、苗素萍、吕世健、师丛文、张茂嵩、张进德、殷功武、张至深、秦明秀、崔瑞华、鲍发、李振英、彭修义、杨公陶、杨静、郑启秀、田庆美、马玉滨、刘冠钧、王宝珠、郑品恩、姚凤卿、杜厚仁、练子明等。

第三节 “文化大革命”时期(1966—1976)

“文化大革命”时期，林业科技情报所建制保留，只是下放了部分科技人员，情报业务一直没有停。

1968年军代表进驻林科院后，林科院成立革委会，林业科技情报所相应成立文革小组，关百钧同志为文革小组组长，成员有金正铁和师丛文同志。关百钧同志继续负责情报业务工作。情报所《林业快报》依然出刊。

1970年5月林业部撤销军管，与农业部合并，成立国家农林部，办公地点设在西单原全国供销合作总社大楼。同年8月23日，原中国林业科学研究院与原中国农业科学院合并，成立中国农林科学院，办公地点设在原白颐路30号中国农业科学院(现改为中关村南大街12号)。与此同时，中国农林科学院体制改革方案报国务院，经时任国务院副总理纪登奎同志批示，同意下放的方案。原中国林业科学研究院机构保留120人。至此，中国林业科学研究院原有研究所纷纷下放或撤销。林业研究所310人下放到河北，木材所190人下放到江西，林业经济研究所49人下放，机构撤销。情报所先后分两批下放到广西砧板“五七”干校。当时未下放的关百钧、施昆山、林凤鸣、张作芳、张静兰、黄伟观、杨公陶和王乃贤 8 人留在北京继续工作。当时周恩来总理指示，各部委的情报所要学习冶金部情报所的经验，都要搞国外概况研究，即分析国外各行各业的现状和发展趋势，及时提供给各部委的领导同志作为工作中的参考。当时关百钧同志组织了林凤鸣、施昆山、黄伟观等有关人员编写了《国外林业资料》小册子，并向全国林业会议提供了这份材料，得到领导和与会者的好评。随之林业情报工作又重新开展起来，根据需要，从广西“五七”干校陆续调徐长波、邓炳生、许云龙、许润芳、邵青还、毕绪岱等同志回到情报工作岗位。1971 年 5 月中国林业科学研究院林业科技情报所与中国农业科学院情报室合并成立中国农林科学院科技情报研究所。办公地点设在中国农科院旧大楼西侧后排一、二层(现此楼已拆掉)，1975 年开始搬到中国农业电影制片厂大楼东侧四层办公(1975—1982 年)，1983 年从中国农业电影制片厂大楼迁到中国林科院 21 号楼 5 单元临时办公，1985 年迁入新建的情报大楼办公至今。

农林两院合并时，林业情报所和院部、科研部、新技术室以及后勤人员和他们的家属都迁到农业科学院。原中国林业科学院一些研究所未下放到五七干校的科技人员与农业科技人员组成农林科技服务队，常年工作在农林基层生产第一线，唯有到年底回北京搞蹲点总结一个月，总结结束后立即回到科技服务点。

中国农林科学院科技情报研究所成立后，农林情报所主要负责人为耿锡栋、关百钧和许运田同志，后来又增加陈静夫同志。耿锡栋同志主管全面工作，许运田同志主管农业科技情报工作，关百钧同志主管林业科技情报工作，陈静夫同志主管政工人事工作，并兼情报所党支部书记。当时农林科技情报研究所机构设有办公室、政工处、农业情报组、林业情报组、畜牧情报组、水产情报组、资料组和图书组。

办公室负责人庄思全和石丛文同志(后来是何昌茂和左淑琴同志)；

政工处鲍瑞林同志(后来是陈静夫同志)；

农业情报组负责人王贤甫和刘毓湘同志；

林业情报组负责人徐长波和邓炳生同志；

畜牧情报组负责人周鼎年同志；

水产情报组负责人王民生同志；

资料组负责人郭玉莲和张静兰同志；

图书组负责人邢志义和孙本久同志。

农林科技情报研究所成立之后，响应国务院“抓革命、促生产”的号召，在坚持革命的前提下，情报所开展了一系列的情报报道和情报研究工作。首先是为办好国内《农业科技通讯》和《林业科技通讯》两个报道类刊物，这是定期刊物，每月一期，邮局公开发行。而《国外农林科技动态》、《农林科学实验》和《国外农林科技资料》均为内部发行刊物，当时农林科技情报研究所未设发行室，都是采取一条龙作业方法，即是哪个科组出版的刊物就由哪个科组负责发行工作。《农林科学实验》从 1971—1977 年报道林业方面内容约有 50 余篇，年平均 7 篇左右。该项工作由农林部调入的刘杰同志负责编辑。当时林业刊物和资料的发行工作由打字员王乃贤同志兼管，后来改为艾军同志担任发行工作。当时大部分科技刊物都免费赠送，三种林业刊物每月发行累计接近一万多份，这么大工作量，忙不过来，有的时候只好请西颐中学(现为人民大学附属中学分校)和铁道附中(现为交大附中)的学生过来帮忙。

农林科技情报研究所成立初期，由于受编制限制，林业情报组工作人员不多，与其工作量不相匹配。工作人员主要有徐长波、许云龙、许润芳、毕绪岱、张作芳、邓炳生、施昆山、林凤鸣、黄伟观、杨素兰、陈如平、邵青还、李树苑等同志。当时，林业情报组既要办好《林业科技通讯》和《农林科学实验》，又要给《国外农林科技资料》和《国外农林科技动态》提供林业方面稿件，还有编写林业专辑的任务。如营林、育种、森林防火、林产化工、人造板、木材采运及国外干果生产专辑等，这类专辑工作量都很大，往往显得人手不够。当时要从外单位调人进来，那是相当困难的。面对工作量巨大的情报工作，主管林业情报工作的关百钧同志很了解当时一些知识分子的状况，适时采用“借用”办法，收到积极效果。当时借用浙江林学院刘洪谔教授，从黑龙江嫩江森林防火研究所借用防火专家穆焕文同志，从原林业部林产工业设计院借用诸葛俊鸿和宗志刚同志，从农林科技服务队借用林化专家王琰同志，从全国高等林业院校借用(聘请)许多教授和专家协助我们工作。主要是请他们参与编写《国外林业概况》一书和撰写国外林业专题资料。在人事调动工作有所松动时，农林科技情报所不失时机地从农林部调入华敬灿、林树宜、刘杰、贺曼文和沙琢同志来本所，加强林业情报工作。这几位老同志在农林情报研究所工作多年，为林业情报发展做出积极的贡献。后来因工作需要，他们先后调回到林业部、林业调查设计院和中国林业出版社。由于林产化工方面缺人，又从其他单位调来林化专家孙风同志。无论是被借用的同志，还是调入的同志与原有的林业情报工作同志，大家心往一处想，劲往一处使，和谐相处，团结协作，完成了一个又一个任务，编写出一个又一个林业专题资料，并成功地出版了《国外林业概况》，受到农林部的领导和广大读者的好评。又如本所翻译编写的国外干果生产专辑，除我们自己参加编译外，还请浙江林学院刘洪谔教授协助工作，负责美国核桃与山核桃的栽培技术、经营管理、病虫防治、采收和储存方面科技资料，他做了大量的工作，极大地丰富了干果专辑的内容。由于我们的外语人员，特别是年轻的同志缺乏林学专业知识，为了对读者负责，我们又把国外干果专辑的样稿送到陕西省商洛核桃研究所和西安植物园的专家审议，确保编写的内容科学性、准确性和实用性，使我们翻译编写的国外干果生产专辑在质量上有保证，此材料对我国干果的生产具有借鉴意义。

随着形势的发展需要，国家对科技情报工作愈加重视，从1972年12月和1973年3月，先后分配到林业情报组工作的有徐春富和王秉勇、梁素珍同志(农林两院分开，梁素珍同志留在农科院)。后来又调入刘传玉(日语)、丁忠泽和刘明刚同志(都是英语翻译)，1975—1978年先后分配来的有郝广森、胡馨艺、李卫东、郭德友和吴汉生同志，较好的充实了林业情报队伍，加强了情报业务工作。

1971年4月，中国林科院广西砧板“五七”干校撤销，并将下放的干部转移到农科院辽宁兴城干校。1974年辽宁兴城五七干校撤销，农林部在北京西山大觉寺设立五七干校。当时农林部规定，凡是没有去过“五七”干校的同志都要补课。林业情报组张作芳、张静兰同志去了辽宁兴城干校一年，王秉勇和徐春富同志去了北京大觉寺干校劳动锻炼半年。

当时农林科学院还规定在京科技干部应轮流到科技服务队锻炼学习，情报所也不例外。当时林业组郭德友同志去了河南鄢陵林业科技服务队，许云龙和徐春富同志去了湖南省株洲市朱亭林业科技服务队学习锻炼一个月。

20 世纪 70 年代初期，中国农林科学院也与全国各行各业一样开展人防活动，即挖防空洞。当时中国农林科学院、中国农业电影制片厂和农林部畜牧兽医药品监察研究所成立统一人防指挥部，科技干部和后勤工作人员轮流参加挖防空洞劳动，农林科技情报所全体职工编表安排，务必参加。1976 年夏天，河北唐山发生大地震波及北京，农林科学院从南方调来大量杉木杆为职工搭防震棚，情报所林业组党员和职工表现出高度的责任心和爱心，不怕苦和累，加班加点，甚至是休息时间为住在大院和城里的职工搭建防震棚，广大家属颇为感动。那时农业科学院在北三环有大面积的试验田，原先农科院农场管理，由于精简不少工人，留下的工人忙不过来，农林科学院领导决定科技干部和后勤人员都要参加农场劳动，如收麦子、插秧、收玉米、除草等，每周 1～2 次，有时候早晨去地里干活，吃过早饭再上班。如此算来，每周实际工作上的时间就不多了，而情报业务是我们的主业，各种公开的、内部发行的科技资料不仅要按时出版，还要保证质量。这样一来只能加班加点，把晚上的时间也加以利用，甚至星期天也不能休息。那个时候大家克服人员少、时间紧、工作条件差等困难，竭尽全力把工作做好，并发扬团结协作精神，互相配合、互相支持，使各项工作开展得有声有色，为林业主管部门和林业科研院所以及林业基层生产单位提供良好的服务。

20 世纪 70 年代初，农林情报所根据周总理关于“要摸清国外科技水平”的指示，经农林部批准，农林科技情报所精心组织力量编写国外农、林、牧、渔概况四部大书，1974 年由科学出版社出版，曾轰动一时，得到农林部的好评。其中编写《国外林业概况》一书，关百钧同志任主编，邓炳生、施昆山、黄伟观、林凤鸣等同志做出了很大的贡献，他们不仅有自己的写作任务，而且要组织好、服务好邀请来的高等林业院校的专家和教授，安排他们集中住在原中国林科院单身宿舍写作，在占有大量的文献资料基础上，进行系统地分析研究，用了将近两年的时间，编写成《国外林业概况》一书。该书的出版是林业情报组在“文化大革命”期间最大的一项研究成果。该书在占有大量的国外林业科技文献的基础上，以历史唯物主义的观点，全面、系统和准确地综合评述了 20 世纪 60 年代末 70 年代初国外林业先进国家林业生产现状、科技水平、经验和发展趋势；准确地论述了世界森林资源、木材和林产品供需的预测、森林生态作用等问题，并详细论述了 65 个不同类型国家的林业现状、科技水平、经验及发展趋势等。当时专家评审时一致认为该成果观点正确，针对性强，数据详实，在学术上达到了国际先进水平。

该成果的主要创新点：

(1) 针对世界森林资源面临危机，木材供需矛盾日益尖锐，环境污染日趋严重，着重研究和论述了森林资源的演变、木材供需现状、林业发展趋势、问题与对策、森林在维护和改善人类生存环境中的重要作用等。

(2) 明确提出了，强化森林经营管理，加强集约经营，发展木材综合利用和充分发挥森林多种效益等观点。

(3) 客观准确地分析了国外林业发展战略和科技发展趋势。

该书成为当时最畅销的科学出版物之一，在林业科学研究、教学和生产上得到了广泛的应用，受到各方的好评。1986 年获国家科学技术委员会科技情报成果三等奖。

参与该书编写的林业情报组同志有关百钧、邓炳生、林凤鸣、黄伟观、李树苑、施昆山、杨素兰、陈如平、邵青还、许云龙、许润芳、王秉勇、徐春富、刘传玉和梁素珍同志。

第四节　改革开放时期（1978—2019）

这一时期是科信所发展最快的时期。可分为 3 个发展阶段。

一、恢复发展壮大阶段（1978—1995）

这一阶段是从“文化大革命”结束、我国实行改革开放和中国林科院恢复到科技体制改革调整前，机构逐步恢复和壮大，各项事业不断发展。

1978 年 3 月 13 日，国务院批准恢复中国林科院建制，伴随着中国林科院的恢复，情报所和中国林科院图书馆也同时恢复，实行统一领导。

情报所恢复初期设立了 6 个业务部门、3 个职能部门，即林业情报研究室、森工情报研究室、综合情报研究室、图书馆、资料室、铅印室以及办公室（财务归办公室管理）、政治处、业务处。其中，林业情报研究室承担国内外营林方面的资料搜集、加工和报道；森工情报研究室承担国内外森工方面的资料搜集、研究和报道；综合情报研究室承担搜集、研究、报道国外林业战略情报。林业情报研究室负责编辑出版《林业科技通讯》（月刊）、《林业文摘》（双月刊）；森工情报研究室负责编辑出版《森工科技通讯》（月刊）、《森林工业文摘》（双月刊）；综合情报研究室负责编辑出版《林业科学实验》（不定期）、《国外林业动态》（旬刊）；2 个情报研究室共同出版《国外林业科技》（月刊，以专题形式出版）；另外，图书馆负责编辑出版《中文科技资料目录（林业）》（双月刊）。

1982 年机构改革后，情报所的方向任务是：搞好林业科技情报工作，为林业生产建设和科研服务；承担全国林业科技情报中心的任务，做好有关的组织协调工作。同年，情报所与图书馆分开，图书馆由院管理。根据科技体制改革的需要，1984 年 12 月 17 日，中国林科院院长办公会议研究决定，情报所与图书馆合并，实现了图书、情报一体化。为适应新形势的发展需要，经国家人事部批准，1993 年 5 月，中国林业科学研究院林业科学技术情报研究所正式更名为“中国林业科学研究院林业科技信息研究所”。

1983 年 10 月，在全国林业科技情报工作会议上，正式成立“林业部科技情报中心”，挂靠中国林科院情报所。首任林业部科技情报中心主任是中国林科院院长黄枢同志，副主任是情报所所长沈照仁同志。此后，提出了把情报所建设成为全国林业科技情报文献中心、检索中心和研究中心的目标。1999 年 1 月，国家林业局科技司司长祝列克同志任国家林业局科技情报中心主任，副主任为国家林业局经济研究中心副主任李东升同志、中国林科院副院长李向阳同志和科信所所长施昆山同志。

1984 年 10 月，依托情报所成立了中国林学会林业情报专业委员会。1989 年 2 月 10

日，中国林学会发文将中国林学会林业情报专业委员会正式更名为林业情报学会。国家林业局科技情报中心和林业情报学会的主要任务是制定全国林业科技信息工作规划，组织全国性或地方性的情报工作会议，建立健全全国林业情报体系和林业情报学会下属的地区性、专业性的情报网络体系、计算机情报检索体系，开展学术交流、科学普及、科技咨询、科技扶贫、科技成果推广和实用林业技术培训等工作。1987年，依托林业部科技情报中心成立了中国林业经济学会世界林业专业委员会。

二、改革调整阶段(1996—2004)

随着我国科技体制改革的推进，科信所在改革中求发展，通过改革调整明确了发展方向，增强了内部活力。

1996—2000年进行了科技体制第一轮改革。改革的主要任务是精简职能部门、调整刊物布局、加速中层干部年轻化、建立开发创收统管体制和搞好情报服务。1997年中国林科院以科办字(1997)151号文批复，同意科信所成立“中国林科院世界林业研究所”，并与林业科技信息研究所一套机构两块牌子，是以国外林业为主要研究对象的研究咨询机构。中国林科院世界林业研究所所长由科信所时任所长施昆山兼任。1997年，依托科信所成立了中国林科院世界林业研究中心。1999年3月25日，国家林业局明确科信所为副司局级单位。1999年6月15日，“林业部科技情报中心”更名为“国家林业局科技情报中心”。

从2001年开始进行了科技体制第二轮改革。根据2001年10月科技部等两部一办《关于对水利部等四部门所属98个科研机构分类改革总体方案的批复》，科信所转为科技中介机构，保留事业单位。据此，科信所确定了“服务公益、服务市场”的改革思路。通过结构调整、转变机制、加强人才培养和财务资产管理，科信所面向公益服务的创新能力得到增强，面向市场服务的领域得到拓展，2004年11月通过了国家林业局组织的分类改革阶段性验收。改革以后，科信所的主要目标任务是：以林业经济管理和情报学两个学科建设为载体，以林业宏观战略与政策、森林环境经济、林产品贸易、森林认证、林权改革、国外林业发展、林业情报与检索等为重点研究领域，开展相关研究，为林业发展提供决策支持；以中国林科院图书馆和中国林业信息网为载体，加强林业信息资源建设，为科技创新提供资源保障和信息支撑；以科技期刊和查新咨询为载体，加强林业科技知识、信息、技术传播，为林业及相关行业提供信息服务。为进一步发展奠定良好基础。

三、快速发展阶段(2005—2019)

在这一阶段，科信所逐步成为为政府提供决策支持服务和为行业提供信息咨询服务的综合性研究机构。主要从事林业软科学研究与世界林业发展跟踪研究、图书文献研究、服务与信息网络建设、编辑出版林业科技期刊、科技查新、咨询与技术开发等业务。形成了以林业经济学、政策学、管理学、社会学等软科学研究为主体，以图书文献服务和网络信息服务为两翼，以国外林业发展动态研究为特色，集决策支持研究和公益服务于一体，在支撑政府决策、服务科技创新方面发挥着越来越重要的作用。2008年10月7日依托科信所成立了中国林科院林权改革研究中心。2009年3月19日依托科信所成立了国家林业局林产品国际贸易研究中心，主要开展林产品贸易政策研究和承担林产品贸易谈判的技术支持以及林产品贸易咨询工作。2009 年 9 月依托科信所所成立了国家林业局森林认证研究中心，开展森林认证理论与政策研究，拟定相关标准和技术规范，并为中国森林认证体系建设提供决策支持以及开展森林认证培训咨询和示范推广工作。2011 年 12 月 20 日依托科信所成立了中国林科院绿色碳资产管理中心，开展林业减缓与适应气候变化政策与机制研究、林业碳汇核查与审定、承担林业应对气候变化国际履约与谈判技术支持以及提供林业低碳经济和林业碳市场对外咨询服务等工作。2012 年 4 月 23 日依托科信所组建了国家林业局知识产权研究中心，主要开展林业知识产权相关问题研究和信息咨询服务工作。

到 2019 年 6 月，在软科学研究方面，形成了林业战略与规划、林业经济理论与政策、林产品市场与贸易、森林资源与环境经济、可持续林业管理与经营、林业史与生态文化、林业科技信息与知识产权管理、国际森林问题与世界林业等 8 大研究领域，成为国内首屈一指的林业经济和情报研究力量。在林业信息服务方面，中国林科院图书馆作为我国林业专业图书馆，馆藏文献达到 40 多万册，馆藏国内外林业期刊和图书文献种类均居国内首位，是亚洲最大的林业专业图书馆之一。中国林业数字图书馆建设稳步推进，国内外林业数字资源的引进和共享力度不断增强。中国林业信息网(http：//www. lknet. ac. cn)已成为国内林业行业中信息量最大、涵盖面最广的权威性行业网站，网上自建数据库累计信息量已达到 1000 多万条，成为林业科学研究和科技创新的支撑平台。以国家一级科技查新咨询机构和中林绿秀植物新品种权代理事务所为依托，开展科研项目开题立项、验收鉴定、申报奖励查新服务和植物新品种申请代理业务。在科技期刊编辑出版方面，主办《世界林业研究》《林业实用技术》《国际木业》《世界竹藤通讯》《中国城市林业》《中国绿色画报》(画报 2015 年停办)等 6 种正式刊物和 1 种内部刊物《世界林业动态》，刊物种类涵盖了学术类、技术类、综合类、科普类等类别，年平均报道量达到 520 多万字。

经过 55 年的发展，科信所各项事业不断发展，人才素质不断提升，科研成果产出丰硕，决策支撑坚实有力，信息服务全面便捷，成为我国专职从事林业软科学研究和信息服务的国家级科研事业单位。

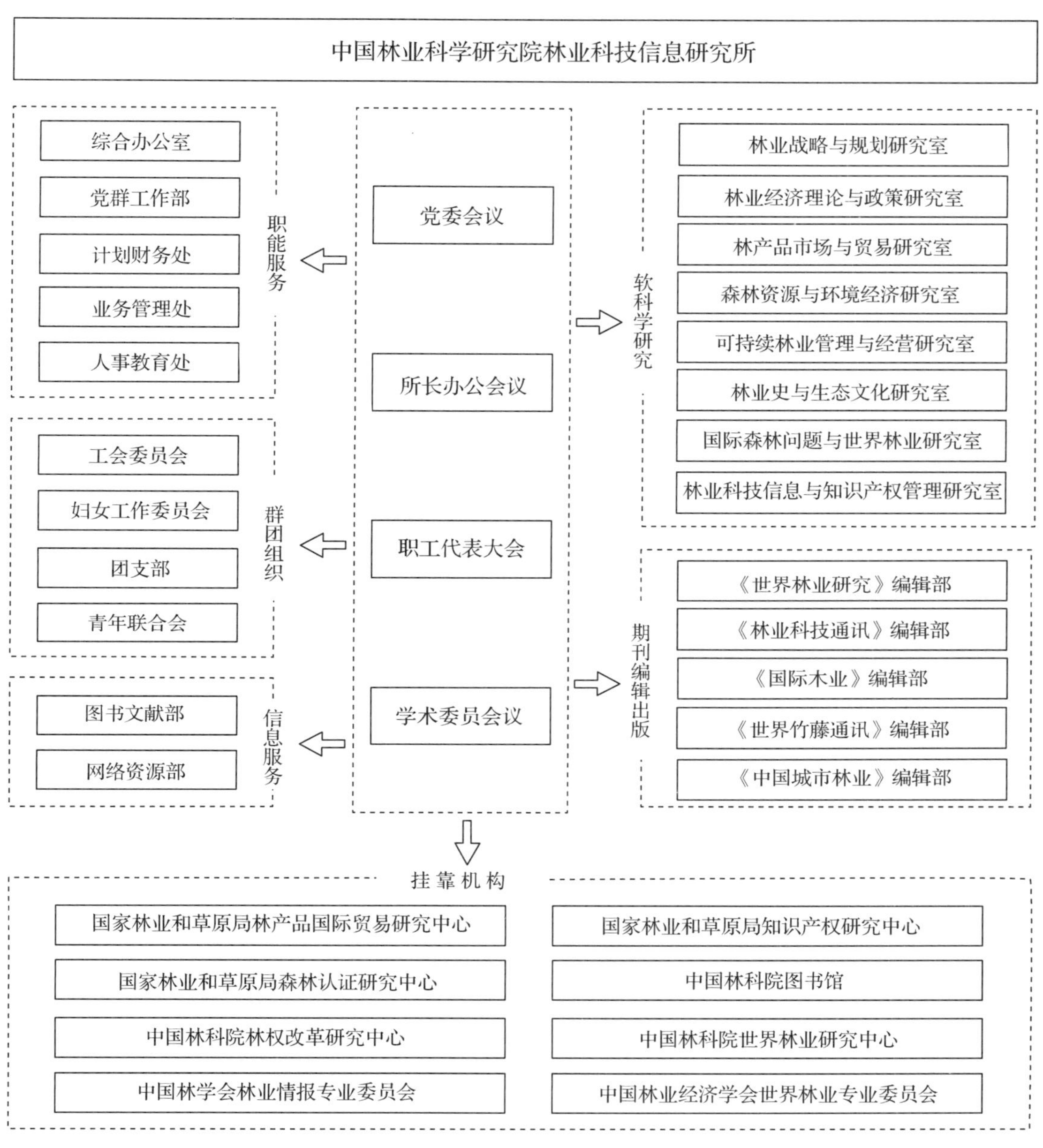

科信所组织机构图（2019年）

第二章　业务发展与成就

科信所业务范围主要为开展林业科技信息研究、林业经济政策研究、国外林业情报调研、图书文献服务和信息网络建设。归纳起来，科信所的职责是两项基础性研究和一项基本公益服务，即林业软科学基础性研究，世界林业动态基础性研究；图书文献服务和网络信息服务。

第一节　林业科技信息研究与服务

林业科技情报工作是林业决策部门进行科技决策和生产部署的参谋，是观察、追踪国内外林业科技动态的尖兵，是传播信息、推广成果的桥梁，也是促进林业科研、教学和生产发展的重要手段，信息不灵，就会制约林业科技和林业生产的发展。实践证明，科技情报信息在林业生产、科研和教学中的支撑作用已越来越重要。

一、林业科技情报组织体系建设

55年来，林业科技情报体系建设经历了从无到有，不断完善和发展的过程。新中国成立后，随着林业生产和科学技术的发展，国家和林业部的领导对林业情报工作越来越重视。1958年中国林业科学研究院建院之时，便成立了林业科学技术情报室和院林业图书馆。1964年2月经国家科委批准，成立了中国林业科学研究院林业科学技术情报研究所。1970年中国林业科学研究院和中国农业科学院合并，林业科学技术技情报研究所和图书馆与农业情报研究室和图书馆合并为中国农林科学院科技情报研究所。1978年农林两院分开，恢复了林业科技情报研究所和林业图书馆。1982年林业图书馆与科技情报研究所分治，直接由院部领导。1985年科技体制改革时，图书馆又与情报研究所合并为中国林业科学研究院科学技术情报研究所，实现了图书、情报一体化。为便于国际交流，图书馆对外启用中国林业科学研究院图书馆的名称。

1960年3月，林业部决定以中国林业科学研究院情报室为全国林业科技情报中心，负责组建全国林业情报网。1963年5月编制了《1963—1972年林业科学技术情报工作十年规划》，提出了5项工作规划和4项措施，但因“文化大革命”未能实施。1977年，根据国家《关于要组织好地区和专业性的科学技术情报网》的指示，本着沟通情报渠道、交流信息、加强协作、互相提高的原则，在广西柳州全国农林科技情报工作座谈会上正式成立了以情报所为中心的全国林业科技情报网。翌年，在江西九江全国林业科技情报网会议上决定，在全国建立由系统情报网和专业情报网组成的纵横贯通的科技情报网络，并制定了《全国林业科技情报网章程》，1980年召开了第一届全国林业科技情报工作会议，讨论并通过了《关于加强林业科技情报工作的几点意见》。1983年10月5日在第二届全国林业科技情报会议上，正式宣布成立林业部科技情报中心，并明确该中心为林业部的职能机构，设在林业科技情报研究所。根据林业部情报中心《工作条例》《工作计划》要求，各省（自治区、直辖市）相继成立了18个省、区林业科技情报中心，组建了专业科技情报中心和跨地区、跨部门的横向情报联合网，成立了13个专业中心。全国林业机械情报中心站有网员单位107个，并设4个大区站；全国人造板设备和木工机械技术情报中心网员有172个；全国木材工业情报中心网员有360多个；全国国有林场信息委员会下设15个省级分会。全国基本上形成了上下贯通、左右相联、脉络清晰的林业科技信息网络体系。全国有将近2 000多名林业信息与文献管理人员。

1993年根据国家科委指示，林业部批准林业科技情报研究所更名为中国林业科学研究院林业科技信息研究所。

按照2001年10月29日科技部、财政部、中编办联合下发的《关于对水利部等四部门所属98个科研机构分类改革总体方案的批复》，林业科技信息研究所转为中介机构，保留事业单位性质。按照院科技体制改革的统一部署和上级关于发展科技中介机构的文件精神，根据新时期我国林业由以木材生产为主转向以生态建设为主历史性转变的新形势和新要求，结合科信所的实际，经过几年的实践和探索，确定了“服务公益、服务市场”的科技中介改革思路。一方面以服务林业生态建设为核心，努力做好公益性中介服务，在为领导决策服务、信息网络免费开放服务、期刊免费赠送和信息服务等方面做了大量卓有成效的工作，赢得了有关方面和人员的好评；另一方面，在中介改革中树立面向市场求发展的观念，创造条件，开拓市场，参与竞争，在做好林业科技查新、咨询、植物新品种权代理等已有中介业务的基础上，努力开展科技评估、森林认证、考察培训等新兴中介市场服务业务，市场服务的领域不断拓展。

二、林业科技情报学会工作与服务

1984年10月，中国林学会林业情报专业委员会在湖南省株洲市成立，1989年2月10日，中国林学会发文将中国林学会林业情报专业委员会正式更名为林业情报学会。中国林业科学研究院林业科技信息研究所、国家林业局科技情报中心和中国林学会林业情报学会三个机构牌子，是由同一批人来做（即林业情报工作）。国家林业局科技情报中心和林业情报学会的主要任务是制定规划、组织协调、干部培训、业务指导和开展学术交流，指导思想是以邓小平理论、“三个代表”和科学发展观重要思想为指导，深入贯彻党中央、国务院的方针政策，与时俱进、开拓进取、扎实工作、积极探讨在新的形势下开展情报工作和学术交流，紧紧围绕着各个历史时期的中心任务，组织全国性或地方性的情报工作会议。制定全国林业科技信息工作计划和发展规划，积极开展学术交流，建立健全全国林业情报体系和林业情报学会下属的地区性、专业性的情报网络体系、计算机情报检索体系、开展科学普及、科技咨询、科技扶贫、科技成果推广和实用林业技术培训等工作。我们现在按年份顺序扼要介绍国家林业局科技情报中心和林业情报学会55年来，特别是近30年来的主要活动。在原林业部和中国林业科学研究院的正确领导下、在各省(自治区、直辖市)领导的重视下、在各省(自治区、直辖市)林业科研院所、各林业大专院校、各地区林业情报单位和地区性的林业信息网的大力支持下，我们开展情报工作和学术交流活动，并取得了显著的成绩。今天回顾以往走过的道路，是要珍惜已取得的成绩，同时激励我们继续努力去争取明天更好的成绩。

1977年10月，在广西柳州召开了全国农林科技情报工作座谈会。会议由中国农林科学院院长金善宝主持，关百钧和何昌茂同志任大会秘书长。出席大会的有全国各省(自治区、直辖市)农林研究所和农林大专院校科技情报研究室的负责人，共有代表225人。其中林业代表60多人。农林部科技司张承耀司长、中国农林科学院党组张维成书记、广西林业厅李克武厅长等领导同志在会议上作了重要讲话。大会重点研究农林科技情报如何为农业学大寨服务和组建全国农林科技情报网等事宜。

1978年在河南鄢陵全国林业工作会议期间，关百钧同志主持召开了全国林业科技情报网会议，以恢复被“文化大革命”破坏的林业情报网络。参加会议的有21名代表，大家一致赞成尽快组建全国林业科技情报网。

1980年，受林业部委托，情报所以全国林业情报中心的名义在北京海运仓召开了第一届全国林业科技情报会议，由中国林科院副院长杨子争主持，关百钧任大会秘书长。中国林科院郑万钧院长、陶东岱副院长出席了会议。出席会议的还有全国各省(自治区、直辖区)林业研究所和林业大专院校科技情报室的负责人约150人。会议期间林业部副长梁昌武同志到会讲话。中国科技情报所副所长张征秉传达了第五次全国科技情报工作会议精神。大会根据第五次全国科技情报工作会议精神。总结了22年来我国林业科技情报工作经验和教训，明确了今后我国林业科技情报工作方针和任务，讨论通过了《关于加强林业科技情报工作的几点意见》，会后报林业部批准，并转发了全国各省、自治区和直辖市林业厅(局)及有关林业情报单位。会议还讨论了《关于组建国外林业研究会的方案》和关于联合编辑出版《中文林业科技资料目录》等事宜。

1981年，在江西九江召开全国林业科技情报网会议，由中国林科院杨子争副院长主持，关百钧副所长任大会秘书长。出席大会的有全国各省(自治区、直辖区)林业研究所和林业大专院校科技情报室的负责人。会议主要是研究组建中国林业科技情报网，制定《全国林业科技情报网络章程》。会后相继成立了林机、林化、紫胶、林业调查和基建五个专业情报网，从而，全国形成了一个初具规模的全国林业情报网络。

1983年10月5—11日，情报所在北京圆明园华都招待所召开第二届全国林业科技情报工作会议。林业部杨钟部长、董智勇副部长，中国林业科学研究院黄枢院长和杨文英书记出席了会议，并在会议上作了重要讲话，与会代表受到很大鼓舞。根据林业建设发展要求，使情报工作更好地为“四化”服务，林业部部长正式宣布成立林业部科技情报中心，由林科院代管，挂靠在林科院情报所，两块牌子(林业部科技情报中心、林科院情报所)一套人马，从而健全了全国林业科技情报网络。林业科技情报中心主任由林科院院长黄枢兼任，副主任由情报所所长兼任，情报中心工作由林业部董智勇副部长分管。林业部情报中心主要任务是：组织协调、制定规划、干部培训和业务指导。林业部科技情报中心的成立，标志着我国林业情报工作进入一个新的历史时期，全国将会出现上下全方位的脉络疏通的情报交流体系。根据会议的要求，林业部科技情报中心很快起草了情报中心工作条例和工作计划，并报林业部批准于1984年1月由林业部向全国各省、自治区、直辖市林业厅(局)和林业部直属单位印发了《林业部科技情报中心工作条例(试行)和林业部科技情报中心工作计划》。

1984年7月27日，情报所在陕西延安召开了我国北方林业情报网片会。情报所左淑琴副所长、延安地区林业局张风山副局长参加了会议，有52名代表参加了会议。与会代表在会上交流情报工作经验和存在的问题，并讨论了今后工作方向。情报所郭玉书同志汇报了《中国林业文摘》这一检索性刊物工作筹备情况，并就建立文摘员工作做了说明和要求。希望各单位对这一全国性的林业检索刊物给以重视和支持。经过大家的努力，会议达到了预期目的。

1984年10月，林业部科技情报中心在浙江省杭州市中国林业科学研究院亚热带林业研究所召开《中国林业文摘》第一次编辑会议，100多人参加了会议。会议由林业部科技情报中心关百钧副主任主持，并在会上做了题为《当前我国林业形势对信息工作的要求》以及编辑出版《中国林业文摘》的必要性和其作用的报告。这次会议着重讨论和通过了《中国林业文摘编辑工作条例》《中国林业文摘编辑工作规范》《1985年中国林业文摘编辑工作规划》三个文件，选举产生"中国林业文摘编委会"，主编为关百钧同志，副主编为刘永龙、孙本久和郭玉书三位同志，并设10名常务编委、20名编委。

1984年10月，中国林学会林业情报专业委员会在湖南株洲召开成立大会。出席会议的有中国林学会顾问陶东岱同志、中国林学会副理事长王恺同志、林业部政策研究室张桂新处长、林业部科技情报中心刘永龙书记、中国林科院情报所沈照仁所长、湖南省林业厅彭德纯处长、湖南省林科所冯菊玲副所长。会议经讨论，协商产生林业情报专业委员会第一届委员，由35人组成。委员会会议选举产生主任委员沈照仁同志，副主任关百钧和李光大同志(东北林业大学)，秘书长王义文同志和7名常委。在这次会议上，举办了专业学术讨论会，讨论了全国林业信息计算机管理系统的建立问题。会议上有关单位交流了经验，四川省林科所诸世遴同志介绍了计算机在林业上应用的研究，会议决定撰文报林业部。大家一致认为全国林业情报计算机检索系统的建立是林业情报至关重要的工作。针对该系统的方针、指导思想、系统的构成、数据和机型等发表了很好的意见，达到了共识。这次会议为建成全国林业情报计算机检索系统奠定了理论基础。

1985年8月上旬，中国林学会林业情报专业委员会在四川成都召开了"全国林业科技情报计算机检索系统发展规划研讨会"，有29名科技情报、计算机检索等方面的专家、教授和技术人员参加。这次会议是根据1984年株洲会议的决定，起草了《全国林业科技情报计算机检索系统发展规划》，会议就此规划进行了认真讨论，与会代表同意该规划的指导思想、要求和措施。大家一致认为，两条腿走路的方针和统一规划，集中建数据库、分散提供、资源共享的指导思想是正确的，"系统"结构是合理的，"系统"的功能经过努力是可以达到的。

1985年8月28日，中国林科院情报所在北京召开了《中国林业文摘》第一届第一次常务编委扩大会议。参加会议的有在京的常务编委、林业部情报中心领导、特邀编辑、部分文摘员和在京有关单位代表共41人。会议内容是听取编辑部1985年上半年工作总结和对办刊的意见和反应，讨论文摘的摘录技巧和著录方法，常委会通过有关决议。会议肯定了本刊报道方针，大家一致认为《中国林业文摘》是较强的刊物，办刊起点高，按国家标准著录，全面报道了林业部科技情报中心的馆藏，方便科研人员查找，节时省力，切实达到了快、准、全的目的。深受基层的科研单位、特别是边远地区广大读者的好评。《中国林业文摘》副主编刘永龙同志在总结时指出：《中国林业文摘》是全国范围、林业系统共同协作的大工程，尽管存在不足，在短期内能办成这样，与全体特邀编辑的共同努力是分不开的。本次会议要求大家继续努力办好这个刊物，筹备好1986年的第二次编辑工作会议和做好1986年检索刊物的评比工作。

1986年4月，中国林学会林业情报专业委员会在北京召开了“中国林业图书分类法”学术讨论会。会议就采用“中图法”和增加“森林树种”“林业经济”两个三级类目录等问题进行了认真的讨论，取得了一致意见，后来被中图法编委会所采纳。本次会议的召开连同以前株洲和成都会议，共同促进了全国林业情报计算机检索体系的建立和依据林业图书资料的特点，将综合林业图书资料分类法的意见上报《中国图书资料分类法》修订小组，作为该书的主要内容之一。

1986年5月6—9日，林业部科技情报中心在北京召开了《中国林业文摘》第二次编辑工作会议。有75位编委和特邀编辑代表参加。会议由林业部科技情报中心刘永龙同志主持，关百钧同志代表林业部科技情报中心致开幕词。编辑部副主任韩有钧同志做了创刊以来的工作汇报。会议重点讨论了办刊方针和提高刊物质量以及扩大发行等问题。

1987年，林业部科技情报中心在北京召开了第三届全国林业科技情报会议，来自全国林业情报部门80多名主要负责同志参加了会议。会议主要议题，是制定《林业科技情报成果评定标准和奖励办法(试行)》《全国林业科技情报计算机检索系统发展规划》两个纲领性文件。同时，在会议上通过了《全国林业科技情报声像网章程》，并成立了全国林业科技情报声像网。会上开展各省、自治区、直辖市和专业情报中心情报工作经验交流等活动，已彰显出了情报网络的生命力，效益显著。

1987年11月，林业部科技情报中心在北京召开了关于“林业科技发展战略学术论文”研讨会，会议着重就我国林业科技发展战略的指导思想、目标、重点、途径和措施等问题进行了认真的讨论，并提出了很多很好的论点和建议。

1989年，中国林学会林业情报学会在武汉召开会议，会议内容主要是讨论选举情报学会第二届理事会。会议上，首先由第一届委员会沈照仁理事长汇报第一届理事会的工作，大会交流了工作经验，最后经民主协商，选举产生第二届林业情报学会新理事。本次会议选举产生40名委员，主任委员由刘永龙同志担任，关百钧同志任副主任委员，王义文同志任秘书长。

1989—1991年，中国林学会林业情报学会分别在福建、延安、石家庄和大连等地召开南方片、北方片林业科技情报讨论会。这些活动的举行，有力地促进了地区林业科技情报交流和林业信息资源共享。

1992年6月18—20日，林业部科技情报中心在四川成都召开了“全国林业情报工作会议”。参加会议的有全国各省、自治区林业厅(局)的科技处长、各省林业情报中心、专业主任和部省林科所所长参加。会议由林业部科技司顾锦章司长主持，蔡延松副部长出席了会议，并在会上做了《改革和加强林业科技情报工作，为促进林业科技与经济发展做出更大贡献》的讲话。国家科委情报司石耀山处长就国家有关科技情报的方针、政策和即将召开的全国科技情报工作会议有关情报改革的思路作了介绍，中国林科院宋闯副院长作了林业部科技情报中心工作总结；吉林省林业科技情报中心、辽宁省林科院、北京林业大学、全国木材综合利用横向联合网、全国林场信息委员会和中国林科院科技情报所等单位在会上介绍了情报中心管理、文献资源开发、情报咨询服务、情报研究为决策服务以及拓宽服务领域、开展有偿服务经验交流。蔡延松副部长在会议上作了重要讲话。蔡延松副部长最后就如何建立健全林业科技情报体系、提高和增加必要的情报工作经费和设备条件、加强科技情报队伍建设、积极制定保障和促进科技情报事业发展的各项政策和利用改革开放带来的发展机遇、积极开展科技情报对外交流与合作讲了话，给全体与会代表带来极大的启发和鼓舞。会议期间，代表们认真讨论和修订了《林业科技情报中心工作条例》《全国林业情报发展规划(1992—2000)》《全国林业系统科技文献布局方案及协调办法》和《全国林业科技情报计算机检索系统建设协调方案》。最后顾锦章司长作了会议总结。

1993年2月19日，林业部科技情报中心(1993)5号文宣布成立林业科技文献协调委员会。委员会单位由中国林业科学研究院科技情报所、北京林业大学、东北林业大学、南京林业大学、西北林业大学、西南林业大学、四川林科院、中南林学院和林业部规划院组成。中国林业科学研究院科技情报所为主任委员单位，北京林业大学为副主任委员单位。为搞好林业文献布局与协调，实现信息资源共享，制定了《全国林业科技文献布局方案及协调办法》和《全国林业文献协调搜集网条例》，形成了具备林业特色的图书文献保障网络体系。

1993年10月26—29日，中国林学会情报学会在山东省泰安市召开了学术讨论暨理事换届会。出席会议的代表50人。中国林学会理事长沈国舫教授亲临会议指导并作了重要讲话。会议传达了中国林学会“八大”精神；总结了第二届理事会工作；关百钧和林风鸣先生分别作了《世界林业科技信息现状和展望》《当代世界林业面临的主要问题和产业政策的调整及21世纪前期展望》的学术报告，10位代表宣读了关于林业科技信息、市场经济理论和方法等方面的论文，侯元兆所长作了《中国林学会林业情报学会工作改革意见及活动计划》的报告。会议进行了理事换届，经民主协商共选出56位理事，随后举行了三届一次会议，选出15名常务理事，推选林业部科学技术委员会副主任董智勇同志任林业情报学会第三届理事会理事长；选举林业部科技情报中心副主任兼中国林业科学研究院林业科技信息所所长侯元兆同志为常务副理事长；北京林业大学图书馆副馆长何乃琛同志和中国国营林场开发总公司总经理高庆有同志为副理事长；选举科技信息所张作芳同志为秘书长。本次会议上交流学术论文45篇，并评审出其中12篇为优秀论文。根据社会主义市场背景下林业信息的需求和信息工作社会化的新形势，理事会决定特邀4~6名林业情报学会理事和1~3名常务理事。理事会决定在本次会议之后，分期分批在各区、各林业工业筹建分会，并选择委员会依托机构；决定今后三年内筹办 2～3 次学术讨论会。会议讨论了三届理事会的工作计划，表彰了为林业情报事业做出贡献的一、二届常务理事和理事，通过了会议的纪要决议和呼吁书。侯元兆常务副理事长致闭幕词。

1994 年 6 月 29 日至 7 月 4 日，林业部科技情报中心、黑龙江省森工总局和黑龙江省林科院联合举办“开发林业科技信息、发展信息和产业研讨会”在山东青岛召开。参加会议的有 13 个省份、31 个地区从事林业情报研究、开发及管理人员。会议代表共同学习国家科委领导有关加快科技信息服务改革和发展的讲话，听取关百钧先生的《世界林业科技信息现状与展望》《世界林业科技进展》和张作芳同志《改革开放以来我国林业科技信息工作的新进展》的报告；在会议上代表们宣读了发展信息服务，促进信息产业化的论文；交流了发展、创办信息的经验与体会。会议期间，举办了科技信息发布会、科技成果新产品展示会，由 15 个专业情报中心、省中心和企业局发布了科技成果、新技术、新产品信息 58 项，有力地促进了科技信息的传播和成果的推广。在会上通过文件学习、专题报告、论文交流、成果发布和研讨，与会代表取得了四方面重要共识：①科技信息工作者要深入学习贯彻全国科技信息工作座谈会精神，大力推进科技信息服务沿着社会主义市场经济轨道发展；②随着全国改革开放的深入发展，要不断改革科技情报工作的运行机制，变社会公益型服务为经营型有偿服务，搞好科技信息开发，推进社会生产力与市场经济发展；③大力促进科技信息市场的开发，通过建立健全信息服务网络、发行信息刊物、举办信息发布会、技术交流会、产品展销会等多种形式与手段推广新技术、新成果，积极参与、进入、占领信息市场，按照社会主义市场规律，走出自主经营、自由竞争、自我发展的道路；④解放思想，克服困难，抓住机遇，迎接挑战，面向社会、面向经济、面向市场、面向高新技术，积极开拓发展林业科技信息产业。

在本次会议上(7 月 3 日)，中国林学会情报学会召开了东北分会筹备会议。参加会议的有吉林林学院副院长、林业情报专业委员会常务理事王玉山，林业情报学会常务理事王义文，辽宁林科院副院长邹学忠，黑龙江省林科院情报中心主任薛茂贤和林业情报学会张作芳秘书长。会议根据中国林学会情报学会第三届理事会第一次常务委员会会议精神，研究并落实即将组建的情报学会东北分会挂靠单位、常务委员会单位、会费收取标准、分会章程、1995 年工作计划及成立等事宜。

1995 年 2 月 10 日，中国林学会林业情报学会宣传委员会在北京成立。会议通过了《中国林学会情报学会宣传委员会章程》。林业情报学会主任董智勇、常务副主任侯元兆和张作芳秘书长应邀出席了会议。

1995 年 2 月 14 日，中国林学会情报学会在北京召开了第三届二次常务会议。会议目的是落实林业情报专业委员会三届一次会议决议和中国林学会八届一次学术工作委员会关于“加大学术活动和改革的力度，求实创新，围绕科学发展与科技成果商品化、产业化开展活动””的精神，总结 1994 年专业委员会工作，讨论并确定 1995—1996 年专业委员会活动计划，讨论批准增补部分常委、委员和产生东北区委员会、华东区委员会和宣传委员会，并讨论林业信息工作如何进一步面向市场、面向经济建设主战场以及自身发展的问题。会议由常委会主任董智勇主持，常务副主任侯元兆、副主任高庆有、何乃深等 11 位常委出席了会议。会上秘书长张作芳同志汇报了1994年专业委员会的工作；侯元兆副主任就1995—1996年专业委员会计划作了说明。会议讨论通过了《中国林学会林业情报专业委员会关于增设常委及委员的决定》《关于批准成立中国林学会林业情报专业委员会宣传委员会等三个区域分会的决定》和《中国林学会林业情报专业委员会活动经费筹集、使用及管理办法》。在讨论专业委员会活动计划时，常委们认为工作重点应着眼于林业情报工作如何面向经济建设主战场及解决自身发展的问题。建议在深入进行可行性调查研究的基础上，着手组建民办信息服务公司，把信息产品推向市场，促进商品化、产业化。会议还就1996年举办“社会林业国际交流与研讨会”、组织全国林业信息机构进行经验交流、计算机网络建设的协调与技术培训，以及组织宣传委员会的新闻工作者对国内外林业发展的热点问题进行调查宣传等事宜，进行了研究。

1995年5月15—18日，中国林学会情报学会华东区委员会在杭州富阳召开成立大会暨学术研讨会。张作芳秘书长宣读了中国林学会林业情报学会关于成立华东区委员会的批文，她还传达了1994年全国科技信息座谈会的精神。浙江省林业厅副厅长、浙江省林学会理事长沈旋同志出席了会议，并在会上做了《浙江林业生产和今后发展思路》的报告。会议上，与会代表审议通过了78个委员单位，选出了13名联络员。经过民主选举产生第一届华东委员会主任和副主任。陈益泰为主任委员，郭永健、俞东波、陈建华、丛玉梅和刘胜清五位副主任，陈爱芬为秘书长。会议期间召开了华东委员会第一次常委会会议，讨论通过了《中国林学会情报学会华东区委员会章程》《华东区委员会1995—1996年活动计划》和讨论出版会讯，即《华东林业科技情报》等事宜。会议期间，代表们交流了本地区、本部门科技信息资源丰富的优势，开发多层次服务的产品，推广科技成果，促进其转化为生产力和探索创办信息产业的经验，展示交流了各省份的科技成果、新技术、新产品。代表们一致表示在今后工作中要认真贯彻“科技经济一体化”方针，围绕国家科技工作总体布局和林业部门的具体安排，为林业科技、生产和教学提供优质服务，为科技兴林做出更大贡献。

1995年6月13—15日，中国林学会林业情报学会在哈尔滨召开成立情报学会东北区委员会暨成果交流会。出席会议的有东北三省60多个委员单位的代表37人。黑龙江省森工总局王长福局长参加了会议，并对情报学会东北区委员会搞好工作做了重要讲话；情报学会张作芳秘书长在会上宣读了中国林学会情报学会关于批准成立东北区委员会的批文，并传达了1994年全国科技信息座谈会精神。黑龙江省森工总局科技处董奎东处长和黑龙江省林科院王伟英院长也在会上作了发言。与会代表审议通过了东北区委员会单位，选举产生主任和副主任委员。黑龙江省林科院常务副院长张守政同志任主任，任副主任的为王玉山、邹学忠和董奎东同志。会议期间举行了一届一次会议，讨论通过了《中国林学会情报学会东北区委员会章程》《东北区委员会活动经费筹集办法》《东北区委员会1995—1996年活动安排》和筹办《东北林业科技经济信息》等事宜。会议期间开展了学术交流和科技成果交流。情报学会张作芳秘书长做了《改革开放以来我国林业科技情报工作的新进展》的报告。会议上交流科技成果105项，展示科技成果38项。这次会议的召开对促进东北地区林业情报工作的开展和强化情报的“耳目、尖兵和参谋”的作用，尽快摆脱森工系统“两危”的困扰，促进区域性科技信息产业形成和林业建设发展具有重要的意义。

1996 年 3 月 27—28 日，林业部科技情报中心在北京主持召开“林业科技信息计算机检索广域网建设座谈会”。会议目的是加速网络体系建设，尽快实现信息资源共享。参加会议的有林业部科技司、国家科委信息司、中国林科院、中国林学会、我国主要林业院校、部分省份林业科研院所、部分林业企业信息机构的负责人共 40 人。会议讨论了全国林业信息网络建设、信息资源开发利用和建立二级查新单位，筹备全国科技情报 40 周年纪念活动事宜。会后广域网建设速度加快，并初见成效，用户发展较快，在信息共享和促进林业科技信息转化为现实生产力方面发挥了重要作用。

1996 年 5 月 22 日，中国林学会林业情报学会协同林业部科技情报中心、林业部造林司在北京共同举办了林业新技术开发推广展示会暨林业技术培训班。中国林业科学研究院陈统爱院长，熊跃国和宋闯副院长出席了会议开幕式，应邀参加会议的还有林业部科技司巡视员马驹如同志、林业部科技司李兴处长、造林司办公室梁宝君主任、造林司李世东处长、全国林业种苗站李维正处长、全国林业工作站张周冰副站长、北京市林业局森保站陶万强副站长、山西林业厅科技处王玉田处长、河北廊坊市林业局马志友局长、河北永青县委李相国书记以及中国林科院有关单位负责人和来自全国各地参加培训的同志共百余人。会议开始，宋闯副院长致开幕词，林科院科信所侯元兆所长做了《中国林科院科信所关于农林新技术推广及科信所信息服务工作汇报》的发言，他全面地介绍了情报所信息资源开发利用所取得的成绩和今后的打算。林业部科技司巡视员马驹如、林科院陈统爱院长先后对林业技术推广工作作了重要指示，对科信所近年来在新技术推广方面的工作及其成绩作了充分肯定，使与会代表和培训学员受到极大的鼓舞和启发。会上，科信所林科公司经理张水荣、河北省永青县林业局王恭局长、浙江省临安白蚁防治所江一安工程师分别介绍了《全光照喷雾扦插技术、自动间歇喷灌、滴灌设备》《16 型双缸高效节能泵及球面喷嘴高效多用喷枪》《WAY-8202 白蚁诱杀剂的研制及应用方法》。会后，对以上介绍的设备进行了展示和实地演示，受到与会代表和培训学员的称赞。

2005 年 11 月 9 日，中国林学会情报学会(林业情报专业委员会)在浙江杭州召开学会第四次代表大会，来自全国 16 个省、自治区、直辖市 43 个团体会员单位的代表共 80 人参加了会议。中国林学会李岩泉同志在讲话中，充分肯定了林业情报专业委员会过去十多年来的工作成绩，对今后工作提出了希望和具体要求。一是要以科学发展观为指导，与时俱进，转变观念，积极探索学会工作的新方法、新途径，发挥学会“结识同行，交流信息，研究问题，促进发展”的功能，为打赢林业相持阶段攻坚战服务。二是要树立以会员为本、为会员服务的思想，把学会办成会员之家。三是要坚持开放式办学会的原则，克服情报专业委员会以图书、杂志为主的单一组成结构的局限性，加强学科交流，进一步扩大业务领域。四是要求新一届委员会要继续发扬奉献精神，增加服务意识，使情报专业委员会的工作再创辉煌。侯元兆副主任在第三届委员会的工作报告中，全面总结了 12 年来的工作成绩，深入分析了存在的问题及背景。他指出情报专业委员会第三届常委决定按我们国家行政大区设立大区林业信息委员会，成功地筹建了华东区委员会、东北区委员会和以媒体为主的宣传委员会。大会按照《中国林学会章程》和选举程序进行了换届选举。选举产生了由丁其祥等90名委员组成的第四届情报专业委员会。同时召开了四届一次全体会议，选举产生了由丁其祥等26人组成的第四届林业情报专业委员会，选举李智勇为主任委员，王忠明为常务副主任委员，王浩杰、张作芳、张曼玲、李晓储、周金霞、易宏、闫锦敏、慕长龙为副主任委员，王登举为秘书长，陈爱芬和韩华柏为副秘书长。

2006年12月2—3日，中国林学会第七届青年学习年会在江苏南京召开，中国林业科学研究院林业科技信息研究所先后主持了第四分场以“森林可持续经营与森林认证”为主题、第七分场以“林业科技成果转化与推广应用”为主题的学术研讨会。来自全国各地的42位代表就我国林业科技成果推广工作展开了热烈的讨论，并就推广体系建设、机构设置、人员配制、资金投入、激励机制、成果项目管理等提出了意见和建议，12位代表在会上做了学术报告。中国林业科学研究院林业科技信息研究所王登举副研究员、徐斌副研究员和张岩硕士研究生先后做了《日本的林业普及指导制度》《中国开展森林认证的观察与思考》和《森林认证的动力机制和相关鼓励政策》的学术报告。在会上，徐斌副研究员的专题报告荣获大会优秀学术报告奖。

2008年5月29—30日，中国林学会林业情报学会和中国林业科学研究院林业科技信息研究所在中国林业科学研究院内学术报告厅共同举办“网络资源共建共享与现代林业建设”的学术研讨会。本次研讨会作为中国林科院建院50周年系列学术活动之一，在加强林业科技信息资源共建共享、构建数字化的林业科技信息服务体系，推进现代林业又快又好发展的形势下召开的。出席会议的有来自全国5所高等林业院校、14个省级林科院和中国林科院的代表共70多人。出席本次研讨会的还有中国林科院金旻副院长、中国林学会沈贵副秘书长、国家林业局科技司尹刚强处长、中国情报学会袁海波副理事长、北京林业大学图书馆刘勇馆长和万方数据公司软件中心万其鸣主任等。在本次研讨会上，由12名代表围绕研讨会主题做了报告和演示。袁海波同志做了《国家科技文献共享平台(NSTL)》报告；李智勇同志做了《现代林业建设与现代信息服务》报告；王忠明同志做了《中国林业数字图书馆建设和发展趋势》报告；刘勇同志做了《北京林业大学图书馆建设与服务》报告；万其鸣同志做了《万方数据统一资源整合服务平台》报告；魏海林同志做了《林业科学数据共享湖南分中心平台建设的初步设计》报告；刘金福同志做了《基于投影寻踪模型的科技期刊学术水平评价研究》报告；李庭波同志做了《基于森林资源数据结构的本体学习研究》报告；张曼玲同志做了《高校图书馆对社会服务定位、拓展和深化》报告；张慕博同志做了《中国林业信息网数据库资源利用和检索策略》报告；孙小满同志做了《林科院图书馆文献原文传递服务》报告。

研讨会上，与会代表共同分析了网络资源共建共享在现代林业建设中的地位和作用，探讨了中国林科院与各级林业科研院所及林业高等院校开展网络资源共建共享的基本途径和运行模式，并就下一步的实施方案深入讨论和交流。经与会代表研究讨论之后，对林业信息资源共建共享方案和信息资源共享运行模式取得了一致认识。本次研讨会期间，召开了第四届林业情报专业委员会二次常委会会议，总结本届专业委员会成立以来的工作，讨论今后的工作思路，讨论筹建西南信息网和重建东北信息网等有关事宜。

2008年10月22—24日，中国林学会林业情报专业委员会华东林业信息网在江苏江阴召开2008年年会暨学术研讨会。中国林学会林业情报专业委员会主任、中国林科院科信所所长李智勇研究员代表上一级学会致辞，并对林业信息服务工作提出新的要求。华东信息网挂靠单位中国林科院亚林所蒋进生副所长在会议上作了重要讲话。大会特邀江苏省无锡市农林局马东跃副局长做了《无锡市城市森林建设工作汇报》的专题报告，全面介绍了无锡市创建森林城市和生态环境建设的情况。

2009年，中国林学会林业情报专业委员会紧紧围绕新时期林业建设的中心任务，积极开展学术交流、科学普及、林业科技信息交流、科技咨询、科技扶贫、技术培训等活动，为林业建设提供科技信息支撑。这一年，情报专业委员会继续支持、巩固华东信息网，大力推动华东网的发展，总结其经验，推动学会工作更有朝气和活力，为林业科技信息发展做贡献。同时，中国林学会林业情报专业委员会华东信息网在江苏省宜兴林场召开了苏、浙、皖、闽骨干会员单位工作交流会。会议主题为“加强生态建设，发展现代林业”。出席会议共有43名代表，专业委员会派一名副主任参加会议。江苏、安徽两省林科院的两位副院长分别介绍了本省林业科技发展概况及各自院所的科研特色及主要成果；无锡市林业局、宜兴市林业局分别介绍了城市林业建设，发展林业生产的经验与成果；浙江温岭、建德、江苏宜兴林场及宜兴市农林开发研究所介绍了林业生态建设、新农村建设和发展优新特色林产品的经验。会议根据现代林业和区域林业发展的新形势，围绕“支持学会建设，搞好服务，促进交流，扩大合作，谋略发展”的议题，进行了热烈的讨论，并提出一些很好的建议，提交常委会。无锡电视台对本次会议进行了现场采访和播报。

2009年11月26—27日，中国林学会林业情报专业委员会华东信息网在江西南昌召开了三届一次会议，总结了第三届委员会的工作，提出了2010年活动计划及换届筹备工作。华东信息网委员会在总结过去区域协作经验的基础上，2009年又牵头组织了江苏宜兴林场与浙江建德市林科所、林业推广中心等会员单位之间的科技协作；组织安徽省滁州市林业局下属网员考察南京绿宇薄壳山核桃科技有限公司基地，共同探讨安徽省发展山核桃事宜，为区域合作推广科技成果，促进经济林发展提供了技术支撑。华东信息网委员会发挥会员单位专家的作用，对会员单位的科研项目进行指导并提供技术支持，如安徽省林科院承担的“楸树育种技术研究”项目，在江苏省林科院林木育种所的信息支持与指导下圆满地完成了任务。这充分体现了信息网在促进区域合作中实现双方共赢发挥了桥梁与纽带的作用，这样的例子还很多。用网员的话说：“参加信息网，有地位、有作用、得实惠、得效益。”2009年，华东信息网组织网内专家参加网员单位的四项科技成果鉴定与验收。

2010年，中国林学会林业情报专业委员会在中国林学会的正确领导下，在中国林科院科信所大力支持下和华东区林业信息网的积极努力下，面向基层，面向林农，积极开展学术交流与科技服务工作，取得了良好的效果。2010年林业情报专业委员会下属网片，工作最突出的还是华东林业信息网。华东信息网在发展网员，开展信息交流和学术活动等方面又取得了新的成绩。

2010年9月6日，中国林学会林业情报专业委员会华东信息网举办了主题为“林业改革与新农村建设”的学术研讨会。中国林学会林业情报专业委员会根据2011年的工作思路，依靠现代林业和区域林业建设发展的大好形势，进一步加强了科技信息和林业技术交流，扩大了华东五省区域科技协作，为基层林业生产服务，努力开创林业科技信息服务的新途径和新局面。为加强林业生态文明建设，兴林富民，推动现代林业建设，林业情报专业委员会协助并支持华东林业信息网做了大量的工作，也取得了很好的成效。

2011 年，中国林学会林业情报专业委员会主要工作是协助、支持和依靠华东信息网开展一系列工作。华东网自 2010 年 9 月换届以来，又发展了一些新会员单位，主要以企业、林场、林业站、科研教学单位为主，同时也吸收了一批中青年骨干会员，进一步发展壮大了华东信息网队伍。2011 年 9 月，华东信息网在浙江临海召开年会。华东林业信息网成立至今已有 16 年历史，始终坚持为华东区的区域林业建设与发展提供信息交流、科技合作、成果推广与技术服务的办信息网宗旨，坚持每年举办科技信息交流和学术研讨会，每年都围绕华东林业创新工作思路，采取多种形式的网员服务。对每次会议、每次活动，他们都做了大量的准备工作，争取到每个层面领导的支持，保证每次会议、每次活动切实有效，广大网员乐意参加，也从中得益。华东信息网在组织信息交流，开展科技信息技术服务，发展网员，培养中青年人才等方面做出了卓越的成绩。其办信息网的经验值得其他片区学习，很有必要在全国推广他们的经验，促使林业信息工作更快更好地发展。

2012 年 10 月 17—18 日，中国林学会林业情报专业委员会华东林业信息网 2012 年年会暨学术研讨会在安徽滁州召开，华东地区科研单位、高校、企业和林业主管部门的代表 60 多人参加了会议。会议进行了信息网工作交流，并围绕“发展现代林业，促进新农村建设”的主题开展了学术研讨。会议期间，参观考察了滁州市森林建设和杨子地板森工企业。中国林学会林业情报专业委员会副主任委员、科信所党委书记李凡林应邀参加会议并在开幕式上致词。

第二节　林业软科学研究

围绕软科学优势特色领域，在原研究部的基础上重新组建了 8 个研究室，从不同方向开展林业软科学研究，包括林业战略与规划研究室、林业经济理论与政策研究室、林产品市场与贸易研究室、森林资源与环境经济研究室、可持续林业管理与经营研究室、林业史与生态文化研究室、国际森林问题与世界林业研究室、林业科技信息与知识产权研究室。

一、林业战略与规划研究

（一）历史变迁

作为林业科技情报研究机构，早期主要是开展林业预测、林业发展战略研究。

1985—1987 年，研究预测 2000 年中国森林发展与环境效益，对指导林业部门宏观管理、扭转森林资源下降、逐步转向供需平衡、改善我国国土生态环境质量、确定分阶段实施目标有重要参考价值。

1988—1990 年，研究编制了《林业科学技术中长期发展纲要》，系统提出了我国林业和林业科技发展的六大观点，确立了林业发展战略和目标，通过动态预测、系统分析和专家咨询提出了 7 项重点科技任务。

1993—1995 年，进行了科技进步对林业经济增长作用分析与定量测算研究，强调了技术进步对林业经济增长的作用中技术创新与技术扩散的关系，首次对林业科技进步贡献率和林业科技成果转化率进行了测算，前者为 21.2%，后者为 35%。

2001—2004 年，作为项目秘书处组织开展中国可持续发展林业战略研究，分析新时期中国林业的发展机遇和历史重任、林业在中国可持续发展中的战略地位和作用、古今中外森林经营思想，提出以“生态建设、生态安全、生态文明”为核心的林业发展道路和总体战略等。

2013 年，所内成立了林业宏观战略与规划研究室，为国家和地方各类战略规划和规划评估提供技术支撑。

(二)发展现状与工作重点

研究室人员构成：研究人员 13 人，其中博士 7 人(包含 1 名博士后)，副高及以上职称 4 人。

研究领域：基于林业在生态文明建设和经济社会可持续发展中的重要地位及承担的重大职责，开展林业宏观战略、区域发展战略与政策研究；开展林业总体规划、专项规划和区域规划的研究、编制及相关规划的实施评估，包括生态文明建设规划、国家林业发展战略规划、林业中长期规划、全国性或者全局性以及跨省(自治区、直辖市)或者跨流域林业发展规划、林业生态建设与保护规划、生态旅游规划、林业产业规划、林业专业性规划以及其他综合性林业规划等，同时为地方林业生态建设提供咨询服务。其工作重点和成果主要有：

生态文明战略与体制改革研究。提出“牢固树立‘生态立国’的战略思想、把发展林业作为建设生态文明的最大正能量摆上战略位置、把生态建设作为扩大内需的战略途径、把生态建设工程作为维护国家良好形象的国际政治工程来抓、牢牢守住生态红线、建立 GDP 和绿色 GDP 双重考核制度”等 7 项推进生态文明建设的政策建议；参与编制了《推进生态文明建设规划纲要(2013—2020)》；对自然资源资产产权制度、国土空间开发保护制度、总量管理和节约制度、资源有偿使用制度、生态修复和补偿制度、生态环境治理市场制度、环境保护管理制度和生态文明绩效管理制度等涉及生态文明体制改革的 8 项制度进行了深入研究，为出台《生态文明体制改革实施方案》贡献了力量，为推进生态文明建设进程提供了清晰的发展思路。

系统阐述了国家生态安全的内涵，得出了“加强林业建设在维护国家生态安全中居于战略地位，是维护国家生态安全的主体和关键”的结论，阐明了重大生态修复与保护工程和加快绿色经济发展等重大战略任务，提出了构建维护生态安全的行政管理体系，实施“山水林田湖生态治理工程”“生态经济发展工程”“北水南调及世界水谷建设工程”等重大生态战略工程体系，以及构建维护生态安全的法治建设体系，建议制定《中华人民共和国生态安全法》。同时，参加了森林生态安全战略等重大问题研究。

在分析林业治理体系和治理能力现代化内涵和外延基础上，研究提出了加强林业组织机构建设、加快转变政府职能、全面深化林业改革、创新林业政策设计、加快林业制度建设 5 项重点任务，阐明了树立生态文明理念、创新林业社会治理体系、实施大工程带动大发展、转变林业发展方式、发挥市场在资源配置中的决定性作用和加强国际交流合作6项推进林业治理体系和实现治理能力现代化的战略途径。相关成果被2014年全国林业改革座谈会报告所采用。

1. 林业发展战略与规划研究、编制及相关规划的实施评估

在分析回顾林业“十二五”规划实施基础上，开展了林业发展目标、重点任务、投资和政策研究，研究提出林业纳入国家“十三五”规划的约束性指标，提出全面深化林业改革等16项重大战略任务和全面保护天然林等40项林业重大项目(工程)，分析了投资需求，提出重大政策建议。相关成果被纳入《请求纳入国家“十三五”规划基本思路的林业重点内容建议》。作为骨干参与编制了《林业发展“十三五”规划》《林业科学和技术“十三五”发展规划》，在国家林业局国际合作司的指导下，牵头编制了《林业国际合作发展纲要(2016—2020)》。

在深入分析国外先进规划理念基础上，紧紧围绕“创建多功能、高水平、世界级奥运通道”的核心目标，提出“一路四带二十点”的规划思路，完成了《张家口奥运迎宾廊道总体规划(2014—2022)》和《张家口奥运迎宾廊道节点规划设计》，充分体现了绿化景观带、奥运展示带、生态产业带和文化传播带相互交融的设计理念。相关科研成果已经应用到北京－张家口联合申奥行动中。

在长江绿色生态廊道建设研究方面，提出了推动长江绿色生态廊道建设的总体思路、目标、任务和14项自然生态保护与修复工程，相关成果纳入长江经济带生态廊道建设规划。为配合国家“一带一路”重大战略，组织编制了《丝绸之路经济带和21世纪海上丝绸之路林业合作规划》，建议开展生态保护与修复、林业经贸合作、绿色人文交流和应对气候变化领域的优先合作项目，提出了机制创新和政策支撑体系，为林业部门落实“一带一路”重大战略提供了科学依据和参考决策。

围绕中央提出把所有天然林都保护起来的重大决策，开展了天然林资源保护二期方案实施中期评估。参与了《天然林保护条例》调查研究和编制工作，阐述了开展天然林保护立法的必要性，提出了从法律层面明确建立天然林保护的长效机制、合理界定天然林的保护范围、在严格保护天然林的同时兼顾区域民生发展等重要建议。撰写的《关于赴四川省开展<天然林保护条例>立法的调研报告》，得到国家林业管理部门的高度重视。

系统阐述了防护林的概念和内涵，分析了防护林体系建设存在的主要问题，提出了防护林体系建设目标，根据功能不同将防护林工程区划确定为东北地区、“三北”地区、华北中原地区、南方地区、东南沿海热带地区、西南峡谷地区、青藏高原地区等七大地区，并确定了相应地区的建设任务，系统阐释了推进防护林体系建设的6大战略途径，提出了加大公共财政支持力度、建立中央与地方协同机制、完善政策法规体系、构建激励导向机制、全面提升科技支撑能力和强化规划监督等6项政策建议。相关成果已纳入到中国工程院组织开展的生态文明建设若干战略问题研究当中。

开展林业供给侧结构性改革研究，在分析国家供给侧结构性改革宏观战略基础上，结合林业特点，初步提出推进林业供给侧结构性改革的总体要求与重点任务，形成研究报告《绿水青山就是金山银山的实现路径——林业供给侧结构性改革》，其研究成果经国家林草

局报中央供决策参考。

开展林业现代化目标指标体系研究，构建了亚太林业可持续发展指标体系，提出了我国林业落实联合国 2030 可持续发展目标的主要领域和行动计划，开展我国到 2035 年、2050 年林业现代化目标指标体系调研，为推动我国林业现代化建设进程做出贡献。

开展林业草原现代化指标体系研究，撰写了《林业草原现代化指标体系研究报告》，提出了生态系统、生态服务、质量效益、治理能力等四类领域 31 个指标，新增了草原综合植被盖度、天然草原面积、自然保护地面积占比、国家步道长度、新型经营主体等重要指标。

开展西部土地退化地区可持续土地管理制度和政策机制研究。在综合分析中国有关制度与政策研究基础上，通过实地调研，与地方政府的管理人员、专家、林农、企业等多利益相关方进行座谈、交流，对西部现有土地退化治理政策做了评估分析，将可持续土地管理(SLM)理念的各项原则、要求与中国基本国情和西部地区实际情况相结合，提出新时代中国特色的跨部门、跨尺度和多利益相关者参与的可持续土地管理制度框架与政策机制，对于指导"山水林田湖草综合治理"和恢复退化土地、维护生物多样性、减少贫困具有重要意义。

同时，开展地方林业发展战略、规划、设计研究。在组织开展《杭州市林业发展"十三五"规划》前期研究和编制工作，从提高生态系统服务功能和民生福祉出发，着重反映林业供给侧改革，确立了"十三五"时期杭州林业建设实行"五林并举、五化融合、五大工程"的整体思路。研究编制了《大兴区森林可持续经营规划(2016—2020)》《昌平区森林可持续经营规划(2014—2020)》，为区县级森林可持续经营发展提供了明确的思路、目标及方向；开展了北京市、辽宁省等林业推进生态文明建设研究与规划编制工作，为区域经济发展、生态建设与保护提供了技术支撑。开展了贵阳、遵义等市级林业产业发展规划，推动贵州绿色发展。开展了北京市部分区县湿地保护与修复设计，推动湿地景观恢复。

作为国家林业规划评估的重要力量，开展了一系列规划实施评估工作，包括《岩溶地区石漠化综合治理规划中期评估》《陆地生态系统长期观测网络规划实施中期评估》《天然林保护工程二期实施中期评估报告》《国家级自然保护区总体规划中期评估》《国家级森林公园总体规划中期评估》《林业发展"十二五"规划中期评估和末期评估》《林业发展"十三五"规划中期评估》《林业科技创新"十三五"规划中期评估》和《天然林保护"十三五"中期评估》等，为进一步推动规划实施提供了支撑。

2. 相关基础理论与技术、政策研究

在国家自然科学基金、948 项目、林业公益性行业专项、中央科研院所基金等支持下，在天然次生林恢复经营、人工林近自然经营等方面开展了大量基础研究，相关研究成果为东北天然林保护、南方人工林可持续经营提供了理论基础和技术支撑，对于优化森林经营措施，降低经营成本，提高林地生产力，制定和实施适应性多目标森林经营规划和决策具有重要意义。

结合社会经济发展形势和林业需求，开展了林农合作组织、国有林区转型发展、林区道路投融资、国家公园生态资本评估、生态价值核算和生态补偿、国有天然林保护体系等

政策研究，为林业决策提供依据。

深入开展林业碳汇及相关政策研究，取得了一定成果。研发了《北京市平原造林碳汇项目方法学》《东北天然次生林经营碳汇方法学》等碳汇方法学，为开发林业碳汇项目提供了更多方法学，拓展了项目开发范围。开展了世界林碳市场发展及其对中国林碳交易启示研究，编制了低碳园林建设指南并开展示范，编制《大兴安岭林业碳汇基地规划》，开展林业碳汇审定核证工作，对推动林业碳汇交易起到了重要支撑作用。

二、林业经济理论与政策研究

(一)历史变迁

2001—2004 年，开展了社会林业工程创新体系的建立与实施研究，建立了中国社会林业工程与省域社会林业工程评价指标体系，提出 325 个社会林业工程典型模式和省域 175 个典型综合技术模式，为社会林业的实施创立了一种新模式。

2008 年，中国林科院林权改革研究中心依托科信所成立。

2009 年，中国林业经济学会世界林业专业委员会依托科信所成立。

(二)发展现状与工作重点

研究室人员构成：研究人员共计 10 人，其中有博士 7 人，副高及以上 4 人。

研究领域：基于林业与国民经济的关系以及林业的特点，开展林业经济规律、产业结构与就业、要素与产权市场研究；开展林业投资、财政、金融、保险、税收等政策研究；开展林业管理体制、产权制度等改革研究；开展参与式发展与社区林业、林业合作组织发展研究等。工作重点主要有：

(1)林业重点产业竞争力和发展潜力预测。运用多种指标系统评价了我国林业产业的国际竞争力，预测了我国林业产业的发展潜力，利用系统动力学模型对 2020 年我国主要木质林产品的供需状况进行了测算；认为我国在胶合板、木制品、纸制品以及木质家具等劳动密集型产品上的国际竞争力较强，而在原木、锯材等资源型产品以及木浆等资本密集型产品上的国际竞争力还较弱；预计未来 5 年我国森林面积和蓄积量将分别以年均 0. 34%～3. 38%和 2. 27%～2. 36%的速度增加。2020 年中国国内木材需求量接近 8 亿立方米，木材回收率能达到 50%，木材对外依存度约为 30%。木材供需基本平衡，但供给结构矛盾突出，大径材供给能力严重不足。成果在院基金评审中为优秀，论著已出版。编制《林业战略新兴产业发展规划》，参与编制《关于加快林业产业发展的意见》。

(2)木材安全评价与供给策略。一是基于 PSR 概念模型框架，从压力、状态和响应 3 个方面构建我国木材安全评价指标体系；并采用 GRA 法和 TOPSIS 法，对 1997—2015 年我国木材安全状况进行评价。研究发现，1997—2015 年间我国木材安全水平综合评估值呈先下降后上升的趋势，状态类指标是影响我国木材安全的主要因素，推进境外森林资源开发和发展境外木材加工合作是保证木材安全的重要策略之一。二是基于扩展的贸易引力模型，分析了影响中国锯材进口的主要因素及其方向和程度，发现贸易伙伴国双边的经济规模、森林资源差异、木家具出口量、汇率、中国天然林保护政策和贸易伙伴国原木出口限制政策等因素对中国锯材进口具有显著正向影响；两国之间的距离对中国锯材进口具有显著负向影响。三是系统分析全面天保政策对森林资源及生态功能、木材供需平衡和林业产业发展、林区职工就业与收入、社会稳定的影响，测算全面天保后木材供需缺口和对外依存度变化趋势，得出天然林禁伐政策对中国木材对外依存度的影响程度约为 0.4%~3.4%，并运用 PSR 概念模型和 BP 神经网络模型测度中国木材安全风险水平，揭示了木材安全警度从“无警—轻警—无警”的变动趋势，提出全面天保后木材安全风险防范与供给保障策略。四是形成了天然林停伐政策影响报告以及木材安全评价报告，为解决天然林全面停伐后我国的木材安全问题和木材供给策略提供理论依据和决策参考。

(3)木材市场时空演变研究。一是利用变异系数、经济区位熵、空间自相关的方法对中国木材交易市场时空差异状况进行测度，发现经济区位熵区分明显，其中木材交易市场经济繁荣区和经济发展区仅占 30%；木材交易市场呈现明显的东强西弱态势，且互相之间联系不够紧密。二是利用重心模型从演变状况、移动距离、移动方向等多角度分析中国木材交易市场重心的动态轨迹和空间分布状况，发现木材交易市场整体经济重心向西南方向移动，且移动方向主要发生在南北方向上，说明来自南北方向上的木材交易市场驱动力是造成木材交易市场出现空间不均衡的主要原因。

(4)木材价格研究。一是基于 GARCH 模型研究了国内外原木和锯材价格波动动态关系以及最小风险资产组合，发现中国主要的木材来源市场都存在着“波动集群效应”，市场易受外部因素影响产生剧烈波动，不能保障木材稳定供给；中国在贸易过程中更偏好加工程度较低的原木，受进口来源国贸易政策限制，当前木材进口结构存在较大风险。二是采用原木和锯材的国内和进口价格的日度数据进行基于 Wald 的格兰杰检验、Geweke 反馈的格兰杰检验和频谱的格兰杰检验，发现原木与锯材的国内价格与进口价格之间在长期和短期都存在着显著的格兰杰关系，且即时的格兰杰关系占较大比例，揭示了中国木材市场与国际市场总体上存在着较强的传导关系。三是木材价格因果关系的分析提供了市场的传导方向和作用的周期信息，可以帮助政策制定者出台更好的稳定木材市场的政策。

(5)林业扶贫监测与评价。编制《定点县林业扶贫规划》(已印发，文件号：林规发〔2016〕180 号)，撰写年度滇桂黔片区和定点县扶贫监测报告以及林业定点扶贫预评估报告。研究了林业扶贫模式，提出林业资产收益扶贫存在资源估值问题、依托的产业发展处于初始阶段、金融服务水平不高及融资保障机制不完善等问题，建议拓展多元化资产来源、合理选择主导产业和开展多产业融合、建立完善的经营主体监督机制。基于 4 个定点县调研数据，采用多元线性回归模型对林业二、三产业比重以及支柱性产业与脱贫率之间的关系进行了实证分析，发现传统用材林种植产业发展不利于减贫，而林业二、三产业、木本油料及经济林产业的发展有助于脱贫。采用倾向得分匹配法实证分析了集体林权制度改革对农户人均林业纯收入的影响，发现传统的描述性统计分析高估了集体林权制度改革对农户人均林业纯收入的影响，大致高估了 5 倍左右。实证分析了科技培训对贫困农户家庭林业收入的影响。在消除样本自选择问题和内生性问题造成的偏差后，参加林业科技培训使贫困农户的家庭林业总收入和林业生产经营性收入分别增长了 3.09 倍和 2.82 倍，增收效果显著。通过长期林业扶贫效果跟踪监测，建立了涵盖贫困县层面林业生态建设绩效、经济发展绩效、社会公共服务绩效三个维度和贫困户层面客观绩效与感知绩效两个方面的林业生态脱贫绩效评估指标体系；运用 Min-max 标准化法、熵值法等评估方法，对国家林草局定点扶贫县林业生态脱贫攻坚绩效进行评估，并基于可持续生计分析框架开展林业产业扶贫的脱贫稳定性研究，发现林业生态扶贫绩效逐年提升，但在林业产业带动脱贫、贫困人口自我发展、林业资源价值开发、生态护林员管理等方面仍需加强，提出促进林业产业发展、培育优化利益联结机制、创新"生态+"扶贫模式、拓展生态护林员职能、激发贫困户发展内生动力等林业生态脱贫长效机制，以及林业生态脱贫攻坚与乡村振兴有机衔接的政策措施。

（6）林业改革与发展。一是全面梳理了中国集体林权改革经验，在调研和评估发展中国家林权改革进展和培训需求的基础上，开发了系列培训和宣传教材，通过国际会议输出中国林改经验、林改模式与林改方案，培训来自 30 多个国家的林业官员和专家等 150 余人。二是开展集体林权改革与绿色增长研究以及对林农收入的影响研究，分析发展林下经济对生态和民生的影响并对其综合效益进行评价，开展了林地规模经营研究。三是构建国有林场改革监测评价指标体系，跟踪国有林场改革进展，评价改革的成效，提出深化改革的政策建议。出版"2013—2016 年度国有林场改革监测"系列丛书。四是分析我国国有林地造林绿化现状和问题，从空间上评估其造林潜力，分析国有林产权制度对造林绿化的约束性，探讨国有林产权模式和投融资机制创新，推进大规模国土绿化。五是设计森工企业综合效率评估指标体系，建立 2003—2014 年重点国有林区 84 个森工企业的投入产出数据库，并利用森工企业效率测算模型，评估重点国有林区森工企业综合效率水平，通过面板数据模型分析揭示制约森工企业效率提升的关键因素。六是参与中国科学院牵头的自然资源资产管理体制研究，提出森林资源资产产权制度框架，配合国家林草局开展森林资源资产负债表编制，向国家审计署报送了《领导干部森林资源资产离任审计方法建议》，纳入国家审计署试点方案。七是开展国有森林资源资产有偿使用制度研究，明确有偿使用制度的范围、主客体和流转方式等，相关成果纳入《国务院关于全民所有自然资源资产有偿使用制度改革的指导意见》，并由国务院发布。八是开展中央与地方财政事权和支出责任划分研究，为厘清部门职能、明晰中央和地方林业的关系提供科学依据，参与起草改革方案文件并报财政部和国家林业局。九是开展林长制调研与政策研究，针对林长制试点的实施情况进行专题调研，发现林长制实施成效初显，建立了林长制的组织体系和配套制度，提高了林业综合治理能力，强化了森林资源保护和管理；同时发现林长制实施过程中面临着部分领导干部对林长制认识不足、重视不够，林长制的职责边界不够清晰，考核评价机制亟待完善，各级林长的激励机制有待加强等问题，为此提出提出积极稳妥推进、提高干部群众认识、理顺工作关系、完善考核评价制度、加强信息公开和社会监督等加快推进林长制实施的政策建议，该建议已被中国林学会《林业专家建议》刊用。

（7）森林保险和林业投融资。一是提出了森林保险的方法学，测算了全国各地保费水平，提出森林保险制度优化的政策建议；编制森林保险指导意见；开展了商品林保险的风险区划和费率算法研究；研究了基于随机模拟的中国森林火灾风险评估及损失分担机制。二是集成运用向量自回归、脉冲响应函数和误差修正模型等方法研究中央林业投资与林业经济增长的互动关系，为林业投资效率评价提供基础量化方法；建立动态博弈模型，揭示林农融资难的内在形成机理；建立多元化融资机制，评估了权抵押贷款融资风险，提出金融创新的可能方向。三是开展林业产业基金管理机制研究，编制《林业产业基金管理办法》，相关成果已被纳入《林业产业投资基金指导意见》和项目申报指南，并由国家林草局和中国建设银行联合下发，推动林业产业投资业务快速发展。四是完善大规模国土绿化多元化投入机制研究，认为目前造林绿化投资主体单一，社会资本进入的主要是经济林，常规造林仍以政府投资为主，社会多元化投资机制尚未真正形成；实践中造林绿化用地落实困难、造林投入严重不足、社会主体投资积极性不高、国土绿化质量不高、林木后期抚育管理工作滞后等突出问题。为此，提出应落实造林绿化用地、加大国土绿化投入、鼓励社会主体参与、创新绿化体制和造林模式、强化林业科技支撑等政策建议。

（8）天然林保护政策与智能管护研究。研究了天然林保护实施标准体系，提出了实施标准；编制了天然林智能管护"十三五"发展规划；研究了集体和个人天然林资源保护财政政策，提出了财政政策优化的建议。研究室完成了天然林智能管护前期研究，编制了天然林智能管护发展规划，提出智能管护技术推广的可行方案；开展了大数据在林业统计工作中运用研究，探索大数据在林业统计工作中的应用案例，提出加快大数据在林业统计工作运用的对策措施；开展各类自然保护地统计调查制度研究，编制了各类自然保护地调查方案。

（9）我国林业科技进步贡献率目标研究。通过比较宏观经济与农业部门科技进步贡献率，利用生产函数法与增长核算法相结合的方法，确立了我国林业科技进步贡献率各时期的目标，即近期（2020 年）：林业科技进步贡献率 55%，基本建成适应林业现代化发展的科技创新体系；中期（2035 年）：林业科技进步贡献率 64%，基本实现林业现代化；远期（2050 年）：林业科技进步贡献率 70%，建成林业现代化强国。该目标已被国家林草局科技司认可并基本采纳，作为新时代林业现代化建设总体思路的一部分内容在 2018 年全国林业厅局长会议发布。为保障上述目标顺利实现，研究组提出三个方面的对策措施，即加强林业劳动力队伍建设、推进林业技术装备现代化以及建立林业科技进步贡献率动态监测考评机制。

（10）自然保护区发展森林旅游对周边社区居民收入影响机理研究。自然保护区内及周边社区人口众多，与贫困地区在空间上高度重合。近年来随着包括旅游扶贫在内的精准扶贫的实施，森林旅游为自然保护区周边社区提供了一种可持续性的生计方式。通过对云南省高黎贡山等 5 个国家级自然保护区及周边社区，共 29 村 7 林场 494 户农户调研。为更好地发展森林旅游，促进社区农户生计与保护区管理协调发展，提出应科学规划自然保护区森林旅游、严守生态红线、政府协调、加强旅游产品开发、推进规范化经营等建议。

三、林产品市场与贸易研究

（一）历史变迁

2009 年国家林业局林产品国际贸易研究中心依托科信所成立。

（二）发展现状与工作重点

研究室人员构成：研究人员共有 14 人，副高及以上 4 人。

研究领域：基于 WTO 规则、全球木材与林产品供需情况以及相关国际组织、国家和地区林产品贸易政策，开展中国林产品供需市场分析与预测、林产品贸易、林业利用外资以及对外投资政策研究，为政府决策提供决策支撑。工作重点主要包括：

1. 林产品市场监测与预警

一是出版林产品进出口简报，2010 年 8 月至今共编写 86 期海关月度林产品贸易分析。跟踪分析主要林产品的进出口量价走势、各国家占比、重点国别的量价走势等，2015 年 9 月至今，共编写 27 期。林产品进出口 TOP 企业名录对 TOP 企业排名及进出口金额、数量的总量占比，及时了解主要企业的变化。2014 年 2 月至今共编写 45 期。从 2000 年开始为 ITTO 编辑 MIS，介绍中国的林产品市场与贸易信息。二是开展林产品市场供需预测，开展“十一五”“十二五”“十三五”主要林产品市场供需预测，重要数据纳入林业发展规划。三是研发中林集团辐射松价格指数，以辐射松为观测对象，以中林下属子公司为重要样本，反映辐射松在不同时期内价格水平的变化方向、趋势和程度的经济指数。已连续上报 26 期。四是开展林产品生态足迹评估及碳转移监测，相关成果为《木家具和木制品的生态足迹评估研究》、《国际林产品贸易中的碳转移计量与监测研究》(梁希科技进步二等奖)。

2. 林业产业发展及绿色供应链构建

一是开展中国林业产业监测预警系统建设，建设来自于早期开展的中国木材安全战略研究、中国森林资源全球战略研究、中国林业产业监测预警系统建设方案、林业产业监测预警系统设计与评价研究、林业产业发展监测预警模型研究、林业产业发展十三五专题实施方案编制、现代林业产业信息网、农林产业政策比较研究。二是开展中国林产品指标机制(FPI)建设，是反映木材制造的“景气”情况的一种综合指数，行业运行态势的“晴雨表”。2012 年 3 月发起，从开始的 33 家到现在的 100 家(含 9 家上市公司)企业；发布 FPI 调查指数报告 69 期；FPI 微信公众号发布微信林产品贸易信息 300 多期；订阅用户已经超过 5600 人。三是开展中林集团木材贸易景气指数研究，木材贸易景气指数分别反映木材贸易环节的“萧条”情况，已连续上报 26 期，对数据进行了 26 周的同步跟踪，受到中林集团的好评。

3. 林业海外绿色投资与绿色金融研究

一是研究“一带一路”沿线国家林业发展现状和合作机遇，结合林业自愿性指南的推广与应用，以点带面逐步推进对“一带一路”沿线地区的直接投资。二是在加蓬、圭亚那、缅甸、莫桑比克等国别研究基础上，开发境外企业可持续经营、贸易与投资的评估工具，帮助企业管理海外投资风险，提高了企业绿色投资的意识与能力。三是完成了“绿色信贷支持林业发展的实践研究”“绿色信贷下的绿色林业研究”等课题。分析了绿色信贷支持林业发展的效果与经验，梳理了绿色信贷支持林业发展面临的困难与挑战，提出了完善绿色信贷支持林业发展的建议。其中有关绿色信贷统计制度下“绿色林业”相关典型项目的修改建议已被银监会采纳。

4. 林产品贸易规则及磋商机制研究

一是为贸易谈判提供分析报告，如中日韩自贸区竞争性产品和防御性产品分析、中美林产品贸易分析、中加林产品贸易分析、中欧林产品贸易分析、中非林产品贸易分析。二是为贸易摩擦提供解决方案，如主要林产品贸易壁垒国家和组织相关法规与政策研究、出口退税政策研究、中国林产品进出口贸易技术标准体系研究等。三是打击非法采伐及相关贸易并开展木材合法性认定体系研建，开展了中国木材合法性认定体系研究、突破国际贸易壁垒的中国木材合法性认定标准体系、应对非法采伐及相关贸易策略研究、木材合法性国别研究。相关研究成果对于突破国际绿色贸易壁垒，保障我国林产品国际贸易的发展起到了重要作用。

5. 林产品贸易中碳转移计量与核查的技术规范及监测评价标准体系研究

在跟踪国际前沿理论的基础上，分析比较国际林产品贸易中碳计量理论与方法，中国林学会陈幸良和科信所陈勇项目组首次优选出国际林产品贸易中碳计量的方法——储量变化法。并用储量变化法计算出我国 2013 年在用木质林产品的年度储碳量约为 5373. 13 万吨。项目提供了大量翔实的林产品国际贸易碳转移计量的数据，为中方参与气候变化谈判提供了基础支持。该研究在国内率先开展林产品贸易中碳转移路径监测。国际贸易中的木质林产品碳流动性强、监测复杂，项目率先跟踪监测了深圳、上海、哈尔滨等进出口贸易口岸原木、锯材、胶合板等木质林产品运输、加工、销售和管理过程中的碳转移路径，计量监测林产品贸易中的碳储量变化，为探索林产品碳流动监测方法提供了范例。并且监测指标值的变动与木材消耗量、林产工业品价格、林产品贸易量具有相关性，适应林产品贸易的运营管理和预警需要，对我国林产品贸易安全、木材安全具有重要意义。该研究还首次研建了林产品贸易中碳转移计量与核查的技术规范及监测评价标准体系，并运用该标准体系监测了深圳、上海、哈尔滨等出口贸易口岸原木、锯材、胶合板等木质林产品运输、加工、销售和管理过程中的碳排放，在解决碳排放责任主体、调整边境碳关税方面做出了积极的探索，也为应对国外碳壁垒提供有力依据。项目成果“国际林产品贸易中的碳转移计量与监测研究”荣获 2016 年度梁希林业科学技术二等奖。

6. 打击非法采伐及相关国际贸易谈判

密切配合整体外交战略和国家林草局等有关部门工作，全方位地参与了中国与美国、欧盟、日本、澳大利亚、印度尼西亚、俄罗斯等重要国家的贸易谈判，为谈判提供了一系列谈判预案、对外口径草案和相关建议报告。研究室专家在多次投入谈判一线的同时，还组织了系列国际交流活动，以务实合作为基础，以共同发展为目标，为决策部门提供了切实可靠的技术支持，维护了国家利益及中国负责任的大国形象。参与的国际谈判和交流主要有：

(1)欧盟：参加了 2009—2017 年中欧打击非法采伐及相关贸易双边协调机制共 8 次会议，全程参与谈判并提供谈判预案，积极促进了双边非法采伐机制进展与合作交流。

(2)英国：与英国国际发展部(DFID)合作，成功开展两期中英国际贸易与投资合作项目，并取得丰硕成果；2010—2017 年，七次参加了英国 Chatham House 打击珍贵木材非法采伐国际圆桌会议，通过宣传中国在打击非法采伐方面的行动与努力，获得了国际社会的广泛认同，维护了大国形象。

(3)美国：参与了 2010—2016 年中美打击非法采伐及相关贸易双边论坛第三次至第七次会议。参与谈判并负责预案起草工作，在促进合法贸易、打击非法采伐、数据交换机制、木材认定技术等相关议题的推进中发挥了重要作用。

(4)澳大利亚：参与了2010和2016年中澳林业工作组第九次和第十一次会议，2011年、2013年、2016年和2018年中澳打击非法采伐及相关贸易第一至四次双边论坛，通过预案起草和谈判参与，推动扩大了中澳在林业合作与打击非法采伐行动方面的共识。

(5)亚太经合组织(APEC)：作为主要力量参加了2012—2017年APEC非法采伐和相关贸易专家组第一至十二次会议，提出“建立区域内木材合法性互认机制”的倡议，参与专家组战略规划的起草工作，研究室人员作为核心工作组成员参与2017年工作计划及2018—2022发展战略的编制工作，加强与各经济体的良性互动与合作，增强理解和增进互信。

(6)国际热带木材组织(ITTO)：作为重要力量参加了由商务部和国家林草局组团出席的ITTO第47届至53届理事会，参与市场和相关政策的讨论及制定。作为核心成员，参与了ITTO“2018—2019”双年活动和计划的修订和编制工作。将研究室主推的“中国林产品指标机制”的理念推广到ITTO，提出“全球木业和家居绿色供应链机制”的倡议。目前该倡议已经得到ITTO及其成员国的积极响应和支持。

7. 建立林产品贸易数据平台，形成中国林产品指标(FPI)机制

一是林产品贸易数据平台与信息机制。研究室已建立林产品贸易数据平台网站(http：//www.cinft.cn/)、中国林产品指标机制网站(http：//www.chinafpi.org)等相关信息平台，帮助与林产品贸易相关的利益方及时获取贸易数据、了解市场和政策信息、拓展交流渠道，同时也为政府决策提供了科学依据。此外，顺应微平台的发展趋势，研究室积极开展公众号建设，由研究室开设的“林业可持续对外投资与合作”“林业产业与林产品市场信息”“中国林产品指标机制”等专题公众号的阅读量不断攀升，受到广泛的好评。二是中国林产品指标(FPI)机制。在国家林草局的指导和国际热带木材组织的支持下，独创了旨在服务林产品企业、行业协会、政府部门和研究机构的“中国林产品指标(FPI)机制”。FPI机制通过企业报送经营数据，经过数据分析后每月在《中国绿色时报》发布，这是全球首份木材产业采购经理人(PMI)指数。FPI机制被《中国绿色时报》评为年度十大新闻，FPI指数报告多次被国家发改委网站、商务部网站转载，相关新闻在《经济日报》《参考消息》以及新华网等国内媒体多次报道或专访。到目前为止，已连续发布FPI30指数和FPI地板指数报告68个月，各68期。全国已有10个省31个县市的超过100家(含10家上市公司)参与FPI指数填报工作，企业范围涉及地板、家具、竹制品、人造板、木门窗等行业。目前，FPI微信公众号订阅用户已经超过5400人，累计发布微信林产品贸易信息900多期。三是各类快报、年报等。在建立信息交流机制的基础上，研究室定期向国家林草局及相关利益方提供林产品贸易快报、林产品贸易年度报告、各类国别报告等专业性技术报告，为相关部门精准地把握林产品贸易进展、了解林产品贸易发展动态与趋势、满足林业对外合作与谈判需求提供了重要决策参考。四是搭建研讨平台，在促进交流合作中发挥了作用。应对行业发展需求，研究室发挥自身优势，积极开展面向企业的技术培训和咨询服务。研究室编制了林产品贸易政策、木材合法性等系列培训教材，在林产品贸易企业集中的地区开展超过20次培训活动，为近50家企业提供木材合法性尽职调查等专业技术支持与咨询服务，有效提高了企业在践行可持续林产品生产与贸易方面的能力，有助于企业更好地应对国际市场贸易要求与政策调整，规范与促进了市场行为与贸易发展。除此之外，研究室还主办或承办了包括中非森林治理学习平台会议、可持续林业与市场发展国际研讨会等学术交流与技术研讨会，不仅构筑了林产品贸易领域的学术探讨、问题沟通、经验交流平台，同时极大地提升了研究室在行业内和国际上的影响力与知名度，为今后开展国内基础研究和国际科研合作奠定了坚实的基础。

四、森林资源与环境经济研究

(一)历史变迁

1996—2000 年，开展了资源核算及纳入国民经济核算体系试点研究，将森林分为林地、林分、森林环境资源三个部分分别进行核算，为森林资源纳入国民经济核算体系奠定了理论基础。

2000—2010 年，开展了森林资源价值评估与绿色 GDP 核算研究，揭示了森林资源价值评估中资产与生产、存量与流量的关系，提出了相应的价值评估框架与指标方法体系，开展了多个不同尺度的案例研究，为森林生态服务市场和生态补偿政策提供了理论支撑和决策参考。

2006—2010 年，开展了热带森林资源生态系统服务市场化研究，重点开展了森林流域服务、森林碳汇服务、森林生物多样性保护服务以及森林景观与游憩服务的市场化模式与案例分析，为多元化森林生态补偿政策奠定了理论与实践基础。

2011 年，成立中国林科院科信所气候变化林业政策研究中心、林业资产评估研究中心。

2011 年，中国林科院中林绿色碳资产管理中心依托科信所成立。

(二)发展现状与工作重点

研究室人员构成：研究人员共 10 人，其中，研究员 2 名，副研究员 1 名，助理研究员 7 名。国内外长期合作专家有：森林经营专家邬可义、德国弗莱堡大学 Heinrich Spiecker 教授、芬兰专家 Paavo Pelkonen、印度专家 Promode Kant、奥地利专家 Manfred Lexer、澳大利亚专家 Richard Harper。其中，研究室长期合作德国专家 Heinrich Spiecker 教授被聘为中国林科院科学发展咨询委员会外籍科学顾问，并先后荣获 2017 年河北省政府“国际科学技术合作奖”、2019 年“河北省外国专家燕赵友谊奖”、2020 年第十一届梁希林业科学技术奖“国际科技合作奖”。

研究方向：基于森林、林业与生态环境、全球气候变化等的关系，开展森林环境经济理论和政策研究。开展森林多目标经营与监测评价，以此延伸到森林生态补偿(PES)研究、森林资源价值评价、绿色 GDP 核算以及森林多重服务功能模拟优化研究等；开展林业碳汇标准体系、技术与方法以及森林碳市场管理研究，开展森林碳汇项目审定核证业务；开展林业应对气候变化战略与政策、林业生物质能源政策研究。具体研究框架见图 2-1。

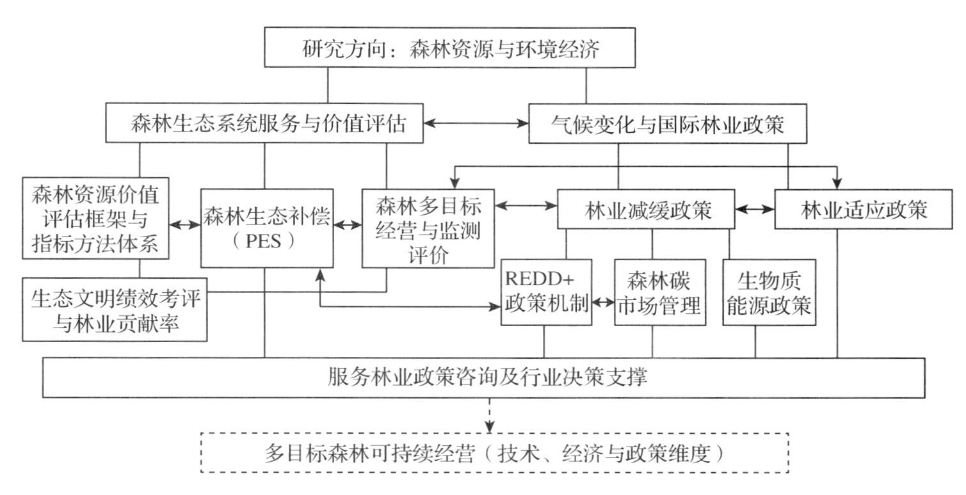

图 2-1　森林资源与环境经济学术“路线图”

研究室自成立以来的主要工作包括：

(1)森林生态系统服务价值评估与绿色核算。先后执行该领域的国际合作项目、国家层面上、区域层面上以及森林经营单位水平上的研究工作。一是系统引进了国际上如欧盟、联合国粮农组织以及千年生态系统评估等关于森林资源价值评估的最新成果，揭示了森林资源价值评估应区分资产与生产、存量与流量，并提出了相应的价值评估框架与指标方法体系，并依据该框架体系开展了基于行政单位宏观尺度和基于森林经营单位小班尺度的多个不同尺度范围的实证评估。参与了国家林草局和国家统计局联合开展的历次“森林资源资产与生态服务价值评估”研究，开展了北京市、海南省、山东省、陕西省、西藏自治区、伊春市、青岛市、东营市、南阳市、安福县、河北省塞罕坝机械林场等多个案例研究，为当地提供了科学决策依据，同时在创新森林价值观、提高人们的森林生态服务意识方面产生了广泛的社会影响。二是结合森林资产与森林生态系统服务价值评估，应用经济学方法对不同地区、不同利益相关者的效益分配进行经济分析和政策含义分析，全面揭示森林对不同行业领域和不同区域的真实贡献，为创建森林生态系统服务市场和完善森林生态效益补偿政策提供理论与决策支持依据。集中总结和体现了上述相关研究成果的学术论文 Valuation of forest ecosystem goods and services and forest natural capital of the Beijing municipality, China，在 FAO 主办的知名国际林业杂志 Unasylva 上以英文、葡萄牙文和西班牙文发表，并荣获第三届梁希青年论文二等奖(第一作者)。研究成果“青岛市森林与湿地资源核算技术与应用研究”分别荣获山东省林业科技成果奖一等奖(2009)、青岛市人民政府科技进步二等奖(2010)，吴水荣同志排名第三位。三是以森林生态系统价值评估为手段分析落到山头地块的森林经营活动对森林多重效益的影响机制。

(2)森林生态补偿研究。系统研究了国内外森林生态效益补偿的政策与实践进展，分析了森林生态效益经济补偿的关键问题，包括补偿主体和客体、补偿标准、补偿方式，生态补偿的交易成本问题以及实施森林生态补偿对利益相关者的福利影响，提出创建经济激励机制促进森林所有者或经营者采取有益于自然保护的生产经营方式，并促进各利益相关者——森林所有者、经营者、政策制定者、投资者、森林生态服务的受益者和环境退化的受损失者等了解投资于森林生态系统服务的机会与问题、森林生态补偿市场化机制等相关建议。

(3)林业对生态文明贡献率及生态文明建设绩效考评研究。主要开展了生态文明建设绩效评价指标体系与测度方法研究，探索生态文明建设林业贡献率。在综述国内外有关生态文明建设评价指标体系的基础上，运用频度分析法、重要度法、因子分析法等方法建立分析框架、选取指标、确定权重，并选取北京市进行案例分析，评价了过去十年来北京市生态文明建设发展成果并对生态文明建设中林业贡献率，按权重计算，占总体的22.59%；分别采用频数分析法赋权和因子分析法赋权对2008—2017年北京市生态文明建设中林业贡献率进行分析，发现北京市生态文明总体绩效基本上处于线性增长，采用频数分析法赋权计算的林业贡献率水平低于因子分析法计算的林业贡献率水平，采用不同赋权方式对林业贡献率的计算影响比较大，客观合理赋权显得极为重要。在上述研究基础了探索研建了自然资源价值评估与生态文明建设绩效考评系统V1.0(简称LinValue)，并获得了软件著作权(软著登字第5623951号)。

(4)森林多目标经营关键技术集成与示范。针对现地森林经营质量参差不齐、高质量经营少和具体经营单位缺动力、缺管理、缺技术、缺方案等问题，选取有代表性的林场开展中国森林可持续经营典型创新实践模式研究，消化集成创新了北方地区主要树种和典型林分森林质量提升经营和方案编制技术，提出了不同经营目标导向的具体经营技术体系：一是主要树种典型林分质量精准提升经营技术。将森林全林经营周期划分为更新及幼抚、形干、径级、森林成熟与二次建群4个阶段，集成运用了人工林的目标树经营、以目标树为构架的全林经营、针叶混交林的目标树经营、人天混针阔混交林经营以及恒续林经营等方法，建立了栎类林、落叶松林、油松林、红松林、云杉林和樟子松林等北方主要树种典型林分质量提升经营技术体系，提高了林分经营措施的针对性、精准性。二是集成创新了天然次生林质量精准提升经营技术。根据天然次生林林木起源的组成状态，将天然次生林分为乔林、中林和矮林。在林分持续覆盖的前提下，通过对矮林的更新(重视天然更新)、近自然转化和培育，增加优种、优树占比，优化林分、林层结构，促进正向演替，提升森林的多种效益。三是提升创新了退化林修复经营技术。提出在不强烈改变森林生境和植被持续覆盖前提下，通过疏伐补植，人工诱导天然更新，渐进式树种置换等方法，建立适宜树种种源区块，逐步伐除上层不适宜树种，抑制林分退化，并改善养分循环，增强森林生态系统健康与稳定性。四是消化和集成创新了经营单位级森林质量精准提升经营方案编制技术。强调根据森林全周期经营规律和经营目标，将各项经营措施落实到小班地块。对方案编制的主要技术环节，包括资源调查、经营规划、经营技术、采伐计算、投资效益、下一经营期展望等进行了详细阐述。应用森林经营方案管理软件Proforst，指导完成了《河北省木兰围场国有林场管理局森林经营方案(2015—2024年)》。这些核心关键技术已获得国家林草局科技司的成果认定，列为2018年国家林草局重点推广的100项成果之一。先后在山西中条山国有林管理局中村林场、北坛林场、河北省平泉市黄土梁子国有林场，山西省吕梁市交口中心林场、黑龙江伊春市林业局、福建省洋口林场、江西省安福县明月山林场等签订了中央财政推广项目技术支撑合同，共同建设森林质量精准提升示范林约 10000 亩。2012 年以来，项目组通过技术推广应用，已在河北和山西建设了 2 个示范基地，建立了近 80 个典型林分类型经营技术示范片区，推广应用面积达 140 万亩。依托示范基地，国家林草局等组织培训交流 5000 多人次；推广示范单位森林蓄积量、单位面积蓄积生长量、混交比例、优树比重、高价值树木等显著提高，树种、林龄、林层结构进一步优化，林分健康状况明显改善，生物多样性更加丰富，森林景观进一步提升，森林生态和社会服务功能显著增强。典型示范林场的实践表明，森林是需要经营的，不经营的森林很难成为符合社会需求与目标要求的森林。森林经营必须以科学理念为指导，采用正确的经营路线，才会达到预期目标和良好效果。为此，提出应建立森林经营制度体系，保障森林经营长期化；创新森林经营管理模式和技术体系，不断总结推广良好森林经营实践；夯实森林经营能力建设，狠抓现地落实等方面的政策建议。

(5)森林质量精准提升经营监测评价。一是系统分析了发达国家森林质量精准提升经营的先进理念和技术等经验，总结了河北木兰围场国有林场“近自然流域经营示范区”、山西中条山国有林管理局“近自然育林差别化经营示范区”这两个典型实践案例及其效果；以河北省木兰围场国有林场监测为例，基于林分尺度，对四种典型林分的 4 种不同经营方式的先后两期的经营效果，从林木生长、林分结构、生物多样性、碳储量变化几个方面进行了综合评价。二是提出了基于森林经营单位级的特别是基于国有林场的森林经营监测评价内容、指标与方法体系，从森林经营方案编制、审批与实施全过程监测，森林经营所涉及全部活动的监测以及森林经营成效包括资源、环境与社会经济全方位的监测，提出了相应的监测指标体系、监测与评价方法以及监测评价标准，有助于全面评估森林经营单位级的森林经营成效，为科学管理、科学决策提供依据，全面推进国有林场森林质量精准提升经营工作。

(6)森林经营模拟优化与成本效益分析。利用森林生态系统管理软件，模拟预测不同育林措施与经营策略对森林多目标功能的影响，并协调权衡主要功能之间及现在与未来的变化，对森林经营规划进行优化，提出政策与管理建议。特别地，依托国家自然科学基金项目开展了不同树种选择与配置模式、典型林分不同经营策略的成本与效益及其对森林多重效益的影响机制研究。利用样地调查、专家访谈的方法分析森林群落结构及功能，采用样地调查、PICUS 模型模拟与预测的方法确定森林的木材收获量和碳储量，采用净现值、内部收益率原理对不同树种配置模式森林经营的经济绩效进行分析，并探索了其对贴现率、木材价格、采伐成本等不同因素的灵敏度，最后综合评价不同树种配置模式下的森林生态效益和经济效益。研究结果表明，在敏感性方面，木材价格提高 1%，净现值提高 1.41%；采伐成本下降 1%，净现值提高 0.27%；贴现率下降，会引起净现值指数级上升，且贴现率越低，净现值越敏感。对于不同树种配置模式，马尾松—红椎异龄混交模式对于木材价格变动最为敏感；马尾松纯林模式对于采伐成本变动最为敏感；红椎纯林模式和马尾松—红椎同龄混交模式对于木材价格和采伐成本的变动均处于居中；马尾松纯林模式对贴现率变动最为敏感，马尾松—红椎同龄混交模式对贴现率变动最不敏感。从总体来看，马尾松—红椎同龄混交模式能够更为均衡地发挥森林经济与生态效益，具有较好的推广性。研究结果对森林质量精准提升经营生产决策具有参考价值。

(7)气候变化林业政策研究。先后参与执行了国家 973 计划项目"'减少发展中国家毁林排放等行动(REDD+)的政策措施和机理机制'谈判议题相关问题研究"和重大行业专项"中国森林对气候变化的响应与林业适应对策研究"等项目，重点研究 REDD+融资机制以及气候变化对我国林业发展的损益分析，并结合我国实际提出对案建议。一是针对森林碳信用的不确定性、非永久性以及泄露等特点，并结合森林管理活动的特点提出了考虑环境整体性的新的 REDD 构架。依托该理念的学术论文 The REDD Market Should Not End Up a Subprime House of Cards：Introducing a New REDD Architecture for Environmental Integrity 在 SCI 期刊上发表，并被 UNFCCC 和 IPCC 等网站等广泛转载。二是结合国际气候变化谈判进展提出了我国对案建议等相关研究提案被提交到国家林草局相关司局，为我国林业应对气候变化国际谈判提供技术支撑。依托该研究成果的学术论文《国际气候变化涉林议题谈判进展及我国对案建议》荣获第八届中国林业经济论坛论文二等奖。三是在林业适应气候变化策略国际比较研究基础上，分析了包括良种选育、人工造林、森林经营、病虫害管理、森林防火、采伐与加工等方面的林业政策调整策略，以开展气候变化背景下的适应性森林管理。四是研究气候变化背景下林业生物质能源发展的政策与经济学，重点结合发达国家以及印度与中国的社会经济与环境条件对林业生物质能源的生产与利用进行了政策比较研究。以生物柴油树种麻疯树的发展为主题的学术论文 The Extraordinary Collapse of Jatropha as a Global Biofuel 在 SCI 期刊上发表，并在生物质能源相关的国际网站上广为传播，为国际以及国家的相关投资决策提供了参考依据。五是参与编制国家适应气候变化战略、开展林业适应气候变化战略研究。2016 年 7 月，依托研究室完成的《林业适应气候变化行动方案(2016—2020)》由国家林业局正式发布，在全国范围内实施。行动方案(2016—2020)。六是开展林业碳汇项目审定核查方法学以及相关技术标准研究，同时结合林业碳汇项目的发展，作为独立第三方成功开展了 20 余项林业碳汇项目审定核证。

五、可持续林业管理与森林认证研究

(一)历史变迁

2013 年国家林业局森林认证研究中心依托科信所和森环森保所等成立。

(二)发展现状与工作重点

研究室人员构成：研究人员共有 11 名，博士 4 人，副高及以上 4 人。

研究方向：基于绿色经济和可持续发展理论，开展：森林认证体系、技术、标准与指标研究与培训，开展国家林业认证体系、标准、指标与管理研究；开展人工林环境管理研究；开展木材合法性认定与管理体系研究；开展林产品产销监管链研究与实践；开展高保护价值森林管理研究等。工作重点主要包括：

(1)森林可持续经营与认证。一是建立了符合我国国情森林认证制度体系框架，构建了中国森林认证影响评估模型，提出了中国森林认证的发展路径与机制设计。基于全球森林认证体系要素，提出中国森林认证体系管理架构和系列体系管理文件，并与国家认证管理制度和国际森林认证体系管理架构相衔接，推动中国国家森林认证体系的构建并成功实现与国际认证体系 PEFC 的认可互认；揭示了森林认证的影响因素和作用机制，提出了中国森林认证影响综合评价指标模型和方法，以及适用中国国情且满足于市场和政府双轨发展需求的森林认证推广机制。二是构建了中国森林认证标准体系，制定中国森林认证核心技术标准与审核导则。建立了“中国森林认证标准体系表”，除传统的森林经营和产销监管链外，在国际上首次将森林环境服务(包括自然保护区和森林公园)、野生动植物养殖、森林防火、林业碳汇纳入森林认证领域，并将审核导则和操作指南纳入认证标准体系范围，创新并丰富了森林认证的领域和标准体系；研制完成的《中国森林认证 森林经营》等 8 项国家或行业标准构建了我国森林认证标准框架，填补了我国森林认证标准的空白，在国内森林认证领域发挥了领军作用。三是研发了森林经营、产销监管链和联合认证等系列实用技术手册和操作指南。指南解决了森林经营方案编制、社会影响评估、环境影响评估、森林监测、木材追踪与管理、高保护价值判定、认证组织方式等森林认证核心技术，实现了森林经营技术与认证标准要求的系统化集成与应用。项目成果已成功应用于中国森林认证体系的构建、管理和运行，并成功确保中国国家体系(CFCC)与国际体系 PEFC 成功实现互认；研发的森林认证核心技术与实践指南已在 34 家森林经营企业和 163 家加工企业得到推广应用，推广面积 357 万公顷，占我国森林认证总面积的 52.5%，认证林产品普遍实现 5%~15%市场溢价，认证产品年市场价值约 13.9 亿美元，保证或扩大了企业的市场份额。同时技术成果还推广至其他寻求认证的企业，目前我国森林经营认证面积位列亚洲第一位，企业产销监管链认证数量位居全球第一位，不但推动了我国森林可持续经营从理论走向实践，而且有力保障和促进了我国林产品国际贸易健康快速发展，取得了良好的社会、环境和经济效益。研究成果获得 2018 年度梁希科技进步二等奖。

(2)全球森林治理与供应链管理。以林产品国际贸易研究中心为平台，开展了应对非法采伐与相关贸易的理论基础、应对策略、技术体系和机制设计研究。在理论上，运用全球林产品贸易模型(GFPM)，从生产和消费两个方面对减少非法采伐的成本进行分析，揭示了从源头遏制非法采伐具有更高的成本效益及其重要性，也为中国打击非法采伐的立场提供了理论依据；在策略上，运用改变的理论，从加强法规管理与国际合作、推动行业自律与企业责任、构建市场环境和激励机制三个方面提出推动中国负责任林产品贸易的路线图，被国家林草局采纳和应用；在技术上，针对国际市场合法性贸易法规要求，首次引进并构建中国企业木材合法性供应链管理与尽职调查体系，并在企业试点应用和行业推广；在机制上，基于技术体系与管理创新的结合，创建中国负责任林产品贸易与投资联盟和信息平台，推动产学研一体化及政策与市场的融合，引起国内外的广泛关注和积极的市场反馈；在国际贸易谈判方面，全方位地参与了中国与美国、欧盟、澳大利亚、印度尼西亚等国以及 APEC 打击非法采伐双边或多边谈判，为谈判提供了一系列谈判草案、对外口径草案和建议报告，相关研究成果对于突破国际绿色贸易壁垒，保障我国林产品国际贸易的发展起到了重要作用。研究成果应对非法采伐路线图和对策建议为国家林草局采纳，并为制定相关政策和应对国际贸易谈判提供技术支持；所开发的“中国木材合法性供应链管理与尽职调查技术体系”，一方面符合国际对木材合法性的界定和欧美等不同国际市场的需求，具有先进性、时效性、国际市场认可度高等技术特点，另一方面结合了我国木材及木制品生产的实践，具有现实适应性和可操作性以及行业创新性。

(3)林业重大问题与国际林业合作研究。落实国家重大战略部署，提出丝绸之路经济带和海上丝绸之路建设林业生态环境合作和产业合作的总体框架、合作领域、目标任务、具体措施和政策支撑，以及中蒙俄经济走廊生态环保与林业产业投资合作规划纲要，相关成果已纳入发改委《丝绸之路经济带和海上丝绸之路建设战略规划》和《中蒙俄经济走廊合作规划纲要》；协调组织《林业援外人力资源开发合作十三五规划》编制，提出援外培训的指导思想、基本原则、发展目标、地区布局、重点任务和保障措施，通过专家组验收并由国家林草局发布。

六、林业史与生态文化研究

(一)发展现状与工作重点

研究室人员构成：专家团队共有5名专家，其中3名为副高级以上专家。

研究方向：基于人类文明和全球森林的变化趋势，研究中国森林的变迁史、林业思想史、林业政策史；研究中国生态文化体系构建以及相关政策措施；开展生态文明评价体系、区域生态文化发展规划相关研究等。主要工作重点包括：

(1)森林文化价值评估理论与方法研究。森林文化价值量化评估的理论与方法，一直是世界性难题。通过理论和案例分析，研究提出森林的文化价值量化评估方法。该方法分别公园尺度和区域尺度，以“人与森林共生时间”为核心标准，以时间价值尺度的“文年”(culture-year)作为计量单位，简称“文年评估法”。在森林公园尺度，森林文化价值用游人在森林公园中逗留的时间来反映。区域范围内森林的文化价值包含区域人口与森林共生的基本价值和森林文化活动中人与森林共生的价值。这种评估方法已得到业内专家认可，并在国家林草局、国家统计局组织开展的森林资源价值核算中得到应用。

(2)生态文化理论体系研究。生态文化是生态文明时代的主流文化，是驱动绿色发展、建设生态文明的内在力量。提出了生态文化的主要内容，包括精神、行为、制度、物质四个层次，精神层次的生态文化居于核心地位。从倡导生态科学、提倡生态伦理、推崇生态美学等方面提出了生态文化的核心价值观。开展了北京市生态文化建设研究、银杏等树木文化和动物文化研究，参编《生态文明时代的主流文化——中国生态文化体系研究总论》《北京生态文化建设理论与实践》。

(3)林业史研究。系统开展了中国森林思想史、林业政策史、森林生态史、我国古代森林采伐技术研究，编著出版了《中国森林生态史引论》《中国森林思想史》《中国林业思想与政策史》《凌道扬 姚传发 韩安 李寅恭 陈嵘 梁希年谱》《张福延 曲仲湘 徐永椿 任玮 曹诚一 薛纪如年谱》等著作，作为骨干力量参编了《新中国林业经济思想史略(1949—2000)》。

(4)林业文化遗产研究。研究提出了林业文化遗产的内涵、认定和评价指标体系，《关于加强林业文化遗产保护的建议》得到国家林草局两位领导批示。开展了福建林业遗产保护与传承、银杏文化遗产保护与传承、竹文化遗产保护与传承等系列研究和林业文化遗产调查与志书编撰工作，《关于率先启动福建省林业遗产认定管理的建议》得到福建省委省政府主要领导同志批示。

（5）森林医学与森林康养研究。在国内率先开展森林生态服务功能与人类健康关系研究，建立了城市森林保健功能主要基础理论框架及其监测方法，提出了城市森林保健功能综合指数评价方法，在杭州建立了6个城市森林保健功能监测站。在浙江桐庐、福建三明开展了国内首个基于志愿者医学数据的“森林环境与睡眠改善”实证研究。与中国林学会森林疗养分会、浙江老年病研究所共同开展了森林疗养基地认证与医学实证研究，探讨城市森林对人体健康影响的医学机理及其评价标准。系统总结了日本和韩国的森林疗养基地建设实践，特别是森林疗养的基本运行模式、森林疗养基地认证标准制定以及基地认证工作管理等方面的经验与做法，提出了“森林康养基地的认证标准”，向国家林草局提交了《中国森林疗养发展建议》等报告。

七、国际森林问题与世界林业研究

（一）历史变迁

科信所在成立之初，世界林业科技情报研究就是重要的业务内容之一，重点是开展国外林业发展规律和经验调研。1972—1974年，开展了国外林业概况与国外林业和森林工业发展趋势研究，出版《国外林业概况》（1974），获得国家科委科技情报成果三等奖。1978年，为配合编制我国林业科8年发展规划和23年设想，编写了《国内外林业现代水平及赶超设想》，进一步摸清了20世纪70年代的世界几个主要发达国家林业生产和科技水平，并提出了发展我国林业对策，为制定发展规划提供了依据。1982年，开展了国外林业发展战略调研，编写了《国外林业发展战略调研文集》，对研究我国林业发展战略起了很大参考作用，受到林业部有关领导的好评，并获得了1986年林业部科技进步三等奖。1983年，为配合制定林业“七五”长远发展规划，编写了《七十年代—八十年代初国外林业技术水平文集》发挥了一定的参考作用。1986—1989年，开展了世界林业研究，采用宏观分析、归纳、推理、演绎的方法，对世界林业进行了全面、系统的研究，分析比较了100个不同类型国家的林业发展规律、特点、经验和发展趋势，出版《世界林业》（1989）、《世界林业发展道路》（1992）、《世界林业发展概论》（1994），获得林业部科技进步二等奖。1989—1993年，开展了国外林业产业政策研究，出版《国外林业产业政策》（1996）、《80年代世界林产工业发展概况和21世纪初展望》（1996），获得林业部科技进步三等奖。

1997年成立了“中国林科院世界林业研究所”，与科信所一套机构两块牌子。在此期间，开展了市场经济国家国有林发展模式比较研究，出版《市场经济国家的国有林发展模式与发展道路》（1998），获得国家林业局科技进步三等奖；开展了世界私有林发展研究，出版《世界私有林概览》（2001）；开展世界科技发展状况与趋势研究、世界热带林业研究等，出版了《世界林业科技现状与发展趋势》（2000）、《世界热带林业研究》（2001）、《当代世界林业》（2001）等。这些研究成果，为我国开展国际林业合作以及林业科技发展提供了重要的决策参考。

2008年，中国林科院世界林业研究所改称为“中国林科院世界林业研究中心”，进一步加强世界林业动态跟踪研究，出版了《2010世界林业热点问题》。

2013年，所内成立了国际森林问题与世界林业研究室，基于提升中国林业管理和技术发展水平的迫切需求，以国别研究为重点，跟踪研究国外森林资源、林业产业、林业科技、林业政策等，追踪国际森林问题进展，同时依托国别研究，对世界林业热点问题开展深入的专题研究，为林业管理部门决策提供智力支撑。

（二）发展现状与工作重点

研究室人员构成：研究人员 8 人，副高及以上 1 人。研究方向：追踪国际林业问题和林业谈判，跟踪林业发达国家的林业政策、战略、计划和措施，了解林业发展中国家的发展方向与趋势，配合“一带一路”倡议，加强沿线国家林业动态的追踪，配合国家林业产业创新政策，关注林业科技、林业产业创新发展动态。其工作重点包括：

（1）世界林业动态追踪。长期跟踪国际森林问题进展和各国林业政策、资源变化、林业新技术研发应用、林业产业发展、生态保护、林业应对气候变化等重点领域，实时报道各领域最新动向，为国家林草局提供动态信息和决策参考。目前正在努力制定世界林业动态追踪指标体系，通过分析世界林业热点问题以及我国林业发展重点领域，确定检索语言，完善检索指标，从而实现连续性和系统性的林业动态追踪，保证信息的针对性和参考性，更有效地服务于决策部门的林业政策制定。基于 2019 年度的动态追踪，梳理出当年全球林业领域较为关注的 20 个热点议题，利用必应等搜索引擎工具，从报道频次、报道时间跨度、报道广泛度等 3 个维度，设立了报道量、报道时长、报道语种数、报道机构数、报道主流媒体数等 5 个指标，通过中、英、德、法、俄、日、西班牙、葡萄牙等 8 种语言对上述 20 个热点进行关键词搜索，按照量化统计分析结果，确定了“2019 年度世界林业十大关注热点”，研究成果得到国家林草局相关领导的肯定和重视。

（2）世界林业国别研究。国别研究是世界林业研究的一项基础性工作，也是科信所传统优势所在。近年来，研究室扎根基础信息研究，协调全所专家团队力量，针对全球 125 个国家开展研究，汇总各国森林及其他自然资源现状，分析林业管理机制与政策法规，总结林业产业和国际贸易发展趋势，为局领导及各司局单位出访、开展国际合作提供了基础性资料。同时，选择各洲及重点区域的重点国家，开展林业国际合作战略研究，深入剖析目标国的林业发展阶段、产业发展重点、对外合作诉求、既有合作模式与成效，针对不同国家林业发展特点和优势，提出推进林业国际合作战略与框架，为国家林草局开展建设性林业国际合作提供决策参考，研究成果得到了相关司局单位的一致肯定。

（3）林业热点问题专题研究。针对我国林业发展的热点问题和林业管理新领域，基于面临的挑战和困境，有针对性地开展专题调研，分析相关领域的全球发展趋势与热点问题，梳理出在解决相关问题方面具有丰富经验和良好实践的国家，进而深入调研主要国家的政策措施、管理机制、发展方向，分析总结国外最佳实践模式，为我国林业发展建言献策。近年来，针对草原、林业科技研发与创新应用、林业产业发展、乡村林业、非政府组织管理、森林康养等热点和重点领域开展了专题调研，形成内部咨询报告，一方面为相关司局提供政策建议，另一方面为林业国际合作提供技术支持。

（4）世界林业信息服务。依托世界林业研究成果，与《中国绿色时报》等行业顶级报刊合作，提供信息内容，同时不定期开设世界林业栏目，展示世界林业研究最新成果，提高了科信所的知名度，扩大世界林业研究的行业影响力。参与国家林草局相关数据库建设，负责收集、整理和上传林业资源、林产品贸易等数据。为中国林业网、林业知识服务等网站及微信公众号提供动态信息，服务于更多林业工作者。在此基础上，研究室着眼于“一带一路”倡议和“走出去战略”，正在积极探索定制信息服务工作，希望与企业、产业协会合作，针对产业转移和企业走出去的需求，发挥研究室的优势，开展主旨信息调研，为企业提供更全面、更优质的国外产业情报，服务于我国林业产业转型升级。为实现这一目标，研究室建立世界林业动态网及相关的微信公众号，加强新媒体宣传。

(5)《世界林业动态》旬刊编译。《世界林业动态》作为世界林业动态追踪研究的出口，经过几代研究和编辑人员的努力，已经在林业行业中赢得了良好的口碑，其影响力日益扩大。近年来，《世界林业动态》在刊发常规旬刊的基础上，针对局领导和各司局单位关心的问题，编译刊发《世界林业动态增刊》，截至 2018 年 5 月，已刊发了 33 期增刊，覆盖林业灾害防治、森林经营实践、国外林业法规等内容，在林业行业中取得了重要影响。

(6)世界林业研究专著出版。科信所长期跟踪世界林业动态和政策研究，出版了多部世界林业研究专著，不断引进及应用海外先进林业经营技术和理念，进而对我国林业政策法规的制定产生了深远的影响。新版《当代世界林业 · 国别篇》在传承旧版体例的基础上，又有新的发展与创新，契合 21 世纪林业发展的趋势与精神。书中跟踪整理了 125 个国家的林业概况，从森林资源总量、林产品生产与贸易、林业管理制度与机构、林业法律法规、林业经营理念、林业生态保护、林业教育与科研等方面总结概述了各国林业发展阶段，值得一提的是，此版中还在广泛分析的基础上，提出了各国林业面临的问题及总结了各国对此所采取的对策，这对我们反思我国林业发展方向提供了极为有益的思路。除此之外，以专题的形式概括了世界林业新理念、世界林产品发展现状与趋势、世界林业科技发展与趋势、世界林业资源现状、世界林业组织、世界林业信息技术发展等方面，体现了世界林业技术精细化、生态化、数字化等特点。

(7)世界林业研究团队建设。近年来，在所领导的重视和支持下，世界林业研究室陆续引进了各类外语人才，目前研究室共有 9 人，外语语种 6 种，包括英语、日语、德语、法语、西班牙语和葡萄牙语。此外，所里还引进了具有俄语、韩语学习背景的人才，充实了世界林业研究力量。通过广泛参与世界林业动态追踪、国别研究和专题研究，外派到林业发达国家学习考察，这些外语专才已逐渐成长成具有扎实外语功底又具备林业视角和知识的专家，有效保证了世界林业研究工作得以保质保量完成。近年来，研究室共发表论文 20 余篇，分别发表在林业经济领域的核心期刊上。论文质量日益提升。研究内容集中在两个方面：一是针对热点专题开展的国别研究，包括《国班牙国家公园管理机制及其启示》《浅析日本森林康养政策及运行机制》《德国林业管理体制和成效借鉴》《瑞典林业财政制度及其对我国的启示》等；二是针对林业区域合作开展的研究，包括《中东欧地区林业发展现状及“16+1”合作前景分析》等。此外，针对打击非法采伐及其贸易这一热点议题，借鉴国外经验，撰写了《中国木材合法性认定体系路径选择》等一系列相关论文。研究室人员作为第二作者与丹麦哥本哈根大学教授合作撰写了 Facing the complexities of the global timber trade regime：How do Chinese wood enterprises respond to international legality verification requirements and what are the implications for regime effectiveness，于 2018 年 5 月在 SCI 期刊

Forest Policy and Economics 发表。

八、林业知识产权研究

知识产权作为国家、地区、行业发展的战略性资源和国际竞争力的核心要素，已经成为提升自主创新能力的重要支撑。科信所从 2002 年开始从事林业知识产权基础数据库建设和相关研究工作，2012 年 4 月依托科信所成立了国家林业局知识产权研究中心，参与国家林业局有关知识产权方面的系列活动，为林业知识产权各项业务工作的开展提供了支撑。

(一)发展历程

2002 年开始从事林业知识产权相关研究工作，2003—2004 年王忠明研究员主持完成院基金重点项目“林业知识产权保护现状、趋势与对策研究”，首次进行了林业系统知识产权保护问卷调查，选取美国、日本、德国、澳大利亚、南非 5 个国家进行林业知识产权资料的系统收集和分析研究，总结值得借鉴的成功经验，撰写研究报告，提出了加强林业知识产权管理和保护的相应对策。

2002 年开始从事林业知识产权基础数据库建设，建立了林业知识产权保护专题数据库 6 个，2003 年在“中国林业信息网”上开通了林业知识产权频道。2010 年在国家林业局科技发展中心的支持下，建成并开通了“中国林业知识产权网”和网上林业专利动态决策分析系统。

2006 年，卢琦、王忠明参与国家知识产权战略研究专题“科研机构科技创新中的知识产权问题研究”，负责公益性科研院所科技创新中的知识产权问题研究。

2008—2019 年，张慕博等主持完成了国家林业局“林业植物新品种数据库与信息平台研建”项目的研究任务，建成了林业植物新品种权数据库，维护和管理“中国林业植物新品种保护网”。

2009—2013 年，王忠明、马文君、张慕博等主持完成了国家林业局“林业知识产权数据库建设”“林业知识产权预警机制研究”“知识产权战略实施与管理——信息平台与预警机制研究”“林业知识产权信息共享与预警机制研究”“林业知识产权动态”等项目的研究任务，整合国内外林业知识产权信息资源，建成了高质量的林业知识产权基础数据库 15 个，构建林业知识产权公共信息服务平台，为社会公众和林业企业提供林业知识产权信息咨询和预警服务。

2009 年参与国家林业局《关于贯彻实施〈国家知识产权战略纲要〉指导意见》的调研和起草工作，2010 年参与《林业知识产权“十二五”发展规划》的编制等工作。

2010 年开始从事林业重点领域知识产权预警机制研究工作，已建立了集专利检索、管理、分析功能于一体的林业专利信息预警分析系统。

2011 年参与《中国林科院知识产权发展规划》和《中国林业科学研究院关于加强知识产权工作的指导意见》的编写工作。同年开始编印发行《中国林业知识产权年度报告》。

2011 年构建并开通“中国林业知识产权网”，网站域名：www. cfip. cn，并在工信部网站备案，整合国内外林业知识产权信息资源，包括林业专利、植物新品种权、林产品地理标志、商标、著作权、林业知识产权动态、案例、文献、法律法规和资源导航等林业知识产权基础数据库 15 个。

2012 年参与国家知识产权局《植物发明条例草案》制定的多次专家咨询会，并参与国家林业局负责的林业植物新品种领域植物育种调研，并形成调研报告。同年 3 月出版第一本专利分析图书《木地板锁扣技术专利分析报告(2010)》，针对我国木地板出口不断遭遇专利纠纷的现状，选取了引发“337 调查”的木地板锁扣技术进行专利分析研究，检索并下载了 1960—2010 年全球木地板锁扣技术专利，建立了木地板锁扣技术专题数据库，进行了数据分类与加工整理，利用林业专利信息预警分析系统对锁扣技术专利进行了全面分析，为我国木地板锁扣技术专利的创造、运用、保护和管理提供必要的数据支撑和决策参考。

2012 年 4 月经国家林业局批准，在国家林业局科技发展中心指导下，依托科信所成立国家林业局知识产权研究中心，为非法人研究机构，主要从事林业知识产权相关问题研究和信息咨询服务工作。下设综合办公室、政策研究室、专利分析室和信息咨询室。同年 10 月开始负责编印《林业知识产权动态》内部刊物，主要跟踪国外林业知识产权动态、政策、学术前沿和研究进展，提供林业知识产权信息服务。

2012—2016 年配合国家林业局科技发展中心开展了第一批、第二批、第三批全国林业知识产权试点单位验收和评估工作，制定了全国林业知识产权试点单位考核评价指标体系，完成了《全国林业知识产权试点工作评估报告》。

2013 年参与《全国林业知识产权事业发展规划(2013—2020)》编制工作，于 2013 年 12 月正式发布。参与国家林业局科技发展中心组织召开的《中华人民共和国种子法(修改草稿)》专家座谈会，开展种子法与植物新品种保护法政策研究，形成《世界主要国家的种子法与植物新品种保护法概况》报告。

2013 年出版《世界林业专利技术现状与发展趋势》图书，系统收集截至 2011 年年底世界各国公开的与林业相关的发明和实用新型专利技术文献 671458 件，全面分析了世界林业专利技术的发展趋势、主要竞争对手、主要发明人、主要技术领域和近年来的研究热点，包括世界林业行业专利总体分析、主要林业产业和重点技术领域专利分析(森林培育、木材加工、人造板、林产化工、竹藤、林业机械、木地板和林业生物质能源)、世界林业专利发展趋势预测分析、全球重点林业科研机构专利分析(美国林务局、加拿大林务局、日本森林综合研究所、韩国国立山林科学院和中国林业科学研究院)和林业核心专利分析等，并针对我国林业的优势和劣势提出了相关政策建议。

2014—2019 年，王忠明、马文君、张慕博等主持完成了国家林业局“林业植物新品种与专利保护应用”“国际林业知识产权发展动态跟踪研究”“林业授权植物新品种转化应用情况分析研究”等项目的研究任务，完善林业知识产权公共信息服务平台，加强林业重点领域专利预警分析研究，跟踪各国林业知识产权动态和研究进展，重点是植物新品种和林木遗传资源获取与惠益分享的现状和发展趋势研究，为政府决策和国际履约提供支撑。

2014 年参与国家林业局科技发展中心《林产品地理标志管理办法》制定工作，多次参加实地调研和专家座谈，参与完成《林产品地理标志管理办法(讨论稿)》。同年国家林业局知识产权研究中心开始正式出版《中国林业知识产权年度报告》系列图书，出版《木/竹重组材技术专利分析报告》。编辑发行《竹类专利技术汇编(100 项)》，以促进竹类专利技术的推广应用。

2015 年开展林业知识产权“十三五”规划研究，完成《林业知识产权工作发展思路与政策研究》，为《国家知识产权事业发展“十三五”规划》的编写提供参考依据；出版《木地板锁扣技术与地采暖用木地板技术专利分析(2014)》。

2016 年配合国家林业局科技发展中心开展林业专利产业化项目验收和评估，完成《林业专利产业化项目评估报告》；出版《人造板连续平压机专利分析报告》和《木材用生物基胶黏剂专利与文献分析报告》，为国内相关企业了解国际竞争态势，掌握主要竞争对手的技术发展现状和方向提供思路，对国内企业建立知识产权规避和保护体系有重要参考价值。

2017 年 7 月，马文君应加拿大不列颠哥伦比亚大学(UBC)林学院的邀请，与国家林业局科技发展中心一行 3 人赴加拿大温哥华开展了中加林业知识产权工作交流。

2018 年出版《木地板锁扣技术专利分析报告(2017)》和《木塑复合材料专利分析报告》考。同年 11 月为有效应对地板行业国际贸易壁垒，推进我国地板行业专利保护工作，经国家林业和草原局、国家知识产权局批准，中国林产工业协会组建了“地板锁扣专利保护联盟”，科信所王忠明副所长为地板锁扣专利保护联盟副理事长，科信所林业科技信息与知识产权研究室马文君副主任为副秘书长。

2019 年 6 月，马文君应加利福尼亚大学戴维斯分校的邀请赴美国参加了知识产权与技术转移研讨会，就美国和国际知识产权保护制度、科研成果转化运用、建立和管理技术转让办公室等内容进行研讨和交流。

(二)发展现状与工作重点

(1)知识产权相关政策研究。跟踪国内外知识产权发展动态，扩大国内外知识产权合作交流，开展林业知识产权发展战略与政策研究、林业植物新品种保护制度与规则、林业生物遗传资源保护机制等领域的理论与实证研究，注重全局性、前瞻性、深层次研究与针对性、实用性、预警性研究的有机结合，为政府提供决策支持，为国际履约谈判、化解林业知识产权纠纷和防范侵权风险提供咨询服务。

(2)林业知识产权公共信息服务平台建设。整合国内外林业知识产权信息资源，建设并完善了林业专利、植物新品种权、林产品地理标志、商标、著作权、林业知识产权动态、案例、文献、法律法规和资源导航等林业知识产权基础数据库，建成并开通了“中国林业植物新品种保护网”(http：//www. cnpvp. gov. cn)和“中国林业知识产权网”(http：//www. cfip. cn)，提高了林业知识产权信息资源的利用效率和水平。

(3)林业重点领域专利预警分析研究。跟踪国内外林业知识产权动态，实时监测和分析林业行业相关领域的专利动态变化，做好专利数据统计和分析。建成了集专利检索、管理和分析功能于一体的林业专利信息预警分析系统，采用智能化的数据挖掘技术和先进的可视化技术，可自动进行几十种重要的专利分析，自动生成近百种统计图表。针对林业行业容易遭到国外专利壁垒的重点林产品领域进行动态跟踪和调查分析，采用定量和定性相结合的分析方法，建立一套科学、严谨的重点出口林产品领域的知识产权预警指标体系和应急机制，组织开展了林业重点领域专利预警分析研究，为破解林产品出口的技术贸易壁垒提供支撑。

(4)林业知识产权宣传与培训。积极参与全国林业知识产权宣传周系列活动，负责中国林业知识产权年度报告、中国林业植物授权新品种的组织、编写和出版等工作。开展林业知识产权管理和保护系列培训，编印《林业知识产权动态》内部刊物，双月刊，提供林业知识产权信息服务。

第三节　科技期刊

林业科技期刊是宣传林业科技政策、普及科技知识的主要载体和主渠道。据统计，科技信息总量的70%是由期刊文献提供的，是应用最广泛的重要信息源。科技期刊还起到传播科研成果、信息交流、科研成果推广和转化的桥梁作用。

科信所作为专职的林业情报研究机构，编辑出版科技期刊一直是本所的一项重要业务工作，科信所也是我国林业行业编辑出版科技期刊最多的机构。

一、发展历程

科信所的林业科技期刊工作随着本所的建立和发展而发展，期刊数量从无到有、从少到多，办刊方向不断优化调整，办刊质量和水平不断提升，先后创办了20多种林业期刊，大概经历了3个发展阶段。

(一)1978年以前

1958年中国林业科学研究院成立后，根据国务院对科技情报工作的意见，建立了中国林业科学研究院林业科学技术情报室(即科信所的前身)，其主要工作是科技文献收集和报道，期刊工作与情报研究工作紧密结合，以收集、摘编、翻译和加工国内外林业科技情报为主。1958年创办了《林业快报》《森工快报》《林业科技参考资料》等期刊。1960年创办了报道国外林业和森林工业科技文献的中文检索刊物——《林业文摘》，年报道量为7000余条，核心期刊文献一般无遗漏，为双月刊，公开发行。读者通过此刊可纵览世界林业和森林工业的科技文献，并可直接获得重要结论和数据。1963年《林业文摘》编辑部发出通知，为便于读者查找文献，《林业文摘》于当年开始分为2个分册，即《林业文摘》第一分册(林业部分)和第二分册(森林工业部分)，均为双月刊，由本所编辑成稿，由中国科技技术情报研究所出版发行(1961—1967年)。此后，由于“文化大革命”的影响，情报所大部分同志下放到“五七”干校，一些科技期刊相继停刊。《林业文摘》第一分册(林业部分)和第二分册(森林工业部分)分别于1967年和1968年停刊。《林业快报》继续出刊，并于1970年更名为《林业技术通讯》，1972年再次更名为《林业科技通讯》，主要报道国内林业技术信息。

(二)1978—2000年

1978年随着中国林科院和情报所同时恢复以及科学春天的到来，林业科技情报工作得到了迅速恢复和发展，科技期刊编辑出版工作得到了进一步加强。

1978 年中国林科院情报研究所恢复建制后,《林业文摘》2 个分册也随之恢复,并将第一分册(林业部分)正式定名为《林业文摘》,第二分册(森林工业部分)定名为《森林工业文摘》,均为双月刊,邮局公开发行。报道国外林业科技文献的 2 个文摘刊物恢复之初,即 1978—1981 年由科学文献出版社出版。从 1982 年开始,这 2 个文摘刊物的编辑和出版均由中国林科院情报所承担。1985—1986 年,所内设立了发行室,在发行室全体人员共同努力下,这 2 个文摘刊物发行量达到出刊以来最好的水平,《林业文摘》年发行量达 5400 份,《森林工业文摘》年发行量达 1700 多份。1989 年《林业文摘》更名《国外林业文摘》,《森林工业文摘》更名为《国外森林工业文摘》,1999 年《国外森林工业文摘》更名为《国外林产工业文摘》。

1980 年 8 月 11 日,根据林业部办公厅(1980)林办科字 46 号文件,由中国林科院情报所编辑出版的《国外林业科技资料》改为《国外林业科技》,原报道方针暂不变,由不定期改为月刊,仍为内部发行。1980 年 8 月 21 日,根据林业部(1980)林科字 42 号文件,林业部同意中国林科院情报所主办的《林业科学实验》《国外林业动态》继续编辑出版。在 20 世纪八九十年代,科信所科技期刊得到了快速发展,先后于 1985 年创办《林业信息快报》(林业部科技情报中心机关刊物)、《中国林业文摘》,1988 年创办了《世界林业研究》、《竹类文摘》(中文版)、《竹类文摘》(英文版),1992 年创办了《中国林业文摘》(英文选编),1993 年创办了《林业与社会》(中文版)、《林业与社会》(英文版),1994 年创办了《决策与参考》。

20 世纪 90 年代中期,科信所进行了科技体制改革,探索部分刊物走向市场,实行亏损承包制,调动职工积极性,要求各个刊物的编辑部逐步往经营型方向转变。1995 年开始实施新政策,各编辑部可根据本刊的特点,采取社会办刊、或集资办刊、或合作经营等办刊方式,只要保持刊物生存,减轻所财政负担,增加编辑人员的收入,各种办刊方式都可以尝试。在这种改革大潮下,具有 40 多年办刊历史的《林业科技通讯》由所天梯公司承包负责编辑出版发行工作。要求第一年限定负责亏损额,减亏奖励,超亏罚款;第二年必须扭亏为赢利。与此同时,1995 年 3 月 31 日科信所决定《世界林业研究》《中国林业文摘》《国外林业文摘》和《森林工业文摘》实行亏损承包制,科信所与各编辑部签约协议书。为此,《森林工业文摘》编辑部开始探索如何与市场接轨的问题,走社会办刊的道路,走减亏为赢的路子。《世界林业研究》编辑部利用刊物的优势,发展广告业务,补充办刊经费不足的问题,达到了减轻所财政负担的目的。

纵观 1978—2000 年这一时期科信所的期刊发展,无论是林业科技期刊的数量和类型,还是科技期刊编辑人员力量,在我国林业行业都占有重要地位和具有较大的影响力,是我国林业行业种类和数量最多的科技期刊出版单位,建立起了比较完善的集检索、报道和研究三大类情报刊物于一体科技期刊体系。

在检索刊物中,《中国林业文摘》主要报道国内林业科技文献信息,《国外林业文摘》和《国外林产工业文摘》主要报道国外林业科技文献信息。这 3 个检索刊物成为 20 世纪八九十年代检索国内外林业科技文献最主要的国内期刊,具有重要地位和较大影响力。其中创办时间相对较晚的《中国林业文摘》,其起点高、发展快,以报道文献覆盖率高、报道时差短、编排规范、检索途径多等优势，《中国林业文摘》的出版填补了国内林业方面文摘的空白，多次荣获全国检索期刊评比奖励，位列全国检索期刊的先进行列，并于1989年获国家科委举办的全国科技情报检索刊物评比一等奖，1992年获国家科委、中共中央宣传部、新闻出版署举办的全国优秀科技期刊评比三等奖。《国外林业文摘》和《国外林产工业文摘》以创刊历史悠久和专门报道国外林业科技文献为特点，是20世纪八九十年代我国林业行业检索国外林业科技文献的主要途径，为了解国外林业科技进展和检索国外林业科技文献发挥了重要作用。其中，《国外森林工业文摘》于1989年获国家科委举办的全国科技文献检索期刊评比三等奖。与上述3种综合性检索期刊相比，在国际组织(加拿大国际发展研究中心等)的资助下，《竹类文摘》(中文版)和《竹类文摘》(英文版)分别专门报道国内和国外竹类科技文献，成为专业性极强的检索刊物。在国际组织(亚太区域性社会林业培训中心和国际林业研究中心等)的资助下，《中国林业文摘》(英文选编)成为专门向国外以文摘形式报道中国林业科技的检索类刊物。进入20世纪90年代中后期以来，随着信息技术和计算机网络技术的迅速发展和应用，数据库建设和计算机检索越来越普及，且方便快捷，传统的检索刊物编辑出版与其数据库建设必须同步发展，成为20世纪90年代中后期检索刊物发展趋势，同时也预示着文献覆盖率较低的检索刊物将逐步退出期刊市场。

在报道类刊物中，以创办时间较早、影响较大的《林业科技通讯》为代表，在报道我国林业科研和生产实验技术信息等发挥了较大作用，知名度较高，于“1997年获中共中央宣传部、国家科委、新闻出版署举办的第二届全国优秀科技期刊评比”三等奖，并于2001年入选新闻出版总署“中国期刊方阵”，被评为“双效期刊”。在国际组织(美国福特基金会等)的资助下，《林业与社会》(中文版)、《林业与社会》(英文版)是分别报道国内外社会林业(社区林业)领域专业期刊，为科信所开展社会林业、介绍国外社会林业经验和报道我国社会林业实践发挥了重要作用。《国外林业动态》(分别于1994年和1997年更名为《决策参考》和《世界林业动态》)，作为内部刊物，主要是及时跟踪报道国外林业信息和世界林业发展动向以及林业热点问题，受到领导和专家的好评，在林业系统内部产生了一定的影响。

在研究类刊物中，主要是编辑出版《世界林业研究》。该刊以综述为主，以报道国外林业科技为主要特点，主要是跟踪报道世界林业发展趋势与热点，探讨交流世界林业发展道路与规律，系统介绍世界林业学科发展进展与新技术，促进我国林业建设与国际交流。报道范围为世界各国林业发展战略和方针政策，林业各学科的发展水平和趋势，林业新理论和新技术及其应用。《世界林业研究》以其独特的报道形式和内容赢得了领导和专家的肯定，以及读者的好评，从1992年起被北京大学图书馆评为中文核心期刊，连续入编《中文核心期刊要目总览》，刊物质量和影响力在林业学术类期刊中名列前茅。

在这20多年中，科信所科技期刊编辑队伍也不断得到壮大，造就了一大批编辑业务水平和素质较高编辑人员，其中关百钧、邓炳生、徐国镒、郑玉华、魏宝麟、白俊仪、韩有钧、张作芳、刘开玲、吴秉宜、王士坤、白文桢、徐国镒、赵春林、李惠琴等老编辑，为科信所科技期刊发展做出了重要贡献。1992年在北京市新闻出版局、北京科学技术期刊编辑学会主办的北京优秀科技期刊评比中，郑玉华获老编辑金奖，吴秉宜、张作芳、刘森林获银奖。1997 年在中国科学技术期刊编辑学会组织的“1997 年中国科技期刊优秀编辑评比”活动中，郑玉华荣获金牛奖，吴秉宜和戎树国荣获银牛奖，高发全荣获青年奖。

(三)2001 年以后

进入 21 世纪以来，随着市场经济的不断深入和科技体制改革不断推进，在 2001 年开始的科技体制第 2 轮改革中，科信所转为科技中介机构，确定了“服务公益、服务市场”的改革思路。为适应国家林业发展战略的调整和新形势下林业科技发展以及面向市场的要求，科信所对所属期刊的办刊方向进行一系列的调整。主要措施就是探索科技期刊良性发展的途径，积极推进期刊分类管理改革，建立现代科技期刊管理制度，全力打造一流的林业科技期刊精品。

由于互联网、计算机检索技术和数据库的迅猛发展，曾经在 20 世纪八九十年代占有重要地位的林业检索刊物，在进入新世纪以后其作用逐渐变小，由于刊物亏损问题越来越突出，陆续停刊。其中，《国外林业文摘》于 2000 年停刊，《国外林产工业文摘》和《中国林业文摘》(英文选编)于 2001 年停刊，《中国林业文摘》、《竹类文摘》(中文版)和《竹类文摘》(英文版)于 2002 年停刊。同时，由于社区林业方面课题研究的萎缩和国际组织停止资助，《林业与社会》(英文版)于 2003 年停刊，《林业与社会》(中文版)于 2005 年停刊。

与此同时，一批适应新形势下林业科技发展和面向市场的刊物陆续创办。其中，为了及时报道林业产业发展和山区综合开发等方面林业政策和科研与市场信息，1998 年创办的《全国林业综合开发信息网》于 2001 年更名为《林业与山区综合开发信息》(内部刊物)；为了促进国际林业交流和介绍我国林业科技发展，于 2002 年创办了《中国林业科技》(英文版)；为了进一步面向市场和大众读者，经国家新闻出版署批准，从 2002 年起将《国外林产工业文摘》更名为《国际木业》，于 2002 年将期刊名称沿用近 30 年的《林业科技通讯》更名为《林业实用技术》；为了适应城市森林建设、城市林业发展的需要和促进生态城市发展，2003 年创办了特色刊物《中国城市林业》；另外，于 2003 年创办了《中国绿色画报》和《世界竹藤通讯》，2004 年创办了《中国林业产业》。

在这一时期，为了寻求多渠道办刊途径，强化创品牌刊物意识，推进和完善了事业费补助办刊、科研项目办刊、合作办刊和自筹经费办刊的分类办刊改革。通过采取利用事业费、自筹经费、课题经费和合作等多种形式，使办刊经费筹集呈现多元化，增强了抵抗风险的能力，减轻了事业费的压力。其中，《世界林业研究》、《中国林业科技》(英文版)和《世界林业动态》实行事业费补助办刊，《林业与社会》(英文版)和《林业与社会》(中文版)实行科研项目办刊，《中国绿色画报》《国际木业》《中国林业产业》实行合作办刊，《林业实用技术》《中国城市林业》和《世界竹藤通讯》实行自筹经费办刊，《国际木业》于 2013 年改为自筹经费办刊。通过改革，刊物自我造血和生存能力不断增强，影响力不断扩大，初步形成了学术类、技术类和综合类相结合的刊物体系，品牌刊物创建已具雏形。

在学术类期刊中，具有代表性的是《世界林业研究》。《世界林业研究》作为我国唯一的专门报道世界各国林业的综合性学术类期刊，从创刊以来，始终坚持办刊方针，在编辑报道上突出了以综述为主、以研究国外林业为主和服务我国林业建设的特点，集介绍世界林业发展战略和方针政策、论述林业各学科发展水平和趋势、报道林业新理论和新技术为一身，为制定我国林业发展战略和方针政策、探索我国林业发展道路以及促进我国林业产学研和国际交流服务。现已成为一个具有较高学术影响力和自身特色的世界林业研究领域的权威刊物，也成为我国林业行业和科信所的一个品牌刊物，在制定我国林业发展战略、促进林业科学研究、加强对外学术交流和推动林业科技创新方面发挥着重要作用。2011 年《世界林业研究》电子版机构用户达到 3486 个，分布于 16 个国家和地区，个人读者分布在于 15 个国家和地区，且电子版用户呈逐年增多的变化趋势。从 1992 年起《世界林业研究》被北京大学图书馆评为中文核心期刊，连续入编《中文核心期刊要目总览》；在 2001 年入选“中国期刊方阵”，被评为“双效期刊”；为中国科学引文数据库(CSCD)来源期刊；为 RCCSE 中国核心学术期刊(A)和中国农业核心期刊；被中国核心期刊(遴选)数据库和中国期刊全文数据库全文收录。《中国城市林业》是一本全面介绍中国城市林业理论与实践的学术期刊，作为提供国内外城市林业建设学术交流的平台，并宣传森林城市理念，是历届中国城市森林论坛的重要媒体之一，为全国各地的城市森林创建活动作出了重大贡献。自 2003 年创刊以来得到了各方面好评，被中国核心期刊(遴选)数据库全文收录，2009 年荣获第四届梁希林业期刊奖。《中国林业科技》(英文版)作为面向国际社会全面报道中国林业科技的重大学术研究成果和进展的英文版学术类期刊，旨在促进中外林业科技信息的交流与共享。中后期由于经费和国外订户较少等原因，刊物编辑出版与发行遇到了较大困难，于 2012 年底停刊。《世界竹藤通讯》作为专门报道国内外竹藤科学研究及成果与信息的学术类期刊，旨在交流竹藤资源培育和开发与利用技术经验、弘扬竹藤文化、搭建科研与生产之间的桥梁、促进中国竹藤产业发展。该刊特色突出，并与市场结合紧密，具有一定的面向市场自我生存的能力。《世界竹藤通讯》为中国核心期刊(遴选)数据库和中国期刊全文数据库全文收录。

在技术类期刊中，《林业实用技术》一直秉承为我国林业科研、生产一线科技人员服务和传播林业实用技术及致富信息的理念，以林业科技工作者、林农和市场需求为导向，以自筹经费办刊的方式，努力打造刊物品牌，在全国林业行业中影响力较大，知名度高。其发行量长期保持较高水平，在林业期刊中名列前茅。《林业实用技术》被国家新闻出版署选入“中国期刊方阵”，被评为“双效期刊”；被北京大学图书馆评为中文核心期刊，连续入编《中文核心期刊要目总览》；被中国核心期刊(遴选)数据库、中国期刊全文数据库全文收录。2007 年获得第三届梁希林业图书期刊奖。《国际木业》是以突出木材行业贸易、信息、技术等方面内容报道的技术类期刊。自 2002 年创刊以来，在按照国家期刊出版规范要求进行编辑出版发行的提前下，一直开展合作经营，在解决办刊经费、增强期刊面向市场生存能力等方面做了有益尝试(2013 年改为科信所单独经营)。《林业与社会》(中文版)和《林业与社会》(英文版)以课题经费办刊为主，报道内容范围特色突出。它们是以社区林业研究领域在我国研究的兴起而产生，并以该领域在我国研究高潮的回落而停刊。在 20 世纪 90 年代中后期，这两本刊物在介绍社区林业和参与式方法的理论和发展、探讨和交流国内外社区林业的思想和经验、推动社区林业和参与式方法在我国应用等方面发挥了重要作用。

在综合类期刊中，《世界林业动态》作为科信所跟踪报道国外林业信息的重要阵地之一，自 1978 年创刊(创刊名为《国外林业动态》)以来，尽管经历过停刊(1992—1993 年)和两次更名(分别更名为《决策与参考》和现名)，作为内部交流和参考刊物，以及时报道世界林业发展动态、跟踪全球林业热点问题为特点，发挥了决策咨询服务的重要作用，受到领导和专家的好评，在林业系统内部产生了一定的影响，是科信所一直重点扶持和着力打造的品牌刊物。《中国绿色画报》作为以宣传绿色理念、促进社会和谐和可持续发展的科学普及期刊，以倡导绿色生活、传播绿色文明和推动绿色经济为办刊宗旨，是连续多年进入全国“两会”的核心媒体，也是世界中文报业协会会员画报。自 2003 年创刊以来，在按照国家期刊出版规范要求进行编辑出版发行的提前下，一直开展合作经营，在解决办刊经费的同时，也为办好科普刊物进行了有益探索，并使该刊产生了一定的社会影响。《中国林业产业》作为报道我国林业发展信息的综合性期刊，自 2004 创刊以来，一直是以合作的形式办刊。2004—2006 年该刊的主办单位为中国林产品经销协会，科信所为第二主办单位；2007—2011 年其第一主办单位变更为中国林业产业协会，科信所为第二主办单位；2012 年以后第一主办单位又变更为中国林业产业联合会，科信所为第二主办单位，2017 年起科信所不再作为第二主办单位。《林业与山区综合开发信息》是以自筹经费创办的内部信息刊物，于 2001 年创办，2010 年停刊。

目前，各刊物充分运用现代信息技术，不断加强期刊数字化和网络化出版，实现期刊和网络的融合。具体措施：不断完善在线投稿、审稿系统功能，全面实现网上办公，有效提高了工作效率；全面启用全球通用数字对象唯一标识符(DOI)，将出版论文纳入全球知识体系；使用中国知网优先发表平台，不断推进优先数字出版，其中《世界林业研究》率先实行了网络首发业务；全面开通了公众微信号；建立并完善期刊专用网站建设，使网站成为集投稿、查稿、审稿、检索和宣传等功能于一体的编辑办公平台。

长期以来，科信所一直是我国林业行业种类和数量最多的科技期刊出版单位，在林业行业占有重要地位，在林业决策服务、促进对外学术交流和推动林业科技创新等方面发挥了重要作用。截至 2019 年，科信所先后有 7 种期刊、19 次受到中共中央宣传部、国家科委(科技部)、国家新闻出版总署(国家新闻出版署)、北京市、国家林业局(国家林业和草原局)及中国林学会的表彰和奖励。

二、2019 年 6 月底出版的期刊简介

截至 2019 年 6 月，科信所共出版 6 种林业科技期刊。其中公开出版刊物 5 种，即《世界林业研究》《林业实用技术》《中国城市林业》《国际木业》《世界竹藤通讯》，内部刊物 1 种，即《世界林业动态》。

(一)《世界林业研究》

《世界林业研究》是由国家林草局主管、中国林科院科信所主办的综合性学术类期刊。创刊于 1988 年，自创刊以来，始终坚持办刊宗旨，以综述为主，以研究国外林业为主要特点，其独特的报道形式和内容赢得了领导和专家的肯定以及众多读者的好评。现已成为一个具有较高学术影响和自我特色的世界林业研究领域的权威刊物，在制定我国林业发展战略、促进林业科学研究、加强对外学术交流和推动林业科技创新方面发挥着重大作用。

本刊被北京大学图书馆评为中文核心期刊，连续入编《中文核心期刊要目总览》；在 2001 年入选“中国期刊方阵”，被评为“双效期刊”；为中国科学引文数据库(CSCD)来源期刊；为 RCCSE 中国核心学术期刊(A)和中国农业核心期刊。被中国核心期刊(遴选)数据库和中国期刊全文数据库全文收录。

《世界林业研究》为双月刊，每单月底出版，大 16 开，112 页。国内外公开发行。每期定价 25.00 元，全年定价 150.00 元，国内邮发代号：80—286。国内统一刊号为 CN11-2080/S，国际标准刊号为 ISSN1001-4241。

【办刊宗旨】跟踪报道世界林业发展趋势与热点，探讨交流世界林业发展道路与规律，系统介绍世界林业学科发展进展与新技术，促进我国林业建设与国际交流。

【报道范围】世界各国林业发展战略和方针政策，林业各学科的发展水平和趋势，林业新理论和新技术及其应用。

【主要栏目】综合述评、专题论述、各国林业、问题探讨、一带一路、林业动态、统计资料等。

【读者对象】从事和关注林业及相关行业和相关学科发展的领导、科技人员、决策管理人员和院校师生。目前，《世界林业研究》电子版机构用户达到 4378 个，分布 16 个国家和地区，个人读者分布在 15 个国家和地区。

【现任主编】高发全，【副主编】秦淑荣。

【门户网站网址】http：//www. sjlyyj. com/

微信公众平台名称为“世界林业研究”。

(二)《林业科技通讯》

《林业科技通讯》(曾用名《林业实用技术》)是国家林草局主管、中国林科院科信所主办出版的中央级综合性林业科技期刊。创刊于 1958 年，在全国林业行业中影响力大，知名度高。被国家新闻出版署选入“中国期刊方阵”，被评为“双效期刊”；被国家林业局(现国家林业和草原局)授予梁希林业图书期刊奖；曾被北京大学图书馆评为中文核心期刊，连续入编《中文核心期刊要目总览》；被中国核心期刊(遴选)数据库、中国期刊全文数据库全文收录。其发行量在林业期刊中名列前茅，覆盖全国 29 个省份及港台地区，欧美国家也有订阅。《林业科技通讯》于 2002 年为适应林业技术推广的市场需求，针对广大林农发展精品林产品生产的需要，更名为《林业实用技术》，经过多年实践，于 2015 年恢复刊名《林业科技通讯》。《林业科技通讯》力求成为林业科技应用的有效交流平台、信息源泉以及致富向导。

《林业科技通讯》为月刊，每月 15 日出版，大 16 开，彩色封面，80 页。国内外公开发行，每期定价 15.00 元，全年订价 180 元，国内邮发代号：2-604，国外发行代号：M227。国内统一刊号为 CN10-1258/S，国际标准刊号为 ISSN1671-4938。

【办刊宗旨】以科技创新为理念，全方位、及时地为广大林业科研、生产一线的科技人员服务。对原创的、具有自主创新、自主知识产权，国家、省基金项目，国家、省重点攻关(支撑)项目的科技成果、新技术研究、新产品研制和开发及专利等方面的科技论文、技术简报等优先录用。

【报道范围】造林、营林、栽培、育苗、森保、园林、绿化、林副产品加工、自然保护区和森林公园管理、资源利用与开发、木材加工、数字林业等。

【主要栏目】学术园地、造林与经营、育苗技术、森林保护、园林绿化、城市林业、多种经营、森林旅游、森林公园、自然保护区、资源保护与开发、数字林业、机械与设备、木材加工、名优特新等，根据读者和作者的需求，栏目设置以突出学术研究和技术研究为主要方向，内容包含以上各类。

【读者对象】科研单位、大专院校、林场、苗圃、科技推广站等林业生产、企事业单位的科研、教学、技术人员，学生和职工以及广大从事林业的农村专业户。

【现任主编】蒋旭东。

【投稿网址】http：//lykt. net. cn

(三)《中国城市林业》

《中国城市林业》于 2003 年创刊，是由国家林草局主管，中国林科院主办、国家林草局城市森林研究中心协办、国内唯一专门介绍中国城市林业理论与实践的学术期刊。该刊以“传播城市林业信息，促进城市林业建设，服务生态城市发展”为办刊宗旨，全面介绍中国城市林业理论探讨、基础研究、规划设计和建设实践等研究成果和技术成就；对于传播城市森林理念，提高城市林业研究水平、推动城市林业学科建设和发展发挥了重要的作用。是历届中国城市森林论坛的重要媒体之一，为全国各地的城市森林创建活动做出了重大贡献。自创刊以来得到了各方面好评，被中国核心期刊(遴选)数据库全文收录，2009 年曾荣获第四届梁希林业图书期刊奖。

《中国城市林业》为双月刊，大 16 开，96 页，国内外公开发行。国内统一刊号：CN 11-5061/S，国际标准刊号：ISSN 1672-4925，单价：15.00 元/本，全年定价：90.00 元/全年。邮发代号：80—287。

【主要栏目】问题讨论和研究论文。

【读者对象】读者对象为从事和关注林业、城市绿化、森林旅游、环保等专业及相关学科的科研人员、院校师生。目前，《中国城市林业》机构用户总数达 6666 个。

【现任主编】王成(国家林草局城市森林研究中心副主任)；【编辑部主任】谭艳萍。

【投稿网址】http：//csly. cbpt. cnki. net

【微信公众号】zgcsly62889704

(四)《国际木业》

《国际木业》杂志是由国家林草局主管、中国林科院科信所主办的木材行业综合性信息类刊物，主要突出木材行业贸易、信息、技术方面内容的报道。该刊以国际的视野，面向国内木材行业各个领域提供交流平台。

《国际木业》为双月刊，大 16 开，64 页，彩色印刷，国内外公开发行。每期定价：50.00 元，国内邮发代号：82—129，国外发行代号：BM6555。国内统一刊号：CN 11-4769/S，国际标准刊号：ISSN 1671-4911。

【办刊宗旨】关注行业热点问题，把握行业市场动态。着力推进企业和市场、技术与贸易的国际化进程，为促进企业、政府之间以及国内外之间的交流发挥积极的纽带作用。

【主要栏目】专题报道、专家论坛、海外报道、市场评论、研究与开发、行业新闻、商贸信息、家具市场、建筑构件、原木锯材、人造板装饰板、会展信息等。

【服务范围】宣传企业成功经验、推广企业优秀产品和技术；提供中国木业的国际化发展动态；与中国相关的国际市场动态；影响国际市场的中国产业和市场动态；国际贸易资讯、商贸信息和技术贸易动态等资讯。努力打造木材行业企业获取信息、宣传产品的重要信息窗口。

【读者对象】全国木材行业各领域内科研、生产、贸易、教育等各类相关工作人员及领导等。

【现任主编】陈超。

（五）《世界竹藤通讯》

《世界竹藤通讯》是由国家林草局主管、中国林科院科信所主办的综合性技术类期刊。期刊原名《竹类文摘（英文版）》，2003 年经国家科学技术部、国家新闻出版总署批准更名为《世界竹藤通讯》。自创刊以来，《世界竹藤通讯》始终遵循办刊宗旨，创新观念，创新思路，关注竹藤科技发展趋势、研究方向以及读者最关心的问题，提供最新科学技术与信息，在推动学科发展、技术推广、产业及区域经济发展、加强国内外信息交流、弘扬竹藤文化等方面发挥着越来越重要的作用；在竹藤科研、生产领域以及竹藤企业界产生了重要影响。本刊为 RCCSE 中国核心学术期刊（A），中国科学引文数据库（CSCD）来源期刊；被中国核心期刊（遴选）数据库和中国期刊全文数据库全文收录。

《世界竹藤通讯》为双月刊，每双月底出版，大 16 开，64 页。国内外公开发行，每期定价 20.00 元，全年定价 120.00 元，国内邮发代号：80—288。国内统一刊号为 CN11-4909/S，国际标准刊号为 ISSN 1672-0431。

【办刊宗旨】报道国内外竹藤科学研究及成果，交流竹藤资源培育、开发与利用技术经验，弘扬和传承竹藤文化，搭建科研与生产之间的桥梁，促进中国竹藤产业发展。

【主要栏目】专家建言、学术园地、综合述评、竹藤产业、园林景观、专题论述、竹藤文化、竹藤前沿等。

【读者对象】国内外林业、农业、医药、食品、建筑及工艺美术行业中从事科研、教学、生产和管理的人员，以及林业、农业院校的师生。

【现任主编】李玉敏。

【门户网站网址】www. cafwbr. net

【微信公众号】sjzttx2016

（六）《世界林业动态》

《世界林业动态》是由中国林科院科信所主办的综合性信息类期刊。创刊于 1977 年。创刊以来，始终坚持立足国内，报道国外，聚集全球林业热点和重点内容，追踪世界林业政策、市场和前沿发展的最新动态。同时，对关注度高的重点问题，以专集和增刊的方式进行专题报道和集中报道，及时准确地向国内各级林业主管部门传递信息，发挥了决策咨询服务的重要作用，多次受到领导和专家的好评，在林业系统内部产生了一定的影响。

《世界林业动态》为旬刊，每月 10 日、20 日、30 日出版，大 16 开，彩色封面，12

页。内部发行，每期定价 12.5 元，全年定价 450 元。

【办刊宗旨】跟踪报道国外林业信息，掌握世界林业发展动向，及时发布国外林业信息，为我国林业决策提供参考。

【报道范围】国际林业政策法规、林业管理体制、林业科技、森林经营、木材工业及林产品市场动向，以及全球气候变化与碳汇、生物多样性保护、森林可持续发展、木质生物能源及绿色经济等。

【读者对象】国内林业管理部门、林业科研机构、林业院校以及其他林业机构和林业企业等从事和关注林业的人员。

【现任主编】陈洁。

三、科信所历史上所办期刊简表

表 2-1　中国林科院科信所主办的科技期刊一览表

(1958—2019)

期刊名称	创刊时间	停刊时间	批准文号	刊　　号	期刊类别	发行范围	备　　注
《林业快报》	1958 年	1968 年				内部	1970 年复刊更名为《林业技术通讯》
《森工快报》	1958 年	1968 年				内部	
《林业技术通讯》	1970 年	1972 年				公开	1972 年更名为《林业科技通讯》
《林业科技通讯》	1972 年	2002 年		ISSN 1002-1159 CN 11-2078/S	报道类	公开	2002 年更名为《林业实用技术》
《林业实用技术》	2002 年	2015 年	国科财字[2001]32 号	ISSN 1671-4938 CN 11-4771/S	技术研究类	公开	2015 年更名为《林业科技通讯》
《林业科技通讯》	2015 年		新广出审[2014]570 号	ISSN 1671-4938 CN 10-1258/S	技术研究类	公开	
《世界林业研究》	1988 年		[1987]科发情字第 0888 号	ISSN 1001 - 4241 CN 11 - 2080/S	学术类	公开	
《中国林业文摘》	1985 年	2003 年		ISSN 1008-0902 CN 11-2076/S	检索类	公开	2003 年更名为《中国城市林业》
《中国城市林业》	2003 年		国科财字[2003]10 号	ISSN 1672-4925 CN 11-5061/S	学术类	公开	主办单位为中国林科院，承办单位为中国林科院科信所
《林业文摘》	1960 年	1989 年		ISSN 1002-9508 CN 11-2077/S	检索类	公开	1970 年停刊，1978 年复刊，1989 年更名为《国外林业文摘》
《国外林业文摘》	1989 年	2000 年		ISSN 1002-9508 CN 11-2077/S	检索类	公开	2000 年停刊，刊号由国家林业局科技司收回
《中国林业文摘》(英文选编)	1992 年	2002 年	[1992]国科发情字 074 号	ISSN 1004-5279 CN 11-3011/S	检索类	公开	2002 年变更为《中国林业科技》(英文版)

（续）

期刊名称	创刊时间	停刊时间	批准文号	刊　　号	期刊类别	发行范围	备　　注
《中国林业科技》(英文版)	2002年	2013年	国科财字[2001]32号	ISSN 1671-492X CN 11-4770/S	学术类	公开	2013年更名为《生态文明世界》，主办单位变更为中国生态文化协会
《森林工业文摘》	1960年	1989年		ISSN 1002-9516 CN 11-2079	检索类	内部	1967年停刊，1978年复刊，1989年更名为《国外森林工业文摘》
《国外森林工业文摘》	1989年	1997年		ISSN 1002-9516 CN 11-2079/S	检索类	公开	1997年更名为《国外林产工业文摘》
《国外林产工业文摘》	1997年	2002年		ISSN 1007-3868 CN 11-3811/S	检索类	公开	2002年变更为《国际木业》
《国际木业》	2002年		国科财字[2001]32号	ISSN 1671-4911 CN 11-4769/S	技术类	公开	
《竹类文摘》(中文版)	1988年	2003年	[1989]科发信字215号	ISSN 1003-3270 CN 11-2633/S	检索类	公开	2003年变更为《中国绿色画报》
《中国绿色画报》	2003年	2015年	国科财函[2002]25号	ISSN 1672-2310 CN 11-4973/S	科普类	公开	2019年更名为《陆地生态系统与保护学报》，主办单位变更为中国林科院，编辑部设在森环森保所
《竹类文摘》(英文版)	1988年	2003年	[1989]科发信字215号	ISSN 1001-585X CN 11-2634/S	检索类	公开	2003年变更为《世界竹藤通讯》
《世界竹藤通讯》	2003年		国科财函[2002]24号	ISSN 1672-0431 CN 11-4909/S	学术类	公开	
《林业与社会》(中文版)	1993年	2006年	[1993]国科发信字330号	ISSN 1005-3646 CN 11-3364/S	技术类	公开	2006年与《林业经济》合刊，主办单位变更为中国林业经济学会
《林业与社会》(英文版)	1993年	2004年	[1993]国科发信字330号	ISSN 1005-3654 CN 11-3363/S	技术类	公开	2004年变更为《中国林业产业》，主办单位为中国林产品经销协会，中国林科院科信所为第二主办单位
《中国林业产业》	2004年		国科财函[2003]28号	ISSN 1672-7096 CN 11-5170/S	综合类	公开	2007年第一主办单位变更为中国林业产业协会，2012年第一主办单位变更为中国林业产业联合会，中国林科院科信所均为第二主办单位
《国外林业动态》	1978年	1991年		内部刊物	综合类	内部	1994年更名为《决策参考》
《决策与参考》	1994年	1997年		内部刊物	综合类	内部	1997年更名为《世界林业动态》

（续）

期刊名称	创刊时间	停刊时间	批准文号	刊　　号	期刊类别	发行范围	备　　注
《世界林业动态》	1997 年			内部刊物	综合类	内部	
《林业与山区综合开发信息》	2001 年	2010 年		内部刊物	综合类	内部	
《林业知识产权动态》	2012			内部刊物	知识产权类	内部	

四、科技期刊获奖情况

表 2-2　1958—2019 年科信所科技期刊获奖一览表

期刊名称	获奖情况
《林业科技通讯》	1992 年获北京市优秀科技期刊四通奖 1997 年获中共中央宣传部、国家科委、新闻出版署举办的第二届全国优秀科技期刊评比三等奖 2001 年入选新闻出版总署“中国期刊方阵”，被评为“双效期刊”
《林业实用技术》	2007 年获得第三届“梁希林业图书期刊奖”
《世界林业研究》	1992 年获北京市优秀科技期刊四通奖 2001 年入选新闻出版总署“中国期刊方阵”，被评为“双效期刊” 2013 年获得第五届关注森林“梁希林业图书期刊奖”
《中国城市林业》	2009 年获第四届“梁希林业图书期刊奖”
《中国林业文摘》	1985 年获国家科委举办的全国科技情报检索刊物评比三等奖 1988 年获国家科委举办的全国科技情报数据库评比三等奖 1989 年获国家科委举办的全国科技情报检索刊物评比一等奖 1992 年获北京市优秀科技期刊四通奖 1992 年获国家科委举办的全国科技文献检索期刊评比二等奖 1992 年获国家科委、中共中央宣传部、新闻出版署举办的全国优秀科技期刊评比三等奖 1995 年获国家科委举办的第五届全国科技文献检索期刊评比二等奖 1999 年获国家科委举办的第六次全国科技期刊文献检索出版物评比二等奖 2001 年入选新闻出版总署“中国期刊方阵”，被评为“双效期刊”
《国外森林工业文摘》	1989 年获国家科委举办的全国科技文献检索期刊评比三等奖
《国外林业文摘》	1992 年获北京市优秀科技期刊四通奖

第四节　图书馆文献资源建设与服务

中国林业科学研究院图书馆建于 1959 年，属于林业专业图书馆，目前拥有馆藏图书文献 41 万册，所藏国外林业期刊和图书文献种类均居国内前列，为服务于国家战略决策、林业行业发展和科学研究提供了宝贵的文献信息支撑。

一、发展历程

(一)建设初期(1959—1965)

中国林业科学研究院图书馆的前身是中央林业研究所的图书资料室、编译室和森工所的图书资料室。1959 年，院直管单位——科学技术情报室下设图书馆和资料保管室，标志着中国林业科学研究院图书馆的诞生。当时确定的任务是图书、期刊的购置、分类、保管和借阅。

1961 年 9 月，图书馆从科学技术情报室分出，与其并列由院部直接领导。

1962 年 7 月 19 日，院务会议确定图书馆编制为 8 人。

1963 年，图书馆由院部直属改为由院长办公室领导。

1963—1965 年，中国林科院颁布了《图书馆借阅管理办法》《阅览室管理》等规章制度。

图书馆发展初期正逢国家经济困难，当时因科研规模有限，每年对图书馆投资很少，但图书资料基本能满足当时科研工作需要。

(二)停滞时期(1966—1978)

1966—1969 年，由于“文化大革命”原因，中国林科院机构被拆、撤、并，图书馆基本处于“瘫痪”状态。

1970—1978 年，中国林科院图书馆与中国农科院图书馆合并，由中国农林科学院科技情报研究所领导。中国农林科学院科技情报研究所负责人之一，原中国林科院情报所副所长关百钧分管农林科学院图书馆工作，具体业务由孙本久负责。在林业科研的萧条时期，图书馆的采购经费十分有限，图书馆管理人员也大为减少。原中国林科院图书馆的藏书存放在中国农科院办公大楼东边的小平房里，新购书刊极少，但书刊保存尚好，未出现大量遗失。

(三)恢复时期(1979—1985)

1978 年党的十一届三中全会胜利召开，迎来了科学的春天。在全国科技大会后，中国农业科学院与中国林科院分开，中国林科院恢复建制，中国林科院图书馆也随之恢复。1978 年年底，图书馆重新搬回到中国林科院原址。

1979 年，图书馆、情报所资料室合并，林化情报调整到南京林化所。

1981 年，图书馆彭修义先生提出开展知识学研究的建议，指出科学知识已快速发展成 2000 多门，在当代社会中起的作用越来越大，人们要掌握科学知识就要了解知识，因此应建立“知识学”。认为信息服务不能替代知识服务，完整的图书馆服务由信息服务与知识服务结合而成，这对后来的图书馆学研究以及当今图书情报领域的知识服务思想产生了积极的影响。

1982 年，图书馆与情报所分治，图书馆直接由院部领导。

为提高林业文献的自动化管理水平和服务质量，图书馆将工作重点放在标准化和图书管理自动化建设，在院基金项目支持下，图书馆组织数十位科技人员和管理人员，从 1978 开始用了七八年的时间，完成了“林业汉语主题词表”课题，1985 年正式出版《林业汉语主题词表》。

1984 年，图书馆原有的《中文资料目录》改为《中国林业文摘》并试刊，郭玉书主持此项工作。

1985 年，图书馆全部迁入新建成的情报楼，图书馆的全部藏书搬迁到了情报楼西北侧新建的书库。迁入新址后，图书馆工作条件有了明显改善，也为读者提供了良好的阅读环境。同年，受《中国图书资料分类法》编委会的委托，在中国林学会情报分会的支持下，中国林科院图书馆承担了《中国图书资料分类法》(第二版)林业类目的修订工作，在北京组织召开了全国林业分类法修订工作会议，其后又于 1987 年在大连举办了全国林业系统图书资料分类法培训班。

1985 年，图书馆与情报研究所合并为中国林业科学研究院科学技术信息研究所，为便于国际交流，图书馆对外延用中国林业科学研究院图书馆的名称。经过图书馆工作人员的努力，将十多年间漏订的中外图书资料文献基本补齐。

(四)传统图书馆稳步发展时期(1986—2000)

1986—1989 年，图书馆虽然在国内外书刊采购、文献交换及接待读者等方面都有长足发展，但由于多年来投入严重不足，致使图书资料采购经费短缺，服务手段落后，越来越难以满足林业科技发展的需要。情报所为此于 1990 年向林科院提交报告，恳请增加对图书馆投资。经过多方努力，1992 年，中国林科院将图书专项经费从 31 万元增加到 50 余万元。

为搞好林业文献布局与协调，实现信息资源共享。根据国家科委的要求，在全面调查全国林业系统馆藏文献资源的基础上，林业部科技情报中心 1992 年组建了全国林业科技文献协调委员会，制定了《全国林业科技文献布局方案及协调办法》和《全国林业文献协调搜集网条例》。按照“统一规划，合理布局，各有侧重，增加品种，减少重复，保证重点，照顾一般，形成体系”的协调方针，确定了林业系统建立部、省、地三级文献机构，明确了各级图书馆的收藏重点和协调内容。在当时图书涨价、经费短缺的情况下，中国林业科学研究院图书馆的主要任务是确保林业核心期刊，重点文献和书籍的采购，在林业系统起到骨干作用。各省(自治区、直辖市)林业部门，各林业院校的文献机构的任务是保证按协调分工搜集文献，为本地区的林业主管部门、科研、教学和生产提供服务。至此，全国初步形成了具有中国林业特色的图书文献网络体系。

1993 年，购进国内外期刊累计总数达到 4700 种。同时，馆藏结构和馆藏目录数据库的研究也取得了进展。

1994 年，图书馆经费达到每年 100 万元。图书馆制定了在 2~3 年内实现微机管理与外地联网的计划。完成了“馆藏结构的研究”课题。“馆藏目录数据库”的设计工作完成并开始试录，新编目的文献直接进入微机。这两项技术成果为图书馆从传统方式向自动化方向转变打下初步基础。

1995 年，书刊入库量超过历年，全部过刊精装入库。

为培养数字化学术带头人，图书馆首次派员赴美国进修，同时在图书馆内开展外语和计算机培训。

1996 年，图书馆基本建成馆藏目录数据库，完成 1990 年以来全部中文图书的建库工作。

1997 年，申请到国家科委 80 万元文献专项补贴。图书馆每年投入 100 多万元用于购买图书和各种中外文林业刊物，为信息资源建设提供有力保证。

对图书馆管理上新台阶具有重要意义的是图书馆自动化系统建设正式启动。成立了图书馆自动化实施小组，经过全力以赴，加班加点的工作，1997 年底计算机编目库的数据加工量达 15673 条，同时完成读者数据库的建库工作。

1998 年，“全国林业图书馆文献信息资源共享战略研究”和“图书馆外文期刊题录数据库”两项课题获得院基金资助。

1999 年，“林业图书馆馆藏结构的研究”成果通过鉴定，被认定为国内先进、林业行业领先。

2000 年 3 月，图书馆自动化管理系统正式开通。

2001 年，图书馆借阅处开始配备微机终端用以查阅馆藏目录及中国林业信息网上各类数据库。同年，图书馆文献资源数字化工作正式启动。

这一时期，图书馆通过启动自动化建设，培训技术骨干，开展相关技术研究和加速网络工程建设，为图书馆数字化、网络化、智能化建设奠定了良好基础。

(五)数字化、网络化和智能化建设时期(2001—2019)

随着网络的普及，文献资源的存贮介质从以纸质为主向纸质和电子版相结合的方向发展，图书文献服务也从传统服务方式向传统和网络远程服务相结合方式发展。为适应网络时代的要求，2001 年图书馆正式开通清华同方中国学术期刊全文数据库，该数据库成为图书馆首个引进的数字资源，此后逐年加大了数字资源的引进力度。先后引进了清华同方中国优秀博硕士论文全文数据库、书生之家电子图书、万方中国学位论文全文数据库、维普中文科技期刊全文库、超星电子图书、方正阿帕比年鉴与工具书等中文数据库，以及英国布莱克威尔出版公司(Blackwell)科技期刊库、ProQuest 博士论文全文数据库、proQuest 农业与生物科学 2 个全文数据库、Elsevier 公司 Science Direct 农业与生物学学术期刊全文数据库中林业相关核心期刊的网络版全文使用权，CABI 三大农林数据库等外文数据库，截至 2019 年，共拥有中外数据库 26 个。

2002 年，科信所提交《中国林科院林业数字图书馆建设方案》。

2004 年 7 月，中国林业信息网开通林业学科信息门户与网络资源导航系统，组织专家，按照林学及相关学科用户的需求对(Internet)网络中相关的信息资源进行了更有针对性、更深入的揭示、在给用户“指路”的同时提供更专业的信息检索服务，有助于专业用户在本领域的“信息超市”中选高质量的林业信息资源和获得“一站式检索”，从而保证用户获得“所得即所要”的信息。对图书馆来说，林业学科信息门户拓宽了本馆的“馆藏”，而对整个网络而言，其信息的有序化程度得以提高。

同年 9 月还建成维普中文科技期刊全文库镜像站点，用户可查询到所有学科的 10995 种科技期刊的 872 万余篇文献的题录和摘要以及图书馆已订购的 3546 种科技期刊的 358 万余篇文献全文，实现数据每周更新。

2005 年在财政专项资金资助下情报楼 210~212 房间建成了林业珍贵文献特藏保存室，

安装了七氯烷气体灭火及报警装置，防盗监控装备及恒温恒湿设备以及樟木板的古籍书柜，保存了1959年建馆以来中央林业实验所(中华民国时期)大量文献、陈嵘和家藏书以及中国林科院一大批知名专家和首席科学家学术著作及手稿8千余册。同年，利用数字化加工基地的流水线对馆藏的古藉图书文献、外文期刊目录、林业标准和博硕论文进行了数字化加工。

2006年，中国林科院图书馆与国家图书馆合作，实现信息资源的共建共享，为中国林科院院广大科技人员开通了国家图书馆数字资源门户系统，为用户获取国内外林业文献资料提供了条件。

同年制定了《图书馆文献资源采购管理办法》，对图书期刊采购进行了首次公开招标，确定供应商，加强了图书文献采购工作的规范化管理。

由于旧馆老化，设施陈旧，设备落后已不适应图书馆发展需要。为了建设图书馆新馆，科信所与院计财处于2006年成立了图书馆新馆建设工作组，在走访取经和充分听取意见和建议的基础上，提出了新馆建设的具体要求。

2007年，为解决广大科技人员出差、在院外以及京外各研究所、中心充分利用院图书馆已购的国内外林业数字资源的难题，图书馆购买了3SSL VPN系列设备，建成了中国林业信息网虚拟专网系统，实现了林业数字资源的共享和有效利用，提高了林业行业的科技文献保障与信息服务水平。同年与国家图书文献中心和中国科学院图书馆建立了实时的原文传递系统，为院内外读者提供原文传递服务。

2008年，建成了统一资源整合服务平台，解决异构林业数字资源的整合和检索问题，实现了各种自建数据库资源，采购的本地镜像数据库资源和网络版授权使用的数据库资源的整合和统一搜索服务，实现了林业科技文献信息共享的增值信息服务。同年11月，图书馆新馆项目工程破土动工。

2011年，中国林科院图书馆新馆正式建成，建筑面积为3516平方米。同年11月，院基金项目“面向科研用户的图书馆知识服务对策研究”(2011—2014)启动。

2012年，国外图书和数字资源的采购纳入中央政府采购范围，按照中央财政，国外仪器设备采购的规定，进行了项目论证和预算报批。年底，完成了图书馆的整体搬迁工作，馆内配备的设施基本就位。

2013年1月，图书馆新馆正式开馆，新馆建立了一卡通综合管理系统，实行开架阅览，增加了触摸展示平台、配备了自助复印系统、书刊扫描系统和借还书系统，开通了电子阅览室自助上下机等自助设备，实现了图书馆新馆的智能化管理。建成并开通林业移动图书馆，林业行业用户和读者可通过智能手机、Ipad等移动终端浏览、下载和阅读林业数字图书馆提供的丰富的国内外数字资源，实现数字图书馆最初的设想：即任何人、在任何时间、任何地点获取所需任何知识。同年，初步建成了林业行业的云数据中心，解决了海量数据处理与存储，软硬件资源整合，异构数据源的统一访问和受理问题，提高了云数字图书馆平台的服务能力和水平。

2014年1月，为方便读者更好地利用图书馆，发挥图书馆的学习职能，每周一至五晚7点到10点，图书馆增加了晚间开馆。

2015 年，建成 RFID(射频识别)图书自助借还系统，提高了馆藏图书文献的管理和流通效率；开通图书馆短信通知平台及电子邮件自动催还，定时提示读者还书时间，使图书馆的服务更加人性化、智能化。

2016 年，在全院开展了图书馆外文学术资源需求调查，形成《中国林科院图书馆外文学术资源建设报告》。院基金“图书馆数字资源建设与服务功能完善”项目启动。同年 4 月，进一步调整开馆时间，增加周末白天开馆。

2017 年，完成网络宽带的扩容升级和中心机房安全设备的升级，保障系统安全稳定运行，在读者服务方面，开通了图书馆微信公众号，以此为窗口展示，宣传图书馆各项服务。同年 6 月，参与中国工程院院士推送服务，为 4 位林业院士及重点林业项目开展信息主动推送服务，图书馆个性化服务水平有所提升。

2019 年，图书馆实现了馆藏图书资源的三维可视化查询，通过 3D 图视引导读者迅速找到所需文献，扩展了图书馆的服务功能。

二、发展成就

(一)馆藏资源不断丰富

中国林科院图书馆是一所林业专业图书馆，以森林培育、森林生态环境与保护、资源管理、生物学、生态学、木材加工利用、林产化工、资源昆虫、园林花卉、林业经济与科技信息等专业领域的文献为收藏重点。在印本文献资源建设方面，注重保证对林业及林业相关学科文献的采集，夯实馆藏文献资源基础。截至 2019 年，馆藏文献量已达到 4 万多册。其中：中外文期刊 8.4 万多册；中外文图书 22.5 万多册；中外文科技资料约 10.6 万册。所收藏的国外林业期刊和图书文献种类均居国内前列。在丰富的馆藏文献中有历代林学家和知名专家的学术著作和手稿，如中华民国时期的林业文献、陈嵘先生私家藏书等。中国林科院图书馆一直被作为我国林业行业的文献收集存储以及检索中心，在藏书规模上，中国林科院图书馆已成为亚洲最大的林业图书馆之一，也是国内的重点专业图书馆。

(二)中国林业数字图书馆建设稳步推进

随着数字化网络化的发展，科研读者对数字资源的依赖越来越大，数字资源成为图书馆信息资源建设的重要组成部分。图书馆依托“中国林业信息网”，逐步加大国内外林业数字资源的引进和共享力度，截至 2019 年，共引进清华同方、万方、维普、超星、方正、台湾华艺、Blackwell 农业学术期刊全文库(157 种)、ScienceDirect 农业与生物学学术期刊全文库(210 种)、ProQuest 农业与生物科学 2 个全文库(480 种)、ProQuest 博士论文全文数据库(3.5 万篇)等 26 个国内外数据库，其中全文数据库 22 个，文摘库 4 个(详见表 2-3)。通过整合各类引进资源，建成林业资源统一检索平台，为用户提供“一站式”全文检索服务，在很大程度上满足了科研读者的信息需求，并极大提高了科研读者对图书馆资源的使用效率。

资源引进的同时，加强馆藏历史文献的数字化加工以及林业特色资源数据库的建设，建成了 70 多个林业资源库，这些自建库在很大程度上丰富了图书馆的数字资源。截至 2018 年年底，图书馆拥有各类数字化的中文林业科技文献全文 7000 多万篇，外文文摘数据库6000多万条，电子图书13万余册，网络版学术期刊850种，数据总量60TB，为林业科学研究和科技创新提供了支撑平台。

(三)信息服务水平不断提高

科技的进步，信息环境的变化，推动图书馆不断丰富服务手段，提高服务水平。2013年投入使用的图书馆新馆，完全建立在开放、便捷、多功能、现代化的基础上，藏书环境、阅览环境、服务设施、服务方式以及接待能力上都得到了全面改善和提升。自助借还等自助设施的使用，优化了图书管理手段，简化了读者的借阅流程，实现了读者对于馆藏文献的自助服务，提高了文献使用效率，推动了图书馆服务走上智能化之路。

随着数字图书馆建设的加强，网络服务在很大程度上取代到馆服务，成为主要服务模式。依托中国林业信息网，中国林业数字图书馆为科研读者提供全年7×24不间断、安全、稳定的在线检索服务。利用移动图书馆、微信公众号、短信平台等方式，使读者可以不受地域、时间限制，随时随地获取所需图书馆信息资源，了解图书馆动态，使图书馆的服务更加便捷和个性化。定期为林业院士及林业重大项目提供信息推送服务，成为图书馆提供个性化服务的手段之一。

表2-3　中国林科院图书馆已引进的中外文数据库

资源分类	资源名称
中文数据库资源	重庆维普学术期刊全文库(镜像+网络)
	万方博硕士论文全文库(2个子库)(镜像+网络)
	中国知网—CNKI系列数据库(7个子库)(镜像)
	书生之家电子图书全文库(镜像)
	方正数字图书全文资源库(镜像)
	超星电子图书全文资源库(镜像)
	统一资源整合平台(网络)
	移动图书馆(网络)
	电子图书借阅平台(网络)
	中国科学引文数据库(CSCD)(网络)
	中科院期刊分区在线平台(网络)
	Airitilibrary台湾学术文献数据库(网络)
外文网络版资源	Annual Reviews期刊全文数据库
	ProQuest农业科学期刊全文库
	ProQuest生物科学期刊全文库
	ProQuest博硕士论文数据库
	CABI、AGRIS、AGRICOLA网络版数据库
	ScienceDirect农业与生物学期刊全文库
	Wiley Online Library
	SpringerLinker

第五节 网络资源建设与服务

科技信息工作是国家科技创新体系的支撑体系，没有信息资源不行，没有现代化的服务手段也不行，因此，建设好信息资源和信息服务网络两个基础服务平台，是当前信息服务界的当务之急。随着科学技术的迅速发展，当代世界任何专业的科技工作者，都很难依靠自己的力量取得所需要的全部新的科技知识，必须依靠科技信息部门，采用现代化的信息传递手段，及时获得所需的各种科技信息。

科技创新很大程度上取决于对知识信息与市场需求信息的获取和利用能力上，竞争的基础是掌握知识和技术，科技文献作为一种可再生、可传播和可共享的国家战略资源，是提供知识和技术的源泉，是科技创新的基础，为研究人员提供高水平的科技信息服务，帮助他们全面了解和把握全球科学研究的过去、现在和将来非常重要。科技工作的一个特点就是厚积薄发，科技信息工作的性质就是积累，有了科技信息的积累，才有科技工作者的创新，科技信息工作已成为科技创新的坚强后盾。

科信所在林业系统最早开展数据库资源和信息网络建设工作，50 多年来，林业信息网络建设经历了从无到有，不断完善和发展的过程。1978 年启动《林业汉语主题词表》的编制工作；1981 年利用中国农科院图书馆从英国进口的 CAB 磁带开展文献定题检索服务；1984 年提出了建立全国林业机检系统的设想；1985 年开始从事林业科技文献数据库的建设工作；1989 年启动“中国林业科技信息系统工程”建设；1996 年建成林科网络(Novell)信息服务系统；1998 年开通“中国林业信息网”(http：//www. lknet. ac. cn)，已成为国内林业行业中信息量最大的权威性行业网站，提高了林业行业的科技文献保障与信息服务水平；2015 年启动“林业专业知识服务系统”建设工作，探索林业行业由信息服务向知识服务的转变；2017 年开通林业专业知识服务系统(http：//forest. ckcest. cn)，整合林业行业丰富的信息资源和科学数据，开发了林业知识的深度搜索、知识链接、学科导航、知识图谱和可视化分析等服务功能，实现了基于语义关联的知识发现服务，面向院士和广大科技工作者提供全面、便捷、智能的多维度林业知识服务。

一、发展历程

(一)起步阶段(1978—1989)

1978 年，科信所引进计算机专业技术人员充实力量，开展 CAB 磁带定题检索服务工作，编制《林业汉语主题词表》，1984 年提出建立全国林业机检系统的设想，1985 年成立计算机开发应用室，开始中国林业科技文献数据库的建设工作，研制成功了“全国林业科技文献微机检索和编辑系统软件(FORES)”，为开展林业科技情报计算机检索工作打下了基础。

随着林业生产和科学技术的发展，国家和原林业部的领导对林业信息网络工作越来越重视。1978 年林业科技情报所恢复建制后，所领导立即从其他单位引进计算机专业技术人才充实力量，开展计算机情报检索业务工作。1980 年派有关人员到北京大学、中国科学院数学研究所学习计算机技术。1981 年利用中国农科院图书馆从英国进口的 CAB 磁带开展文献定题检索服务，定期去中国农科院帮助中国林科院的专家从英国 CAB 磁带中检索所需的林业文献，那个时期每年用户就有 200 多个，工作得到了用户的好评。

1978—1985 年在院基金项目支持下，组织 20~30 多位科技人员和管理人员，用了七八年的时间，孙本久、陈兆文、韩有钧和刘开玲等主持完成了《林业汉语主题词表》编制，1985 年正式出版《林业汉语主题词表》，该表是《汉语主题词表》的林业分册，它由前言、目录、使用说明、主表、辅表五部分组成。该表共收主题词 12274 个，其中正式主题词有 9656 个，全部主题词一律按汉语拼音字母顺序排列，每个款目主题词下均设参照系统。辅表由范畴索引、词族索引，森林生物学名称拉汉对照索引组成。词表体系结构的总体设计力求与《汉语主题词表》兼容的前提下：①首先突出林业特点。在范畴索引设计上，把林业各专业学科放在首位，基础学科和相关学科放后的主次分明的体系。②确定选词比例的原则是专业词汇多些、细些，基础与相关学科精选控制词量。③词表设有森林生物学名称拉汉对照索引，能准确解决森林动植物同种异名或同名异种问题。为林业系统普及计算机检索技术建立建全国机检系统提供了技术和物质保障。为我国林业情报检索手段和科研成果手段现代化创造了必要的条件。词表具有较高的学术价值和应用价值，达到国内同类表的先进水平。该表的出版填补了林业情报系统的空白，为林业情报事业做出了一个大贡献。1989 年获林业部科技进步三等奖。

1984 年 10 月，中国林学会林业情报专业委员会在湖南株洲召开成立大会。在这次会议上，举办了专业学术讨论会，讨论了全国林业信息计算机管理系统的建立问题。会上有关单位交流了经验，四川省林科所介绍了计算机在林业上应用的研究，得到与会者的好评。大家一致认为全国林业信息计算机检索系统的建立是林业情报至关重要的工作。与会同志就该系统的方针、指导思想、系统构成、数据库和机型等方面发表了很好的意见，首次提出了建立全国林业机检系统的设想，并统一了认识。这次会议为建立全国林业情报计算机检索系统奠定了理论基础。

1985 年 8 月，中国林学会林业情报专业委员会在四川成都召开了“全国林业科技情报计算机检索系统发展规划研讨会”，有 29 名科技情报、计算机检索方面的专家、教授和技术人员出席了会议。本次会议是根据 1984 年株洲会议的决定，起草了《全国林业科技情报计算机检索系统发展规划》。会议就此《发展规划》进行了认真的讨论，与会代表基本同意该《发展规划》的指导思想、要求和措施。一致认为林业科技情报机检是发展方向，今后我国必然要走联机检索的道路。建议全国林业科技情报检索体系采用“重点自建，积极引进”的方针，本着“统一规划，分工协作，集中建库，分散提供，资源共享”的原则，开创了林业科技情报机检建设的新局面。各省(自治区、直辖市)林业科技情报中心积极响应，按《发展规划》要求筹备机检系统建设。建立林业情报计算机检索体系，可分二个方面进行，一方面是中文检索体系靠自己研制，先建文献数据库，要求检索国内文献达到 90%，后建非文献库；另一方面是国外文献检索体系，主要靠引进检索磁带，目标是能够检索到国外林业文献的 60%。

1985年，根据林业部领导的要求，情报所组织力量撰写的《国内外林业上应用计算机的现状及对策》一文得到林业部的重视。林业部政策研究室将此文在其编辑出版的《林业工作研究》上全文刊出。

为了实现林业部提出的建立"全国林业情报网，一按电脑键就可得到所需要的情报"的要求以及株洲、成都会议精神。1985年，情报所成立了计算机开发应用室。首先从组织机构着手，加强人员的培训，配备人力专门研制全国林业计算机检索系统。情报所于1985年购置了3台IBM PC-XT微机，以《中国林业文摘》为基础，按照国家著录标准和《林业汉语主题词表》进行著录和标引，开始中国林业科技文献数据库的建设，1987年已输入1.2万条记录，信息量每年递增，截至2018年年底，中国林业科技文献数据库的信息量已达165万多条，是我国林业系统第一个学科覆盖面最广、时间跨度最长、文献收集最多的大型数据库。

1986年，林业部科技司将情报所申报的"全国林业科技情报计算机检索及编辑系统研究"列为林业部"七五"重点研究课题，以情报所计算机室为主体与林科院森计中心合作共同承担该课题研究任务。赵巍、李卫东等主持研制成功了全国林业科技文献微机检索和编辑系统软件(FORES)，并于1987年6月通过了林业部组织的鉴定。该系统是在IBM-PC/XT上实现的一个中西文兼容的文献检索及书本式检索刊物编辑排版系统。其系统设计主要有以下特点：①能够形成以软盘为传输介质的脱机网络；②检索编辑一体化；③建库方式灵活；④检索途径多、速度快；⑤多种输出产品。这是情报所第一项部级鉴定的研究成果，这在林业情报系统属于首创。该系统设计新颖、实用性强、操作简便、功能全、效率高、检索响应速度块，与国内同类微机检索相比有其特色，达到了国内先进水平，为建立我国林业科技文献信息总库、各地建立各种地方性或专业性分库提供了技术保证，为纳入国家科技情报微机检索系统奠定了基础。这一研究成果成为林业检索系统的基础软件，并在全国林业部门推广应用。在这个软件的基础上，按照林业特点和需要，又研制了若干专题检索系统，并在全国林业系统推广应用。

1986—1989年，朱石麟、李卫东等主持完成了院基金项目"世界林业事实数据库的研建"，该库系统搜集了世界120多个国家近50年来的林业科学数据和事实，为领导部门和决策者提供原始数据和信息。由于林业涉及专业和学科较多，故按专业将原始数据划分为10个分库，并尽可能扩大分库的信息量，能较好地解决原始数据多，贮存空间小和运行速度慢等问题。10个分库的总数据量为7263条记录，该成果居国内同类研究先进水平。1991年获林业部科技进步三等奖。

1988—1990年，王忠明主持开发了"文献数据库与检索刊物一体化的新模式——用WS文本文件进行刊物编辑和建库"软件，该课题通过一系列应用程序的开发，使文字处理软件(中文WS、英文WS2000等)，联合国教科文组织提供的数据库管理系统软件(MicrCDS/ISIS)和"科印"排版系统三者有机地结合在一起，扬长避短，解决了检索刊物的计算机编辑与文献数据库一体化工作中存在的具体问题。该系统的研制成功，改变了林业系统的整个检索刊物编辑与数据库建设工作流程，得到了推广应用。采用标准字处理软件进行数据录入，既提高了录入效率，又保证了数据质量。生成的ISO2709格式软盘，可与国内外用户进行信息交换，提高了数据库的使用效率。保证了数据的可靠性，改善了出版物和数据库的质量。

1988—1990 年，洪宝亮、王忠明主持开发了“SAB 微机通用数据库管理系统”软件，适用于 IBMPC 系列微机及其兼容机，长城系列微机的通用数据库管理系统软件，具有灵活多样的数据库管理功能与服务功能，自定义的数据结构和表格结构，较高的磁盘存贮空间利用率和较快的索引及检索速度，应用一套软件管理多个事实型与数值型数据库。该软件的研制成功为用户提供了一种多功能的微机管理信息系统软件开发工具，它不需二次开发便可直接投入使用，具有高效，易操作，软硬件适应性强等优点，可满足用户建立各种事实型数值型数据库的软件需求。

王忠明、洪宝亮主持完成的“用 WS 文本文件进行刊物编辑建库和 SAB 微机通用数据库管理系统的研建”项目，1991 年获林业部科技进步三等奖。

1989—1996 年启动了“中国林业科技信息系统工程”建设，该成果是 1956 年我国制定第一个“科学技术发展规划”以来，历经 38 年的研究、开发、建设，经过多代林业信息工作者的共同努力，特别是经过近 8 年来推行的现代化研建阶段所执行的大小约 30 个专项工程，最终建成的一项系统工程。它是中国唯一的一个林业科技信息系统工程，是中国林业科技信息的奠基性工程。形成了以中国林业科学研究院图书馆为核心的中国林业科技一次文献体系。创办了一个与国内外相比最为完整的林业科技检索期刊体系，拥有检索刊物(或专辑)9 种(其中英文版 2 种)和报道刊物 7 种(其中英文版 2 种)，共出版约 450 期，系统地报道了国内外林业科技文献约 28 万篇。大力进行了林业数据库开发与引进，已构成了一个电子信息载体体系，容纳的信息量超过了图书馆馆藏，其中有些数据库在国外也产生了一定声誉。还开发建成了一个具有全方位功能的、国内外联通的计算机网络。该系统工程已具备强大的服务功能，目前已拥有 10 多项服务窗口或途径，其服务手段符合中国国情(传统与现代相结合)。该系统工程具有系统性、连续性、完整性、实用性、先进性与创新性。1996 年获国家科委“全国科技信息系统优秀成果”二等奖。

自 1985 年以来，情报所先后举办了“林业汉语主题词标引”“计算机情报检索”培训班、研讨班 10 余次，基本上普及了省级林业文献分类，标引技术及著录格式，为全国林业系统培训文献分类、标引、情报检索、系统分析、程序设计和管理的骨干 400 多人次，为林业科技文献现代化管理水平提高做出了贡献。

1987 年，情报所在北京召开的第三届全国林业情报会议上，重点讨论和通过了《全国林业科技情报计算机系统发展规划》，这对全国尽快建立林业科技文献数据库有极大的推动作用。在会议上就今后的落实措施做出了统一的安排和布置。

1988 年，情报所根据《全国林业科技情报计算机系统发展规划》的纲要，加大力度开发林业科技文献资源，竭力把情报所、林业部科技情报中心建成全国林业科技文献中心和检索中心。

(二)稳步发展阶段(1990—1999)

采取刊库结合方式，加强林业数据库建设。1994 年底实现了情报大楼局域网布线工程，1995 年初步建成了情报楼内 Novell 局域网，1996 年建成了林科网络(Novell 网)信息服务系统，1998 年建成并开通了中国林业信息网，为网络和信息资源建设打下了良好基础。

1990 年，情报所确定了创造条件刊库结合，并逐步向机检过渡的目标。情报所提出在一段时间内刊库并存，以办好检索刊物为基础，建设文献数据库并完善其他已建数据库，从而创建情报所机检产业，形成名副其实的全国林业科技情报计算机检索中心。《竹类文摘》中、英文版，半年刊；《中国林业文摘》中文版，双月刊；《中国林业文摘英文选编》英文版，季刊；《国外林业文摘》中文版，双月刊；《国外森工文摘》中文版，双月刊，逐步实现了刊物编辑和建库一体化。

1991 年 3 月 16 日，情报所所长办公会议决定由计算机室(迪威服务部)主管全所的计算机设备与技术、数据库研建与使用、出版物计算机排版等工作。

1992 年 6 月，林业部在四川成都召开了第三次全国林业情报工作会议，会上通过了《全国林业科技情报工作发展规划(1992—2000)》《全国林业科技文献布局方案及协调办法》《全国林业文献协调搜集网条例》和《全国林业计算机网络建设与协调方案》。

1993—1994 年，在 ITTO 和院基金项目资助下，李卫东、朱石麟等主持研建了中国竹类综合数据库，由 4 个部分的 24 个不同类型结构的分库组成，分中英文两个版本，信息总量为 20195 条，其中中文版分库总信息量 10830 条，英文版分库总信息量 9365 条。建有 4 个图文数据库，实现了图文合一管理，扫入彩图 190 张，黑白图片 71 张。集文献、事实和图像数据为一身。该库选择社会上大家公认的软件系统来进行二次开发，既节省人物力，也缩短了软件开发周期并利于用户使用。开发了一个实用的界面程序，使 micro CDS/ISIS Foxbase 和 SAB 等 3 套软件系统建成的各个分库有机地结合在一起，便于用户操作和管理。该数据库的建成，填补了我国林业、轻工、造纸、供销等部门在利用计算机管理竹类综合信息方面的空白。该库建成后，接待了多批国内外专家，成为科信所对外宣传的一个素材，并得到大家的肯定。该库已纳入林科网络，将为国内外用户提供良好的咨询检索服务。1997 年获林业部科技进步三等奖。

1994 年年底，实现了情报大楼局域网布线工程，1995 年初步建成了情报楼内 Novell 局域网。

1996 年，建成了林科网络(Novell 网)信息服务系统，采用微波通讯方式与国家图书馆实现了广域网互联，可查询 10 多个国内外数据库资源，丰富了网上资源，为全行业提供林业科技信息共享服务，解决了 Novell 网络环境下 CD-ROM 光盘共享和数据库全文检索等关键技术问题，建成了全国林业系统共享的信息资源系统。

1998 年，加快林科网络 Internet 节点建设，正式开通中国林业信息网，当年就有 7000 多个用户。截至 2000 年，科信所计算机网上信息源已有 12 大类 30 多个数据库，累计信息量的达 132 万多条，网站日访问量达到 150~200 人次。并将《世界林业研究》《国外林业文摘》《世界林业动态》《国外林产工业文摘》等九种刊物制成电子版，面向广大用户。科信所已建成了规范化、科学化、实用化的林科网络体系和计算机检索体系，服务林业部门、科研部门，服务社会。

1995—1999 年，陈兆文、王忠明主持完成了院基金项目“林业汉英拉主题词表的计算机辅助编制”，对原来的《林业主题词表》进行了修订和补充，词表共选词38521条，建成了林业主题词表数据库。

1995—1999年，张作芳、王忠明主持完成林业部重点项目“中国林业科技成果库”的研建，以国家林业局科技司发文的形式收集，在各省林业厅科技处和林业高等院校、中国林科院各研究所设联络员，专人负责，系统收集了林业系统1978年全国科技大会以来获国家各类奖励、林业部科技进步奖、推广奖、各省(自治区、直辖市)以及省厅科技进步奖的科技成果和通过省部级鉴定的所有科技成果，948引进国外先进技术成果，重大林业推广项目成果等，并开发了该库的管理信息系统软件。

1996—2000年，张作芳、王忠明完成了“九五”国家科技攻关重中之重项目“农业专家决策与信息技术系统研究”子专题“林业实用技术库的研建与开发”研究任务，项目建成了林业实用技术、配套技术以及动态信息三大类16个数据库，累计信息量14031条，约1260万字；林业配套技术库根据林业生产和当前西部开发的需要，共组装配套技术60项。建立了林业实用技术扶贫示范点8个、推广点22个，重点推广了竹类快繁及丰产栽培、核桃、龙眼、荔枝丰产技术等一系列配套技术。实现了机、网、库、示范、推广配套，并使推广扶贫示范点约4万多人脱贫，6000多人致富，取得了显著的经济效益、社会效益和生态效益；开通了中国林业实用技术信息网，并出版了中国林业实用技术光盘。

1997年在院基金的资助下启动了“中国林科院图书馆自动化系统工程”建设，由彭修义主持，图书馆和计算机室20多人参与，对馆藏文献资源目录进行了数字化加工整理、同时引进图书馆自动化系统，2001年中国林科院图书馆自动化系统已基本建成，实现了图书采访、编目、流通等各环节的自动化管理，提高了工作效率。已有入库图书、期刊机读数据8万余条，用户可在中国林业信息网上免费查询。

(三)快速发展阶段(2000年至今)

2000年以来，在国家科委科技基础性工作专项基金项目、国家科技攻关专项、林业行业公益专项、948重点项目、中国工程院项目、国家林业局(国家林业和草原局)重点项目的支持下，网络和信息资源建设得到了快速发展。2006年以来在中央级科学事业单位修缮购置13个项目的支持下，中国林业信息网软硬件系统进行了升级改造，加强国内外林业数字资源引进和更新，提高网络平台服务性能。

2000—2004年，李卫东、王忠明等主持完成了国家科委科技基础性工作专项基金项目“林业科技信息网络资源建设”的研究任务，在该项目的支持下，2001年7月完成了“中国林业信息网”网络平台的软硬件系统升级改造，提高了网络服务平台性能，为国内外用户查找林业科技信息提供了支撑平台。项目建立了良好的信息资源组织和收集机制，制定了数据采集与数据库建立的标准和规范，数据分类指标体系，建立了元数据库，培养和锻炼了一支稳定的人员队伍，建立了以共享为核心的管理制度和数据质量保证体系。解决了不同类型结构数据库的建库技术和检索方法，完善和建设了11个拥有自主知识产权的林业科技信息资源数据库，项目新增入库数据记录39.5万余条，提供共享的数据总量为53万多条，文本信息量255MB，初步建成了林业信息资源采集、加工和数据库建设基地，为林业信息资源建设打下了基础。该项目的实施，使“中国林业信息网”逐步成为了国内林业行业中信息量最大、涵盖面最广的权威性行业网站。网上的自建数据库已达50多个，累计信息量达40GB，大部分数据库做到了每日更新，网站每天的数据更新量300~500条/天，已有各类正式注册用户3万多人；用户访问量1500~2000人次/日。项目成果以数据库、网站、光盘、研究报告等多种形式体现，分级分类为全社会共享，得到了广泛应用，效果明显，为林业六大重点工程和科技创新提供了可靠的信息资源支撑平台。2004年6月通过了科技部组织的专家验收。

2001—2002年，张作芳、王忠明等主持完成了“十五”国家科技攻关项目“农业信息化技术研究”子专题“林业生产实用技术信息咨询服务系统研究与开发”的研究任务，加强了林业实用技术的采集、组装配套和数据库建设，建立了林业生产实用技术信息咨询服务系统，探索了林业生产实用技术的合理开发利用和数据的共享模式，通过网络与光盘与广大科技人员和林农分享有关林业实用技术、专家知识和经验。

2002—2005年，王忠明、卢琦等主持完成了国家科技基础性工作专项基金面上项目“青藏高原科学考察林业文献收集整理与数字化”的研究任务，为系统地收集和整理历次青藏高原科学考察活动中有关林业、生态、荒漠化和生物多样性方面的各类数据、资料，先将项目任务分解，由中国林业科学研究院林业科技信息研究所、中国科学院地理科学与资源研究所、中国林业科学研究院林业研究所、北京灵山生态研究所和西藏高原生态研究所5家单位的相关专家组成项目组，分工协作，负责数据的采集和整合工作，与相关图书馆、资料室、书商建立信息沟通和收集渠道，早期的图书、资料有些难以得到，采用复印和扫描的方式获得，与相关的科考专家联系，收集第一手资料。该项目收集和整理了历次青藏高原科学考察活动中有关林业、生态、荒漠化和生物多样性等方面的各类数据和文献资料，建立了青藏高原科学考察林业信息元数据库，制定了数据采集与数据库建立的技术规范，建立了青藏高原科学考察与林业相关的22个数据库，入库数据记录9.5万余条，新增文本数据量为30.35MB，图片数据量为600MB，文献资料数字化的数据量(PDF文件)为3.56GB。在中国林科院图书馆建立了青藏高原科学考察林业资料保存特藏室，在中国林业信息网上建立青藏高原科学考察林业频道和青藏高原科学考察林业数据中心，用户进入该频道，可查询项目所建的22个数据库、相关信息和网上科考成果展示系统，建成了青藏高原科学考察林业相关数据、资料的数字化共享服务平台。该项目取得的主要成果为：青藏高原科学考察与林业相关的22个数据库；青藏高原科学考察林业资料保存特藏室；青藏高原科学考察林业数据中心；青藏高原科学考察林业文献数字化光盘(DVD)。2006年6月通过了科技部组织的专家验收。

2003—2007年，王忠明、黎祜琛等主持完成了国家科技基础条件平台工作面上项目“六大林业重点工程科技信息支撑系统建设”的研究任务。系统收集了国内外各种实物载体的印本或电子版林业文献资料，建立了林业科技信息元数据库，制定了数据采集与数据库建立的技术规范，完善和建立了8大类29个拥有自主知识产权的林业信息资源数据库群，累计数据记录达到73万余条，文本数据量629MB，数字化图像数据量(PDF文件)116GB，建立了书、刊、网、库结合的林业科技信息共享平台，解决数据库的分级分类使用和全文检索等关键技术，为六大林业重点工程建设提供可靠的科技信息支撑。

2001—2013 年，王忠明、黎祜琛、张慕博、洪宝亮等主持完成国家科技基础条件平台科学数据共享工程项目的 4 个课题“林业法律法规与文献资源采集和共享”“林业科技信息基础数据库的建立和共享”“林业科技基础数据分中心建设”“国家林业科学数据平台—文献中心”的研究任务，主要探索整合林业科技基础数据资源的技术方案和方法、构建面向全社会的林业科技基础数据资源管理和共享服务体系，从而实现对林业科学数据资源有效保存、深度挖掘、共享利用的目的。林业科技基础数据分为 9 个子类：林业法律法规和林业标准数据、林业科技成果及在研项目数据、林业专利技术和实用技术数据、林业综合科技信息数据、林业科技进展数据、木本植物资源数据、林业术语数据、林业学科资源数据、青藏高原科学考察专题数据等。根据统一的标准和规范，整合国内外林业科技基础数据，进行标准化、网络化加工、整理和建库，实现资源共享，经过 13 年来的数据整合，建成了拥有自主知识产权的林业科技基础数据库 25 个，已有入库数据记录 100 多万条。2005 年开通林业科技基础数据分中心网站，2008 年 7 月，林业科技基础数据分中心网站进行了全新改版。2012 年 6 月林业科学数据平台—文献中心网站与中国林业信息网进行资源整合，统一对外提供服务，为林业科学研究和科技创新提供了有力的基础数据支撑。

2004 年，刘婕负责建成了面向企业的科技咨询服务平台——“中国产业咨询网”，提供木材、造纸、人造板、家具、林化及其他相关行业的各类产品的产量、进出口数据的跟踪分析和市场研究报告，各类产品的生产、国内外进出口市场的详细信息，为企业提供量身定做的产品和产业咨询调查报告。

2005 年 11 月，中国林学会林业情报专业委员会组织在浙江杭州举行了“首届中国林业学术大会第 7 分会场”的学术交流活动，主题为：林业科技信息共享机制与市场化途径，参会代表约 110 人，征集学术论文 50 多篇，会后以《世界林业研究》增刊的形式出版了大会论文集。

2006—2010 年，梅秀英、王忠明等主持完成了国家“十一五”科技支撑计划“速生丰产林建设工程关键支撑技术研究”项目“速生丰产林建设科技支撑信息系统研建”专题的研究任务，系统收集和整理国内外与速生丰产林建设相关的主要科学数据和文献资料，重点研建了 10 个数据库；开发了网上信息的实时汇交、分级审核、反馈修改和动态发布的综合管理系统；建成了速生丰产林建设科技支撑信息系统和林业科技支撑项目的综合管理信息平台，为速生丰产林建设提供科技支撑。

2006—2008 年，王忠明、张慕博等主持完成国家林业局“林业信息网络—林业科技网运行维护及管理”项目的研究任务，维护和管理“中国林业科技网”。

2008—2019 年，张慕博等主持完成了国家林业局“林业植物新品种数据库研建”项目的研究任务，建成了林业植物新品种权数据库，维护和管理“中国林业植物新品种保护网”，编辑出版《中国林业授权植物新品种》图书。

2008 年 5 月 29—30 日，中国林学会林业情报专业委员会和科信所在中国林科院学术报告厅共同举办了“网络资源共建共享与现代林业建设”学术研讨会，来自全国 5 所林业高等院校、14 个省级林科院和中国林科院的 70 多名代表出席了研讨会。共同分析了网络资源共建共享在现代林业建设中的地位、作用，探讨了中国林科院与各级林业科研院所及林业高等院校开展网络资源共建共享的基本路径和运行模式，并就下一步的实施方案进行了深入讨论和交流。

2010—2019 年，王忠明、张慕博、马文君等主持完成了国家林业局“知识产权战略实施与管理-信息平台与预警机制研究”“林业知识产权信息共享与预警机制研究”项目的研究任务，整合国内外林业知识产权信息资源，建成了高质量的林业植物新品种权、林产品地理标志、林业生物遗传资源、涉林专利、商标和软件著作权等林业知识产权基础数据库 15 个，入库数据记录达 145 万条以上，建成并开通了中国林业知识产权网，构建林业知识产权公共信息服务平台。建成了林业专利信息预警分析系统，开展木地板行业专利预警机制研究，为社会公众和林业企业提供林业知识产权信息咨询和预警服务。

2010 年 11 月，马文君负责建成并开通了全球林业信息服务网(GFIS)的中文频道，负责每日林业新闻的动态更新，利用 RSS 和 XML 技术将林业资源链接到 GFIS 网站上，实现了林业科技信息资源的全球共享和有效利用。2011 年开始参与国际农业研究与发展信息共享体系(CIARD)建设工作，在其平台上提供中文林业信息内容与服务，扩大了林业自建数据库的信息共享服务范围。

2007—2011 年，王忠明、黎祜琛、张慕博等主持完成了国家公益性行业科研专项“林业行业科技文献信息支撑系统研建”的研究任务，2012 年 3 月通过国家林业局组织的专家验收，取得了重要进展。1998 年开通的中国林业信息网，经过该项目的 5 年建设，加强了软硬件系统开发和数据库资源建设，建成了林业科技文献信息共享平台，为林业科学研究和科技创新提供了支撑。该项目依托中国林科院图书馆，加大了国内外林业数字资源的引进和共享力度，建成了林业行业科技文献和数字资源保障系统。系统收集和整理了国内外与林业相关的主要科学数据和文献资料，解决了网络平台不同类型、结构数据库的建库技术和检索方法、数据库分级分类管理和全文检索等关键技术，建成了 70 多个拥有自主知识产权的林业科技信息数据库群，累计信息量已达 400 多万条，数据每日更新。林业知识链接技术实现了基于林业知识的数据库相互关联和网络化获取。引进了 20 多个国内外数据库资源和 800 多种网络版外文学术期刊，建立了统一资源整合服务平台，解决了异构林业数字资源的整合和检索问题。建成了文献资料全文的数字化加工流水线系统和数字化加工基地，提高了文献资源全文的数字化加工效率和水平。在中国林业信息网的基础上，建成了公共林业科技文献信息共享平台，检索响应速度快，已成为国内林业行业中信息量最大的权威性行业网站，提高了林业行业的科技文献保障与信息服务水平。

2012—2015 年，王忠明、张慕博等主持国家林业局 948 重大项目“2012-4-25 引进林业产业技术评估、集成与创新”的课题“引进林业产业技术创新平台研建”，将对 1996 年以来已立项的林业产业技术项目进行数据加工、普查和追踪调查，建成引进林业产业技术项目基础数据库和追踪评价信息库。开发林业 948 项目综合管理信息系统，内置数据库和全文检索引擎，提供灵活的数据添加、修改、检索和统计分析功能，构建引进林业产业技术项目的管理和创新平台，展示优秀的引进林业产业技术成果。

2015—2018 年，唐守正、陈绍志、王忠明、黎祜琛、张慕博、马文君等主持完成中国工程院中国工程科技知识中心建设项目“林业专业知识服务系统建设”的研建任务。围绕国家科技创新和林业发展对科技的需求，充分利用大数据、虚拟化、云计算、数据挖掘、知识关联分析与可视化技术，整合林业行业丰富的科学数据和信息资源，规范化林业数据库资源建设，进行知识挖掘和深加工，实现从数据库内容管理到知识管理的过渡，实现基于林业知识的相互关联和网络化获取，建成林业专业知识服务系统，面向院士和广大科技工作者提供全面、便捷、智能的多维度林业知识服务。

2018 年 9 月 2—4 日中国工程院中国工程科技知识中心、中国林业科学研究院、中国农业科学院和中国水产科学研究院在青岛联合举办了“2018 大数据智能与知识服务高端论坛暨农林渔知识服务产品发布会”，正式发布了我国首个基于大数据的“林业专业知识服务系统”。大会以“创新知识服务，引领协同发展”为主题，重点交流和探讨了大数据跨界融合、大数据智能分析、数据开放共享与知识服务等相关问题，推进了大数据智能时代的知识服务创新，旨在打造优质、高效、精准、智能的知识服务产品体系与生态系统。

2019 年，张守攻、王登举、王忠明、黎祜琛、张慕博、马文君等主持中国工程院中国工程科技知识中心建设项目“林业专业知识服务系统建设”的建设任务。重点建设林业特色资源数据库和林业专业领域知识词库，进一步优化和完善林业专业知识服务系统的网站平台、移动端服务平台和微信公众平台，提供智能化的多元林业知识服务，提供面向个性化需求的分布式知识化信息服务。

2019 年 11 月 10—12 日，由中国工程院中国工程科技知识中心、中国林业科学研究院、中国农业科学院和中国水产科学研究院联合主办的“2019 大数据智能与知识服务高端论坛——知领系列论坛(第 2 期)”在北京香山召开。会议以“深度融合数据资源，协同创新知识服务”为主题，重点交流和探讨大数据技术与应用、大数据跨界融合、大数据智能分析、知识图谱、数据开放共享与知识服务等相关内容，推进大数据智能时代的知识服务创新。中国工程院、全国农林渔科研系统、农林渔高校系统及从事大数据智能与知识服务等方面工作的科研、管理、服务人员共 200 余人参加会议。

2006—2018 年科信所网络和信息资源建设共获批中央级科学事业单位修缮购置项目 13 项，专项资金 5188 万元，为科信所办公条件改善，中国林业信息网软硬件系统升级改造，提高网络平台服务性能，加强中国林业数字图书馆建设和国内外林业数字资源引进和更新提供了保障(表 2-4)。

表 2-4　科信所网络和信息资源建设获批中央财政修缮购置专项项目

序号	批复年度	项目名称	批复金额
1	2006	中国林业信息网虚拟专网管理系统设备	60
2	2006	林业多媒体信息资源采集制作系统	50
3	2008	中国林科院图书馆电子阅览室和多媒体视听室	85
4	2009	中国林科院图书馆密集书架更新改造	370
5	2010	中国林业数字图书馆资源引进与配套设备改造	200
6	2011	林业科技信息共享与政策模拟实验系统设备	275
7	2012	林业数字资源引进与整合利用设备	405

（续）

序号	批复年度	项目名称	批复金额
8	2012	中国林业信息网络中心设备升级改造	385
9	2013	林业云数字图书馆资源和设备购置	723
10	2014	林业数据库资源引进与整合设备购置	725
11	2016	林业云数据中心网络安全设备购置	600
12	2017	林业数字图书馆资源和设备购置	670
13	2018	林业专业知识服务系统资源和设备购置	640
合　计			5188

二、发展成就

（一）林业科技信息网络研究

科信所主持完成了网络和林业信息资源建设方面的国家科技攻关项目 1 项、专题 3 项，国家科技基础条件平台建设项目 10 项，中国工程院大数据项目 5 项，林业行业公益性项目 1 项，国家林草局重点项目 10 项，组织制定了林业科技信息数据采集与数据库建立的标准和规范，数据分类指标体系，建立元数据库，培养和锻炼了一支稳定的人员队伍，建立了以共享为核心的管理制度和数据质量保证体系，解决了不同类型结构数据库的建库技术、网上数据库的分级分类管理和全文检索等关键技术，逐步建成了国家级林业图书文献信息资源采集、数据库建设和数字化加工基地，1998 年开通的中国林业信息网（http：//www. lknet. ac. cn），已成为国内林业行业中信息量最大的权威性行业网站。获国家科委“全国科技信息系统优秀成果”二等奖 1 项，林业部科技进步奖三等奖 4 项，获计算机软件著作权 9 项，为林业数据库、网站和信息系统建设提供了技术支撑（表 2-5）。

表 2-5　计算机软件著作权一览表

序号	登记号	软件全称	登记日期
1	2009SRBJ3227	林业科研项目管理信息系统	20090531
2	2009SRBJ5294	林业数据库全文检索和集成管理信息系统	20090825
3	2010SR039242	林业文献资源数字化加工流水线系统	20100804
4	2010SR055802	林业通用管理信息系统	20101022
5	2011SR033051	林业知识链接门户系统	20110531
6	2013SR093680	林业 948 项目综合管理信息系统	20130902
7	2014SR112769	林业知识产权管理信息系统	20140805
8	2016SR344709	林业专业知识可视化分析系统	20161101
9	2016SR314341	林业专业知识全文检索系统	20161101
10	2017SR607692	林业统计数据可视化分析系统	20171107
11	2018SR927409	林业专业知识服务系统移动端 APP 软件	20181120

(二)林业专业知识服务系统研究

林业专业知识服务系统以林业工程及相关学科的科学数据和文献资源为主，突出森林生态系统、湿地生态系统、荒漠生态系统、草原生态系统和生物多样性保护。2015 年开始建设，2017 年 5 月正式上线。采用 Elastic Search 分布式搜索引擎技术进行系统研发，平台以林业元数据知识仓储为基础，整合林业行业丰富的科学数据和信息资源。目前，已完成 4 大类 60 个数据库 1200 多万条数据整合，构建了林业领域基础知识词典系统，开发了林业知识的深度搜索、知识链接、学科导航、知识图谱和可视化分析等服务功能，以及林业科技大数据知识仓储，实现了林业各平台数据的有效打通和共享，提供基于语义关联的知识发现服务。全国 8 次森林资源连续清查、2 次湿地资源调查、5 次土地荒漠化和沙化土地调查、2 次石漠化调查、4 次野生大熊猫资源调查和 1 次野生动植物资源调查等监测数据，国内外森林资源、林产品贸易、自然保护区、林业产业、森林灾害、林业投资、林业生态工程等统计数据均可在线进行数据查询、可视化分析和地图展示。

系统采取公共用户、手机实名注册用户、入网用户和授权 IP 用户 4 类进行分级分类管理。对国家林业和草原局、中国林科院各研究所、各省林科院、林业高等院校等 20 多家局域网 IP 用户，系统会自动检测并允许登录，共享网上 100%的林业数据资源，为其提供全面、便捷、智能多维度的林业知识服务。

林业专业知识服务系统开通了“林业知识服务”微信公众号，跟踪全球林业科技热点，每周发布原创林业科技前沿文章。采用微信公众号接口技术，该系统开发了基于安卓系统和苹果系统移动端应用——林业搜索 APP，提供移动设备“一站式”检索和个性化推荐服务。移动端(林业搜索)与网站底层数据同步更新，用户可在线检索网站数据库中的数据，每日更新，免费获取。该系统成为建设生态文明、美丽中国和科技创新重要的信息支撑平台。

在中国科学技术情报学会知识组织专业委员会举办的“知识服务与情报工程学术大会”上，林业专业知识服务系统荣获“2018 年度知识服务最佳实践奖”。2018 年和 2019 年度中国工程院公布的中国工程科技知识中心分中心评价结果中，中国林业科学研究院林业科技信息研究所承建的林业专业知识服务系统(林业分中心，http：//forest. ckcest. cn)均排名第二，取得了较好成绩，得到了领导和专家组的一致好评。

评价专家组认为：“林业专业知识服务系统网站在系统建设、资源建设、服务绩效和运维管理各方面都比较出色。网站整体建设较好，各栏目设计清晰、布局合理、突出特色。资源全面，尤其是自建特色资源规模较大，且稀缺性和权威性较好，具有较高的用户粘性。检索和导航功能较强，资源访问按用户权限分级管理，提供单篇文献文本或 PDF 文档下载、批量数据文本格式、Excel 格式下载功能，有助于用户便捷地获取资源。采用分布式搜索引擎技术实现资源的统一检索和高级检索，检索结果的可视化分析和知识图谱展示效果较好。”

(三)网络和共享平台建设

网络中心配备高性能的惠普 HP 服务器 12 台(其中：HP ProLiant G10 服务器 1 台，HP G9 服务器 4 台、HP G8 服务器 3 台、HP DL580G7 服务器 4 台)，惠普云服务器 1 台，大容量磁盘阵列系统5套(其中：HP P2000 FC磁盘阵列柜1套、HP MSA1000磁盘阵列柜2套、HP MSA500G2磁盘阵列柜2套)，HP MSA60磁盘扩展柜10套，HP MSL2024磁带备份库系统2套，VPN接入设备2套，爱数备份机两套。中国联通网络出口专线150M，建成了林业科技信息的高速网络平台，解决不断增长的大容量林业数字资源的保存、检索和备份问题，提高了系统的安全性、稳定性和可靠性。2018年对科信所和图书馆的无线网络进行了升级，将无线接入点数量增加为66个，保证了无线办公网络的稳定性。

网络与机房安全方面，按照国家二级等级保护要求，进线端安装有负载均衡、ITM流控、出口防火墙和核心交换机4个设备。在管理端有服务器防火墙、堡垒机、漏洞扫描、网络安全审计、网络入侵检测、无线控制器、WEB防火墙、服务器交换机等设备。在服务器端安装了360天擎、爱数备份及异地容灾、日志审计、网页防篡改，riil综合业务管理平台等。在机房物理安全方面，安装了2套温湿度监控系统。2019年新购置了卫达幻影web防火墙和安恒APT(网络战)预警平台，通过目前的软件和硬件系统，基本实现了被动安全防御向主动防御的转变，保证了网络中心的网络和数据安全。

(四)网站和数据库资源

维护和管理中国林业信息网、林业专业知识服务系统、中国林业知识产权网、中国林业数字图书馆、中国林业植物新品种保护网、中国林业产业网、林业科学数据平台—文献中心、中国林业信息网虚拟专网系统、林业行业科技文献信息支撑系统和速生丰产林建设科技支撑信息系统等10多个网站，做好网站的日常维护和数据共享服务工作，保证网站的安全稳定运行。

完善和建设了70多个拥有自主知识产权的林业科技信息数据库群，加强了国内外林业科技文献、图书、科技报告、博硕士论文、政策法规、林业科技成果、林业专利、标准、实用技术和科技动态等信息资源的采集和数据库建设，为用户提供"一站式"的信息检索服务。网上的自建数据库累计信息量已达到1500多万条，数据每日更新。

(五)林业科技信息系统

2007年11月，建成并开通了中国林业信息网虚拟专网管理系统，实现了中国林业信息网网上资源和购买的大量国内外林业数字资源的远程接入和授权访问查询，解决了中国林科院院内专家出国、出差、在家以及中国林科院京外单位和省院合作共建单位的广大科技人员随时随地查找国内外林业科技文献资料的难题，实现了林业数字资源的共享和有效利用。

2008年，建成了图书馆非书资料管理和视频点播系统，解决了图书馆4000多张随书光盘和已购光盘数据库资源的管理和有效利用问题。

2008年，建成了统一资源整合服务平台，解决异构林业数字资源的整合和检索问题，实现了各种自建数据库资源、采购的本地镜像数据库资源和网络版授权使用的数据库资源的整合和统一搜索服务，实现了林业科技文献信息共享和增值信息服务。

2009年，建成了林业科技文献资源的数字化加工流水线系统和数字化加工基地，对部分馆藏核心文献资源(古籍图书、林业珍贵文献、林业标准、科技报告和科技档案等)进行了数字化加工、保存和上网发布。

2011 年，建成了林业专利决策与预警分析系统，提高了林业知识产权研究水平。

2011 年，建成了林业科技热点网络监测与跟踪分析系统，实时监测国内外林业科技动态，跟踪世界林业科技前沿热点，提供林业科技信息服务。

2012 年，建成林业行业科技文献信息支撑系统，为林业科学研究和科技创新提供了支撑平台。

2013 年，建成林业 948 项目综合管理信息系统，并获得软件著作权，登记号为 2013SR093680。

2015 年，建成林业专业知识全文检索系统，通过向检索框中输入自然语言，根据一定的语义相关度计算，并从林业知识仓库中匹配检索词的知识关联词，检索到相关各种资料类型的信息资源，可以实现对其相关知识主题的发现式检索，检索结果可以按照学科分类、资源类型、著者、机构、年份、相关度、时间等分别聚类，可按同义词、上位词、下位词进行全文检索，在结果中进行二次检索。

2016 年，建成林业专业知识可视化分析系统，采用 ECharts 实现了检索结果的实时文献计量统计和可视化展示，检索结果能够以曲线图、柱状图、饼图等多种方式展示，主要包括学科分类统计分析、资源类别分析、学术趋势分析、机构发展趋势分析、学者发展趋势分析、相关词趋势分析、中国地图和世界地图展示等。

2017 年，建成林业统计数据可视化分析系统，可对国内外林业统计数据进行可视化分析和地图展示，可进行分类浏览和检索，自动生成各类统计分析图和数据列表。包括：中国森林资源数据、湿地数据、荒漠化数据、石漠化数据、大熊猫数据和自然保护区数据，世界森林资源数据、森林碳排放数据、林产品贸易数据和国际重要湿地数据等。

2018 年，建成中国林科院机构知识库，全面系统地收集、整理和保存中国林科院各类有价值智力成果的知识资产管理系统，将成为中国林科院实施知识管理强有力的工具。

(六)数据共享服务

2001 年 4 月 20 日开始，中国林业信息网开设了“科信嘉宾”网络信息服务，向全院正高、副处以上用户免费开放了网上资源服务，受到了各位专家的好评。为了更好地支持我院的林业科技创新和科技体制改革，满足全院科研人员对林业科技信息的需求，科信所决定，从 2002 年 9 月 16 日开始，对全院各研究所局域网 IP 范围内的所有用户，免费开放中国林业信息网上的各项服务。为满足国家林业局机关领导对国内外林业科技动态信息的需求，科信所决定，从 2003 年 4 月 1 日开始，中国林业信息网对国家林业局局域网用户免费开放，IP 范围内的所有用户查询网上信息资源，无需注册，免费使用。

据统计，中国林业信息网已有各类正式注册用户 4 万多户，重点用户包括：国家林草局、中国林科院各所、国际竹藤网络中心、南京林业大学、北京林业大学、西北农林科技大学、东北林业大学等和中南林业科技大学等 26 家已团体入网的局域网 IP 用户，系统会自动检测并登录，计算机终端用户 3 万多人，系统会自动检测并登录，共享网上的自建数据库资源。每天有 1500~2500 人次的国内外用户上网查询国内外林业科技文献资料和数据，为林业科学研究和科技创新提供了可靠的信息资源支撑平台。

第六节　林业科技查新

科技查新是科信所信息服务部门的一项重要业务，以开展早、进展快、成效显著著称，不断扩展服务领域，走边实践边总结再实践之路。不仅在全国林业系统走在前面，而且在全国也有一席之地，在其发展进程中不断创造明显的社会效益和经济效益，还有一批理论成果问世。曾获得林业部科技进步三等奖，多项研究得到好评，多篇学术论文在国家级刊物上发表。多年来，科信所查新工作始终坚持以下发展：一是把理论研究、技术方法研究、标准判定与制度建设紧密结合，一些经验曾在全国宣传和推广。二是所里不断加大对文献资源建设投入，这是对查新工作有力的技术支撑。三是专业人员相对稳定、敬业、钻研、不断摸索检索技巧，不断提高文献对比分析能力和对“新颖点”把控能力，“查新报告质量”永远放到第一位。四是站在高处，开拓视野，经常参与国家、部门政策规则制定和开展行业间学术交流，及时调整思路，力求占领本域“高地”。

一、背　景

20 世纪 80 年代初党和国家开始把“科技创新”提到国家发展战略高度。如何将文献咨询服务带入科技创新领域，即为项目科技创新点的评价提供文献支持。信息工作者在探索过程中，从科技专利的申请和“权重”的确定得到启示，通过专利文献检索和对比分析即可达此目的。于是我国少数有实力的科技信息部门在一般科技进步奖项目评估中，为把握创新点而进行一般科技文献检索，并加以对比分析曾获得满意效果。据此提出科技查新概念。它的成功应用很快受到科研管理部门重视，并委托文献资源雄厚、检索手段先进、人员专业素质较高的科技信息部门从事科技查新工作(当时全国有 11 家)。科信所领导很快认识到信息服务可以在科技成果评价领域派上“大用场”，通过院和林业部加大投入，充实力量，从原来基础条件较差的情况下奋起直追。到 90 年代中期我们已迎头赶上并进入国家级查新先进行列。现已相当成熟，成为科信所传统的、重要的专业性对外信息服务部门之一。回顾几十年发展历程、大至可分为准备阶段(文献检索为主)、初期摸索阶段、正规化阶段和全方位发展阶段。

二、准备阶段(1984—1990)

此阶段文献查找，检索服务十分活跃，在科信所主要由咨询室和图书馆两家负责，有部分专业人员参与。群众性的单纯的文献检索服务，是科技查新发展必经阶段，也是科技查新技术储备时期，检索结果对当时开题立项已有一定参考作用。但应该指出这一阶段所谓的科技查新，实际是初级文献检索，即无足够文献资源支撑又无先进检索手段同时缺少专业分析，急需改进才能适应科技创新评估的市场要求。

科信所早在 1984 年就曾派人(如朱敏惠等同志)参加专利培训班，获得专利代理人资格，先后完成“竹丝木粉胶压木”“竹材胶合板”和“ABT 生根粉”等 3 项专利查询服务。

1987 年完成 16 个课题的检索、代译 40 余篇、约 46 万字，共创收 8913.58 元，1988

年完成27个用户委托项目，查找文献3000条，为5个单位(个人)提供各类咨询资料、简报资料200余篇，CAB检索服务(借用外单位信息源，当时计算机室魏向东同志参与，当年有200多用户，提供信息8万条)，还开展了查新业务，仅半年时间为5个课题提供了查新证明(实为检索结果)。1989年CAB检索用户88个，提供文献72000条，Agris检索用户152个，提供文献3万篇，国际联机检索为用户提供文献900篇，课题检索13个，检索文献1276篇。

1990年，咨询室王乃贤和林宝玲同志在文献检索服务方面收入0.97万元。

三、专业化发展阶段(1991—1993)

面对非专业人员作出的查新报告其权威性曾遭到用户质疑，而硬件落后无专用微机且办公条件极差(无专用房)，1991年科信所决定成立统一归口对外服务的查新单位，同时抽调专业骨干充实查新队伍。在新的班子积极努力下，建章立制，还在当时刘玉鹤院长亲自过问下组建咨询专家库。在查新咨询室全体人员努力下不到3年时间查新报告质量明显提高，大大提升了用户信誉度和同行知名度并开始跻身国家先进行列。

1991年完成报奖查新125项，咨询室创收7万元。

对科信所查新具有打翻身仗意义的查新项目是候元兆所长转交的《关于中国林业发展道路的研究》。此项国外同类研究文献较多，但国内无直接可比文献，只有某些可比因素的文字报道，我们据实写出有分析性的查新结论，没有像从前那样简单化处理，如是说："国内无同类研究"，一句话而是对处于萌芽状态的、不系统的参考文献作具体介绍，在新颖点把握上仅仅提出该项目在"系统化上"有别于以往研究。项目委托人和审核专家均认为查新结论：实事求是，客观公允。该项目主持人为当时的林业部雍文涛部长，在其后的鉴定会上，有诸多司局长参加，这份查新报告据说让部领导对科信所查新能力和水平刮目相看。它对专业化查新起步时期，具有里程碑意义，查新室因此受到极大鼓舞并增强了信心。

1992年完成报奖查新114项、文献追溯10项，查新室创收6万元。同时加强了查新手段建设，增加了微机，通过机检、手检和专家咨询相结合，查新质量不断提高，1992年还充实来了新毕业大学生。

查新典型实例：

(1)对中科院院士吴中伦主持编著的《中国农业百科全书·林业卷》查新，这是我们首次对编撰性工具书类项目进行查新，发现机检并不能解决问题，而采用手检国外同类文献(林业百科全书类)找出具有代表性的苏、日两国为耙标重点比较：条目设置和条目内容及装桢编排对比后得出分析比较结论。吴中伦先生对查新报告的评语："切合实际内容和水平，为评价《中国农业百科全书·林业卷》提供了主要依据。"

(2)"建国以来林业科技论文与中国林业科学发展关系的研究"(北京林业大学图书馆馆长高荣孚教授主持)此项目涉及图书馆文献计量学与专业(林业)学科相结合为跨领域研究，我们邀请北京大学化学教授兼图书情报专家徐克敏先生指导并担任审核工作，检索出国内外密切相关文献38篇，并找出该项目研究特点(新颖点)，为跨学科查新积累了经验。

(3)北京动物园提交的"黑颈鹤人工授精繁育新技术"科技奖查新，北京农学院提交的

“蓝色塑料薄膜大棚 CO_2 气肥育苗新技术”成果鉴定查新此两项均被收录国家科委科技信息司(1992)编辑的《科技情报查新工作典型效果100例》中。标志科信所查新开始进入国家同类领域视野。

1993年是科信所查新工作发展中重要的一年。全年收入2.4万元，科信所查新室被评为1993年度中国林科院先进集体，经林业部批准于4月8日发布林情中字(1993)9号文《关于成立林业部科技情报中心查新咨询处的决定》，授予科信所具有林业系统科技查新组织管理职能。5月15日据林情人字(1993)13号文在科信所成立查新咨询室(丁蕴一为主任，戊树国为副主任)统一管理查新、声像及其他信息服务。8月3日国家科委委托林业部科技情报中心中心在中国林科院召开查新工作研讨会，中国科技信息所等9单位代表参会(均为当时国家查新一级单位)，国家科委科信司胡海棠副司长、中国林科院宋闯副院长、科信所侯元兆所长、院科研处潘允中处长参加。科信所查新室代表在会上介绍了经验，提出5条体会：①各级领导重视；②建立60人的查新咨询专家队伍(从全国范围内聘请)；③制定完善的查新规章制度；④有专业性很强的业务团队；⑤重视查新报告质量。在会上还散发了自编的查新报告50例。9月1—16日国家科委科技信息司举办查新培训班，特邀林业部科技情报中心派人去讲课，介绍规范化管理和查新报告撰写方法。通过召开现场会(研讨会)和邀请讲课，标志着科信所查新技术和管理水平全面提升，已跻身全国先进行列。

四、规范化管理阶段(1994—2000)

国科通(1994)23号文授予中国林科院科信所为国家一级查新单位，1994年4月19日林业部科技司在科信所主持召开“国家一级科技查新咨询单位”资格授予大会。国家科委信息司胡海棠副司长宣布决定，刘于鹤副部长到会祝贺，陈统爱院长讲话，受聘专家代表沈国舫、蒋有绪、陈昌洁等国内知名专家讲话，所长侯元兆出席。会议由林业部科技司副司长刘效章主持，中国林科院副院长张久荣、宋闯以及在京单位及兄弟单位代表约60人参会。丁蕴一代表咨询查新室发言。1994年查新室被评为所先进集体。为会议还专门编写了《查新工作指南》。内容包括国家有关文件、有关技术规范、查新实例选编及对查新工作看法等。

侯元兆所长在所工作总结中写道：“我所被正式批准为国家一级查新咨询单位，成为我院两个国家级服务中心之一。这件事部科技司非常看重，多次予以表扬。由于查新室同志们的努力，我所查新质量好，声誉高，在查新咨询学术界也有一定地位。”

1994年7月12—15日，在山东济南召开国家一级查新单位工作会议。会上颁发证书、交流经验，修改查新管理《细则》和准备研建26个一级单位的查新项目数据库等。科信所代表作了经验交流和有关讨论。

1994年8月29日至9月1日，国家科委科信司在石家庄举办高级研讨班，科信所丁蕴一、王晓原参会并发言。王晓原发言题目为《林业科技咨询服务的市场化拓展》，丁蕴一发言题为《科技查新理论框架初探》。参会单位23个、50余人。

1994—1995，通过大量实践在查新技术探索有不少收获，如在查新技术难点寻找和确定可比文献(信息)上取得可喜进展，为创新点(新颖点)准确把握奠定了基础。在查新结论中在承认以公开报道文献为依据前提下，当检索结果未见公开报道文献时，必须扩大检索(包括文献型或非文字信息型)，直到有可比因素信息为止。也就是在文献检索为“0”情况下，必须对其背景作“非0”的检索，并对其存在的有用因素进行分析。成功实例如下：①“大熊猫全人工哺育研究”即人工奶研制。当时大熊猫成体向国外赠送很少，国外几乎无研究报道，国内也只有极少动物园驯养，北京动物园是国内权威饲养单位，国内外相关文献检索为0，查新报告结论可以用一句话概括：无报道。但我们没有满足这样简单的结论。根据调查得知还有一个单位曾经作过相似配方试验，但未获成功，我们找到了有关失败的试验记录，下结论时虽然肯定了国内外无成功报道，但指出有人探索过。②在对“广西森林旅游资源规划”研究成果查新时，国外文献检索我们以相同面积的国家或地区为参照对象，找到捷克、美国科罗拉多州旅游点布局图面资料为可比文献并写出对比分析结论。③《杉木种源区划研究》，国外无杉木树种相关研究于是找外国不同树种同类研究文献进行比较。④对于“中国式开发型综合研究”，着重从组织形式、面积、经济效益上与国外类似研究比较。对个别项目在规定时限内文献检索为0时，不轻易下结论通过专家咨询追溯往往能发现问题因而否定了“成果”的“创新性”。⑤1995年9月江泽慧、彭镇华先生主持的《以林为主，抑螺防病综合治理与开发滩地研究》查新项目委托人对其查新结论表示非常满意并发来感谢信，全文如下：

中国林科院科信所：

你们好！关于“兴林抑螺”的查新报告已阅，你们将兴林生态工程和预防两方面相结合的文献基本查清楚了，还作了比较详细的分析报告，提出的特点和创新点很客观，无论是湖南、江西等分项研究还是全国总项目研究，专家们都一致认可。从初次合作可以看出，你们查新工作有相当高的水准。查新工作极端重要，应该这样继续做下去，望你们刻苦钻研，为科研继续作好一流的信息服务工作。

此致

敬礼

江泽慧　　彭镇华

1996年12月24日，咨询查新室被评为所先进单位。

1997年，硬件购置费投入近万元，并计划组建林业系统二级查新单位。

1999年，院基金项目“专业科技查新科学化和规范化系统管理研究”专家评审为国内同类研究领先水平，同年获林业部科技进步三等奖。之后于1998年2月24日申报了“查新报告质量标准与新颖性控制方法研究”完成后先后组织了军事医学科学院情报所、石化集团公司经济技术研究所、清华大学查新中心、江苏省情报所和铁道部科技信息所等单位试用，由中国林科院科技处组织了专家验收会，认为具有一定科学价值和实用价值，可以试用并完善。

2001年1月18日，参加科技部发展计划司成果处主持的查新教材编写大纲和分工会议。科信所按时完成其分担任务并报送科技部。9月22—27日宋闯副院长、科信所王晓原同志赴陕西省林研所、西北林学院、四川林科院考察为建立二级查新机构作准备。

截至2012年12月中旬，咨询查新室已完成查新276项，全年完成的任务量和创收与2011年相比均有大幅度增加。为配合国家一级查新单位资质的重新认定工作，向院申请35万元的国外三大农业数据库购置专项经费和20万元的设备更新经费，购买了相应的计算机设备和办公家具，装修了办公检索机房和接待室，改善了软硬件条件。在数据库专项购置费未到位情况下，先行借支购置了CAB、AGRIS、AGRICOLA三大数据库光盘，并建立镜像站点。

起草《关于申请由我所承办中国林业科学院林业植物新品种权事务所的请示》，并附《事务所工作章程》(3章12条)为查新工作全面发展做好准备。

五、全面发展阶段(2001年至今)

2001年，科信所高发全、唐红英、王晓原参加国家林业局植物新品种保护办公室举办的第三期全国林业植物新品种保护培训班，为科信所开展林业植物新品种权代理事务奠定基础。

2001年12月19日，中国林科院发文《关于明确由林业科技信息研究所承办中国林科院植物新品种权申请代理事务所的通知》。经院申请，国家林业局植物新品种保护办公室批复同意我院成立有关机构。林科院明确决定由科信所承办，要求培训人员，取得代理人资格证书，持证上岗。

2002年8月28日，科信所注册成立“中林绿秀植物新品种权代理事务所”，8月份完成工商、税务、登记注册正式挂牌对外营业。规定：有权受理中国境内外涉及国家林业局公布的林木、花卉，保护名单上杨、柳、桉和泡桐等11类，杉木、板栗、牡丹和梅花等14个植物种和品种权申请代理及保护期延续事务。工商注册号1101081386633，法人代表为王晓原。

2003年，科信所中介咨询业务有新拓展，其中植物新品种权事务代理有了良好开端，受理国内外5家客户的41个品种申请委托业务，咨询代理收入16万余元，并为8位咨询客户提供了业务咨询。完成查新项目89项，其中成果鉴定、报奖和立项62个、追溯资料27个。

2004年12月1日，王忠明和王晓原参加国家林业局植物新品种保护办公室在山东日照召开的新品种权代理机构研讨会暨第6期植物新品种保护培训班，王晓原作了典型发言。介绍了经验、面临问题及未来的发展计划。邓华同志参加了此次培训。至此中林绿秀已有4人参加培训并获得代理资格证书。

2004年，查新咨询项目达64项，其中成果鉴定24个，报奖项目10个，863立项4个，其他立项13个，追溯13个。受科技部关于科技成果和科研课题查新管理政策调整影响，数量和收入明显减少。新品种权代理，在2003年基础上又为2位客户提供了2个新品种申请代理业务。新签4个品种代理合同，并开展相关咨询12人次，同时开始为国内客户提供境外新品种权申请代理业务。

2005年，共完成查新咨询项目63项，其中成果鉴定25个，报奖24个，863立项1个，其他立项4个，追溯资料9个。继续运作已经代理的国内外4家客户的28个植物新品种权的申请委托业务，又为一位老客户提供一个新品种的加急申请代理业务，完成11

个国外新品种的代理申请工作，拟新签 13 个品种的代理合同，开展业务咨询 16 人次并为多个项目提供咨询服务。

2006 年，共完成查询咨询项目 126 个，其中成果鉴定 20 个，报奖 20 个，863 和“十一五科技支掌”立项 61 个，追溯资料 20 个，完成数和收入都比去年有较大增加。植物新品种代理事务所继续运作，已经代理的国内外 3 家客户和 21 个品种的申请委托业务，完成了 5 个国外新品种的代理申请工作，新签了 3 家客户，20 个品种代理合同，上交申请文件 21 份。

2007 年，共完成查新项目 47 个(鉴定 11，报奖 15，立项 17，追溯 4)，植物新品种权代理国内 3 家 17 个，国外 4 个，新签 5 个，2 家，咨询服务 13 人次。

2008 年，查新项目 52 个，代理 28 个，签合同 3 个。

2009 年，查新 60 项，咨询服务 8 人次。

2010 年，查新项目 53 个(鉴定 30，报奖 5，立项 12，追溯 6)，新品种代理事务咨询服务 9 人次。完成“十二五林业植物新品种工作重大思路与战略研究”和《台湾地区向国家林业局申请植物品种相关事务的实施办法》对涉外申请文本作了相应变更说明；参与编写《中国林业植物授权新品种(1999—2009)》一书；积极参与有关知识产权数据库建设，如林业植物新品种权、林产品地理标志、林业生物遗传资源、涉林专利、商标和软件著作权等，基础数据库 12 个，入库数据记录 18 万条。

2011 年，共完成查新项目 60 次(成果鉴定 16，报奖 24，立项 13，追溯 5，收录引用 2 个)，还进行了查新档案整理和入库工作。新录入林业查新项目数据库 53 项。代理事务新签客户代理合同 2 份，代理 8 个品种的申请事务，提供免费咨询服务 10 人次。接待韩国海洋发展研究院国外客户。完成国家林业局科技发展中心“林业主要授权品种应用情况调查”项目。

2012 年，完成查新项目 36 项(成果鉴定 8，报奖 9，立项 14，收录引用 5)，继续作好归档入库工作，新登录入 52 项，新签代理合同 2 份，代理 16 个品种的申请事务，已与 1 家主营桉树的中外合资企业进行了三轮植物新品种全方位代理的战略合作意向洽谈。为国内外客户免费咨询服务 9 人次，完成国家林业局科技发展中心“林业授权品种侵权及林业行政执法试点情况调查”，完成西南、华南、华东和北京地区的专题定点调查并参加执法处组织的测试基地建设情况的调查座谈会。

2013 年，完成咨询项目共计 38 项。其中成果鉴定 11 个，报奖 16 个，立项 1 个，收录引用 10 个。在所做 28 项查新项目中，开题立项的约占查新项目的 4%，科研成果鉴定和报奖的约占查新项目的 96%；查新项目约占全部咨询项目的 74%，收录引用项目约占全部咨询项目的 26%。植物新品种权代理事务所洽谈客户代理合同 1 份，代理意向 2 份，为国内外客户提供免费咨询服务 8 人次；与一家主营桉树的中外合资企业进行了三轮植物新品种全方位代理的战略合作意向洽谈。完成国家林业局科技发展中心《林业植物新品种权行政执法管理办法》起草工作，该办法将作为国家林业局行政执法管理的的操作性法规文本依据；完成国家林业局科技发展中心《林业植物新品种测试体系规划》起草工作，该规划将作为国家林业局规划、布局和指导林业植物新品种测试机构体系建设的政策性依据。

2014年，完成咨询项目共计24项。其中成果鉴定6个，报奖2个，立项9个，收录引用7个。在所做17项查新项目中，开题立项的约占查新项目的53%，科研成果鉴定和报奖的约占查新项目的47%；查新项目约占全部咨询项目的71%，收录引用项目约占全部咨询项目的29%。全年收入6.6万元。新品种权事务方面，除继续以往业务外，洽谈客户代理合同1份，代理意向2份，全年收入1.7万元。为国内外客户提供免费咨询服务5人次。

2015年，完成咨询项目共计38项。其中成果鉴定10个，报奖21个，收录引用7个。植物新品种权代理事务所洽谈客户代理合同15份。继续按照科技档案管理的要求，进行查新咨询档案归档整理和入库工作。新登陆录入林业查新项目数据库17项。继续国家林业局科技发展中心“UPOV机构项目及国际活动长期跟踪调研年度项目”的工作任务。

2016年，共完成咨询项目共计29项。其中成果鉴定5个，报奖18个，课题立项1个，收录引用5个。查新项目约占全部咨询项目的83%，收录引用项目约占全部咨询项目的17%。全年收入6.76万元。新品种权事务方面，洽谈客户代理合同1份，全年收入0.45万元。为国内外客户提供免费咨询服务17人次。

2017年，共完成19项查新报告，其中报奖11项，验收8项；收录引用共103项，其中院职称评审92项。

2018年，共完成30项查新报告，其中报奖23项，验收7项；收录引用共178项，其中院职称评审70项，其他均为各类人才或奖励评审。2018年科信所2人参加全国科技查新人员业务培训班培训，成绩合格，获得结业证书。

2019年，共完成51项查新报告，其中报奖46项，验收5项；收录引用共158项，其中院职称评审124项，其他均为各类人才或奖励评审。

第七节 科技开发

20世纪70年代末到90年代初，国家对科研投入严重不足，已不能指望“等、靠、要”解决经费不足问题。科信所作为国家级科研事业单位同样面临“生存危机”，与其他研究所一样被“逼”下海经商办实业，发展“短、平、快”项目，以解决燃眉之急。情报所的实体经济就是在这一背景下诞生的。实体经济产品分物质形态产品和非物质形态产品两大类。物质产品主要有印刷厂生产纸质印刷品，林科公司生产育苗滴灌设备。非物质产品有声像室的音像制品，天梯公司依靠广告、改版刊物等赢利，迪威公司以计算机服务和研制软件创收。

一、林科公司

(一)成立背景

1987年所办公会议根据改革、开放、搞活的精神，为将咨询服务工作转向更有市场的技术开发、成果推广领域，加强横向联合，加强偿服务环节，努力创收、多创收，在原有的咨询室(1987年8月31日，所党委会议任命白俊仪同志为咨询室主任)基础上，决定成立情报所“林业科学技术开发开发咨询公司”，简称“林科公司”。1988年4月9日，以林情字〔1989〕11 号文通知：经 4 月 4 日所长办公会议决定任命白俊仪同志为林科公司经理(室主任)，张水荣同志为林科公司副经理(室副主任)。林科公司主要成员有张世瑞、陈正德、刘道平、史玉群、郝芳、唐方明、陈应发、陈民、周亚坤等同志。

(二)发展历程

1. 起步阶段

1988 年是林科公司开局之年，情报所开办公司遇到诸多问题，如技术、设备、资金等问题。白俊仪经理勇挑重担，迎难而上，借所里 3 万元用于启动资金，与吉林铁路一中全光雾扦插育苗设备研制者许传森专家(后为中国林科院林研所林木工厂化育苗研发中心主任)合作。根据所里提出“摸情况、打基础”的精神，林科公司重点抓“全光雾扦插装置及育苗技术”的推广工作。林科公开始承担了兴安落叶松全光雾插育苗技术的研究工作。后在湖桑“全光雾扦插”育苗成功的基础上，制定育苗规程，编写讲义，举办培训班，并主动与河南、江苏等省育苗单位合作，大规模推广该项育苗技术。1988—1989 年在全国 20 多省份应用推广。林科公司推广“全光雾扦插装置及育苗技术”项目先后获得“首届花卉博览会”科技进步奖，“北京国际发明展览会”铜牌和 1988 年度国家发明三等奖。1988 年公司创收纯利 5 万元，1989 年创收 9. 6 万元。在白俊仪经理领导下，公司科技骨干全部深入田间地头生产第一线，不辞辛苦，亲自负责设备安装调试，手把手教用户掌握技术要领，用户在实践中看到奇效并得到实惠。这样不仅扩大了产品销售量而且产生显著的广告效应。林科公司不仅出色完成了“摸情况、打基础”的任务而且实现了“开门红”。

2. 发展阶段

1990 年，科信所王秉勇副所长负责全所开发工作。由初始阶段的“撒网、蹲点”完全靠公司自己力量从事产品推广，改为建立代理推广网或协作网，同时改进设备、完善配套服务、开发后备项目。在南方奠定了桉树、杉木扦插繁殖方面的基础，这一年公司为所里提供 6 万元奖金。1991 年林科公司改为技术推广室，组建推广网，开发新产品。全年销售收入 42 万元。张世瑞同志在建立贵州推广点上起了很大作用。张水荣、陈正德在仪器技术改进方面做出突出贡献。1992—1993 年推广设备遍及全国 30 个省、自治区、直辖市，使用单位达到 1200 个，成功解决了湖桑、青梅、银杏等难生根树种的扦插育苗，全年收入 10 万元。1994 年 6 月成功举办第 33 期全光照喷雾扦插育苗技术培训班，公司全年上交利润 12 万元。1995 年公司实行“国有民营”机制，即由公司法人承担全部责任，所里只保留任免权，不再附加其他限制，每年上交所财政 5 万元，同时承担 27 万元还贷责任。林科公司新开发的自动喷雾(喷灌)设备(ASC-10 型多路自动喷雾)系列受到欢迎。1996 年所里全面总结了林科公司“借鸡生蛋”，推广中不断改进的经验。公司着重对电子自控仪进行改进，一共办了 30 多期培训班，建立 5 处示范点，受训人员 2000 人次，产品推广到 30 个省份，销售量达 1000 台；培育几十亿株农林花卉；解决几十个树种扦插育苗难关，如马尾松、湖桑等，经营额达 300 万元。此外还与河北永青合作开发高效节能泵及配套用的系列喷枪并代理销售，在推广中深度开发。利用中以(以色列)合作公司对以色列节水微灌技术，自主解决在林业推广中一系列自控技术问题。曾在 1995 年在福建承建 2 处工程均获成功，深得当地台商叹服。此外在“情报复制”方面也向现代生物技术方面进军。1997

年林科公司产值达35.85万元，纯收入7.32万元，上交利润5万元。1998—1999年林科公司发展出现短期回落。2001年林科公司加大推广和宣传力度，完成微喷灌技术及其设备和全光喷雾扦插设备90台套的销售，分别投资北京海淀区上庄乡和房山县合作生产苗木，还在院内投资生产苗木，与3家公司达成合作意向。2000年，林科公司销售全光雾扦插设备120多台。2001年7月11日，林科公司改变企业单打独斗的销售路线，积极依靠上级业务主管部门支持与地方政府业务部门合作，使林科公司在发展低迷中出现前所未有的良好趋势，销售额创历史新高。公司将种苗业务作为长远发展方向。2001—2002两年内公司争取到国家林业局种苗站的2001年育苗新技术推广的技术指导、设备生产、产品配备技术支撑机会，以及福建省林木种苗中心的微喷工程，引进项目资金81万元。种苗销售网络拓展到新疆和福建等省(自治区)。公司2002年总收入达137.86万元。

3. 停滞萎缩阶段

2003年以后，由于公司技术人员、资金投入、技术支撑能力以及市场竞争等方面都发生了变化，公司业务发展陷入停滞和萎缩，到了2005年传统的喷雾产品销售收入不足9万元，此后便淡出历史舞台。此后，公司拓展了喷头和专用输水管路和接件业务，承接了广东雷州林业局七个国营林场苗圃、福建岩路示范苗圃，以及洪宽园艺公司等苗圃的自动喷雾(喷灌)工程，建设面积280余亩，工程总额60多万元。

二、林业印刷厂

(一)建厂背景

20世纪70年代末，科信所每年有近百万字出版物(正式刊物和内部资料)，加上部、院各所科研资料与宣传品估计总量有数百万字。为了节省开支和及时满足上述需要急需自办印刷厂。

(二)筹备阶段

1978年筹建铅印室。在无计划情况下，经努力第一批铅印设备基本到齐。1979年铅印室派3个同志协助《中国林业科技三十年》的排版工作(为此节省了500多元费用)。还曾派人外出学习，边干边学。筹备阶段最大的困难是不懂技术和管理，为此，当时陶东岱副院长专门与北京新华印刷厂联系，特聘请经验丰富的老工人王能华来院担任技术负责人。

1980年经过两年筹备，于下半年投产。在设备差、新工人多、技术水平不高、字号不全的情况下，完成排版74万字、印制36万张，圆满完成任务。为早日投产曾出现许多好人好事。如组织全体工人自己挖掘电缆沟(12米长)，为及时送电，早日投产赢得了时间。1981年内部实行经济管理，多劳多得、超产奖励。1982年全年完成排字190万字，表格、零件600块，印刷132万字，装订25000册(份)，铸字25万个，拔条6000根，收入2.2万元。多项指标比上年有所增加。不仅保证了全所的资料及时排印，没有错期现象，而且积极完成部、院及其他单位任务。

(三)建厂初期

1984年在8万元产值承包的基础上，1985年提高到10万元，1985年实际完成17万元产值。当时印刷任务特点是排版量大而印刷装订量小，为提高产值，印刷厂主动出去找印刷装订活，调动全场职工积极性，这一年被评为所先进集体。1986 年印刷厂完成排字 350 多万，120 万印张，装订 30 万本(册)，完成产值 7. 5 万元，超额 2 万多元。1987 年全年产值 17. 5 万元，超额完成承包合同。共承印 640 万字、装订 75 万册。与此同时该年也是印刷厂领导班子实现新老交替的一年，第一任厂长王能华退休，脱颖而出的姚铁立提拔为铅印厂副厂长，后转为厂长，在其任职的 12 年中使印刷厂从铅印技术发展到彩印技术，产值稳定增长成为科信所名符其实的创收大户，为科信所稳定与发展作出了积极的贡献。

(四)发展时期

在姚铁立厂长领导下，1988 年印刷厂向所交纳 6 万元，1991 年上交 8 万元，1993 年上交 10 万元。在资金困难的情况下，自投资金维修了房屋、机器，改善了工作条件。1995 年创收 20 万元。2001 年承担所内刊物印刷任务，同时积极寻找活源、开拓市场，与所共同筹资 5 万元改造了临时工生活用房。

2001 年在印刷厂发展史上具有重要意义的是国家投资升级改造实现铅印向彩印过渡。国家林业局下文批准科信所印刷厂的改建工程，并从国家预算内林业非经营性基建投资中安排经费 252 万元，其余项目经费自筹解决，力争通过设备改造升级和进一步配套使印刷厂成为科信所最闪亮的经济增长点，2001 年进行厂房改造、设备购置、资金筹措等各项工作。2002 年完成了印刷厂设备改造，2003 年重点开展规范管理改革为印刷厂进一步发展打下基础。

(五)发展与危机并存阶段

2003 年 6 月对承包人所内公开招聘，艾秋军和陈君红承包方案中标，艾秋军出任科信所印刷厂第三任厂长。2003—2005 年在新的基础上生产稳定发展，2003 年下半年完成 36 万元上交任务，下半年流水达 200 万元。2005 年在资金周转紧张情况下自筹资金购置了打孔机、大型塑封机等设备，办理了 ISO9001—2000 质量体系认证，为进入国家采购机构系列奠定基础也为争取活源创造了条件。

2008 印刷厂经营出现危机，印刷等业务无能力继续运转，故停止一切经营活动。

三、声像室

早在 20 世纪 60 年代初，国外已开始声像信息服务。由静止平板无声幻灯片发展到声像结合的动态场景展示，更直观更真实地反映研究对象，在科普教育与宣传上得到越来越广泛应用。

声像内容包括图片、文字说明、视频和其他电子产品组合而成，能满足大型企业、基层生产单位、科研、文化教育等部门宣传、展示和应用，能达到最佳效果，是科学技术发展的重要组成部分，也是科技情报工作发展的必然趋势。所以，在 1978 年中国林业科学研究院恢复建制后，林业科技情报研究所就开始酝酿筹备声像服务工作。

(一)声像组工作情况(1978—1986)

1978 年，开始筹建声像组，声像组白手起家，购置电影机、复印机、翻拍机等设备，初具规模。声像组初期隶属所办公室，后来归口所业务处，由业务处李贵贤副主任领导，具体操作由纽心池同志负责。

1979年，声像组从1人发展到11人，有2部16mm电影放映机和1台照相机，后发展到41台主要声像设备，其中花费800万日元从日本购进索尼声像系列。同时派人外出学习，边干边学，并开始为科研服务。为了节省开支，曾利用旧水准仪三角架改装为摄影机三角架为此节省开支2000余元。曾拍纪录影片一部，拍摄彩色幻灯片5套，光盘贴字11幅，728盘。

1980年，拍摄16mm彩色科技片《兖州农田林网》《磴口实验局概况》两部和16mm黑白科技影片《飞播造林》一部；拍摄《核桃室内嫁接》《硬质纤维板设备》《农田林网》《杨树良种》《水源涵养林》《木材采运机械化》《鄂西珍贵树种》《绿色宝库——神农架》《磴口地区沙漠概况》等9套彩色幻灯片，外借资料片230多次。这些科研、科普电影和幻灯普及和推广了林业科技知识，受到有关单位的好评，也深受林区群众的欢迎。

1981年，加强声像服务和组织管理，要求签定合同或协议，充实和改善服务设备，提高工作效率和质量。对声像服务制定经济管理措施，实行超产奖励，增收节支分成办法，实行多劳多得、政策兑现。当时声像组组长为纽心池、赵建军。

1985—1986年，声像组隶属于所办公室领导。拍摄电影4部，其中《蜜蜂与油茶》全部完成，还完成了参加日本筑波国际博览会所需的林业录像片的译制录音及合成工作；参加院闭路电视的安装；与林研所合作制作了《初中植物》幻灯片，大部分有偿服务的收入用作了发展基金，根据院、所规定，合理提成，以资鼓励，1986年年收入8万元。

（二）声像室时期（1987—1988）

1987年，林业部科技情报中心在北京召开了第三届全国林业科技情报会议，在这次会议上通过了《全国林业科情报声像网章程》，并成立了全国林业科情报声像网。根据声像工作发展要求，1987年2月27日，情报所党委会议决定任命李鹏为声像室主任，钮心池为副主任，主要成员有江荣先、赵建军、路岩、董其英、高虹、徐季佳、刘改平等。声像室全体人员齐心协力，努力工作，当年就完成7部录像片，2部16毫米科教片，4部幻灯片，全年纯收入4万元。虽然创收比上年少一半但承担社会公益服务方面成绩显著，当年向中央电视台“新闻联播”栏目输送5条新闻均被采纳、播放。还为第三届科学大会提供3部电视专题片，得到很高评价。同时配合大兴安岭灭火宣传，组织编辑了《森林火灾研究》录像资料片，为大兴安岭森林恢复作出贡献。这些工作所产生的社会效益的影响是深远的。

1988年，完成课题片、“星火”节目片、“扶贫项目”片以及院介片等9部，2部幻灯片。为配合院庆30周年，联系人民画报出了4个版面的院介绍，为中央台“新闻联播”栏目输送6条新闻和中央台星火科技栏目输送4部专题片。

（三）声像室解体和转包时期（1989—1990）

1987—1988年，声像室的同志工作是十分努力的，成绩是明显的，问题也是存在的。主要是有偿服务项目减少，公益性服务增加，社会效益有所提高。由于设备老化，投入不足，经济不景气，加上主任在外参加学习，副主任提出辞职，人员流动大，又无其他人员愿意承包，声像工作面临瘫痪。为了制止损失，1989年2月23日，情报所所长办公会议决定声像室解体。

(四)声像室重组时期(1990—1993)

声像业务是科技情报工作一个组成部分。情报所领导经过认真讨论研究，决定重组声像部，并于1990年6月1日，以林情〔1990〕11号文件通知，重组声像部，采取公开招标。重组声像部正式名称是“中国林业科学研究院科技声像部”，又称“林业部科技情报中心声像部”。林科院林研所付建国同志中标，承包林业部科技情报中心声像部工作。

付建国同志聘用原声像室部分技术人员，制定新的规章制度，在原有的老设备基础上，经过改进，对老设备进行调试和新添部分设备，强化选题和提高摄制技术。1990年，仅用一个多月时间就摄制了1套(11盘)林业情报培训片，赢利0.4万元，该片总收入1.65万元。已发行129盘，有力配合了国家成人在职教育计划，还抓了后备开发项目。

1991年，在困难条件下仍完成一些工作。此时董其英任副主任，成员有路岩、刘改平、杨亚斌等同志。

1993年，在董其英副主任主持下拍摄的电视片《云台山抒怀》获首届“大森林奖”一等奖。这次活动由林业部、新华社、人民日报、中央电视台、中央人民广播电视台、中国电视艺术家协会联合主办，是当时电视记录片国家最高奖，反映出科信所声像室业务具有相当高的水平。

1993年当初签定1.5万元承包合同，在极为困难情况下圆满完成任务。

(五)声像工作终结时期(1994)

1994年由于设备老化等多种原因，付建国同志撤出，有的技术人员调走，声像部无力继续支撑，故科信所领导决定撤销该机构，将有关业务并入天梯公司。

四、天梯公司

根据林情〔1993〕27号文，1993年10月30日科信所北京天梯林业咨询公司成立，任命李智勇同志为公司经理。该公司凭着真诚、挚信的经营思想，利用科信所资料丰富，特别是全国林业系统中心图书馆国外图书、期刊、资料馆藏量最大、最全以及全院各所专家密集的优势，建立国外科技信息定题服务网和高层次定向决策支持服务网。公司主营业务：开发、转让、培训、会议展览、代办社保进出口业务。兼营业务：批零售与主营相关的各种设备及产品，并承担城乡园林设计工作。

1994年，天梯公司经营的《林业科技通讯》改版为大16开本，48页，彩色封面，内容扩展到森工和林业商业信息。通过3月上旬北京国际展览会及近1~2期改版示范作用，订数开始回升，并有些商业广告。不到半年时间，经过努力开创一个崭新局面，实现当年改版、当年扭亏、当年盈利。

1995年，《林业科技通讯》广告毛收入达24万元，1997年总产值达36.1万，纯收入3.8万元，上交所2万元。1998年《林业科技通讯》杂志从天梯公司中撤出。经调整公司经理由陈军华担任。

五、迪威公司

1988年，科信所组建迪威公司，经理赵巍同志。1991年3月16日，情报所所长办公会议决定由计算机室迪威公司主管本所的计算机设备与技术、数据库研建与使用、出版物计算机排版等工作。曾开发两个软件，同时发挥了科信所计算机管理方面的职能。如主持开展了图书馆微机管理项目等。1988 年按合同如期上交 1 万元，1989 第一季度上交 0.5 万元，1993 年上交 2 万元。在推动我所计算机应用方面作出一定贡献。

第八节　咨询服务

一、传统信息服务

(一)科技信息服务网建设

为开展有偿服务，开拓情报市场。20 世纪 80 年代中期，科信所专业情报研究室先后创办了“林业科技信息”、“森工科技信息”和“林业多种经营信息”(与林业部森林工业司合办)三个信息服务网。以网员单位形式组织起来，以文本形式开展服务。需要什么信息，发布什么信息，加强生产上见效快的传递信息服务，以“林业多种经营信息网”为例。1986—1992 年期间，累计为网员提供 210 万字的信息，毛收入 19 万元左右，扣除办网的费用，每年都有创收。以 1987 年为例，一年“林业多种经营信息网”和“森工科技信息网”拥有网员单位分别为 236 户和 71 户，为所创收纯收入 3.3 万元，坚持提供“快、准、新、实用”信息的办网原则，截至 1992 年“林业多种经营信息网”已辐射全国 27 个省份。

办“服务网”入网单位每年交纳一定费用后，即可得到 30 万字的信息，又能享受免费咨询服务，还可以参加网员交流活动。如“林业多种经营信息网”于 1991 年 11 月初在西安户县召开网员会议，交流经验，提出改进方案，制定网纲章程(草案)并于 1992 年进行了经验交流，本所三个网络，入网单位是林业、森工企业生产单位为主。我们提供林业生产的“短、平、快”项目和实用技术，在传递林区和其他部门多种经营信息方面起到桥梁作用。主要负责人为徐春富副研究员。到了 20 世纪 90 年代末期，随着计算机网络服务迅速发展，情报所积极筹备“林业综合开发信息服务网”，此网后来更名为“全国山区综合开发信息服务网”。该信息服务网是林科网络信息的组成部分，同“世界林业动态”一道充实到网络建设工作中。

“全国林业综合开发信息网”经 1997 年筹备，1998 年正式启动至2000 年，信息网覆盖全国 20 多个省、自治区、直辖市，连续三年网员保持在 70 户以上，网费年收入 2 万多元，三年累计毛收入 7 万多元。三年共编辑出版 36 期，报道信息量达 90 多万字。

(二)中介管理咨询服务

2003 年，科信所聘请原林学会李小平同志以“中林创业科技发展咨询公司”名义，专门从事宏观决策方面中介服务工作。早在 2000 年科信所就开始酝酿以技术力量与信息资源为股本与多家公司洽谈组建股份有限公司。2003—2004 年开展“区域发展与企业管理咨询”。参与了首都机场集团公司管理咨询、民航金飞中心的管理诊断、河南公路系统体制改革(管养分离、事企分开、人力资源)方案设计、四川阿坝民营企业家管理培训班、民企四川红佳瑞金发展有限公司融资方案设计等管理项目的咨询工作，创收上交所 5 万元。

2006 年李小平调走此项工作随之结束。

(三)林产品市场、生产、政策、标准等信息咨询服务

2003 年，正式成立“中国林科院林产品市场研究中心”负责人为罗信坚同志。中心积极争取科技部非营利中介机构定位。当年与有关机构洽谈业务共 4 项，执行两个国外公司咨询项目，累积经费 50 余万元。接待国际热带木材组织、联合国粮农组织、世界林业研究所、美国森林趋势组织、美国爱德曼公司、英国奥斯曼公司、加拿大和澳大利亚政府有关部门和组织与机构人员 30 余人并建立良好合作关系。

2004 年，完成中国北京锯材市场调研和《中国人造板材市场研究报告》，开始“中国热带林产品市场流通与趋势研究”，启动“中国广西通过社区可持续发展促进热带非木材产品发展”项目。此外还为芬兰 UPM 公司、日本 JICA 公司和美国 Forest Trends 组织开展了“中国林产品市场调研咨询”工作，并积极探讨与国外公司合资组建咨询公司的途径。该年有关工作获得国际上知名雅格贝利咨询公司专家好评。

2005 年，启动“中林咨询公司”筹备工作，与芬兰图尔库大学联合筹建中芬林产品咨询公司。利用“中国产业咨询网”和“中国林业信息网”为 10 个单位提供多项市场分析报告。如《2004—2005 年中国木材行业与市场研究报告》《2004 年原木+锯材进口分析报告》《2004 年中国原木进出口年度分析报告》《2004 年中密度纤维板出口分析报告》《2005 年中国玻璃纤维及其制品出口月度分析报告(1—12)》等各类进出口数据分析报告。

2006 年，完成《中国活性炭出口分析报告》《2005 年中国原木进口分析报告》《2005 年中国中密度纤维板(MDF)出口分析报告》。此外为 20 多家企业提供了相关产品的进出口数据分析和市场研究分析报告。

2007 年，以“中国林业信息网”为依托，为 10 多家企业提供了相关产品的进出口数据分析和市场研究分析报告。

2009 年，“国家林业局林产品国际贸易研究中心”在科信所挂牌，极大的提高了科信所林产品市场和贸易研究的档次。

2011 年，加强林产品贸易政策以及相关管理制度研究，为相关决策提供支持。

2013 年，完成了突破国际贸易壁垒的中国木材合法性认定标准体系研究(国家软科学研究重大合作项目 2012GXS2B009)。

2014 年，国家林业局林产品国际贸易研究中心经国家林业局批准为非法人相对独立机构。

2015 年，完成《“中国林业产业监测预警系统”项目可行性研究报告》的编制工作。同年 3 月参加在北京召开的中美打击非法采伐及相关贸易双边论坛第六次会议，参与其中 5 项活动。配合国家林业局从贸易角度广泛参与中美气候变化下的林业投资跨境服务负面清单、世贸组织第六次对华贸易审议及中美投资协定等谈判。

2016 年，撰写《中国将木材合法性要求纳入法律法规促进合法林产品贸易的可行性分析报告》。

2017 年，开发了境外企业可持续经营、贸易与投资的评估工具，编制了圭亚那、加蓬等国别手册，帮助企业降低海外投资风险。

2018 年，开展应对中美贸易摩擦升级问题研究，撰写《中美贸易摩擦对于我国林产品贸易的影响预判及对策建议》及《美国挑起的新一轮贸易战对我国林产品贸易的影响及对策建议》。

2019 年，撰写《关于加强进口木材合法性管理的指导意见》，完成《APEC 木材合法性国别指南》的编写工作，持续开展中国林产品指标机制研究，定期发布 FPI 指数和重点林产品市场监测预警分析，通过 FPI 微信平台、现代林业产业网等及时发布市场和贸易变化信息。

二、深层次市场化信息服务

（一）森林认证服务

1. 前期工作（**2001—2005**）

2001 年，争取到由 WWF 资助的“支持中国建立森林认证工作组”项目，并于 2001 年 12 月在吉林延吉召开一次研讨会（人数 100 余人），同年 WWF 相继资助 2 个较大项目总金额约 100 万元，此外还争取到瑞典宜家家居公司森林认证能力建设项目，金额为 140 万元，

2002 年 1 月，正式执行“宜家”项目。同年还承办了国家林业局森林可持续经营和森林论证培训研讨会。

2003 年，WWF“支持中国建立森林认证工作组”项目取得进展：出版 2 期通讯，1 篇报告，1 期媒体沙龙以及两次工作组会议。

2004 年，协助国家林业局和 FAO 共同举办“森林认证在中国”：最新进展与未来战略国际研究会；与 WWF 等共同开展森林认证的研究、宣传与推广活动；与瑞典宜家公司在东北共同开展森林认证能力建设项目；与国际认证机构 SGS. Smart-Wood，Wood mark 等洽谈共同开展森林认证的培训、审核和其他活动，参加 SIDA 举办的森林认证培训班。

2005 年，“宜家”项目实施 3 年取得两项成果：

（1）制定了《中国东北国有林区 FSC 森林认证标准》；

（2）项目示范点“友好林业局”通过了国际森林管理委员会的可持续经营认证，成为我国第一个获得这一国际认证的国有森林经营单位。

2. 中林认证中心（**2006** 至今）

2006 年，开始筹建“中林认证中心”。主要工作任务是：

（1）承担筹备“中林认证中心”领导小组办公室，积极争取国家认监委支持，全面启动中心筹备工作，基本完成申请文件的起草和注册准备工作；

（2）寻找合作伙伴——雨林联盟；

（3）完成“中国林科院科信所森林认证研究与推广中心”筹备工作。

2007 年，中林认证中心正式成立。主要成绩包括：

（1）主持召开了“地方森林认证、机构的创建与运作培训研讨会”。

（2）举办多种研讨会和培训班 10 次，作报告 8 次。

（3）及时更新“中国森林认证网”，开展网上培训并编写系列培训教材。

(4)为 8 个企业开展了 FSS 认证培训咨询(合同金额 11 万元)。

(5)与中国林学会、北京新世纪有限公司、白河林业局等建立合作关系，共同开展相关业务与培训活动。

(6)与相关合作单位共同筹建了 FSC 中国工作组，并获得批准。

(7)设计并开通中国森林认证委员会官方网站，承担 4 个森林认证试点及修改发布认证标准。

(8)完成日本木材利用促进中央协议会委托项目“合法性、可持续性木材供给体系中国安全调查”。

2008 年，完成 2007 年日本委托项目(第二期)，2008 年第三期项目合同签定；完成雨林联盟一期项目，二期项目签定协议正式启动。当年共组织 10 次认证培训班，建立网上远程培训系统(中国森林认证网维护更新)；正式启动与雨林联盟及 SMART-Wood 合作，共同申请合法森林认证机构，共同开展 FSC 认证审核业务，在科信所成立 Smart wood 中国办公室，对穆棱林业局以及近 10 个木材加工企业开展 FSC 的森林经营或监管链的审核，发展近 10 个潜在认证客户。承担安徽、海南、广东、广西 4 个认证试点实施工作并为其他各点提供培训支持，编写培训教材；为 30 多家木材加工企业，贸易商、纸业或印刷企业开展 FSC 监管链培训，帮助其获得 FSC 认证。

2009 年，为吉林森工及 10 家宜家供应商开展了有关森林经营和产销监管链的认证培训及差距分析，开展 FSC 产销监管链暨可控木材审核培训研讨班、亚太地区合法及认证林产品国际研讨会等各项培训研讨会。继续维护和更新中国森林认证网。与吉林森工、上海禾阳、吉林珲春林业局、福建五一林场、江西嘉华林业公司等 6 家森林经营企业签署认证合作，并与其他多个营林企业洽谈。FSC 中国工作组办公室日常管理与协调工作及发展新会员。为近 20 多家木材加工企业、贸易商、纸业和印刷企业开展 FSC 监管培训、帮助其获得 FSC 监管认证、并为上海禾阳、吉林珲春林业局、露水河林业局、江西嘉华林业有限公司提供认证培训与咨询。

2010 年，对吉林珲春林业局、上海禾阳生物技术有限公司开展 FSC 森林经营认证主评估；对江西万载林业公司、贵州赤天化有限公司、福建漳平五一林场开展 FSC 森林认证预评估等。一年来为 30 多家木材加工企业和近 10 个森林经营企业提供了产销监管链认证和森林经营认证培训和能力建设活动。

2011 年，成功申请“广西斯道拉思索森林认证”“WWT 临沂森林认证”“富美家森林认证”等项目；为 10 多家木材加工及相关培训和能力建设支持，并开展了森林认证影响评估活动。

2012 年，在黑龙江、福建开展了森林认证培训；对加蓬华人森林经营企业开展了能力建设和外业调查；主持中国企业境外森林可持续经营利用指南改进方案及试点工作。

2013 年，为黑龙江省柴河林业局等 3 个林业局开展森林经营认证培训咨询，帮助其通过森林认证评估；为 2 个国家林业局森林认证试点单位和 5 个木材企业开展森林认证培训；参加 4 个森林经营单位的 FSC 认证审核；为 8 个加工企业开展产销监管提供认证技术支持并成功帮助其通过 FSC 认证；为安徽中林公司、威廉公司等开展木材合法性验证咨询和审核。

2014 年，依托国家林业局森林认证研究中心完成非木质林产品，自然保护区、竹林认证、森林公园、人工林与动物认证标准测试和解读工作，共完成 18 个标准测试报告和 6 个测试总报告以及 6 个标准解读报告，撰写森林认证进展年度报告并且参与发布行业标准两部。咨询服务方面：为大兴安岭韩家园林业局、广西三威林业有限公司、福建龙泰、江西宜春和金华林场、广东肇庆国营林场、柴河林业局等多个单位开展森林经营认证培训咨询；为 6 个加工企业开展产销监管链认证技术支持并成功帮助其通过森林认证。

2015 年，依托国家林业局森林认证研究中心，开展森林认证技术规范体系建设与标准宣传项目，森林认证能力建设与典型森林生态系统推广项目、非木质林产品认证市场推广机制与评价项目、宜家“负责任林业与可持续供应链管理技术体系研建”、948 项目“森林认证关键技术引进”等项目的研究。咨询专项服务：在新疆、海南分别组织两次大型宣传活动，培训人员 100 多人次，为山东沾化林业局开展森林认证非木质林产品、海南海口泓盛达农业养殖有限公司开展生产经营性珍贵濒危野生动物饲养管理、广东省开展油茶非木质林产品的技术推广与咨询试点咨询活动；为 12 家宜家供应商开展森林经营与产销监管链认证培训与咨询；参与德国复兴银行(KFN)在内蒙古和河北的造林项目评估。

2016 年，开展森林认证关键技术和实践指南的研究，开发有关联合认证培训课件，研究编制《联合认证成员手册》，编写《中国集体林森林认证模式研究与实践》并组织出版。完成国内外非木质林产品认证现状跟踪研究以及 CFCC 森林认证绩效跟踪研究。开展系列森林认证培训、技术支持和咨询活动。在云南昆明、贵州贵阳、广西南宁、江苏南京和苏州市东山镇、山东莘县和阳信举办森林认证培训班 6 次，参加培训人数约 450 余人；为山东省莘县莘森林业发展有限公司从 FSC 认证向 CFCC 认证的转换，苏州市东山镇农林服务站开展 CFCC 非木质林产品茶叶认证、开展森林认证非木质林产品，广东五联木业公司开展 FSC 森林经营联合认证提供技术支持，顺利帮助其通过认证；为 6 家宜家供应商开展产销监管链认证培训与咨询，以及供应链及木材市场价格信息等支持；开展 FSC 受控木材山东和广西评估，完成初评报告。

2017 年，森林认证研究：以国家林业局森林认证研究中心为平台，成功在人造板和地板、家具绿色评价国家标准中纳入森林认证要求。完成 COC 认证手册编写和集体林森林认证模式研究，充实了中国森林认证技术体系。生产经营性珍稀濒危野生动物认证调研。开发了中国木材合法性尽职调查体系与工具指南，被认定为 948 项目成果。为 16 家宜家供应商开展产销监管链认证培训与咨询，帮助其通过 COC 认证，为中国纸业茂源林业等 4 家企业提供森林认证技术咨询服务，为宜家提供木材市场价格信息以及资源可行性调研等支持，提交 4 期调研报告。开发了木材合法性尽职调查培训课件，举办 7 次培训研讨活动，为 2 家企业建立木材合法性尽职调查体系提供技术支持。

2018 年，参加 ITTO 第 54 届理事会，针对将森林认证纳入全球热带木材绿色供应链机制和与会代表开展研讨并达成共识，建立和维护木材合法性信息窗中英文网站、联盟微信平台，发布联盟通讯和木材合法性通讯 20 期。完成《我国野生动物繁育利用可持续管理认证研究报告》。开展系列森林认证培训、技术支持和咨询活动，组织 4 次森林认证培训班、1 次森林认证国际研讨会，为 7 家加工企业和 3 家经营企业开展森林认证咨询活动，协助其通过森林认证。

2019年，开展了非木质林产品(云南高黎贡山大树茶)认证推广示范，试点单位顺利通过认证。森林认证咨询：在江苏常州完成1次产销监管链认证标准宣贯培训，培训110人次；为1家加工企业和3家森林经营企业提供认证咨询服务。此外还制定CFCC非木质林产品认证效益跟踪调查表，完成3家认证企业的实地调研。

(二)森林资产评估

2007年，积极推荐森林资源资产评估专家，争取获得相应资格；探索森林资产评估服务的市场途径。“河北省赛罕坝机械林场森林资源评估与价值核算”项目启动。

2008年，“赛罕坝”项目通过专家论证。5月19日由河北省林业厅新闻发布并在“赛罕坝生态教育示范基地展览馆”长期展出；与山东东营市“‘三网’绿化工程综合效益评价”项目签定合同。同时，开展了北京市、山东省、青岛市、江西省东江源区及河源市等个案研究，其中山东省和青岛市森林与湿地资源核算已鉴定。

2010年，争取到国际热带木材组织“创建和支持中国热带森林环境服务市场”项目。开展了西藏自治区、黑龙江省伊春市、贵州省黔南布依族苗族自治州等地个案研究。

2011年，完成了陕西省森林资源价值评估案例研究；开展了重庆市涪陵区林地林木资产价值评估软件开发。

2012年，完成了“张家口市森林与湿地资源综合价值评估”“北京市生态清洁小流域治理综合效益评估”“带岭林业局森林资源科学经营模式及其财富潜力、技术路线和配套政策研究”“黄河上游黄土残源沟壑区水土保持与产业发展规划”，后两项均涉及森林资源资产评价。相关领域统领专家为侯元兆研究员。

2013年，涉及以森林价值评估为基础的森林生态补偿研究，由科信所组织承办了“森林生态效益补偿政策国际研讨会”。

2014年，开展“森林资源资产产权制度框架设计”研究。

2015年，完成了南阳市及其5个山区县的森林资源与生态系统服务综合评估研究；继续开展淳安县集体林环境资源资产评估技术与方法研究，完成资料搜集、数据管理和方法调研，初步撰写了分析研究报告；主持开展了“森林的文化价值评价研究(2015—2016)”。

2016年，撰写《龙胜森林和湿地生态价值评估和资产负债表编制研究方案》以及《关于开展广西生态综合补偿试点的建议》。

2017年，开展了伊春林区和塞罕坝林场生态系统服务价值评估。研建了集体林环境资源资产评估技术体系，林业生态文明建设绩效评价指标体系与制度框架，森林的文化价值评价研究取得突破，提出了“人与森林共生时间”为核心的评估方法。完成8个国家森林养生政策和运行机制研究。

2018年，对北京山区生态林补偿管护系列文件进行修订；开展森林生态系统服务价值评估技术方法、生态文明绩效评估与林业贡献率研究，研建评估软件系统。

(三)林业碳汇审定核查

1. 前期准备(2009—2010)

2009年，开展碳汇林业案例研究。为了加强林业碳汇方面的研究力量，科信所将中国科学院博士站出站的于天飞博士调入本所开展林业碳汇相关的研究工作。于天飞博士到所以后，着手起草《林业碳汇项目审定和核证指南》，与团队共同研究，该指南最终通过国家林业局行业标准的专家评审，并受到蒋有绪院士的高度肯定。

2010年，科信所开展林业碳汇认证研究、林业低碳经济试点、减少毁林开荒与森林退化导致的(碳)排放(REDD+)政策机制等项目工作。这一年科信所吴水荣副研究员已在国际林联第九学部的“生态系统服务评价与碳市场”工作组中担任副协调员，2019年升任为该工作组的协调员。

2011年4月29日，由科信所主持的《中国林业碳汇审定核查指南(试行)》通过了专家评审会的评审。该项目主要受中国绿色碳汇基金会委托，由本所于天飞、夏恩龙、吴水荣、何友均等专家历时一年完成。这是我国首个林业碳汇审定核查技术规范。专家组认为：该指南具有创新性、科学性、实用性和可操作性，对促进我国林业碳汇项目实现“三可”(可测量、可核查、可报告)以及推动我国碳汇市场交易体系建设、促进碳汇林业发展具有重要意义。

2. 中林绿色碳资产管理中心

2011年6月13日，科信所下发《关于成立“中国林科院中林绿色碳资产管理中心”的通知》。该中心依托科信所，为科信所内设机构，主要任务是受国家林业局委托，开展林业碳汇的审定与核查工作，组织林业减缓与适应气候变化政策与机制研究，搭建政府、企业、国内外林业机构之间的交流平台，提供林业碳汇与碳市场的对外咨询服务。该中心由陈绍志所长担任主任，于天飞博士担任副主任兼秘书长，吴水荣等14位专家为中心成员；同时，聘请蒋有绪、潘家华等15位国内知名专家担任科学顾问。

“中国林科院中林绿色碳资产管理中心”作为首个中国碳汇项目的DDE(指定经营实体)，扎实开展了中国首批“五省七市”碳汇项目审定核查工作，其中六个项目的14.8万吨碳信用指标于2011年11月1日在华东林业产权交易所上市交易，为国家林业局开展林业碳汇交易试点提供了有力的技术支撑。开展了中国森林对气候变化的影响与林业适应对策研究、减少毁林与森林退化导致的排放(REDD+)政策与融资机制研究、REDD对我国木材进出口影响研究等项目工作。

在林业应对气候变化研究方面，完成了由国家林业局和北京市园林绿化局共同资助的“林业低碳经济北京市西山试验林场综合试点与示范项目可行性研究”项目，专家评审其具有创新性和重大意义。

2012年，“北京中林绿汇资产管理有限公司”正式运营，为国有控股独立法人实体，注册资金10万元。总经理为于天飞博士，负责科信所各林业碳汇工程项目的技术审定、核查以及公司日常管理工作。目前已经开展的业务主要有：国家林业局首批“四省六市”林业碳汇交易试点项目及青海省碳汇造林项目等，与外国同行对林业碳汇产权及碳市场建立和碳贸易问题及碳计量监测等方面进行广泛交流。

2013年，开展碳汇核查。结合碳排放权交易试点工作，扩大与广东、辽宁、四川等地的林业碳汇项目的合作，林业碳汇审核项目合同金额增至80万元，协助中国绿色碳汇基金会完成《碳汇造林项目方法学》和《竹子造林碳汇项目方法学》向国家发改委的申报工作，作为温室气体自愿减排方法学予以备案。该方法学于2013年10月25日正式发布，这是中国首批林业碳汇项目方法学，为林业碳汇项目减排量进入国家碳排放权交易试点提供了依据。参加伊春森林经营增汇减排项目(试点)成果发布会，为国内购买森林经营碳汇的手笔交易出具审定声明。参加了我国第一个森林经营增汇减排项目方法学的研发工作，为森林经营类碳汇产品实现碳交易提供了卓有成效的技术支撑工作。

2014年，在以往开展林业碳汇项目审定与核查工作的基础上，成功取得国家温室气体核证机构的资格备案。中国林科院科信所代表国家林业局取得该项资格备案。中国绿色碳汇基金会委托科信所开展的大兴安岭林业碳汇项目、伊春林业碳汇项目、香港马会东江源碳汇项目正式启动，五省份试点项目的第一个监测期的核证工作也有条不紊的展开。科信所承担的第一个国家CCER承德林业碳汇项目的核证工作也顺利展开。

2015年，完成了承德丰宁千松坝林场碳汇造林一期项目的核证工作，并成功在北京环境交易所上线交易。在国家碳排放权交易体系的审核工作中新增浙江苍南、内蒙古大兴安岭满归、黑龙江大兴安岭十八站等林业碳汇审定项目。国家温室气体减排的相关核证工作进入良性发展轨道。中国绿色碳汇基金会五省份林业碳汇试点项目第一个监测期的核证工作有序进行，并完成了相关省份的核证报告；完成了香港马会东江源碳汇项目2014年和2015年的项目审定工作。

2016年，研究起草并形成了新的《温室气体自愿减排交易项目审定与核证工作质量管理体系》，成立第二届温室气体自愿减排交易项目审定核证质量管理委员会。向国家发改委提交了《中国林业科学研究院林业科技信息研究所关于CCER林业项目审核有关情况的汇报》。组织实施了内蒙古大兴安岭满归、湖南茂源、黑龙江大兴安岭十八站、内蒙古红花尔基等7个林业碳汇审定项目和1个核证项目，其中，湖南茂源碳汇造林项目初步获得审定备案。

2017年，作为独立第三方开展了福建杨美岭、建宁等七个自愿核证减排项目(FFC-ER)审定核证工作。与福建省林业勘察设计院签订了战略合作协议，同时也与内蒙古森工集团建立了林业碳汇伙伴关系。

2018年，对湖南省森林可持续经营贷款项目的碳汇开发做了前期技术咨询。完成《内蒙古大兴安岭林业碳汇基地建设规划》审批稿。完成内蒙古乌尔汉旗、福建周宁县和建宁县森林经营碳汇项目的审定和核证工作。完成福建省FFCER项目的审定与核证报告修订工作。为福建、内蒙、江西、上海等地林业碳汇项目开发以及绿水青山转化金山银山路径研究等提供咨询服务。参加国家林业局人才开发交流中心在福建厦门举办的“第十二期全国林业应对气候变化暨林业碳汇管理培训班”，并作《林业碳汇项目审定与核证工作要点及案例分析》的专题报告。

2019年，为民盟中央领导与国家领导的议论洽谈提供《关于林业碳汇优先发展适时提前的建议》一份，应国家林草局生态修复司气候处邀请，研究撰写了《林业领域碳汇市场交流机制现状与政策建议》报告并上报自然资源部。

第三章　国际合作与交流

第一节　国际合作概述

国际合作是科信所科研工作的传统优势，国际合作领域涉及森林认证、木材合法性问题、气候变化适应性管理、森林多目标经营与管理综合技术推广、中非森林管理、国际林产品贸易等，呈现出研究主题多样化的特征。从合作经费上看，呈现波动性，且整体上呈现减少的趋势，2018 年新增国际合作经费为 100.8 万元，占总经费的 4%，降为过去 10 多年来的最低点。2019 年国际合作经费有所回升，达到 248 万元，占总经费的 8%(图 3-1)。

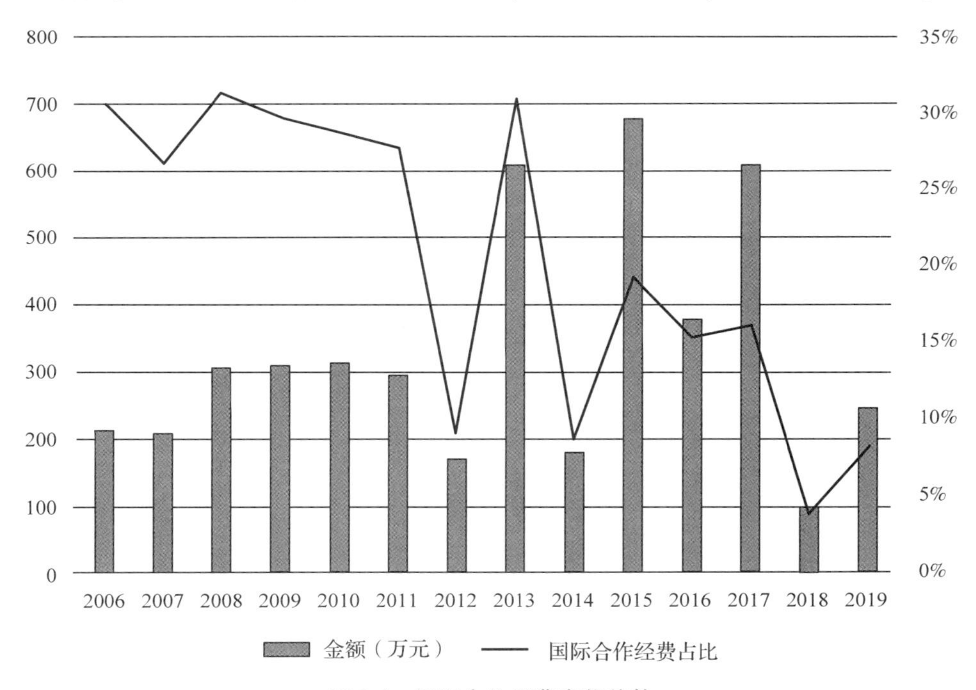

图 3-1　国际合作经费变化趋势

截至目前，与 20 多个国家或组织建立了长期合作关系，主要合作方包括：

(1)多边合作：联合国粮农组织(FAO)、国际热带木材组织(ITTO)、欧盟(EU)等。

(2)双边合作：日本协力国际机构(JICA)、英国国际发展部(DFID)、德国技术合作公司(GIZ)等。

(3)非政府组织合作：福特基金会、世界自然基金会(WWF)、大自然保护协会(TNC)、美国森林趋势(Forest Trends)、权利资源行动(RRI)、欧洲林业研究所(EFI)等。

此外，还有宜家(IKEA)、雨林联盟(RA)、国际纸业等跨国公司等。

国际合作国家也日益广泛，涉及各大洲的国际交流与合作。1978—2019年，共362人次前往60个国家开展学术交流及参加国际会议。2013—2018年，接待17个国家的来访专家与官员44人次；举办或承办大型国际会议10次，1906人次参会。通过这些国际合作与交流，扩大了科信所的国际学术影响力，提升了科信所在林业行业的学术地位，同时也活跃了科信所学术气氛、了解了相关领域的国际最新进展，为今后开展国际学术交流活动及探索国际科技合作奠定了坚实的基础。科信所科技人员有1名担任欧盟项目评估专家，2名担任IUFRO主题组协调员，6名担任科技部重大国际合作项目评估专家，为增加对外联络能力奠定了坚实的人才基础。与科信所长期合作德国专家Heinrich Spiecker教授先后荣获2017年河北省政府“国际科学技术合作奖”、2019年“河北省外国专家燕赵友谊奖”、2020年第十一届梁希林业科学技术奖“国际科技合作奖”。

第二节 未来国际合作工作展望

未来国际合作面临一系列亟待解决的问题，包括如何更好地服务于国家的整体外交和国家林草局的对外合作需求，如何提升国际合作研究的深度、质量和水平，如何将国际合作工作与科研评价紧密结合，如何建立合作机制及经费渠道，如何建设和管理国际合作团队与合作平台等。围绕这些问题，未来将从平台建设、研究领域发展以及人才队伍建设方面着力加强。

一、开展机制与平台建设，打造世界林业国际合作战略研究中心

(一)平台目标

在国家对外发展战略大背景下，服务于新时期国家整体外交和国家林草局林业合作需求，承担林业国际合作及对外援助项目；应对国家提出开展各项领域专项研究的要求，为林业国际合作政策制定和实施提供知识支持。

(二)主要任务

追踪全球林业发展，服务于绿色一带一路；推动区域性合作机制建设，建立中非、中东盟等区域合作研究机制；加强同相关国家开展森林文书、林业应对气候变化、森林生态服务价值评估与自然资源核算等重点领域的合作研究；加强学科人才培养，突出学科优势，做大做强巩固传统学科领域、拓展新兴研究领域。

二、培育和拓展研究领域

(一)世界林业研究

一是提升世界林业国别研究的针对性和系统性。强化世界林业重点国别跟踪机制，每3年更新国别报告；开展专题性国别研究，提出国际合作政策建议与实施途径；配合国家

林草局国合司工作，对林业工作组相关国家进行深入研究。二是更好服务于国家林草局的国际合作需求。实现世界林业动态追踪的多元化和专题性，为林业决策提供参考；编写印刷国别、区域林业概况彩色小册子，更好地服务于国合司及相关司局的信息需求。三是着力建设世界林业数据平台。通过平台建设，提供方便快捷的信息服务，为国合司提供国别林业数据、动态信息，并快速分享研究成果和资料。

（二）打击非法采伐及其贸易

一是扩展木材合法性研究领域。针对非洲、东盟等区域，加强森林可持续经营等领域的研究；加强林业海外投资与贸易研究，追踪合法木材贸易；开展木材合法性互认机制建设与实施研究。二是在木材合法性国际合作中取得突破。继续支持 APEC AGILAT 的工作，在区域木材合法性合作中取得良好进展；加强与生产国及消费国相关机构的合作，促进负责任林产品生产与贸易发展。三是加强能力建设工作。转化研究成果，服务企业负责任林产品生产贸易的需求；建立推行企业联盟，发起合法木材生产贸易倡议，提高企业合规性的意识与能力。

（三）一带一路林业合作研究

一是加强林业援外人力资源合作项目的信息分析、学员跟踪与政策研究。二是基于前期中非林业研究成果，进一步推动中非可持续林业发展，建立中非可持续林业合作平台，全方位地推进中非林业合作。三是加强一带一路科研合作研究，建立科研合作长效机制，推动一带一路国家林业科技发展与交流。

（四）国际森林问题研究

一是加强未来国际森林机制安排跟踪研究。跟踪未来国际森林机制安排国际动态，深入分析各国立场观点，提出我国应对方案；研建中国国家方案，提升我国在国际森林公约谈判及履行联合国森林文书中的主动性和话语权。二是开展履行联合国森林文书良好森林经营示范技术体系建设与推广。结合联合国森林文书、联合国森林战略计划（2017—2030）等对所有类型森林的可持续经营的要求，建立森林可持续经营试验示范基地，总结推广最佳实践模式，讲好中国故事。三是更好地服务于国家林草局国际履约林业议题谈判工作。深度分析联合国森林文书及各类国际公约林业议题执行进展，切实为国际履约林业议题谈判与国际合作提供应对方案支持。

三、加强国际人才队伍培养

在世界林业国际合作战略研究中心这一机制的支持下，打造一支多语言、多学科的人才队伍。通过项目支持，培养具有国际视野、专业知识与能力、语言过硬的林业国际合作专家；逐渐组建外部专家队伍，包括语言、国际问题研究等方面的专家，为林业国际合作研究提供思路和指导；在条件成熟的情况下，培养林业国际合作研究生，充实林业国际合作研究力量。

第四章　人才队伍建设

第一节　发展历程

一、情报室时期(1958 年 10 月至 1964 年 3 月)

根据国务院对科技情报工作的意见，中国林科院正式成立后即设立了林业科学技术情报室，为院的职能处室。情报室由林业研究所的编译室和森林工业研究所的编辑推广室合并而成，成立初期有 20 多名职工，工作任务主要是文献收集、报道和外事工作，1960 年以后开始情报研究工作。这一时期，职工队伍中外语专业人员较多，达到 39%，主要语种有俄语、日语、英语等；林业、林经等专业人员和图书、资料人员各占 30%左右。

二、建所时期(1964 年 3 月至 1971 年 5 月)

1964 年 3 月，中国林科院情报所正式成立，职工人数增加到近 40 人，截至 1966 年上半年，职工人数达到 50 多人。这一时期，随着情报研究事业的发展，林业、林经、木工等专业人员增加较快，达到职工总数的 38%；外语人员进一步增加，占职工总数的 46%，语种方面增加了德语，英语专业力量也得到加强；图书馆仍由院部管理，但资料室由情报所管理，职工人数占职工总数的 11%左右。为适应工作需要，情报所要求每位外语专业人员要掌握 3 种语言，做到能够独立阅读、翻译外文期刊。所内开办了日语等外语培训班，由外语好的职工做教员，为职工掌握第二、第三外语创造条件。

1964 年下半年，先后抽调 7 人参加“四清”工作，时间长达两年。1966 年 5 月“文化大革命”开始，科技工作受到很大冲击，情报所虽然保留了建制，但大部分职工分两批下放到广西砧板“五七”干校劳动锻炼。1970 年 8 月中国林科院与中国农科院合并成立中国农林科学院，1971 年 5 月成立中国农林科学院科技情报研究所。

三、中国农林科学院情报所时期(1971 年 5 月至 1978 年 4 月)

中国农林科学院科技情报研究所成立时，林科院情报所仅保留十余人与农科院情报室合并，其他人员继续下放劳动锻炼。农林科学院科技情报研究所成立以后，林业科技情报工作又逐步开展起来。为了适应工作需要，先后采取调回下放人员、调入科技人员、接收国家分配毕业生等多种方式，充实职工队伍。为了应对工作急需，当时还从东北林学院、中南林学院、北京林学院、林产设计院等单位借用了一批专家协助开展工作。经过 6 年多的发展，到1978年初，林业情报正式职工达到40多人。这一时期人员结构大体是，外语专业人员、林业类专业人员、图书资料和管理等人员各占三分之一；外语专业语种主要包括英语、俄语、日语、德语、法语、西班牙语等。所领导强调学外语的人员要学习林业专业知识，并提供条件让其参加林业专业方面的会议，提高专业素质。同时，意识到计算机技术在林业情报工作中应用的前景，专门选派科技人员去学习计算机技术。

四、恢复以后(1978年4月至2019年12月底)

中国林科院1978年4月恢复，林业科学技术情报研究所也同时恢复，1993年5月经人事部批复，正式更名为"中国林业科学研究院林业科技信息研究所"，此后，科信所进入了各项事业全面发展的时期。

1978年至2019年的40多年时间，职工队伍经历了从快速增加到平稳发展的过程。1978年4月职工人数40多人，到1987年到达160多人，十年中增长了3倍；1990年林业部下发核定事业单位编制的文件，科信所事业编制155人，职工队伍进入平稳发展阶段；从20世纪80年代后期开始，退休职工逐年增加，在职职工人数呈现下降走势。在人员结构上，随着科信所人、财、物独立管理，管理人员和工人明显增加；在科技人员中，经济、林业、森工、生态等专业人员明显增加，外语专业人员逐年减少，图书馆学专业人员基本保持平稳。

第二节 职工队伍变化的特点

(一)职工数量前45年呈现倒V字型变化的特点，最近10年逐年上升

1964年，情报所建所初期，职工总数40人左右，经历了"文化大革命"下放、与中国农科院合并，到1978年上半年情报所恢复初期，职工人数70多人，1987年年底职工人数增加到160多人，达到倒V字型顶点。此后便开始减少，在职职工人数1998年年底为128人，2008年年底为95人。为了保证事业的发展，从2011年开始，科信所加大了人才引进的力度，截至2019年年底，在职职工人数达到121人。

(二)职工队伍的学历结构总体呈现正V字型变化的特点

职工中，大专及其以上学历人员占职工总数的比例，1964年建所初期为85%，1978年院恢复时期为75%，1988年年底为70%，1998年年底为80%，2008年年底上升到87%，2019年年底达到96%。从20世纪90年代后期开始，加大了高学历人员引进的力度，同时采取措施鼓励在职职工攻读研究生学位。截至1998年年底，在职职工中研究生学历人员达到15人，其中博士1人；2019年年底，研究生学历人员大幅提升至85人，其中博士42人，高学历人员有了明显增加。

(三)高级技术职称人员的比例明显提高

1978年院恢复以前，科信所科技人员中没有高级技术职称人员。1987年改革职称评定、实行专业技术职务聘任制以后，特别是1992年中国林科院专业技术职务评审工作正常化以后，科信所每年按院统一部署开展评聘工作，评聘专业包括研究、工程、出版、图

书、会计和实验等系列。通过技术职称评聘，科技人员中高级职称人员的比例明显提高，1988 年为 16%，1998 年提高到 35%，2008 年达到 59%，2013 年为 54%。但是，随着退休人员的增多，从 2005 至 2014 年期间，科信所在职职工中正高技术职称的人员逐年减少，新晋升人员增长缓慢。从 2015 年起，科信所正高技术职称的人员开始逐年增加，2019 年达到 12 人。

第三节 人才培养的主要措施

科信所历届领导班子都高度重视职工队伍的建设工作，特别是 1978 年院、所恢复以后，人事教育管理方面实施了一系列改革措施，主要包括专业技术职务评聘、人才引进公开招聘、岗位管理与聘任、结构工资制等，同时，采取有效措施加强人才培养，为出成果、出人才、出效益提供了组织保障。

(一)加大高层次人才引进力度

科信所 1991 年引进第一位硕士毕业生，1996 年引进第一位博士毕业生，2001 年以后，进一步加大了高层次人才引进的力度。从 2001 年到 2018 年，共引进人才 93 人，其中，具有研究生学历的 71 人，占 76.3%；在具有研究生学历的人员中，硕士 36 人，占 38.7%，博士 35 人，占 37.6%。高层次人才的引进，明显提升了科信所科技人员的学历和专业层次，增强了科信所在林业软科学研究领域的实力。

(二)鼓励在职职工提高学历水平

通过支持深造报名、保证学习时间、报销相关经费等多种方式，鼓励在职职工继续深造，提高学历水平。截至 2018 年年底，在职职工中，从初、高中学历提高到大专及以上学历的有 26 人，主要途径是上电大、夜大、函授及自学考试；从本科学历提高到研究生学历的有 18 人，主要途径是报考在职研究生。

(三)选送中青年科技人员到国外进修学习

从 20 世纪 80 年代开始，科信所结合项目研究工作，有计划的选送或支持中青年科技人员到国外进修学习，先后派出 16 人次，分别到日本、比利时、美国世界经济研究所、西班牙、法国国立乡村工程、森林与水源高等学校、芬兰约恩苏大学、瑞典农业大学、奥地利农业大学、德国哥廷根大学、加拿大阿尔伯塔大学等进修培训。通过学习，比较深入地了解了国外林业与农业政策、森林可持续发展等研究领域的先进成果与方法，大大提高了自身的研究能力，并有力促进了全所的国际合作工作。

(四)积极开展岗位培训

2001 年以来，岗位培训工作得到高度重视，财会、审计、人教、党群、安保、外事、科研管理岗位的职工，基本上每年都参加继续教育或短期专业培训；编辑人员定期进行岗位专业培训，做到了所有编辑人员持证上岗；2006 年以来开展了技术工人岗位培训，先后有 9 人从高级工晋升为技师，占工人总数的 70%；从 2013 年开始，每年的新入所职工均开展了以“学习林业知识、体验林区生活”为主要内容的系列培训。与此同时，按照中组部的规定，副处以上党员领导干部，每 5 年到党校参加 3 个月的培训，重点学习基本理论、政策和管理知识。

（五）选拔推荐拔尖人才

根据中国林科院统一部署，科信所积极开展了两院院士、国务院参事、百千万人才工程、享受政府特殊津贴、中国林科院杰出青年等拔尖人才的推荐工作。截至2013年年底，有1人被批准为新世纪百千万人才工程省部级人选，有7人被批准享受国务院政府特殊津贴。

（六）支持申报人才培养专项资助

2001年以来，科信所共有11人次获批各类人才资助，其中，有5人获批中国林科院人才培养专项资助，有3人获批人事部留学回国人员科技活动项目择优资助，有1人获批教育部留学回国人员科研启动基金，有2人获国家留学基金资助，为促进人才成长创造了条件。

（七）开展客座专家聘任工作

根据《中国林科院聘任院外专家暂行规定》的要求，科信所2009年开展了聘任所外客座专家的工作，共聘任5人为科信所的客座专家：聘任美国密歇根州立大学农学院副教授尹润生为名誉研究员，聘任北京林业大学经济管理学院教授张大红、美国奥本（AUBURN）大学林业与野生动物学院副教授张耀启为客座研究员，聘任国家林业局造林绿化管理司教授级高工李怒云、国家林业局农村林业改革发展司高级经济师江机生为顾问，聘期从2009年8月至2011年7月。在聘期中，5位客座专家先后到科信所开办学术讲座，进行学术交流，促进了全所的科技合作和人才培养。

第四节　研究生培养工作

科信所的研究生培养工作在中国林科院研究生院的统一管理下进行。

一、学科建设

1986年7月，经国务院学位委员会批准，中国林科院获得林业经济管理学科硕士学位授权专业，2006年，林业经济管理学科被列为国家林业局重点学科，2010年，中国林科院被批准为农林经济管理一级学科硕士学位授权点。农林经济管理学科硕士学位授权专业依托科信所进行管理，目前下设“林业经济管理”和“林业与区域发展”两个二级学科。

二、导师队伍建设

1995年，施昆山、侯元兆被批准为硕士生导师，成为科信所首批研究生导师。截至2019年年底，全所共有18人被批准为研究生导师，其中，博士生导师4人，硕士生导师18人（表4-1）。

科信所导师及导师团队开设的课程主要有：微观经济学、宏观经济学、林业经济学、林业政策学、林业经济与政策分析、林业社会学、文献检索与利用、西方经济学。

表 4-1 科信所研究生导师一览表

批准时间	硕士生导师	博士生导师
1995 年	施昆山、侯元兆	
1997 年	李智勇	
1999 年	陆文明	
2000 年	李忠魁	侯元兆
2002 年	李维长	
2003 年	王登举、孟永庆	李智勇
2004 年	王忠明	
2005 年	樊宝敏、李剑泉	
2010 年	何友均	
2011 年	陈绍志	
2012 年	吴水荣、徐斌	
2014 年		陈绍志
2017 年	胡延杰	何友均
2018 年	赵　荣	
2019 年	陈　勇	

三、研究生招生和培养

科信所从 1997 年开始招收硕士研究生，叶兵、赵劼是科信所培养的首批硕士生，毕业时间 2000 年。科信所从 2000 年开始招收博士研究生，柳小玲、林德荣是科信所培养的首批博士生，毕业时间 2005 年。截至 2019 年年底，本所共招收硕士研究生 101 人，其中已毕业 77 人，在读 24 人；招收博士研究生 51 人，其中已毕业 39 人，在读 12 人；接收博士后研究人员 25 人，已出站 22 人，在站 3 人(表 4-2)。在读研究生和博士后已经成为科信所开展科研工作的重要力量。

表 4-2　科信所招生数量一览表

年份	硕士研究生							博士研究生				
	合计	非定向					定向（在职）	合计	非定向		定向（在职）	
		林业经济管理	水土保持	森林培育	生态学	森林经理	生态学		生态学	森林培育	生态学	森林培育
1997	2						2					
1998	3	2					1					
1999	1	1										
2000	1	1						1	1			
2001	1		1					0				
2002	2	2						2			1	1
2003	4	3		1				5	1	2	2	
2004	3	3						4			4	
2005	5	1		3	1			4	1		3	
2006	3	3						5	2	2	1	
2007	6	3			1	2		5			4	1
2008	5	3				2		3	3			
2009	7	6				1		4	1		3	
2010	4	3				1		1	1			
2011	7	7						1			1	
2012	6	5				1		1	1			
2013	5	5						2	1		1	
2014	4	3				1		3			3	
2015	3	3						2	1		1	
2016	5	4				1		2			2	
2017	8	7			1			1			1	
2018	7	4			3			2			2	
2019	9	3			3	1	2	3	1		2	
合计	101	72	1	4	9	10	5	51	14	4	31	2

第五章　综合管理

第一节　职能管理机构设置

职能管理机构的设置及其人员配备，主要是依据业务工作发展管理需要、职工人数多少等来确定。

在建所之初，由于人员较少，全所只设立了林业情报室、森工情报室、资料室3个业务部门，职能管理机构只设立了办公室。当时由鲍发同志任办公室主任，后来是李振英同志任主任。

1966年5月“文化大革命”开始，院、所党组织和领导干部普遍受到冲击。1967年党和各级行政组织，都陷入瘫痪或半瘫痪状态。1970年5月林业部撤销军管，与农业部合并，成立农林部。1970年8月23日中国农业科学院和中国林业科学研究院合并，成立中国农林科学院。林业科技情报研究所与农科院情报资料室合并，只保留部分人员，其余下放。当时农林科技情报研究所机构设有办公室、政工处2个职能管理机构，设有农业情报组、林业情报组、畜牧情报组、水产情报组、资料组和图书组等业务机构。

1978年农林两院分开后，又恢复了林业科技情报研究所。设立了办公室、政治处和业务处等3个职能管理机构，设立了林业情报研究室、森工情报研究室、综合情报研究室、图书馆、资料室和铅印室等6个业务机构。自1983年成立党委以来，增设了党委办公室。

1985年机构设置有了较大变化。设置了办公室、业务处和人教处3个职能管理机构，设立了世界林业研究室、专业情报研究室、国外文摘室、国内文摘室、计算机应用研究室、采访室、采编室、分编室、流通室、技术咨询公司、声像室、发行室和铅印室等业务机构。

1990年由于情报所主要负责人更替，内设机构也进行了较大调整，新设立了财务科，职能部门机构为办公室、人教处、业务处和财务科。1993年5月对所设机构进行了调整：成立了开发办公室，管理全所开发创收工作；人事教育处、党委办公室，对内称人事教育处，对外名称不变；撤销财务科，其中事业财务划归办公室管理，开发创收归开发办公室管理；其他职能部门不变。1993年12月所长办公会议研究决定：所办公室与开发办公室合并办公室，一个机构两块牌子；设立行政科，统管全所总务和后勤工作。

按照1996—2000年第一阶段改革方案，于1999年将原来的办公室、行政办公室、党办、人教处、业务处和财务室6个部门调整为办公室、业务处、人教处(与党办合署办公)和财务室4个部门；在原来行政办公室的基础上，组建了后勤服务中心，负责全所后勤服务和管理工作，不列入所职能部门编制。

经过第二轮科技体制改革，2004 年职能管理机构由办公室、业务处、人教处（与党办合署办公）和财务室 4 个部门精简为 3 个，即综合办公室（含人教、党办）、业务处、财务室；后勤服务中心负责全所后勤服务和管理工作，不列入所职能部门编制。业务部门调整为公益服务部门（情报研究部、查新咨询室、期刊部、图书文献部、网络中心）、市场开发部门（林科公司、中林创业公司和印刷厂）和市场服务部门（查新咨询室）。

2010 年 10 月，职能机构为办公室、党委办公室、人教处、业务处和财务室，后勤服务中心负责后勤服务和管理工作。

第二节　科技体制改革

自 1996 年以来，在科技部、国家林业局（国家林业和草原局）和中国林科院指导下，科信所积极探索改革与发展的路子，促进各项工作不断发展。

一、第一阶段改革（1996—2000）

1996 年秋季，中国林科院成为国家科技机构改革试点单位。在改革第一阶段科信所主要工作：

（1）制定改革方案和配套措施。1996 年科信所修定了 1993 年制定的改革方案并把草案上报了院改革领导小组。该方案提出了进行结构和政策调整、明确重点发展学科、创建企业管理体制、强化民主管理和激励机制等 9 个方面的改革重点。1997—1999 年科信所又对改革方案进行修改、补充和完善，并相继出台了改革配套措施，如《中国林科院科信所课题管理办法》《中国林科院科信所期刊管理办法》《科信所公费医疗管理暂行办法》《科信所服务中心组建方案》等。

（2）精简职能部门。根据《科信所科技体制改革方案》实施步骤，1999 年上半年对本所职能部门进行了调整，职能部门由原来的办公室、行政办公室、党办、人教处、业务处和财务室 6 个部门调整为办公室、业务处、人教处（与党办合署办公）和财务室 4 个部门，精简幅度为 33%。职能部门人员由 20 人减至 12 人，精简幅度为 40%。在原来行政办公室的基础上，组建了后勤服务中心，不列入所职能部门编制。制定和明确了各职能部门的岗位职责，岗位责任明确到人。职能部门调整后，所内的各项工作运转良好，起到了减员增效的作用。

（3）调整刊物布局，强化服务和市场意识。经广泛征求意见，所领导班子多次研究，对科信所用事业费支持的 6 种刊物提出了“停一、转二、稳三”的办刊原则。停一，即从 2000 年起停办《国外林业文摘》，采用网络、复印和检索等其他服务方式，开展国外林业文献的有偿服务。转二，即转变《林业科技通讯》《国外林产工业文摘》办刊方向和报道内容，坚持按市场经济规律办刊，满足用户的不同需求。稳三，即稳定《中国林业文摘》《世界林业研究》《世界林业动态》，将它们分别办成全面报道国内林业文献、国外林业宏观研究、紧密跟踪国际林业热点问题，深受领导和科研人员喜爱的精品期刊。

(4)调整中层干部，加速干部年轻化。在民意测验的基础上，对期刊部、图书文献部和查新咨询室55岁以上的室主任进行了调整。同时，对部分刊物的副主编也进行了调整，主要任命了青年同志担任职务。

(5)加强开发工作，建立统管体制。决定设立董事会统管体制，全所开发创收由所财务统一管理，各个实体分别立账，独立核算，自负盈亏，实行分类管理。制定了《科信所开发创收经济实体董事会章程》，使开发创收工作逐步实行了规范化管理。

(6)稳定业务部门，搞好情报服务。收集、整理、加工、分析、研究国内外林业科技信息是科信所的基础工作。我们采取积极措施对图书文献部、信息研究部、期刊部和咨询查新室、计算机室给予稳定和加强。明确规定以上各部室的本职工作，进行必要的人员调整，提高职工业务素质，调动其积极性。

二、第二阶段改革情况(2001年以来)

2001年中国林科院分类改革的总体方案经科技部、财政部、中编办联合批复，正式开始全面实施。根据2001年10月科技部等两部一办《关于对水利部等四部门所属98个科研机构分类改革总体方案的批复》，科信所转为科技中介机构，保留事业单位。据此，科信所确定了“服务公益、服务市场”的改革思路。通过结构调整、转变机制、加强人才培养和财务资产管理，科信所面向公益服务的创新能力得到增强，面向市场服务的领域得到拓展，2004年11月通过了国家林业局组织的分类改革阶段性验收。

改革以后，科信所的主要目标任务是：以林业经济管理和情报学两个学科建设为载体，以林业宏观战略与政策、森林环境经济、林产品贸易、森林认证、林权改革、国外林业发展、林业情报与检索等为重点研究领域，开展相关研究，为林业发展提供决策支持；以中国林科院图书馆和中国林业信息网为载体，加强林业信息资源建设，为科技创新提供资源保障和信息支撑；以科技期刊和查新咨询以为载体，加强林业科技知识、信息、技术传播，为林业及相关行业提供信息服务。

在第二阶段改革中，科信所分三步推进：第一步，制定科信所的科技中介改革方案和各项规章制度，做好改革的动员工作；第二步，按照事业单位改革的要求，试行人员聘用制和结构工资制；第三步，在以上工作的基础上，逐步探索科技中介机构的运行体制和机制，完善配套的规章制度。

科信所改革方案及相关配套措施经过所长办公会议多次研究，通过座谈会、职代会、个别谈话等多种形式，广泛听取不同层次职工的意见和建议，并报请主管院领导同意和本所五届三次职代会审议通过而形成。包括制定了《科信所深化改革试行人员聘用制度的实施方案》及《科信所岗位设置及上岗条件暂行办法》《科信所结构工资制暂行办法》《科信所职能部门岗位设置细则》和《科信所离岗创收人员管理暂行办法》等配套文件。改革方案于2004年7—8月按计划全面实施，初步建立了新的运行机制。

(一)调整结构

(1)按照“服务公益、服务市场”的科技中介发展思路，调整结构布局。按照科信所2004年上半年审议通过的改革方案中《科信所岗位设置及上岗条件暂行办法》和《科信所深化改革试行人员聘用制度的实施方案》，根据“服务公益、服务市场”的科技中介发展思路，对科信所进行了结构调整，调整后的部门设置为情报研究部、查新咨询室、期刊部、图书文献部、网络中心、市场开发部门和职能部门。其中情报研究部、期刊部、图书文献部、网络中心为服务公益部门，市场开发部门（林科公司、中林创业公司和印刷厂）、查新咨询室为服务市场部门。

（2）精简管理部门，减员增效。精简了管理部门和人员。职能管理部门由办公室、业务处、人教处（与党办合署办公）和财务室4个部门精简为3个，即综合办公室（含人教、党办）、业务处、财务室，管理人员由12人精简为9人，管理部门和管理人员的精简幅度均为25%。

（二）转变机制

（1）全面推行聘用制。根据《科信所深化改革试行人员聘用制度的实施方案》及《科信所岗位设置和上岗条件暂行办法》，科信所从2004年7月起试行人员聘用制度。为了搞好聘用工作，科信所成立了人员聘用工作领导小组，成员由所行政、党委、纪委、工会的主要领导组成；成立了人员聘用工作小组，成员由所纪委、工会、人事部门的负责人组成。在推行聘用制过程中，严格按照公布文件、动员学习、个人申报、资格审查、所聘用工作领导小组审核、公示等规定的程序进行操作；同时，在办公楼一层设置“意见箱”，由所工会负责意见的收集，确保招聘工作在公开、公正的环境下有序、顺利进行。通过改革，共有93人应聘上岗，其中，首席专家8人，刊物主编（副主编）6人，公司经理3人。没有未聘人员。

（2）试行结构工资制。根据科信所的具体情况，本所制定了《科信所结构工资制暂行办法》，试行四元结构工资制。四元结构工资由基本工资、地方补贴、岗位绩效津贴和收入提成四部分组成。根据不同的工作性质和岗位，四块收入的分担方式不同。创收能力较强的经济实体和人员，四块收入全部由自己承担，除基本工资按统一政策发放外，其他三块收入由公司根据经营状况决定发放标准。有一定创收能力的部门和人员，根据创收效益发放创收提成，并承担部分岗位绩效津贴。从事管理工作的人员，由所发放全部收入，其中，岗位绩效津贴和创收提成根据全所经济状况进行浮动。

（3）建立激励机制。在多年的改革过程中，科信所不断加大改革力度，实行激励机制，先后制定了《科信所关于鼓励自愿分担目前由所事业费支付的北京市各类补贴和院午餐补助的暂行管理办法》《科信所关于进一步加大项目申请鼓励力度的暂行管理办法》《中国林科院科信所收入提成管理办法》《科信所离岗创收人员管理暂行办法》等激励制度，调动职工工作积极性，推动各项工作的发展。

（4）实行学术委员会咨询制。所学术委员会遵照相关的章程，积极开展学术咨询工作，针对所内学术方面的热点及难点问题、重大专项决策和长短期科技发展规划等问题展开讨论，在科学技术评议及咨询等方面发挥了作用。

参与重大学术问题的讨论，为所长决策提出了有价值的参考依据。例如，近几年，本所对科技期刊的运作方式进行了大规模的调整，所学术委员会成员参与了相关问题的讨论，促进了领导决策的科学化。

参与制订重大科技发展规划，为国家及行业发展提供高层次咨询。学术委员会组织有关专家讨论了《科信所中长期科学技术发展规划》，并对此提出了修改建议和意见。这些意见归纳总结后，已纳入《中国林科院科信所2006—2020年中长期规划》和专项规划。近几年，所内出台的一系列相关业务工作的规章制度，都经过所学术委员会的讨论。

开展各类学术活动，营造百花齐放的学术氛围。所学术委员会积极鼓励科研人员尤其是青年科研人员开展软科学研究工作，还根据不同的专业及具体情况、不定期地举办形式多样、内容丰富的学术讲座，形成浓厚的学术氛围。

(5)完善职工代表大会监督制。坚持和完善职工代表大会制度，是建立和完善管理体制和内部制度的客观需要，也是全所职工参政议政、推进民主管理与监督、维护职工合法权益的重要举措。

科信所的职工代表大会换届与所党政领导班子和工会换届同步进行，目前已是第五届。经过多年的实践与探索，本所职工代表大会制度已经比较规范。制定了《职工代表大会条例》，工会和职代会组织比较健全，每年至少召开一次职工代表大会，每年出台的涉及全局、重要的条规和事项等都要经过职工代表大会审议，民主管理和职工参政议政的氛围及格局初步形成。

(三)人才分类管理

根据“服务公益、服务市场”的科技中介发展思路，对本所结构调整后按照双向选择实行人才分类管理。具体做法是：

对开展科学研究与咨询部门，着重培养和引进高学历、高层次人才，在收入分配政策上适当向他们倾斜。

对于科技期刊编辑和经营人员按照事业费办刊、自筹经费办刊、合作办刊和课题经费办刊等不同的办刊类型实行不同的管理办法，不断加大激励措施。

对于从事市场开发和经营人员，实行经理负责制，开发和经营人员基本工资以外的收入水平根据工作业绩由经理发放。

改革后还保留了少量的离岗创收人员，按照《科信所离岗创收人员管理暂行办法》进行规范管理。

通过改革，做到人人有岗，调动了广大职工的积极性，确保单位的稳定与发展。

(四)财务资产管理

科信所作为科学事业单位，从总体上实行事业单位的财务管理体制。根据国家财政体制改革的总体部署，国家先后启动了部门预算、“收支两条线”、政府采购、国库集中支付等项改革，出台了一系列相关制度和文件。科信所认真学习贯彻这些新的制度，按照“积极服务公益、探索服务市场”的发展思路，加强财务管理和监督，保证了改革的顺利进行。

(1)根据科技体制改革中的学科调整、机构重组、人员分流等对财务资产核算的要求，加强对事业费、科研经费和专项经费管理，做到管理规范，使用高效。

①年度各项经费全部纳入单位部门预算管理，根据上级批复的年度预算，进一步细化预算，实行单位对内对外“一本预、决算”，全面反映各项经济活动。

②严格按批准的预算组织实施。对国家投入的财政资金全部纳入国库授权支付，按规

定的程序办理用款计划的报批和支付。在执行中，严格按细化预算项目和经费合同办理每一笔经费支付。专项经费，按照预算执行，专款专用。

③建立健全科研项目经费管理制度，实行课题制核算管理。科信所在改革中对课题核算管理方面，制定了一系列规章制度，所财务运用财务用友网络版软件的核算功能，直接核算到每个课题，提高了科研成本核算的时效和质量。

④建立严格的经费开支审批程序和审批权限。对各项目(课题)每笔开支在2000元(含)以内的，由项目(课题)主持人审批，超过2000元的开支，须报经分管部门的所领导审批；对外拨的协作费用等课题经费，每笔开支在10万元(含)以上的，由各所主管财务的领导审批。在每笔经费借款、结算报销时，都必须由经办人、主持人、所领导等按审批程序和审批权限办理。

⑤对国有资产按国家有关规定严格管理，在深化体制改革中确保国有资产的安全。科技体制改革中的国有资产管理，严格按照国家规定、《中华人民共和国政府采购法》和《国家林草局政府集中采购目录及标准》的要求组织实施，在改革中确保资产的安全、完整，防止了国有资产流失。

(2)在对所属科技企业的财务管理上，按照《企业财务准则》《企业会计制度》执行，根据不同企业、不同部门的具体情况，按照不同的办法进行管理。

①实行账户、资金集中归口管理，增强宏观调控能力。为适应科信所改革的要求，对北京林科林业技术公司、北京中林创业科技发展公司、北京中林绿秀植物新品种权代理事物所、北京林业印刷厂等企业的账户资金全部实行集中归口由所财务统一管理，单独设账、账户独立核算。通过加强账户资金的集中归口管理，增强了所对账户资金的宏观调控能力，也提高了企业在市场的竞争能力。

②在财务资金管理中通过理顺各种经济关系，促进了改革协调发展。在对改革中涉及各方面经济利益及时进行调整的过程中，与所属企业、部门签订各自的管理合同和协议，根据协议规定，按照由2%~11%不同档次收取管理费和承包额，充分调动其创收的积极性，使其发挥各自的优势，为本所的改革发展贡献力量。

(3)建立健全内部财务管理制度，努力提高管理水平和服务质量。从1997年6月至今，陆续出台了《开发创收财务与资产管理的暂行规定》《财务与会计制度》《财务室工作人员职责》《公费医疗管理办法》《关于进一步规范财务报销手续的通知》和《财务会计内部制度》等内部财务管理办法，推进财务工作的合法化、规范化。

1998年，科信所开始对财务资产核算实现电算化网络管理，先后购置了用友网络版的财务核算软件和资产核算模块，通过财务电算网络化管理，改变了以往手工操作，提高了工作时效，使财务人员从繁重的脑力劳动中解脱出来，财务网络核算管理为科技体制改革提供了快捷的财务信息和服务。

第三节　规章制度建立与完善

随着管理工作逐步走向规范化和制度化，科信所一方面是执行国家和上级的相关法律和规章制度，另一方面是根据本所的实际情况，也制定了一些适应本所发展和管理的规章制度。从20世纪80年代起，科信所主要制定了以下一些规章制度，并以正式文件发布执行，有些是进行了多次修订，不断完善，以适应形势发展的需要。这些规章制度见表5-1。

表5-1 科信所规章制度一览表

年代	规章制度
1981	《中国林业科学研究院科技情报研究所稿酬提成试行办法》
1985	《关于职工参加成人院校学习的补充意见》《关于使用汽车的意见》
1986	《情报所党委关于转变作风的几条规定》
1987	《中国林业科学院情报所声相室胶片使用管理制度(试行)》《中国林科院情报所声相制品稿酬试行办法》《全国林业科技声相情报网章程》
1988	《中国林科院情报所奖励、稿费分配、创收提成和管理费提成办法》
1989	《研究课题经费管理办法》
1991	《情报所车辆管理规定》《关于职工教育、培训的若干规定》《情报所物资采购、供应管理办法》
1992	《情报所职工福利服务小组管理办法》
1994	《科信所义务献血规定》《科信所电话收费暂行规定》
1998	《中国林科院科信所科研课题管理办法》《中国林科院科信所期刊管理办法》《科信所用车管理的几项规定》《科信所公费医疗管理暂行办法》
1999	《中国林科院林业科技信息研究所开发创收管理董事会章程(草案)》
2000	《科信所关于个人居室维修费支付办法》《科信所停薪留职人员管理暂行办法》
2001	《关于科信所负担研究生培养费用的暂行办法》
2002	《科信所职工医药费申请补助暂行办法》《科信所关于鼓励自愿分担目前由所事业费支付的北京市各类补贴和院午餐补助的暂行管理办法》《科信所关于加强国际合作项目外汇管理的暂行办法》《科信所关于进一步加大项目申请鼓励力度的暂行管理办法》
2003	《实施中国林科院科信所科研项目管理办法的通知》(2003年4月16日修订)；《实施中国林科院科信所期刊管理办法的通知》(2003年4月16日修订)；《实施中国林科院科信所收入提成管理办法的通知》；《进一步规范财务报销手续等问题通知》
2004	《科信所离岗创收人员管理暂行办法》
2005	《科信所改革发展专项资金管理办法》
2007	《中国林科院科信所科研项目管理办法》(2007年11月2日修订)；《中国林科院科信所期刊管理办法》(2007年11月2日修订)；《中国林科院科信所公费医疗管理办法》(2007年11月2日修订)；《中国林科院科信所办公用房管理办法》；《科信所关于就读研究生医疗费支出的管理办法》；《中国林科院科信所期刊分类管理实施细则》
2012	《科信所关于严格请假制度的通知》《科信所保密工作规定》《科信所印章管理办法》《科信所安全保卫工作规定》《科信所安全应急预案》
2013	《中国林科院科信所公费医疗管理办法》(2013年1月28日修订)；《中国林科院科信所科研项目管理办法》(2013年10月18日修订)
2014	《中国林科院科信所公费医疗管理办法》(2014年1月23日修订)；《科信所职工在职攻读研究生学位暂行规定》；《科信所关于规范各类经费管理的暂行规定》

（续）

年代	规章制度
2016	《林业科技信息研究所差旅费管理办法》；《林业科技信息研究所会议费管理办法》；《林业科技信息研究所固定资产管理办法》；《林业科技信息研究所会议制度》；《林业科技信息研究所办公用房管理办法》（2016年12月30日修订）；《林业科技信息研究所印章管理办法》（2016年12月30日修订）；《林业科技信息研究所职工在职攻读研究生学位规定》（2016年12月30日修订）；《林业科技信息研究所研究生教育管理办法》；《林业科技信息研究所请假制度》；《林业科技信息研究所聘任特聘研究员规定》；《林业科技信息研究所关于加强干部因私出国（境）管理规定》；《林业科技信息研究所因公临时出国管理实施细则》
2017	《林业科技信息研究所财务报销审批制度细则》；《林业科技信息研究所财务报销细则》（2017年1月16日修订）；《林业科技信息研究所科研项目管理办法》；《林业科技信息研究所科研项目间接费用管理办法》；《林业科技信息研究所公费医疗管理办法》（2017年1月18日修订）；《林业科技信息研究所期刊管理办法》（2017年1月18日修订）；《中国林科院科信所规范各类经费管理的暂行规定》；《林业科技信息研究所关于规范创收收入管理办法》；《林业科技信息研究所档案管理办法》；《林业科技信息研究所信息公开工作制度》；《林业科技信息研究所横向科研项目管理办法》；《林业科技信息研究所科研项目绩效支出管理办法》；《林业科技信息研究所科研项目预算调整管理办法》；《林业科技信息研究所科研项目结转结余资金管理办法》；《林业科技信息研究所科研项目合同管理办法》；《林业科技信息研究所科研项目劳务费及专家咨询费管理办法》；《林业科技信息研究所聘请外国专家管理办法》；《林业科技信息研究所政府采购管理办法》；《林业科技信息研究所科研财务助理管理办法》
2018	《林业科技信息研究所劳务费及专家咨询费管理办法》（2018年1月30日修订）；《林业科技信息研究所职工在职攻读研究生学位管理办法》（2018年3月13日修订）；《林业科技信息研究所公费医疗管理办法》（2018年3月28日修订）
2019	《林业科技信息研究所借调人员管理办法》《林业科技信息研究所研究生思想行为规范考核管理实施细则》

第六章　条件建设

科信所作为专职林业情报机构，主要从事林业政策经济研究、图书文献与网络建设、科技期刊编辑出版以及信息咨询服务等工作，应用的主要工具就是笔、纸和计算机等，大型科研仪器和实验设备几乎没有，固定资产积累也较少，软硬件建设相对薄弱。从 20 世纪 90 年代中后期开始，科信所通过基本建设项目、国家基础条件平台项目、中央财政专项资金等渠道，软硬件建设得到了加强。先后开展了网络平台建设，更新了出版印刷设备，改善了情报大楼的办公条件。

第一节　办公场所

1958 年 10 月 27 日，中国林业科学研究院建院时成立了科学技术情报室(即科信所前身)，办公地点设在中国林科院原技术大楼东侧二层，办公面积约为 80 平方米，办公场所十分拥挤，办公设备也十分简陋，这种状况持续到 1964 年情报所成立直至 1971 年农林两院合并前。

1971 年 5 月，中国林业科学研究院林业科学技术情报研究所与中国农业科学院情报室合并成立中国农林科学院科技情报研究所。此时由所变为组，即农林科技情报研究所林业情报组，办公地点设在中国农科院旧大楼(2009 年已拆除)西侧后排二层，林业情报组办公用房约有 80 平方米，办公环境十分拥挤，办公设施十分简陋，这种状况持续到 1974 年年底。1975 年林业情报组搬迁到中国农业电影制片厂四层东侧一排办公，办公用房大约是 160 平方米，此种情况持续到 1978 年。

1978 年，林业科技情报研究所恢复建制后，由于中国林科院缺少办公用房，林业科技情报研究所办公地点仍在农业电影制片厂大楼。这一时期编制扩大，人员增加，办公用房不够，经与农科院协商，办公用房总面积增加到约 280 平方米。情报所于 1980 年建成面积约 800 平方米的印刷厂，年印刷能力为 1000 万字。

1983 年，林业情报研究所从农业电影制片厂大楼搬至中国林业科学研究院 21 号住宅楼 5 单元临时办公，办公用房大约有 760 平方米。

1985 年，随着中国林科院京区大院新建情报楼落成，以及情报研究所和图书馆合并，情报所和图书馆都搬迁到情报大楼办公，办公条件得到较大改善。情报大楼总建筑面积为 5883.2 平方米，共 6 层。其中科信所使用办公用房 3889.01 平方米(主要集中在 1～4 层)、图书馆阅览室 452 平方米。情报楼 5～6 层主要由院部(含研究生院、兴林公司、调研室)和林学会使用。图书馆书库面积为 2102.2 平方米，共 5 层，主要是存放图书馆馆藏图书及过刊等文献。另外，印刷厂厂房为1659.25平方米，包括厂房、库房、办公用房和临时工宿舍等。

中国林科院图书馆新馆于2011年建成，占地面积1998平方米，建筑面积5378平方米，地下1层，地上共2层。其中图书馆和网络信息部占用面积约为3500平方米，其他为中国林科院研究生院等单位占用。2012年完成了图书馆的整体搬迁工作，建立了图书馆一卡通综合管理系统，实现了图书馆新馆的智能化管理。图书馆新馆建成使用，既改善图书馆藏书条件，也改善了读者阅读环境以及科信所图书管理和网络管理人员的办公环境。

第二节　科研业务设施设备

科信所从20世纪90年代中后期开始，陆续申请到一些基本建设项目和国家基础平台项目以及部分科研项目，使科信所科研手段和办公环境逐步得以改善。科信所的业务设备主要包括网络和计算机以及数字图书馆建设等设备。1996年获得55万元的网络建设投资，利用这些资金建成并开通了林科网络（Novell网）信息服务系统，1998年进行了林科网络Internet节点扩建，充分利用Internet网络平台，实现林业科技信息资源共享，开通了中国林业科技信息服务网络（lknet.ac.cn）。

进入新世纪以来，信息网络资源建设及其设备建设与更新能力逐步加强。先后实施了“中国林业信息网”网络系统更新改造（国家林业局拨款50万元）、中国林业信息网虚拟专网管理系统（2006年度中央财政专项，60万元）和林业多媒体信息资源采集制作系统（2006年度中央财政专项，50万元）、林业核心数字资源引进与存储设备改造（2007年度中央财政专项，165万元）、中国林业信息网网络设备更新改造（2007年，35万元）、中国林科院图书馆电子阅览室和多媒体视听室（2008年度中央财政专项，85万元）、中国林科院图书馆密集书架更新改造（2009年度中央财政专项，370万元）、中国林业数字图书馆资源引进和配套设备改造（2010年度中央财政专项，200万元）、林业科技信息共享与政策模拟实验系统设备（2011年度中央财政专项）、中国林业信息网网络中心设备升级改造（2012年度中央财政修购专项，385万元）、林业数字资源引进与整合利用设备（2012年度中央财政修购专项，405万元）、林业云数字图书馆资源和设备购置（2013年度中央财政修购专项，895万元）、林业数据库资源引进与整合设备购置（2014年度中央财政修购专项，725万元）、林业云数据中心网络安全设备购置（2016年度中央财政修购专项，600万元）、林业数字图书馆资源和设备购置（2017年度中央财政修购专项，670万元）、林业专业知识服务系统资源和设备购置（2018年度中央财政修购专项，640万元）等项目，加强了中国林业信息网和数字图书馆建设，大大提升了信息资源服务科技创新、服务林业建设的水平。

第三节　办公环境

在改善办公条件方面，除了通过一些国家项目和科研经费更新办公家具和计算机等设备以外，先后多次对情报楼实施了内部修缮、外墙维修、电梯更新等项目，使科信所办公条件和环境得到了明显改善。

2003年9月至2004年5月实施了“科信所科研楼综合维修”(100万元)项目，是情报楼自1985年投入使用以来首次进行综合性维修，对楼内网线、暖气管道、自来水管道、电路进行了改造，对办公室门窗、地面、大厅、楼梯、楼道进行了综合维修，使办公条件和环境得到了明显改善。

2001年和2008年分别实施了情报大楼电梯更新基建项目，先后对两部电梯进行了更新。2009年对情报大楼进行了全面的电路检修和消防设备检修，并安装了紧急疏散指示牌和应急灯，提高了安全防范水平。2010年自筹资金5万元，对情报楼其中的一部电梯进行了大修，安装了大楼门禁与监控系统。2018年组织申报了《中国林科院科技情报楼修缮项目支出申报文本》，于2019年实施，已按计划进行。

第四节　科技开发设备

北京林业印刷厂自成立以来至2001年以前，一直使用铅印设备。为了更好的适应市场，2000年向国家林业局申报了更新出版印刷设备项目，并于2001年下半年至2002年上半年对北京林业印刷厂的设备进行了全面技术改造，共投入资金420多万元(其中，国家投资252万元，自筹168万元)，购置印刷专业及附属设备11台套，形成了一定规模的自动化生产能力。

2009年随着沿用多年的印刷厂承包经营管理办法的终止，通过实施“中国林科院林业期刊印刷配套房屋修缮工程”项目(150万元)，对北京林业印刷厂厂房及其配套房屋进行了全面修缮。

第七章　党建与院所文化

在中国林科院党组织的领导下，科信所历届党组织始终把党建和精神文明建设作为中心工作来抓，坚持以党的建设统领全局，不忘初心、牢记使命，认真学习领会贯彻落实党中央的各项方针政策和工作部署，坚持“党要管党、从严治党”方针，大力加强党的思想建设、组织建设、作风建设、制度建设和反腐倡廉建设，加强精神文明建设和院所文化建设，形成了稳定的长效机制，取得了显著的成效，为推进科信所各项事业发展提供了坚强的思想政治保障。

第一节　发展历程

在55年的发展历程中，科信所职工队伍和党员队伍逐步壮大，党群组织建设日益健全规范。所一级党的组织，建所时为党支部，院恢复以后调整为党总支，20世纪80年代以后设立党的委员会；之后，党的纪律检查委员会以及工会和职代会、共青团、妇女组织、青年联合会相继建立健全，为科信所全面加强党的建设和精神文明建设提供了组织保障。

一、所本级党组织

从1964年3月建所到1970年初，所本级党组织的建制为党支部，第一任党支部书记由所长陈致生同志兼任。1964年下半年，组织上抽调陈致生所长参加“四清”工作，由关百钧同志担任情报所代所长、党支部书记。

1970年8月，中国林业科学研究院与中国农业科学院合并成立中国农林科学院，随后，林业科技情报研究所所与中国农业科学院情报室合并成立农林科学院情报研究所，党的组织也归属农林科院统一管理，直到1978年4月中国林业科学研究院恢复。

1978年4月，中国林科院恢复至1980年上半年，所本级党组织的建制仍为党支部，陈国兴同志担任党支部书记。

1980年下半年，经中国林科院分党组同意，所本级党组织的建制改为党总支，刘文翰同志担任党总支书记。

1983年6月，中国林科院党委下发《关于成立情报图书党委会的批复》，所本级党组织的建制改为党的委员会，刘永龙同志任党委书记(第一届)；1984年12月，院党委任命宋闯同志为所党委副书记。

按照《中国共产党章程》以及中央国家机关、局、院党组织的相关规定，所党委换届每4年进行一次，换届的具体时间一般在所行政领导班子换届之后半年以内完成；所党委委员由5至7人组成。科信所从1989年3月第三届党委开始，党委换届工作逐步正常化、规范化，每次都召开本所全体党员大会进行换届选举，由党委书记做工作报告，以无记名投票方式选举新一届党委委员，选举结果报上级党组织审批后下发正式文件。

至今，所党委为第九届党的委员会(2016年7月22日科信所党员大会换届选举产生，并于2019年5月14日完成增补工作)，由7人组成，委员分工为：党委书记、党委副书记、宣传委员、纪检委员、组织委员(兼任青年委员)、群工委员和统战委员，王彪同志担任所党委书记。

二、所纪律检查委员会

从1964年建所至1989年4月以前，所本级党组织在党支部、党总支、党委会中设立纪律检查委员负责党的纪检工作。

为了加强党内监督，根据院分党组要求，科信所从1989年4月第三届党委换届开始，设立了纪律检查小组；从2001年9月第五届党委换届开始，设立了纪律检查委员会。根据院党组织有关文件规定，所纪律检查委员会由3至5人组成，其换届选举与党的委员会同时进行。

2001年9月，经所党员大会选举、报上级党组织批准，李卫东同志任第一届所纪检委书记。至今为第四届纪检委，高发全同志担任书记。

三、基层党组织

1983年6月科信所设立党委以前，所党支部、党总支下设党小组开展党的活动。所党委设立以后，所党委根据党员人数和分布情况，在基层单位下设若干个党的支部委员会开展工作，党员人数较多的党支部下设党小组。党支部一般由3人组成，设书记、组织委员、宣传委员各一人，在职党员党支部增设纪检委员一人。根据党章规定，党支部每两年至三年进行一次换届改选，由支部党员大会选举产生党的支部委员会，上报所党委审批。

截至2019年6月，科信所党委下设6个党支部，其中，在职党员44人设4个党支部，分别为职能党支部、信息党支部、研究一党支部、研究二党支部；退休党员38人设2个党支部，分别为退休党员第一党支部和退休党员第二党支部。

四、所工会委员会、职工代表大会

根据中国林科院京区工会有关文件规定，所级工会委员会由会员(全所在职职工)大会选举产生，报同级党委和上级工会审批，一般由5至7人组成。

1988年1月，科信所召开全所工会会员大会，选举产生了第一届工会委员会，王秉勇同志担任工会主席。之后，历届工会委员会都坚持正常换届，换届时间原则上在所党委换届之后进行。第八届工会委员会经2016年7月所工会会员大会换届选举产生，由5人组成，陈勇同志担任工会主席(兼宣传委员)，其他委员分工为工会副主席、妇工委员、组织委员、福利委员。

为加强工会经费合理使用和监督检查，从2011年2月第七届工会委员会开始设立了工会经费审查委员会，与工会委员会同步换届选举，高发全担任第一届工会经费审查委员会主任。第二届工会经费审查委员会经 2016 年 7 月所工会会员大会换届选举产生，苏善江担任主任。

在工会委员会建立健全的同时，所职工代表大会制度也逐步得到落实。根据院京区工会有关文件规定，职代会换届选举与工会委员会换届选举保持同步，一般在其之后进行；职代会闭会期间，可以由工会委员会代行职代会主席团职能。

1988 年 12 月，科信所召开首届职工代表大会，会员经民主选举产生了 24 名职工代表。至今，第八届职代会选出职工代表 31 人，主席团成员由工会委员兼任，主席由工会主席陈勇兼任。

五、所共青团、妇女组织、青年联合会

科信所共青团组织——团支部建立于 1979 年年底，第一任团支部书记由申裕野同志担任。之后，团组织基本保持健全，现任团支部书记为付贺龙同志。

20 世纪八九十年代，科信所团员青年人数较多，团的工作比较活跃。随着时间推移，团员人数明显减少，从 2003 年至 2013 年 10 年间，全所团员只有 3 到 5 人，因此，在大多数情况下，团组织都与党组织或工会组织一起开展活动。

从 1988 年 1 月科信所第一届工会委员会以来，每一届工会委员会中都设立女工委员负责女职工工作。根据院京区工会、妇工委要求，从 2010 年开始，科信所设立了妇女工作委员会，工会委员会中的女工委员孙小满同志担任妇工委主任。

根据科信所青年职工不断增加的实际情况，于 2014 年 1 月成立了科信所青年联合会。到会青年职工经无记名投票，选举产生了科信所青年联合会第一届委员会，徐斌担任主席。所青年联合会第二届委员会经 2018 年 12 月换届选举产生，张慕博担任主席。

第二节　党的建设

1978 年以前，国家政治运动接连不断，如 1964 年开展的社会主义教育运动和“四清”（清政治、清经济、清组织、清思想）运动，1966 年 5 月开始了“文化大革命”，直至 1976 年基本结束。1978 年 12 月党的十一届三中全会召开，全面、认真地纠正“文化大革命”及其以前的“左倾”错误，党的工作逐步走上了正确的轨道。党的十八届六中全会特别是党的十九大召开以来，科信所党委始终坚持以习近平新时代中国特色社会主义思想和党的十九大精神武装头脑，以党的政治建设统领全局，不忘初心、牢记使命，取得了成效显著的工作进展。

一、党的思想建设

在党的思想建设方面，按照上级党组织统一要求，结合本所实际，先后开展了坚持四项基本原则、反对资产阶级自由化的教育，社会主义初级阶段理论和党的基本路线教育，邓小平建设有中国特色社会主义理论教育，以“讲学习、讲政治、讲正气”为内容的“三

讲”教育，以实践“三个代表”重要思想为主要内容的保持共产党员先进性教育活动，深入学习实践科学发展观教育活动，认真学习贯彻落实习近平新时代中国特色社会主义思想，扎实开展党的群众路线教育实践、“三严三实”专题教育、“不忘初心、牢记使命”主题教育等活动，广大党员、干部的理想信念进一步坚定，党的先进性建设得到不断加强。

(一)坚持四项基本原则

从1989年至1990年，配合清查和干部考察及党员重新登记工作，在党员、职工中深入开展了“坚持四项基本原则，反对资产阶级自由化”的宣传教育工作。科信所18个处室分为5个大组，设立记录员，由所领导亲自主持，每位职工都认真学习上级文件，认真进行了反思。通过学习贯彻党的十三届四中、五中、六中全会精神，广大党员和职工统一了思想，进一步坚定了在中国共产党的领导下，坚持走中国特色社会主义道路的信念。

(二)“三讲”教育

1998年11月21日，中共中央根据党的十五大部署，作出了《关于在县级以上党政领导班子、领导干部中深入开展以“讲学习、讲政治、讲正气”为主要内容的党性党风教育的意见》，这是在新形势下推进党的建设新的伟大工程的一项重要举措。1999年8月中旬到10月下旬，科信所按照统一部署和要求，在党员干部中开展了“三讲”教育活动。“三讲”教育的重点是所领导班子和领导干部，按照“教育动员、学习提高，征求意见、自我剖析，召开民主生活会、开展批评和自我批评，整改”四个阶段具体实施。2000年上半年，开展了“三讲”教育“回头看”工作。通过教育活动，党员干部深入学习领会了邓小平理论和党的十五大精神，领导干部进一步改进了工作作风，恢复和发扬了批评与自我批评的优良传统。

(三)保持共产党员先进性教育活动

根据党的十六大和十六届四中全会精神，中共中央决定，从2005年1月开始，用一年半左右时间，分三批，在全党开展以实践“三个代表”重要思想为主要内容的保持共产党员先进性教育活动。科信所先进性教育活动从2005年1月26日开始到6月13日结束，历时139天，所党委及所属5个党支部共计70名党员参加了教育活动，参加率达到100%。先进性教育活动以学习实践“三个代表”重要思想为主线，以保持共产党员先进性为主题，以提高党的执政能力为着眼点，按照学习动员、分析评议、整改提高三个阶段十三个环节进行。在学习动员阶段，全体党员以《保持共产党员先进性教育读本》为基本教材，进行了四个专题的学习，开展了党员岗位先进性标准大讨论，所党委和各党支部分别制定了本组织的共产党员先进性要求标准。在分析评议阶段，所党委采取开座谈会，发征求意见函，谈心，设意见箱、热线电话和电子信箱等多种形式，广泛征求意见，在此基础上召开领导班子专题民主生活会开展批评与自我批评；党员个人在广泛征求意见的基础上撰写党性分析材料，并在党支部召开的专题组织生活会上进行自我剖析，党支部实事求是地对每个党员作出评议意见。在整改提高阶段，所党委、党支部和党员个人围绕聚焦的突出问题，进一步研究修定了具有针对性、可操作性的整改方案和措施。通过这次活动，全体党员深入学习领会了“三个代表”重要思想，进一步增强了充分发挥先锋模范作用、始终走在时代前列的使命感。为了反映活动的成果，所党委编印了《科信所保持共产党员先进性教育活动学习体会汇编》，将36名在职党员每人撰写的学习体会按照四个专题汇编成册。

（四）深入学习实践科学发展观活动

为了深入学习贯彻党的十七大精神，中共中央决定，从2008年9月开始，用一年半左右时间，在全党分批开展深入学习实践科学发展观活动。科信所学习实践科学发展观活动从2008年10月15日正式启动，到2009年3月10日基本结束，历时147天。所党委及所属5个党支部的70名党员及监督评价组成员参加了活动。这次活动按照学习调研、分析检查、整改落实3个阶段9个环节进行。在学习调研阶段，组织党员集中收看了有关科学发展观的专题讲座，副处以上干部参加了中国林科院的学习培训班；所领导班子成员到中国地质大学图书馆和中国航空工业发展研究中心信息部图书馆进行了对口调研，向院提交了《中国林科院图书馆运行管理和发展思路的调研报告》。在分析检查阶段，在广泛征求意见的基础上，召开了领导班子专题民主生活会。在整改落实阶段，分别需要常抓不懈的整改项目和学习实践活动期间及近期能够取得明显进展的整改项目，提出了整改落实的目标、方式和时限要求，明确了责任领导和落实部门。通过这次活动，领导干部和广大党员加深了对科学发展观的历史地位、科学内涵、精神实质和根本要求的理解，全所上下形成了"强化决策支持服务，提升信息服务水平，争创林业品牌刊物，构建和谐院所，促进科学发展"的共识。

（五）党的群众路线教育实践活动

按照党的十八大要求，中央决定，从2013年下半年开始，自上而下在全党开展以为民务实清廉为主要内容的党的群众路线教育实践活动。根据院分党组的统一部署和要求，科信所按照搞好动员学习、提高思想认识，广泛听取意见、抓好对照检查，建立长效机制、促进工作落实三个环节，以所领导班子和领导干部为重点，以检查整改形式主义、官僚主义、享乐主义和奢靡之风这"四风"方面的突出问题为重点任务，扎实开展了党的群众路线教育实践活动，时间从2013年7月份开始到12月底基本结束。2014年开展了此项活动的"回头看"工作。在教育实践活动中，所党委坚持把正面教育贯穿始终，党政领导干部和广大党员普遍受到了一次深刻的宗旨意识教育；坚持开门搞活动，广泛听取党员、职工的意见，找准领导班子和领导干部在"四风"方面存在的突出问题，以及职工群众希望解决的突出问题；坚持以整风的精神开展批评与自我批评，在民主生活会上，所领导班子和4位领导干部都进行了深刻的对照检查；坚持边学、边查、边改的原则，促进整改措施落到实处。通过开展党的群众路线教育实践活动，促进了领导思想、工作作风转变，密切了党群、干群关系。

（六）"不忘初心、牢记使命"主题教育活动

2019年，根据党中央、国家林草局党组和中国林科院分党组有关决策部署，科信所党委制定了《科信所"不忘初心、牢记使命"主题教育实施方案》，建立了主题教育领导小组。以主题教育为抓手，坚持问题导向、责任导向、发展导向，严格将"学习教育、调查研究、检视问题、整改落实"贯穿始终，切实做到抓思想认识到位、抓检视问题到位、抓整改落实到位、抓组织领导到位。认真组织开展了主题教育"回头看"工作，重点围绕持续推动学习贯彻习近平新时代中国特色社会主义思想、内控制度完善、事关本所改革发展和群众反

映强烈的问题整改落实情况进行了全面梳理，持续推进整改落实，形成及时发现问题、及时加以解决的长效工作机制。

(七)坚持中心组学习制度

中心组学习制度是历届所党委一贯坚持的一项理论学习制度。时间是每季度1~2次，参加人员为所领导班子成员和党委委员，根据学习内容扩大到所纪委委员、党支部委员和各科室负责人参加。中心组学习的重点是，学习贯彻党中央、国务院以及国家林草局、中国林科院的重要会议文件和工作部署，在学懂弄通基本观点上下功夫，在运用理论、政策，分析解决本单位实际问题上下功夫。在学习方法上，把有准备的主题发言与集体讨论相结合。坚持中心组学习制度，是加强党的思想建设的重要措施，对于强化党的方针政策在基层单位的引领作用，提高党政领导班子的执政能力发挥了积极作用。

(八)开展主题党日活动

所党委始终把开展主题党日活动作为加强党员教育、创新党支部工作、提升党组织凝聚力的重要抓手，要求活动"突出主题，体现特色，节俭安排，取得实效"，所党委在活动主题和内容上设计指导，在经费预算、出行安排等方面给予支持。所党委和各党支部每年都组织开展主题党日活动，先后开展了《中国共产党章程》研读研讨、党史党建知识竞赛、党规党法阅读答题、生态文明与林业建设主题讲座、"强素质、促发展"读书活动、撰写"向党说句心里话"祝福短语、参观考察国情林情和红色教育基地、"学习原山精神，做合格林业人"、"弘扬塞罕坝精神，做砥砺奋进务林人"、给党员过"政治生日"等内涵鲜明、形式多样的主题党日活动，得到广大党员的积极参与和广泛好评。在中国林科院京区党委举行的优秀主题党日活动评选中，科信所党组织荣获一等奖一项，二等奖五项，三等奖一项，有两项活动荣获中国林科院十佳党群活动(奖项见附表13)。

二、党的组织及制度建设

在党的组织建设方面，认真贯彻民主集中制的组织原则，严格落实各项规章制度，促进了党政领导班子建设，巩固和加强了党员队伍的纯洁性。

(一)严格党组织换届选举制度

换届选举制度是党的组织建设的一项基本制度。历届所党委(党总支、支部)认真贯彻民主集中制原则，严格按照组织制度和程序搞好所级党组织的换届选举工作。一是广泛听取党员意见，做好文件起草工作。二是各党支部在充分酝酿的基础上，以无记名投票和征求意见的方式，推荐党委、纪委委员候选人。三是所党委经研究，将候选人推荐结果上报上级党组织审批，经批准后确定党委和纪委的正式候选人。四是召开本所全体党员大会进行换届选举。换届选举大会的主要议程是：党委书记做工作报告并提交大会审议，纪委书记做工作报告并提交大会审议，审议党费收支管理报告、推荐候选人情况报告和党委、纪委选举工作细则；按照差额选举规定，无记名投票选举新一届党的委员会和纪律检查委员会，候选人差额比例不低于20%；新当选的党委、纪委委员代表发言表态；上级领导讲话，对全体党员和新一届党委、纪委工作提出要求。五是召开新一届党委第一次会议，以等额方式选举党委书记，明确党委委员分工；召开新一届纪委第一次会议，以等额方式选举纪委书记；选举和分工结果报上级党组织审批。

（二）坚持党委会工作制度

在党的日常工作中，按照《中国林科院机关工作规则》《中国林科院分党组会议议事规则》《中国林科院院长办公会议议事规则》有关要求，及时修订完善了所党委会议和所长办公会议规则，明确了议事原则、议事范围、议事程序，完善了党委会工作制度。凡重大问题都能够按照集体领导、民主集中、个别酝酿、会议决定的原则，由党委会集体讨论作出决定。平均每1至2个月召开一次党委会，学习、贯彻上级党组织重要文件和工作部署，讨论研究本所“三重一大”等相关事项。党委会实行集体领导与分工负责相结合的工作方法，工作部署和重大问题由集体研究做出决定，会后，按照分工抓好落实，充分发挥集体领导作用，充分发挥党委的政治核心作用，提高决策能力和领导水平。所党办是党委会的办事机构，具体负责党委的日常工作。

（三）落实党支部组织生活会等制度

多年来，所党委下属各党支部认真落实“三会一课”、民主评议党员、支部组织生活会等基本制度，这些制度也是考核支部书记和支委班子的重要依据。党委委员均以普通党员身份参加所在党支部的组织生活，发挥表率作用。特别是在1985年的整党工作、1990年的党员重新登记工作和2005年的保持共产党员先进性教育活动中，以党支部为单位，对党员普遍进行了党内外的民主评议，每位党员都开展了批评与自我批评，起到了统一党的思想、纯洁党的队伍、加强党的先进性建设的积极作用。全体党员自觉履行党员义务，按月缴纳党费；所党委、党办和各党支部严格党费收支管理，并在每年年初，以文件形式公布上一年度党费收支情况，党费管理做到了规范透明。

（四）推进“两学一做”常态化制度化

2017年，根据党中央和中国林科院分党组推进“两学一做”学习教育常态化制度化的部署要求，所党委将推进“两学一做（学党章党规、学系列讲话、做合格党员）”常态化制度化，作为全面从严治党的战略性、基础性工作来抓，并与党支部落实“三会一课”制度紧密结合。在推进“学”常态化制度化方面，制定学习计划、明确学习内容、严格学习制度；在推进“做”常态化制度化方面，明确要求全体党员做政治合格的表率、遵纪守规的表率、爱岗敬业的表率、勇于担当的表率、全局意识的表率、实事求是的表率、为民服务的表率。

（五）加强新党员培养和发展工作

建所55年来，科信所党组织始终把新党员的培养、发展作为一项经常性工作认真抓好。在党员培养和发展工作中，坚持入党自愿和成熟一个发展一个的原则，遵循“坚持标准、保证质量、改善结构、慎重发展”的方针，采取明确联系人、积极分子定期向党支部汇报思想、吸收他们参加组织活动和积极分子培训班等多种方式，做好新党员培养发展工作。科信所党员队伍不断发展壮大，1964年3月建所时期，全所有党员7人，占职工总数的18%；到1978年上半年院、所恢复时，科信所党员人数16人，占职工总数的24%；1998年年底，党员人数增加到62人，占职工总数的38%；到2008年年底，党员人数69人，占职工总数的43.4%，其中，在职党员36人，占在职职工总数的37.9%；到2019年年底，党员人数继续上升达到107人，占职工总数的53.5%，其中，在职党员66人，占在职职工总数的53.7%。

(六)开展创先争优活动

为了激励广大党员立足岗位、建功立业，充分发挥先锋模范作用，根据上级党组织的统一要求，所党委开展了评选表彰优秀共产党员、优秀党务工作者和先进基层党组织(简称“两优一先”)的活动。从20世纪90年代以来，科信所共计有25人次荣获优秀共产党员、优秀党务工作者称号，有5个基层党组织荣获先进基层党组织称号，其中，科信所党委荣获中国林科院2005年度先进基层党组织称号。

三、党的作风及廉政建设

所党委始终坚持把党风廉政建设作为党建工作的核心来抓，结合单位实际，从思想防线和基本制度抓起，着力推动全面从严治党向纵深发展。在党风廉政建设方面，坚持教育、制度、监督并举的方针，深入开展党风廉政教育，检查、督促党政领导干部和党员职工严格遵守各项廉政规定，为单位的安全稳定发展保驾护航。

(一)深入进行党风廉政教育

搞好党风廉政建设必须坚持“教育为先”的原则。为此，所党委每年都将开展党风廉政教育作为重点，列入党委年度工作安排。在党政领导干部层面，重点学习领会中纪委年度工作会议精神，学习贯彻《中国共产党党员领导干部廉洁从政若干准则》，开展廉政风险防控工作。在党员、干部层面，组织大家观看《慕马大案》《赌之害》等警示教育片，参观“新中国反腐败第一大案”展览，开展《中国共产党党内监督条例》和《中国共产党党内纪律处分条例》等党规党法教育活动，做到警钟长鸣；开展以“学习钱学森精神”为主题的科研道德教育活动，使廉洁从政、廉洁从业的理念深入人心。认真开展“以案释纪明纪，严守纪律规矩”主题警示教育月活动，并荣获征文一等奖和三等奖。

(二)落实党员领导干部民主生活会制度

从20世纪80年代以来，所党政领导班子每年都召开1至2次民主生活会，开展批评与自我批评。会前，通过召开座谈会、下发征求意见函、开展谈心活动等多种形式，广泛听取党员和职工意见；会上，按照生活会的主题要求，对照党规党法和群众意见，每位领导干部进行自我检查发言并开展互相帮助；会后，完善整改措施，积极推动整改措施落到实处。

(三)落实年度述职、述廉制度

年度述职、述廉制度是指每年年底，召开全所职工大会或中层干部会议，党政领导干部进行述职、述廉汇报，职工进行民主测评。科信所党政领导干部认真落实这项制度，在每年的述职报告中，既汇报分管业务工作的情况，也汇报本人在政治思想、工作态度和遵守廉政规定方面的表现，接受党内外群众监督。

(四)落实党风廉政建设责任制

按照谁主管、谁负责的原则，认真落实领导干部党风廉政责任制，领导干部既要对自己分管的业务、行政、党务工作负责，也要对分管部门的廉政情况负责，起好把关作用。按照上级要求，开展了商业贿赂和“小金库”专项治理工作、预算执行情况自查自纠工作；

配合有关部门，进行了国有资产年度审计、课题项目审计、领导离任审计、预算资金使用及项目运行情况审计等工作，加强了本所资金、资产管理的规范性和安全性。从薄弱环节入手，规范各项工作程序，堵住容易产生问题的漏洞，先后制定了《签字盖章程序》《财务报销程序》《合同审批程序》《用车派车程序》等，收到了良好效果。

第三节　精神文明与院所文化建设

院所文化重在培育。所党政组织重视发挥引领作用，同时，充分依靠群团组织开展各种有意义的活动，形成了党政群齐抓共管，广大职工积极参与，共同创建精神文明、构建和谐院所的局面。

一、深入开展社会主义核心价值观的学习教育

一是积极组织形式多样的参观学习活动，为正面教育深入人心营造环境。通过参观展览馆、博物馆、爱国主义教育基地、新农村典型，参加报告会、知识竞赛、演讲比赛、读书征文活动等，开展爱国主义、中国特色社会主义、改革开放的时代精神的教育；学习钱学森、杨善洲、王涛等先进人物，学习塞罕坝、原山林场等先进集体，开展社会公德、职业道德、家庭美德和个人品德的教育。二是开办工作简报，加强信息交流，倡导新风正气。从1990年起，所党办牵头开办了《工作简报》，当年出刊15期。之后，简报多次更名，先后为《情报所简讯》《科信简讯》；从2010年1月起更名为《伙伴》，每两个月出版一期。从2013年9月起，《伙伴》刊物电子版在科信所办公网上发行。简报重点宣传报道本所业务进展、学术交流、党政管理、群众活动等方面的工作动态，刊登职工自己撰写的见闻、体会和诗歌，表彰好人好事。简报所内发至各科室、编辑部、课题组，同时发送给各位院领导和院京内外各所、中心。根据国家林草局、中国林科院精简一般性文件、简报的要求，以及鉴于信息网络已经比较健全的实际情况，科信所简报从2015年4月起开始停止出刊。三是建立健全新闻网站，加大对外宣传的力度。2012年8月，全面更新了“中国林业网”科信所子网站，设置新闻报道、所情概览、科研队伍、科研成果、党群之窗等各类、各级栏目41个，对科信所进行全方位宣传和动态跟踪报道。

二、大力开展精神文明创建活动

一是鼓励岗位建功立业，树立身边学习榜样。结合年度工作总结和考核，20世纪90年代，科信所开展了评选表彰院、所先进工作者、先进集体的活动，据不完全统计，有8个集体被评为院级先进集体，有18人次被评为院级先进工作者。最近几年，科信所又开展了体现本所特色的先进评选，包括论文论著奖、动态投稿奖、期刊质量奖、热心服务奖和爱心奖，先后有69人次、一个集体获得表彰奖励。在工青妇组织系统，开展了“工会四优”、优秀青年、巾帼建功标兵和五好家庭等评选活动，有41人次和4户家庭获得表彰奖励，所工会委员会3次荣获优秀基层工会组织称号。二是开展所训(科信所精神)、所徽的征集工作。2012年下半年至2013年上半年，全所职工积极建言献策，完成了所训、所徽的征集工作，最终确定：用“开放、合作、求实、创新”8个字做为“科信所精神”的表述

语；所徽图案由"中国林业科学研究院林业科技信息研究所"的英文缩写字母 RIFPI 的艺术变体组成。

三、积极开展献爱心、送温暖活动

积极参加公益活动，为社会奉献爱心，是科信所党员和全体职工的优良传统。大家热心参加环境整治、绿化美化、铲冰除雪、消防演练等公益活动，用辛勤的劳动建设优美院区。当国家发生重大自然灾害时，全所职工慷慨解囊，积极捐款，向灾区施以援助之手。特别是在汶川地震、玉树地震、舟曲泥石流这几次大灾大难的救灾活动中，科信所职工捐款数额分别达到 80310 元、20950 和 14670 元，充分体现了"一方有难、八方支援"的中华美德。为了帮助所内有困难的职工，平时及时了解情况、及时看望问候；每年元旦春节期间，集中开展送温暖活动，给困难职工送去慰问金、慰问品和精神安慰。

四、广泛开展丰富多彩的文化体育活动

作为院所文化建设的一大亮点，科信所职工积极参加国家林草局、中国林科院组织的大型活动，包括歌咏、体操、登山、摄影、文艺汇演、太极拳剑扇、球牌棋类等，多次代表国家林草局、中国林科院参加比赛，在中国林科院京区单位举行的大型活动中荣获多次荣获一等奖，充分展现了全所职工的凝聚力和蓬勃向上的精神风貌(奖项见附表 13)。与此同时，大力开展具有本所特点的文体活动，举办趣味运动会、春游、秋游、健步走、跳绳、踢毽、乒乓球、联欢、世界杯和奥运项目结果竞猜以及羽毛球、篮球、气排球比赛，举办"学花艺、展风采"插花活动、"喜迎十九大，共筑中国梦"职工手机摄影大赛等系列活动，丰富了职工文化生活，为职工展示才艺、提升文明素质提供了舞台。

五、认真搞好为退休老同志服务工作

1987 年，科信所第一批老同志离退休，截至 2019 年 6 月，退休老同志达到 95 人。根据中国林科院的管理体制，离休老干部由院离退休干部服务中心统一管理，退休职工由各所、中心管理。本所在人教处和党委办公室都明确了分管老同志工作的人员，同时，设立了退休职工联谊室和联络员，将退休职工划分为若干小组，实行网格化管理，通过所人教处、党办、联络员和各小组组长，及时了解退休职工的诉求，及时通知与他们相关的事项，加强退休职工与单位的联系。在为老同志服务方面，一是按照规定认真落实老同志的工资、福利待遇和政治待遇，为老同志安度晚年提供保障。二是充分尊重、依靠老同志。每年民主生活会召开前的征求意见座谈会、领导干部年度考核以及所内开展重大活动，都邀请老同志代表参加，充分听取他们的意见。积极支持老科协、老教协的活动，发挥老同志在学科发展、人才培养和学风建设方面的独特作用。三是组织退休职工开展有意义的活动。例如，春游、秋游、过生日、联谊，等等，加强退休职工之间的交流，促进老同志身心健康。四是开展帮扶慰问送温暖活动，尽可能帮助老同志解决实际困难。通过以上工作，全所上下形成了关心老同志、尊重老同志、帮扶老同志的良好氛围。

第八章　未来发展

当前，中国特色社会主义进入新时代，建设生态文明和美丽中国、全面推进林业和草原高质量发展，为科信所改革发展带来了一系列新的机遇。建设人与自然和谐共生的现代化，有大量林草战略问题需要研究；推进林草融合发展，建设以国家公园为主体的自然保护地体系，统筹山水林田湖草沙冰系统治理，有许多林草政策问题需要研究；践行绿水青山就是金山银山理念，巩固拓展脱贫攻坚成果，实施乡村振兴战略，构建以国内大循环为主体、国际国内双循环新格局，有许多林草经济问题需要研究；实施创新驱动发展战略，确立创新在我国现代化建设全局中的核心地位，对图书文献服务、信息服务、科技期刊工作提出更高要求；推进科研事业单位分类改革，作为公益一类的科信所，必须转变观念，适应新的管理要求，练好内功，提升自身素质和能力。

科信所作为1964年成立的老所，即将迎来建所60周年。站在新的历史起点，科信所要以习近平新时代中国特色社会主义思想为指导，认真贯彻落实党中央决策部署，坚持新发展理念，以"服务国家战略，服务行业发展，服务科技创新"为工作主线，进一步深化改革、强化管理、优化服务、夯实基础、发挥优势，不断提升林草软科学研究能力和科技信息服务水平，努力打造具有较强影响力的行业智库，为国家林草事业高质量发展提供有力支撑，为生态文明和美丽中国建设贡献力量。

(一)提升林草软科学研究水平

鼓励科研人员积极申报国家基金、国家林草局计划项目、中国林科院基金项目，支持科研团队承担国际合作项目、地方项目和企业咨询服务项目。狠抓科研产出，提升研究成果质量和水平，力争在高水平学术论文方面取得新的突破。坚持问题导向、需求导向，产出有价值、有影响的科研成果。

(二)创新林草科技信息服务模式

加强网络信息安全管理，落实网络信息安全责任制，提高日常运维管理水平。加快国家林业和草原科学数据中心和林业专业知识服务系统建设，加强基础数据库建设，拓展信息推送和重大科研项目咨询服务领域和范围。适应信息科技及发展新形势，积极探索信息服务新模式，增强信息服务能力、提高服务水平。

(三)提高科技期刊办刊质量和竞争力

促进期刊数字化转型发展，充分利用国内知名数据库公司平台开展合作共建，加快期刊论文优先数字出版和微信平台建设等新媒体融合工作。完善专家审稿制度，提升期刊的学术性和权威性，力争在办刊质量上有新的突破。

(四)加强人才培养和研究生教育

发挥研究项目的人才培养职能，以项目研究带动青年科技人员研究能力提升。研究建立适应公益一类要求的科研团队建设模式和绩效考核办法，做强做大科研团队。鼓励科研人员广泛开展学术交流，展示研究成果、开阔视野、扩大影响。强化导师责任，加强研究生培养过程管理。加强研究生课程和授课教师管理，努力打造特色精品课程。加强导师立德树人和研究生思想政治工作。

(五)健全和完善内部管理制度

进一步强化内部控制建设，认真梳理各项规章制度及业务流程中存在的问题，加快推进制度修订完善工作。进一步明确职能部门的职责，规范职能管理工作程序，提升管理效能。

(六)加强党建和精神文明建设

认真落实理论中心组学习制度和支部“三会一课”制度。加强领导班子的政治思想和业务能力建设，提升决策水平与领导力。加强党务干部和党员教育培训，做好入党积极分子、预备党员培养和党员发展工作，开展形式多样的主题党日活动。落实“两个责任”，将全面从严治党落到各项具体工作中，持续开展自查自纠，“抓细、抓严、抓实”问题的整改落实，强化监督检查，严肃追责问责。以内控制度建设为抓手，建立全面从严治党长效机制，做到制度约束更加规范。认真组织开展群团活动，增强职工凝聚力，营造互助互爱、和谐友善的工作氛围。持续开展离退休职工“三送三强”活动，认真落实“两项待遇”，开展为困难群体送温暖、献爱心活动。

附　表

1. 科信所获奖成果一览表

序号	奖励年度	成果名称	奖励名称	等级	第一完成单位	第一完成人	执行时间
1	1986	国外林业概况与国外林业和森林工业发展趋势	国家科委科技情报成果奖	3	情报所	关百钧	1972—1974
2	1986	国外林业发展战略调研文集	林业部科技进步奖	3	情报所	魏宝麟	1982
3	1988	林业技术改造问题的研究	林业部科技进步奖	3	林业部科技情报中心	魏宝麟	1984—1986
4	1989	林业汉语主题词表编制	林业部科技进步奖	3	情报所	孙本久	1978—1985
5	1989	七十至八十年代初国外林业技术水平文集	林业部科技进步奖	3	情报所	魏宝麟	1983
6	1991	中国林业科技实力评价与发展战略研究	林业部科技进步奖	3	情报所	魏宝麟	1986—1989
7	1991	世界林业事实数据库的研建	林业部科技进步奖	3	情报所	朱石麟	1986—1989
8	1991	用 WS 文本文件进行刊物编辑建库和 SAB 微机通用数据库管理系统研建	林业部科技进步奖	3	情报所	王忠明	1988—1990
9	1993	中国林产品进出口贸易问题研究——改革开放以来我国林产品贸易的发展和改进建议	林业部科技进步奖	3	情报所	林凤鸣	1990
10	1994	世界林业研究	林业部科技进步奖	2	情报所	关百钧	1986—1989
11	1996	国外林业产业政策研究	林业部科技进步奖	3	科信所	林凤鸣	1989—1993
12	1996	中国林业科技信息系统工程	全国科技信息系统优秀成果奖	2	科信所	侯元兆	1989—1996
13	1996	中国森林资源核算研究	全国科技信息系统优秀成果奖	3	科信所	侯元兆	1993—1994
14	1997	中国森林资源价值核算研究	林业部科技进步奖	3	科信所	侯元兆	1993—1994
15	1997	思茅林业行动计划	林业部科技进步奖	3	科信所	施昆山	1992—1994
16	1997	中国竹类综合数据库	林业部科技进步奖	3	科信所	李卫东	1993—1994
17	1998	市场经济国家国有林发展模式比较研究	国家林业局科技进步奖	3	科信所	李智勇	1994—1996
18	1999	专业科技查新科学化和规范化及系统管理研究	国家林业局科技进步奖	3	科信所	丁蕴一	1995—1998
19	2016	国际林产品贸易中的碳转移计量与监测研究	梁希林业科学技术奖	2	科信所	陈幸良	2013—2015
20	2018	中国森林认证技术体系构建及应用	梁希林业科学技术奖	2	科信所	徐斌	2006—2017
21	2019	基于灾害风险区划的森林保险费率厘定与政策设计	梁希林业科学技术奖	3	科信所	陈绍志	2012—2016

2. 科信所建所以来科技人员发表论文一览表

序号	发表日期	论文名称	作 者	刊物名称	卷、号、页码
1	1978	国内外木材工业现代水平及赶超设想	林凤鸣	国内外林业现代水平及赶超设想文集	
2	1978	苏联林业	林凤鸣	国外林业经营管理现状(文集)	
3	1979	从国外林业的发展看科学技术的作用	林凤鸣	向科学技术现代化进军(文集)	
4	1979	芬兰和瑞典	林凤鸣	国外林业科研体制和组织管理(文集)	
5	1982	战后捷克斯洛伐克林业的发展道路	林凤鸣	国外林业发展战略调研(文集)	
6	1983	国外森林生物质能源的利用	侯元兆	能源	1983(5)
7	1983	木材培育业（Ligniculture)在全世界的兴起	侯元兆	热带林业科技	1983(2)
8	1984	不断向集中化和多各经营方向发展的美国林业产业	林凤鸣	林业经济	1984 (5)
9	1985	借鉴国际经验,加速发展中国的森林能源	侯元兆	林业经济	1985(2)
10	1985	借鉴国外经验,科学运筹林业生态与经济的关系	侯元兆	林业工作研究	1985(4)
11	1986	搞好沙棘开发,发展生态经济	侯元兆	林业经济	1986(1)
12	1986	美国、加拿大林业科技管理工作现状	徐春富	浙江林业科技	1986(3)
13	1986	日本山地森林采伐现状	徐春富	国外林机	1986(3)
14	1987	工业人工林	侯元兆	林业工作研究	1987
15	1987	关于中国林业发展道路的初步探索	侯元兆	林业问题	1987(1)
16	1987	南斯拉夫林业发展战略重点	关百钧	国外林业动态	1987(23)
17	1987	森林资源消长与人类发展的关系	关百钧	农业经济丛刊	1987 (3)
18	1987	世界林业总的发展趋势	关百钧	国外林业动态	1987 (16)
19	1987	苏联森工企业和营林企业组织形式的发展趋势	关百钧	国外林业动态	1987(1)
20	1987	我国林业科技情报检索系统模式探讨	关百钧	情报科学	1987(5)
21	1988	电子计算机在芬兰林业中的应用	关百钧	国外林业动态	1988(16)
22	1988	近年来世界木质人造板的发展动向	林凤鸣	森工科技信息	1988 NO. 2
23	1988	联邦德国农林情报检索系统与启迪	关百钧	农业科技情报工作	1988(5)
24	1988	林业科技情报刊物体系之我见	关百钧	农业科技情报工作	1988(1)

（续）

序号	发表日期	论文名称	作 者	刊物名称	卷、号、页码
25	1988	微机在林业情报检索中的应用现状与发展	关百钧	农业科技情报工作	1988(2)
26	1988	再谈苏联林业科技发展战略	关百钧	国外林业动态	1988(1)
27	1989	高技术在林业中的应用现状及展望.	关百钧	国外林业动态	1989(5)
28	1989	迈向21世纪的中国林业	施昆山	世界林业研究	1989(1)
29	1989	日本国有林经营管理的特点.	关百钧	世界林业研究	1989(3)
30	1989	世界林业生物工程现状及展望.	关百钧	世界林业研究	1989
31	1989	世界木质人造板生产现状和发展趋势及我国发展战略	林凤鸣	全国人造板工业发展战略研讨会论文集	1989
32	1989	世界热带林毁林速度、原因和后果(1)	关百钧	世界林业研究和国外林业动态	1989(6) 1989(17)
33	1989	我国林产工业发展问题研究	林凤鸣	林业问题	1989 (4)
34	1989	我国应注意发展无性系林业	侯元兆	林业问题	1989
35	1989	非木质人造板开发前景和对策	徐春富	全国新产品	1989(7)
36	1990	桉树无性繁殖及系内变异的克服方法	侯元兆	桉树科技	1990(2)
37	1990	草甘膦在华北落叶松幼树抚育中的应用	孟永庆、郑过梁	农药	1990(29)
38	1990	计算机在林业中的应用	关百钧	世界林业研究	1990(2)
39	1990	建设木材培育基地是扭转森林资源危机的关键措施	侯元兆	世界林业研究	1990(4)
40	1990	浅论几种植物分类方法	高发全	陕西林业科技	1990(2)， 25-27
41	1990	热带林业发展战略	关百钧	世界林业研究	1990(1)
42	1990	世界热带林毁林速度、原因和后果(2)	关百钧	世界林业研究	1990(1)
43	1990	新技术在林业上的应用	关百钧	世界林业研究	1990(2)
44	1990	亚洲林业发展战略的转移	关百钧	国土绿化	1990 (5)
45	1991	90年代世界林业发展趋势	关百钧	世界林业研究	1991(1)
46	1991	八十年代中国竹类产品概况	陆文明	竹子研究会刊	1991(1)
47	1991	八十年代中国竹类产品进出口贸易研究	陆文明	林业工作研究	1991(1)
48	1991	对我国近10年来林产品进出口状况的分析	林凤鸣	林业经济	1991 (2)
49	1991	关于我国木材工业技术经济水平的探讨	林凤鸣	林业科学	1991 (1)
50	1991	国内外数据库现状及发展趋势	高发全	全国林业院校图书馆工作	1993(3)： 0-34

（续）

序号	发表日期	论文名称	作 者	刊物名称	卷、号、页码
51	1991	林业情报研究之探讨	关百钧	农业图书情报学刊	1991(5)
52	1991	日本林业现状与发展趋势	关百钧	中国林业科技情报所	1991
53	1991	社会林业促进印度林业与乡村经济综合发展	李维长	世界林业研究	1991(1)
54	1991	世界林业管理体制的研究	关百钧	世界林业研究	1991(3)
55	1991	世界林业经营模式的研究	关百钧	世界林业研究	1991(3)
56	1991	世界造林发展趋势	关百钧	国土绿化	1990(5)
57	1991	试论我国林业科技文献计算机检索系统的建立和完善	高发全	全国林业院校图书馆工作	1991(2):8-51
58	1991	树立现代治水观念	侯元兆	森林与人类，增刊	
59	1991	薪材——发展中国家的主要能源	关百钧	中国林业报	1991,4(16)
60	1991	亚洲林业发展战略	关百钧	世界林业研究	1991(1)
61	1991	印度发展社会林业的经验	李维长	南亚研究季刊	1991(3)
62	1992	国外国有林面临的问题与对策	关百钧	世界林业研究	1992(1)
63	1992	合理使用购书经费的对策	陈琳	进口图书采访论文集	1992
64	1992	全球森林保护的现状和趋势	侯元兆	世界林业研究	1992
65	1992	世界现代林业科技发展	关百钧	林业史学会通讯和林业史志	1992(9) 1993(1)
66	1992	文献数据库与检索刊物一体化新模式	王忠明	情报学刊	1992,13(5)
67	1992	营林村：泰国农村综合开发的社会组织	李维长	东南亚研究	1992(5)
68	1993	八十年代世界林产工业的回顾和21世纪前期展望	林凤鸣	中国林学会木材工业分会学术讨论会论文集	1993
69	1993	当代世界林业科技发展特点	关百钧	世界林业研究	1993(3)
70	1993	加速科技信息改革为林业建设服务	关百钧	林业科技管理	1993(1)
71	1993	进口丛书文献的重要性及其采购	陈琳	图书采访工作研讨会论文集	1993
72	1993	世界林业科学技术展望	关百钧	世界林业研究	1993(3)
73	1993	世界社会林业的发展及作用	李维长	林业经济	1993(4)
74	1993	西非的木材工业和林产品的贸易及其政策	陆文明	世界林业研究	1993(3)
75	1993	新西兰辐射松的无性繁殖	孟永庆	世界林业研究	1993(6)
76	1993	杂交水稻隔年种栽培技术初探	李剑泉、鲜建荣	杂交水稻	1993(2):26-29
77	1993	专业图书馆外文图书采访工作探讨	陈琳	第二届进口图书采访工作研讨会论文集	1993
78	1994	21世纪初世界林产工业展望	林凤鸣	世界林业研究	1994(3)

（续）

序号	发表日期	论文名称	作 者	刊物名称	卷、号、页码
79	1994	80年代世界林产工业发展概况	林凤鸣	世界林业研究	1994(2)
80	1994	当代世界林业发展总趋势	关百钧	世界林业研究	1994(4)
81	1994	各国妇女参加林业活动拾零	李维长	林业与社会	1994(2)
82	1994	国内外检索刊物现状及发展趋势	高发全	全国林业院校图书馆工作	1994(2):24-27,3
83	1994	开展社会林业必须注意的重要因素	李维长	林业与社会	1994(2)
84	1994	论全球热带森林经营的主要模式及根本出路	侯元兆	世界林业研究	1994(6)
85	1994	森林游憩价值评价的8种方法	孟永庆、陈应发	林业经济	1994(6)
86	1994	世界林业科技信息展望	关百钧	全国林业院校图书情报工作	1994(4)
87	1994	印度尼西亚的社会林业见闻	李维长	林业与社会	1994(2)
88	1994	中国木材工业科技工作40年	林凤鸣	林业科技通讯	1994(5)
89	1994	中国木材工业科技工作40年(续)	林凤鸣	林业科技通讯	1994(6)
90	1995	《热带林业行动计划》探讨	关百钧	世界林业研究	1995(1)
91	1995	从世界林业发展趋势看中国的林业产业政策	林凤鸣、石峰	世界林业研究	1995(1)
92	1995	俄罗斯森林政策和管理体制	关百钧	林业科技通讯	1995(1)
93	1995	韩国治山绿化	关百钧	林业科技通讯	1995(6)
94	1995	荷兰的林业及其政府扶持政策	孟永庆、陈应发	世界农业	1995(12)
95	1995	华北落叶松切根换床苗与留床苗的根系生长与造林效果比较	孟永庆、张小泉、张复兴、刘命荣	林业科技通讯	1995(10)
96	1995	热带林业行动计划探讨	施昆山、关百钧	世界林业研究	1995(1)
97	1995	森林可持续发展研究综述	施昆山、关百钧	世界林业研究	1995(5)
98	1995	森林可持续发展综述	关百钧	世界林业研究	1995(4)
99	1995	中国森林资源核算研究	侯元兆	世界林业研究	1995(3)
100	1995	几内亚农业	徐春富	世界农业	1995(12)
101	1996	1990年全球森林资源评估	关百钧	世界林业研究	1996(2)
102	1996	Panel Board Production in China	陆文明	FDM Asia(新加坡)	1996(6)
103	1996	对《中图法》《资料法》林业类编制和使用的几点看法	周吉仲	林业图书情报工作	1996(1)
104	1996	分类经营：新西兰林业的实践与借鉴	李智勇	世界林业研究	1996(6)
105	1996	赴泰国和印度社会林业考察报告	高发全	林业与社会	1996(3):11-14
106	1996	关于文摘和文摘的编写	周吉仲	林业图书情报工作	1996(3)

（续）

序号	发表日期	论文名称	作 者	刊物名称	卷、号、页码
107	1996	科学技术水平与小流域产出关系的定量分析	李忠魁	土壤侵蚀与水土保持学报	1996(1)
108	1996	马来西亚现代林业发展的特点及经济背景分析	李智勇	林业经济	1996(1)
109	1996	社会主义市场经济条件下国家林业保护体系研究	李智勇	林业经济	1995(6)
110	1996	世界人造板产业政策	林凤鸣	人造板通讯	1996(11)
111	1996	小流域农林牧业土地利用规划的数量分析	李忠魁	水土保持通报	1996(1)
112	1996	小流域治理的能量流系统分析 Ⅰ.能量流研究体系的建立	李忠魁	水土保持通报	1996(2)
113	1996	小流域治理的能量流系统分析 Ⅱ.种植业子系统能量流分析	李忠魁	水土保持通报	1996(5)
114	1996	小流域治理中科学技术作用的定量分析	李忠魁	农业系统科学与综合研究	1996(1)
115	1996	印度的合作森林管理	孟永庆、叶兵	林业经济	1996 (6)
116	1996	印度的联合森林经营管理	叶兵等	世界林业研究	1996(专集)
117	1996	印度尼西亚林业发展研究	陆文明、沈照仁	世界林业研究	1996(5)
118	1996	资源效用型林业的组配促需机制与政策	李智勇	林业科学	1996(2)
119	1997	21 世纪世界林业发展	孟永庆、叶兵	世界农业	1997 (2)
120	1997	21 世纪世界木材供需预测	关百钧	世界林业研究	1997(3)
121	1997	21 世纪世界木材供需预测	关百钧	世界林业研究	1997(4)
122	1997	巴西林业	叶兵等	世界农业	1997(5)
123	1997	巴西人造板的发展前景	孟永庆、王金生、庄作峰	世界农业	1997(9)
124	1997	查新报告科学化管理化规范化探讨	丁蕴一	中国信息导报	1997(7)
125	1997	电算模型拟合植病流行时间动态的应用研究	李剑泉	西南农业大学研究生学刊	1997, 总第 7 期: 24-27
126	1997	俄罗斯林业与森林工业近况	林凤鸣	世界林业研究	1997(6)
127	1997	黄家二岔小流域治理动态监测与系统评估方法研究 Ⅰ、动态监测体系的建立与应用	李忠魁、王礼先、孙立达	土壤侵蚀与水土保持学报	1997(2)
128	1997	加强图书管理 提高期刊利用率	李琦	林业科技管理	1997(4)
129	1997	节约薪材消费对中国解决木材供需矛盾的作用	关百钧	世界林业研究	1997(6)
130	1997	平菇榆黄蘑原种培养基配方筛选	武红	食用菌	1997(5)
131	1997	区域土地资源的适宜性评价和空间布局	宋如华	土壤侵蚀和水土保持学报	1997, 3(3)

(续)

序号	发表日期	论文名称	作 者	刊物名称	卷、号、页码
132	1997	日本的长伐期接近自然林施业	李星	世界林业研究	1997(4)
133	1997	森林环境评价	李星	世界林业研究	1997(3)
134	1997	森林资源分类经营是实现林业可持续发展的必由之路	侯元兆	台湾林业丛刊	1997(80):11-124
135	1997	世界林产工业技术发展现状和趋势	林凤鸣	林业科技通讯	1997(4)
136	1997	世界人造板产业观瞻	林凤鸣	中国林业	1997(2)
137	1997	中国森林旅游的现状和前景	高发全	林业科技通讯	1997,(4)
138	1997	几内亚林业现状和中几林业合作前景	徐春富	林业科技通讯	1997(4)
139	1998	Bright Prospects for China's Wood-based Panel Market	陆文明、张久荣	Asia Timber(新加坡)	1998)1)
140	1998	草种习性简介	罗信坚	林业科技通讯	1998(5)
141	1998	查新质量标准研究	丁蕴一	情报学报	1998,17(4)
142	1998	风信子	罗信坚	林业科技通讯	1998(6)
143	1998	固沙造林高产经济林新品种——欧李	罗信坚	林业科技通讯	2002(6)
144	1998	关于开发境外森林资源的思考	李忠魁、徐长波、徐春富	林业经济	1998(增刊)
145	1998	关于木材认证标签热带木材主要生产国动向	李星	世界林业研究	1998(1)
146	1998	国外林业行政机构现状及演变趋势	侯元兆	世界林业研究	1998(1)
147	1998	黄土高原发展持续农业的必要条件与途径	李忠魁	林业科技通通讯	1998(2)
148	1998	黄土高原小流域治理效益评价与系统评估研究——以宁夏西吉县黄家二岔为例	李忠魁	生态学报	1998(3)
149	1998	林业分工论的经济学基础 THE ECONOMIC BASIS OF THE THEORY OF DIVISION OF WORK IN FORESTRY	侯元兆	世界林业研究	1998(4)
150	1998	论黄土高原综合治理与经济振兴	李忠魁	世界林业研究	1998(6)
151	1998	论山区综合开发的战略措施	李忠魁、杨茂瑞	林业科技管理	1998(3)
152	1998	木材贸易的标签和森林可持续经营的认证体系	陆文明	世界林业研究	1998(6)
153	1998	世界木材供需现状和21世纪前期全球木材市场态势分析	林凤鸣	中国林学会木材工业分会论文集	1998(13)
154	1998	世界水土保持现状与展望	李忠魁	面向21世纪的林业科学	1998(10)
155	1998	郁金香	罗信坚	林业科技通讯	1998(5)

（续）

序号	发表日期	论文名称	作 者	刊物名称	卷、号、页码
156	1998	在流域管理规划决策中应用 GIS 的试验（译）	宋如华	水土保持科技情报	1998(1)
157	1998	中国林业科技信息服务网络及 Internet 网上林业信息资源	王忠明	林业科技通讯	1998(8)
158	1998	中国人造板市场 90 年代初状况和 2010 年展望	陆文明、张久荣	亚洲木（新加坡）	1998(1)
159	1998	转变读者服务方式 为科教兴林贡献力量	李琦	林业科技管理	1998(4)
160	1998	国际林产品贸易特点及趋势	徐春富	国际农产品贸易	1998(12)
161	1999	《林业科学》1994-1999 年刊文及著者分析	李文英	林业图书情报工作	(4)
162	1999	Classified Forest Management - An Important Way Towards The Sustainable Development of Tropical Forestry - A Report on the ITTO Project of the Classified Management and Sustainable Development of Tropical Forests in Hainan, China	侯元兆	林业科学	1999(1)
163	1999	ITTO 海南项目对中国天然林保护的示范价值	侯元兆	林业科学	1999(3)
164	1999	Main Indexes for Forestry Development in China	陆文明	Asia Timber（新加坡）	1999(1)
165	1999	New policy of forest management and forest product market of China	孟永庆	Asian Forestry Forum	1999(3)
166	1999	创新信息评估技术研究	丁蕴一	现代情报	1999(4)
167	1999	发展非木材林产品，保护天然林	关百钧	林业科技通讯	1999(10)
168	1999	芬兰森林业概况及可持续经营标准	李星	林业科技通讯	1999(6)
169	1999	关于中国水土保持监测的基本思路	李忠魁	中国水土保持	1999(1)
170	1999	国外人工林概况	李智勇	中国林业年鉴	1999
171	1999	加拿大芬迪弯可持续森林经营模式林	李文英	林业科技通讯	1999(1)
172	1999	建立现代林业产业带使中国林业发展的战略选择	侯元兆	林业经济	1999(6)
173	1999	论我国宏观林业理论研究的创新体系	侯元兆	世界林业研究	1999(3)
174	1999	美国林业近况	林凤鸣	世界林业研究	1999(4)
175	1999	美国林业近况	林凤鸣、庄作峰	世界林业研究	1999(4)
176	1999	牡丹冬季催花后复壮栽培技术	李玉敏	林业科技通讯	1999(8)

（续）

序号	发表日期	论文名称	作 者	刊物名称	卷、号、页码
177	1999	森林可持续经营的标准和指标体系及其国际进展	陆文明	中国林业	1999(5)
178	1999	森林可持续经营的认证机制	陆文明	世界林业研究	1999(3)
179	1999	森林可持续经营的认证制度及其国际进展	陆文明	中国林业	1999(3)
180	1999	失衡的绿色摇篮	李智勇	中国林业	1999(9)
181	1999	世界非木材林产品发展战略	关百钧	世界林业研究	1999(2)
182	1999	泰国水土保持与流域管理	李忠魁	林业与社会	1999(4)
183	1999	乡村林业促进山区综合开发	李维长	林业经济问题	1999(1)
184	1999	小流域治理的能量流系统分析 II. 林业子系统能量流分析	李忠魁	水土保持通报	1999(2)
185	1999	小流域治理的能量流系统分析 III. 林业和畜牧业子系统能量流分析	李忠魁	水土保持通报	1999(2)
186	1999	小流域治理的能量流系统分析 IV. 人类群体子系统和小流域总体能量流分析	李忠魁	水土保持通报	1999(3)
187	1999	影响人工林发展的外部因素概述	李智勇	林业科技管理	1999(4)
188	2000	1999 年中国林产品进口额继续位居全国进口商品之首	林凤鸣	人造板通讯	2000(7)
189	2000	1999 年中国木材及人造板进口情况分析	林凤鸣	人造板通讯	2000(Z1)
190	2000	Community Forestry in China: Current Status and Prospect	李维长	FORESTRY STUDIES IN CHINA	(1)
191	2000	Recent Forest Policy Change in China	陆文明、山根正伸	Institute of Global Environmental Strategy	2000(1)
192	2000	稻虫生态管理	李剑泉、赵志模、侯建筠	西南农业大学学报	22(6):496-500
193	2000	德国森林政策课题与方向	李星	世界农业	2000(1)
194	2000	股份合作经营种苗的探索	李凡林	林业科技管理	2000(4)
195	2000	国际森林问题综述	陆文明	世界林业研究	2000(3)
196	2000	加入 WTO 对中国林产工业的影响和应采取的对策	林凤鸣	人造板通讯	2000(Z2)
197	2000	加入世界贸易组织(WTO)对我国西北地区林业发展的影响	李忠魁、陶绿	林业科技通讯	2000(11)
198	2000	开发境外森林资源，促进我国林业发展	李忠魁、关景芬	世界林业研究	2000(1)
199	2000	林业技术开发的实践与探讨	郝芳	林业科技开发	2000(4)
200	2000	蒙古的林业	高发全	世界农业	2000(2)

（续）

序号	发表日期	论文名称	作 者	刊物名称	卷、号、页码
201	2000	全球人工林发展中值得注意的几个热点问题	李智勇	世界林业研究	2000(1)
202	2000	人工林的木材供需及生态环境管理问题	李智勇	林业经济	2000(1)
203	2000	世界各国林业科研体制及运行机制	白秀萍	林业科技管理	2000(2)
204	2000	世界荒漠化现状与防治对策	李星	世界林业研究	2000(5)
205	2000	世界森林资源保护及我国林业发展对策分析	李维长	资源科学	2000(6)
206	2000	网络对图书馆采访工作的影响	孙小满	林业图书情报工作	2000(2)
207	2000	我国林产品贸易现状及其前景分析	林凤鸣	中国林业	2000(5)
208	2000	银杏种苗的病虫害控制	孟永庆	林业科技通讯	2000(7)
209	2000	印度林业科技现状与发展趋势	胡延杰	世界林业研究	13(1):59-64
210	2000	印度尼西亚实木加工业的发展及其影响因素	高发全	世界林业研究	2000,13(6)
211	2000	中国林产品市场	施昆山、林凤鸣、徐芝生	Timber Bulletin, Vol. LIII,	No. 32000 51-69
212	2000	中国竹林的生态效益	高发全	竹类文摘	2000,13(2)
213	2001	2000年中国的木材进口和分析	林凤鸣	人造板通讯	2001(3)
214	2001	北京市密云县石匣小流域综合治理措施与效益研究	段淑怀、李忠魁	北京水利	2001(5)
215	2001	北京市森林资源价值初报	李忠魁、周冰冰	林业经济	2001(1)
216	2001	稻赤斑沫蝉的发生危害与防治对策	李剑泉、赵志模、吴仕源	植物医生	14(1):14-16
217	2001	稻赤斑沫蝉的生物学生态学特性	李剑泉、赵志模、吴仕源、明珂、侯丽娜	西南农业大学学报	23(2):156-159
218	2001	稻田蜘蛛研究进展	李剑泉、赵志模、侯建筠	蛛形学报	10(2):58-63
219	2001	多物种共存系统中3种蜘蛛对褐飞虱的控制作用	李剑泉、赵志模、侯建筠	蛛形学报	10(1):35-40
220	2001	关于图书馆事业可持续发展的思考	孙小满	津图学刊	2001,增刊
221	2001	国际森林和林产品认证的现状和展望	关百钧	世界林业研究	2001(4)
222	2001	节水微喷灌技术及设备	郝芳	林业科技通讯	2001(5)
223	2001	栎类树种的生态效益和经济价值及其资源保护对策	李文英	林业科技通讯	2001(8)
224	2001	林业实用技术库的研建与开发	王忠明	林业科技通讯	2001(6)
225	2001	论林业灰色文献及其收集	郝萍	林业科技管理	2001(1)

（续）

序号	发表日期	论文名称	作 者	刊物名称	卷、号、页码
226	2001	论中国花卉产业的可持续发展	李玉敏	世界林业研究	2001(3)
227	2001	牡丹冬季室内催花主要技术	李玉敏	林业科技通讯	2001(3)
228	2001	日本林业税收政策与借鉴	白秀萍	林业科技管理	2001(3)
229	2001	森林认证对森林经营和林产品贸易的影响	陆文明	林业科技管理	2001(4)
230	2001	森林生态效益补偿政策进展与经济分析	吴水荣、马天乐、赵伟	林业经济	2001(4)
231	2001	社区林业：林业发展与生态良好的完美结合	胡延杰	世界林业研究	2001，14(6)：62－69
232	2001	社区林业在扶贫工作中的作用	李维长	林业经济	2001(10)
233	2001	石匣小流域系统生产力与人口承载量的分析预测	李忠魁	林业科技管理	2001(增刊)
234	2001	实行参与式—林业扶贫的新途径	李维长	林业科技管理	2001(3)
235	2001	实现我国图书馆事业可持续发展的条件浅论	郝萍	图书馆界	2001(1)
236	2001	水土保持的生态环境价值及其核算	李忠魁	林业科技管理	2001
237	2001	水源涵养林生态补偿经济分析	吴水荣、马天乐	林业资源管理	2001(1)
238	2001	我国开展森林认证的进展	徐斌	林业科技通讯	2001(11)
239	2001	杨树刺槐混交林及纯林土壤酶活性的季节性动态研究	胡延杰	北京林业大学学报	2001(5)：23-26
240	2001	以生态学为基础的有害生物管理(EBPM)	李剑泉	植物医生	14(2)：5-8
241	2001	印度社会林业进展	胡延杰、施昆山、李吉跃	世界林业研究	14(3)：55-60
242	2001	中国林业信息网的建设	王忠明	林业科技通讯	2001(12)
243	2001	重庆市稻田动物群落及农田蜘蛛资源考察	李剑泉、赵志模、朱文炳、侯丽娜、周彦、李雪燕	西南农业大学学报	23(4)：312-316
244	2002	2001年中国木材市场的回顾和2002年展望	林凤鸣	国际木业	2002(5)
245	2002	2002年上半年中国木材进口情况和分析	林凤鸣	国际木业	2002(9)
246	2002	2010年世界林产品生产、消费和贸易展望	林凤鸣	国际木业	2002(2)
247	2002	2010年世界林产品生产、消费和贸易展望	林凤鸣	国际木业	2002(2)
248	2002	2010年中国木材市场的回顾和2002年展望	林凤鸣	木材情报(日)	2002(3)

（续）

序号	发表日期	论文名称	作 者	刊物名称	卷、号、页码
249	2002	Important Contributions of National Traditional Culture in Forest Protection and Management	李维长	Forestry and Society Newsletter	2002 (2)
250	2002	The Boundary and Object of Evaluation on Environmental Cost for Commercial Plantation	李智勇	Chinese Forestry Science and Technology	2002(3)
251	2002	The Predatory Function of Three Spiders to Two Insect Pests in Rice within a Multi-species Co-existence System	LI Jian - quan, SHEN Zuo - rui and ZHAO Zhi-mo	Agricultural Sciences in China	Vol. 1, No. 4:391-396
252	2002	多物种共存系统中拟水狼蛛对三种稻虫的捕食作用	李剑泉,赵志模	植物保护学报	29(1):1~6
253	2002	多物种共存系统中蜘蛛对稻虫的控制作用	李剑泉、赵志模、吴仕源、罗雁婕、明珂	中国农业科学	35(2):146-151
254	2002	发挥水土保持效益 建设良好生态环境	李忠魁	世界林业研究	2002(1)
255	2002	干旱地区大有发展前途的核果——欧李	罗信坚、郝芳	林业实用技术	2002(5)
256	2002	关于当前中国林业发展若干问题的思考	侯元兆	世界林业研究	2002(1)
257	2002	国际生态旅游发展概况	李维长	世界林业研究	2002(4)
258	2002	国外林业政府机构演变趋势和重组我国林业部的必要性	侯元兆	世界林业研究	2002
259	2002	开发银杏产品市场	孟永庆	林业科技通讯	2002(2)
260	2002	栎属植物遗传多样性研究进展	李文英、顾万春	世界林业研究	2002,15(2)
261	2002	林业数字图书馆建设概述	王忠明	世界林业研究	2002(5)
262	2002	拟水狼蛛的生物学生态学特性	李剑泉、沈佐锐、赵志模、罗雁婕	生态学报	22(9):1478-1484
263	2002	日本林产品供需现状和发展趋势	林凤鸣	世界林业研究	2002 (1)
264	2002	日本林产品供需现状和发展趋势	林凤鸣、徐芝生	世界林业研究	2002(1)
265	2002	社区林业在扶贫工作中的重要作用	李维长	林业与社会	2002(3)
266	2002	社区林业在国有牛达林场的实践	李维长	林业与社会	2002(6)
267	2002	世界林产品贸易现状	林凤鸣	国际木业	2002(7)
268	2002	世界林产品生产和消费现状	林凤鸣	国际木业	2002(3)
269	2002	试论 21 世纪图书馆馆员的能力	郝萍	图书馆理论与实践	2002(6)
270	2002	天然林保护工程环境与社会经济评价	吴水荣、刘璨、李育民	林业经济	2002,(11-12)
271	2002	杨树刺槐混交林及纯林根际微生物数量及其生化强度的季节性动态研究	胡延杰	土壤通报	2002 年第 33 卷第 3 期 219-222 页

（续）

序号	发表日期	论文名称	作 者	刊物名称	卷、号、页码
272	2002	杨树刺槐混交林及纯林土壤微生物数量及活性与土壤养分转化关系的研究	胡延杰	土壤	2002 年第 1 期 42-46 页
273	2002	中国半干旱地区小流域综合治理开发的经济评价	王登举、八木俊彦	日本砂丘学会志	2002,49(1)
274	2002	中国林业发展背景的千年巨变和设计新型林业制度的历史使命	侯元兆	世界林业研究	2002(1)
275	2003	2002 年中国竹藤产品进出口分析	王忠明	世界竹藤通讯	2003, 1(1)
276	2003	2015 年中国木材供求展望	施昆山	人造板通讯	2003(3)
277	2003	Introduction of Action Plan of Forestry Sustainable development of Qinzhou - Fangchenggang Area, Guangxi Zhuang Autonomous Region, China	孟永庆、项东云、叶兵	中国林业科技	2003,2(1)
278	2003	Preliminary Accounting on Economic Value Of Bamboo Resource in China, Chinese Forestry Science and Technology	Li Zhongkui、Li Zhiyong	CHINESE FORESTRY SCIENCE AND TECHNOLOGY	Vol. 2, No. 4, 2003
279	2003	安吉县竹业发展经验与启示	樊宝敏、李智勇	世界竹藤通讯	2003(1):6-10
280	2003	把次生林重新纳入景观	侯元兆	世界林业研究	2003(3)
281	2003	白纹伊蚊对光线与二氧化碳的行为反应	李剑泉、沈佐锐、王丽英、朱威、刘志桥	昆虫知识	2003,40(4):345-350
282	2003	北京山区综合开发工程效益价值评估	宋如华	中国水土保持科学	2003,1(4)
283	2003	北京市森林景观资产等级评价	李忠魁、朱国诚、冀杰、施海、严家伟、丁望兰	林业财务与会计	2003(11)
284	2003	北京市森林景观资产等级评价研究	李忠魁、朱国诚、冀杰、施海、严家伟、丁望兰	中国城市林业	2003(2)
285	2003	参与式方法在退耕还林工程规划设计中的实践	李维长	林业与社会	2003(3)
286	2003	传统方法和参与式方法在退耕还林规划设计阶段的应用效果浅析	郭广荣	林业与社会	2003(5)
287	2003	传统方法和参与式方法在退耕还林规划设计阶段的应用效果浅析	郭广荣	林业与社会	2003(5)
288	2003	淡色库蚊 Culex pipiens pallens 的电磁行为学效应	李剑泉、沈佐锐、王丽英、陈建新、朱威	寄生虫与医学昆虫学报	2003,10(4):226-231
289	2003	二氧化碳对白纹伊蚊的引诱作用	李剑泉、沈佐锐、刘志桥	中国媒介生物学及控制杂志	2003,14(3):165-167
290	2003	非洲藤的两个新种	樊宝敏译	世界竹藤通讯	2003(2):24-26
291	2003	关于加速发展我国林产工业的建设	林凤鸣	中国老教授协会通讯	2002(3)

（续）

序号	发表日期	论文名称	作 者	刊物名称	卷、号、页码
292	2003	关于我国林产工业发展问题的思考	林凤鸣	世界林业研究	2003,16(5)
293	2003	关于我国林产工业发展问题的思考	林凤鸣	世界林业研究	2003(5)
294	2003	黄土高原地区退耕还林农户收入状况分析—山西省两个区县的调查结果	王登举、李维长、郭广荣	林业与社会	2003,11(6)
295	2003	进口商品的一次性报关	郭广荣	国际木业	2003(6)
296	2003	菊花的栽培技术	蒋旭东	林业实用技术	2003(11)
297	2003	林产工业发展的今天	林凤鸣	国际木业	2003(9)
298	2003	林产工业发展的今天	林凤鸣	国际木业	2003(9)
299	2003	林业法律法规与文献资源采集和共享	王忠明	林业科技管理	2003(3)
300	2003	林业科技期刊的网络化管理	蒋旭东	林业科技管理	2004
301	2003	林业可续发展和森林可持续经营的框架理论(上)	侯元兆	世界林业研究	2003(1)
302	2003	林业可续发展和森林可持续经营的框架理论(下)	侯元兆	世界林业研究	2003(2)
303	2003	流域治理效益的环境经济学分析方法	李忠魁、宋如华、杨茂瑞、白秀萍	中国水土保持科学	2003(3)
304	2003	马来西亚探索藤与其它作物的间作	孟永庆	世界竹藤通讯	2003,1(2)
305	2003	蒙古栎天然群体等位遗传多样性研究	李文英、顾万春、周世良	林业科学研究	2003,16(3)
306	2003	蒙古栎天然群体遗传多样性的AFLP 分析	李文英、顾万春	林业科学	2003,39(5)
307	2003	尼姆,一个生物农药和医药的好树种	孟永庆	中国特产	2003(4)
308	2003	柠檬流胶病的发生与防治	李剑泉	中国农技推广	2003(1)：50-51
309	2003	浅谈科技期刊在林业新时期的作用与任务	陶绿	北京林业管理干部学院学报	2003,(2)
310	2003	清代前期的林业思想初探	樊宝敏、李智勇	世界林业研究	2003(6):50-54
311	2003	热带森林调节水分的研究进展	黎祜琛、周光益	世界林业研究	2003,16(5)
312	2003	森林景观资产等级评价原理	李忠魁、朱国诚、冀杰、施海、严家伟、丁望兰	林业财务与会计	2003(10)
313	2003	山区可持续发展国际伙伴关系给我们的启示	陶绿	林业经济	2003(10)
314	2003	山区想致富 选种三支花	陶绿	林业实用技术	2003(9)
315	2003	世界森林现状与分析	关百钧	世界林业研究	2003(5)

（续）

序号	发表日期	论文名称	作 者	刊物名称	卷、号、页码
316	2003	世界私有林概览与芬兰私有林探究	李智勇	林业经济	2003(4)
317	2003	世界竹藤发展趋势	张新萍	世界林业研究	2003,16(1)
318	2003	树木抗旱性及抗旱造林技术研究综述	黎祜琛、邱治军	世界林业研究	2003,16(4)
319	2003	数字高程模型精度与地表拟合方法对坡度计算的影响	宋如华	中国水土保持科学	2003,1(1)
320	2003	西部退耕还林(草)产业化的对策研究	支玲	世界林业研究	2003, 16(6)
321	2003	新西兰辐射松及在中国的推广前景	孟永庆、叶兵	世界农业	2003(9)
322	2003	印楝:开发生物农药和医药产品的优良树种	孟永庆	中国林业	2003,3(A)
323	2003	油茶低产林改造与早实丰产	黎祜琛	林业实用技术	2003(7)
324	2003	油桐低产林改造与早实丰产	黎祜琛	林业实用技术	2003(10)
325	2003	中国古代利用林草保持水土的理论与实践	樊宝敏、李智勇、李忠魁	中国水土保持科学	2003,1(2):91-95
326	2003	中国历史上森林破坏对水旱灾害的影响	樊宝敏,董源,张钧成	林业科学	2003(3):136-142
327	2003	中国林史学科的奠基人——纪念张钧成先生逝世一周年	樊宝敏	北京林业大学学报	2003(3): 69-74
328	2003	中国木材市场动向今年见通	林凤鸣	木材情报(日文刊物)	2003(5)
329	2003	中国热带森林的分布、类型和特点	侯元兆	世界林业研究	2003(3)
330	2003	中国竹产品市场现状及发展趋势	陈勇	世界竹藤通讯	2003(4)
331	2003	中国竹产业发展模式研究	陈勇	世界林业研究	2003(5)
332	2003	加强林业科技成果管理 加速科技成果转化	徐春富	科技成果纵横	2003(3)
333	2003	国林产品进出口现状和发展前景	徐春富	林业经济	2003(4)
334	2004	21 世纪中国林业发展的生态文明观	李智勇	北京林业大学学报	2004(3)
335	2004	Policy Review on Watershed Protection and Poverty Alleviation by the Grain for Green Program in China	李智勇	Chinese Forestry Science and Technology	2004(2)
336	2004	按照“激励相容”原理启动热带次生林和退化林地的可持续经营	侯元兆	世界林业研究	2004(6)
337	2004	北京山区水利富民工程的环境价值评估	李忠魁、杨进怀、宋如华、吴敬东	水土保持学报	2004(5)
338	2004	查新报告质量评定标准	丁蕴一	情报科学	2004,22(10)
339	2004	从梦想到现实——“三北”工程的谋划与推动	樊宝敏	森林与人类	2004(1):14-18

（续）

序号	发表日期	论文名称	作 者	刊物名称	卷、号、页码
340	2004	发展五小水利工程 优化山区水资源配置	宋如华	水利经济	2004,21(1)
341	2004	国际森林认证的进展与趋势	陆文明、赵劼	中国造纸学报	2004(1)
342	2004	黑龙江省友好林业局开展森林认证的研究	赵劼	林业科技	2004,29(4),47-49
343	2004	林业科技期刊的网络化管理	蒋旭东	林业科技管理	2004(1)
344	2004	林业科技期刊的现状及发展对策刍议	蒋旭东	世界林业研究	2006(19)增刊1
345	2004	日本的私有林经济扶持政策及其借鉴	王登举	世界林业研究	2004,17(5)
346	2004	瑞典林业可持续发展的策略与支持体系	郭广荣	世界林业研究	2004(4)
347	2004	瑞典林业可持续发展的策略与支持体系	郭广荣	世界林业研究	2004(1)
348	2004	森林分权管理规划及其应用前景	郭广荣	林业与社会	2004(1)
349	2004	森林分权管理规划及其应用前景	郭广荣	林业与社会	2004(1)
350	2004	森林认证的现状与发展趋势	赵劼、陆文明	世界林业研究	2004,17(1),1-4
351	2004	森林认证——以市场机制促进森林可持续经营	赵劼	人造板通讯	2004,11(9),21-22
352	2004	山区可持续发展的世界意义	李维长	世界林业研究	2004(1)
353	2004	社区林业在国际林业界和扶贫领域的地位日益提升	李维长	林业与社会	2004(1)
354	2004	世界森林思想的演变及对我们的启示	施昆山	世界林业研究	2004(5)
355	2004	世界竹藤发展的几个热点领域	张新萍	世界竹藤通讯	2004(2)
356	2004	试论清代前期的林业政策和法规	樊宝敏、董源、李智勇	中国农史	2004(1):19~26
357	2004	天然林保护工程区集体林管护模式研究 Ⅰ:经验总结——山西省沁源县股份制家庭托管案例	王登举、郭广荣、李维长	林业与社会	2004,12(4)
358	2004	新颖性“知识树”控制法	丁蕴一	情报科学	2004,22(9)
359	2004	榛子的栽培与管理	蒋旭东	林业实用技术	2004(7)
360	2004	中国森林认证进程及其发展设想	赵劼、陆文明	中国造纸学报	2004,19,342-344
361	2004	中国竹产业发展现状及其对策	李智勇	中国农村经济	2004(4)
362	2004	中国竹藤资源现状与潜力分析	樊宝敏、李智勇、陈勇	林业资源管理	2004(1):18-20
363	2004	竹炭利用的综合评述	张新萍	世界竹藤通讯	2004(1)
364	2005	Assessing Threats and Setting Conservation Priorities For Plant Species between Forest and Meadow Ecotone in Sanjeangyuan Nature Reserve, China	何友均、崔国发、冯宗炜等	中国林业科技	2005,4(3)

（续）

序号	发表日期	论文名称	作 者	刊物名称	卷、号、页码
365	2005	Economic Benefit Analysis of Sedimentation Reduction by Forests in Miyun Watershed, Beijing	校建民	中国林业科技	2005, 4(4):54-59
366	2005	Extension Strategies in the Sloping Land Conversion Program in China: An Analysis of their Strengths and Limitations	吴水荣	中国林业科技（英文版）	2005(4)
367	2005	不同国家森林生态效益的补偿方案研究	郭广荣	《绿色中国》理论版	2005(7)
368	2005	东南亚主要国家棕榈藤原材料国际贸易	校建民	世界竹藤通讯	2005,3(2)
369	2005	国外国有林管理体制与产权变革及对我国的启示	吴水荣	世界林业研究	2005 ,18(2)
370	2005	黄河流域竹类资源历史分布状况研究	樊宝敏、李智勇	林业科学	2005,41(3):75-81
371	2005	林业生产实用技术信息咨询系统研究与开发	王忠明	林业实用技术	2005(7)
372	2005	蒙古栎天然群体表型多样性研究	李文英、顾万春	林业科学	2005,41(1):49-56
373	2005	日本的森林生态效益补偿制度及最新实践	王登举	世界林业研究	2005,18(5)
374	2005	日本的森林组合的作用及其基本属性分析	王登举、李维长、郭广荣	林业与社会	2005,13(1)
375	2005	森林·蒸散·气候·沙漠——试论中国森林变迁对沙漠演替的影响	樊宝敏、李智勇	林业科学	2005,41(2):154-159
376	2005	森林环境服务补偿机制研究概述	李玉敏	世界林业研究	2005,18(6)
377	2005	森林环境服务市场研究现状与展望	陈勇、支玲	世界林业研究	2005, 18(5)
378	2005	森林面临的大挑战——淡水资源短缺	关百钧	世界林业研究	2005(5)
379	2005	森林生态服务价值评价与补偿研究综述	侯元兆	世界林业研究	2005(3)
380	2005	世界森林认证的现状与挑战	徐斌、赵杰、董珂	林业科技	2005, 30(5)
381	2005	世界森林认证体系评估与比较	徐斌、赵杰、陆文明	世界林业研究	2005,18(3)
382	2005	我国森林绿色GDP核算研究的攻关方向与核算实务前景	侯元兆	世界林业研究	2005(6)
383	2005	我国森林认证发展道路之探讨	徐斌、赵杰、陆文明	绿色中国（B）版（林业经济）	2005(10),总203
384	2005	夏商周时期的森林生态思想简析	樊宝敏、李智勇	林业科学	2005,41(5):144-148

（续）

序号	发表日期	论文名称	作 者	刊物名称	卷、号、页码
385	2005	中国古代城市森林与人居生态建设	樊宝敏、李智勇	中国城市林业	2005,3(1):57-61
386	2005	中国藤及藤制品国际贸易面临的主要问题和政策建议	李智勇	世界林业研究	2005(6):54-57
387	2005	中国竹产业发展现状及其政策分析	李智勇	北京林业大学学报(社会科学版)	2005,4(4)
388	2005	竹林生态环境效益评估探讨	李智勇	世界竹藤通讯	2005,3(4):15-18
389	2006	A Perspective of Urban Forestry Policy and Management Merhodologies in China	何友均、李智勇、Richard Hare	中国林业科技	2006,5(3)
390	2006	Allozymes genetic diversity of Quercus mongolica Fisch in China	李文英、顾万春	Chinese Forestry Science and Technology	2006, 5(4): 63-67
391	2006	China's Growing Role in World Timber Trade	陆文明	Unasylva(联合国粮农组织)(FAO)(意大利罗马)	2006 第 3 期
392	2006	Current Status and Progress of Market for Forest Environmental Services	陈勇、陈洁	中国林业科技	2006,3(5)
393	2006	Ideas on Policy Framework of China's Bamboo Industry Development	李智勇	Chinese Forestry Science and Technology	2006, 5(4): 33-44
394	2006	Transfer of Scientific Expertise into Successful Forest Policy: Assessment for Monitoring and Evaluating Sustainable Forest Management in China	校建民	中国林业科技	2006,3(5)
395	2006	俄罗斯林业管理体制改革经验与启示	白秀萍	世界林业研究	2006,19(3)
396	2006	国内外林业植物新品种权保护现状及趋势	王晓原	世界林业研究	2006 (19)增刊 1
397	2006	借鉴北欧经验推进我国城市林业发展	樊宝敏、叶兵、何友均	中国城市林业	2006,4(6):55-58
398	2006	科学地认识我国南方发展桉树速生丰产林问题	侯元兆	世界林业研究	2006(3)
399	2006	利用网络环境提高文献分编质量	刘文闻	世界林业研究	2006(19)增刊 1
400	2006	浅谈图书馆服务模式	李琦	世界林业研究	2006(19)增刊 1
401	2006	全球认证林产品市场的现状与趋势	赵劼、陆文明	世界林业研究	2006(19)增刊 1
402	2006	日本的林业科技创新体系	王登举	世界林业研究	2006(19)增刊 1
403	2006	如何提高转型科技期刊市场竞争力	陶绿	世界林业研究	2006(19)增刊 1
404	2006	三江源自然保护区玛珂河林区寒温性针叶林优势灌木种间联结研究	何友均、崔国发等	林业科学	2006(12)

(续)

序号	发表日期	论文名称	作 者	刊物名称	卷、号、页码
405	2006	森林文化建设问题初探	樊宝敏、李智勇	北京林业大学学报	2006,5(2):4-9
406	2006	谈知识产权兴林战略	李卫东	世界林业研究	2006(19)增刊1
407	2006	网络时代林业科技信息资源共享的运作机制探析	邢彦忠	世界林业研究	2006 (19)增刊1
408	2006	我国的绿色GDP核算研究:未来的方向和策略	侯元兆	世界林业研究	2006(6)
409	2006	我国林业合作组织发展现状与对策	王登举、李维长	林业经济	2006(5)
410	2006	我国林业科技科技信息工作的回顾与展望	王忠明	情报学报	2006(25)
411	2006	我国木材制品对外贸易发展方向初探	刘婕	世界林业研究	2006 ,19(增刊1)
412	2006	新时期林业科技信息工作的现状与发展趋势	王忠明	世界林业研究	2006(19)增刊
413	2006	新西兰国有林管理体制改革及其对中国的启示	何友均、李智勇	世界林业研究	2006 (6)
414	2006	亚欧城市林业合作与欧洲城市林业实践	李智勇	中国城市林业	2006,(1):18-21
415	2006	中国林业信息网的数据库资源与检索系统设计	王忠明	世界林业研究	2006(19)增刊
416	2006	中国森林认证现状与发展趋势(Ⅰ)	王登举、徐斌	(日本)木材情报	2006(7)
417	2006	中国森林认证现状与发展趋势(Ⅱ)	王登举、徐斌	(日本)木材情报	2006(8)
418	2006	中国竹产业发展政策框架思路	李智勇	林业经济	2006(1)
419	2006	中国竹产业发展中的融资与税费问题	王登举、李智勇、樊宝敏	世界竹藤通讯	2006(1)
420	2006	竹林资源经营管理政策研究	樊宝敏、李智勇、王登举	世界林业研究	2006,19(1):66-69
421	2007	1978~2005年林业系统获奖成果分析	刘婕	西北农林科技大学学报	2007(35)
422	2007	Current Status and Countermeasures of Forestry Cooperative Organization in China	WANG Dengju, LI Weichang, GUO Guangrong	Forestry Science and Technology	Vol 6, No 3, 2007
423	2007	Economic Benefit Analysis of Carbon Sequestration of Five Typical Forest Types in BeijingMiyun Watershed	校建民	中国林业科技	2007,6(1):57-61
424	2007	Tropical Timber Trade Flows in P. R. China	胡延杰	中国林业科技	2007,6(2):62-73
425	2007	北京山区水利富民工程建设与效益分析	李忠魁、杨进怀、吴敬东	水土保持研究	2007(5)

（续）

序号	发表日期	论文名称	作 者	刊物名称	卷、号、页码
426	2007	北京延庆小叶杨与刺槐林的蒸腾耗水特性与水量平衡研究	叶兵	中国林业科学研究院博士论文	2007
427	2007	林业科技基础数据的质量控制研究	赵巍	西北农林科技大学学报（自然科学版）	2007(35)增刊
428	2007	林业科技基础数据分中心的数据资源与信息系统构建	王忠明	西北农林科技大学学报	2007(35)
429	2007	三江源自然保护区主要森林群落物种多样性研究	何友均、崔国发等	林业科学研究	20(2)
430	2007	森林生态服务补偿的伦理维度	吴水荣	中国林业科技	2007,6(1)
431	2007	森林水文服务市场化研究现状与趋势	李玉敏	世界林业研究	2007,20(4)
432	2007	世界林业专利信息资源的整合与利用	刘婕	世界林业研究	2007,20(3)
433	2007	世界主要都市森林发展现状与趋势	侯元兆	中国城市林业	2007(2)
434	2007	水利富民工程对北京山区可持续发展的影响分析	李忠魁、杨进怀、吴敬东	水土保持研究	2007(3)
435	2007	私有化不是林权改革的方向	侯元兆	中国地质在学学报	2007. 7 (4)
436	2007	西藏高原的生态环境问题与景观生态学研究构思	李忠魁、郭海涛、潘刚	西藏农牧学院学报	2007(增刊)
437	2007	先秦时期的森林资源与生态环境	樊宝敏	学术研究	2007,(12):112－117
438	2007	现代林业育苗的理论与技术	侯元兆	世界林业研究	2007(4)
439	2007	中国棕榈藤业的能力建设	张新萍	世界竹藤通讯	2007,5(2)
440	2007	竹材加工方法分析	余颖	林业机械与木工设备	2007(8)
441	2007	竹林生态旅游的功能与效益	张新萍	世界竹藤通讯	2007,5(3)
442	2008	A case study report for urban forestry policy project co-funded by EC: Analysis of urban forestry policy in Hangzhou, China	Fan Baomin, Chen Qinjuan, Guo Xinbao, Stephan Pauleit, liu Li, Xie Baoyuan	Chinese Forestry Science and Technology	2008,17(1):13－19
443	2008	Approach Analyses to Promote Sustainable Forest Management with Forest Certification in China	赵劼、陆文明	Chinese Forestry Science and Technology	2008,7(3),25-31
444	2008	Current status and trend of forest hydrological services market research	李玉敏	中国林业科技	2008,7(2): 33－40
445	2008	Overview of Wood-based Panel Industry in China	胡延杰	中国林业科技	2008,7(2):78-83
446	2008	Policies, Actions and Effects of Chinese Forestry in Response	李智勇	中国林业科技（英文版）	2008(3)

（续）

序号	发表日期	论文名称	作 者	刊物名称	卷、号、页码
447	2008	Revelation from Management System Reform of State Owned Forest of Hessen State in Germany	刘勇	中国林业科技	2008(1):31-35
448	2008	Status Quo of Furniture Industry in China	胡延杰	中国林业科技	2008,7(2):84-89
449	2008	Sustainable Management of Planted Forests in China: Comprehensive Evaluation, Development Recommendation and Action Framework	何友均、李智勇等	Chinese Forestry Science and Technology	2008,7(3)
450	2008	财务管理数据处理中 Excel 的应用	李林	财会月刊增刊	2008(7)
451	2008	财务软件的林业项目管理功能	李林	绿色财会	2008(3)
452	2008	城市不同立地类型绿地空气PM10浓度变化规律与TSP,PM2.5的关系	校建民	林业科学	2009,45(6)
453	2008	德国国有林经营管理体制改革及启示	刘勇	世界林业研究	2008(4):53-56
454	2008	读图学术期刊的探索与实践——以《中国城市林业》为例	谭艳萍、丁蕴一	南京林业大学学报	2008(1):105-108
455	2008	非法采伐及国际上打击非法采伐的努力	陆文明、孙久灵	中国林业经济	2008(5)
456	2008	光照条件对长苞铁杉种子萌发与幼苗生长的影响	朱小龙	福建林学院学报	2008,28(3)
457	2008	杭州模式:城市林业提升生活品质	李智勇	中国城市林业	2008(4):14-19
458	2008	基于价值链分析的林产品加工业与林权改革的关系》	罗信坚	林业经济	2008(9)
459	2008	集体林权制度改革若干问题的思考	李忠魁	绿色财会	2008(11)
460	2008	经济转型国家国有林权制度改革经验借鉴	刘勇	世界林业研究	2008(6)
461	2008	冷凝性昆虫饲料定量分装系统研制	余颖、张永安、王玉珠、曲良建	林业机械与木工设备	2008,36(7)
462	2008	三江源玛珂河林区寒温性针叶林优势草本种间联结研究	何友均、崔国发等	北京林业大学学报	2008,30(1):148-153
463	2008	摄影、绘画作品在《中国城市林业》中的应用	谭艳萍、丁蕴一	北京林业大学学报(社会科学版)	2008,7(1):78-81
464	2008	生态系统价值评估理论方法的最新进展及对我国流行概念的辩辩证	侯元兆、吴水荣	世界林业研究	2008(5)
465	2008	生长光照环境对长苞铁杉幼树的影响	朱小龙	福建林学院学报	2008,28(2)

（续）

序号	发表日期	论文名称	作 者	刊物名称	卷、号、页码
466	2008	我国结合次生林经营发展珍贵用材树种的战略利益	侯元兆	世界林业研究	2008(2)
467	2008	我国木材流通现状分析	胡延杰、施昆山、唐红英	林业经济	2008(10):69-71
468	2008	西藏农地退化损失价值	李忠魁、韩树一、阿旺白玛	中国林业科技(英文版)	2008(4)
469	2008	西藏森林资源建设的基本问题与应对措施	李忠魁	中国林业	2008(2)
470	2008	西藏湿地资源退化损失价值评估	李忠魁、洛桑桑丹	湿地科学与管理	2008(3)
471	2008	以森林认证促进我国森林可持续经营的条件分析	赵劼	世界林业研究	2008,21(5),60-63
472	2008	长苞铁杉幼苗在林窗不同位置的建立	朱小龙	广西植物	2008,28(4)
473	2008	中国的森林服务市场:现状、潜力与问题	侯元兆	世界林业研究	2008(1)
474	2008	中国林产品国际贸易摩擦成因及对策分析	陈勇、唐红英、余蕾	世界林业研究	2008, 21(5):68-71
475	2008	中国竹纤维产品开发及其优势	张新萍	世界竹藤通讯	2008,6(4) 30-35
476	2008	中华何处无修竹——追溯历史上黄河流域的竹子分布	樊宝敏	生命世界	2008,(5)91-93
477	2008	中欧城市林业规划与管理政策比较	何友均、李智勇、Richard Hare	世界林业研究	2008,21(3):64-68
478	2009	A Study of Consistency between Land Degradation Control Policy and Farmers' Needs in Western Area, China	WANG Dengju	中国林业科技(英文版)	2009, 8(4):1-11
479	2009	Basic Connotation of Modern Forestry and Developing Trend in Chian-	WANG Dengju	中国林业科技(英文版)	2009, 8(3):10-18
480	2009	China's Timber Market in Relation to Russian Timber Export Tariffs	宿海颖、李智勇	Chinese Forest Science and Technology	2009,No. 1,59-64
481	2009	Collective Forest Tenure Reform in Nature Reserves in China: Problems and Countermeasures	陈洁	中国林业科技(英文版)	2009,第8卷第二期,12-18页
482	2009	Potential Impact of Forest ioenergy on Environment in China	何友均	Chinese Forestry Science and Technology	2009,8(2): 1-11
483	2009	Review on Forest Policy Development in China	胡延杰、陈晓倩	CHINESE FORESTRY-SCIENCE AND TECHNOLOGY	2009,第3期
484	2009	Status of Forest - Based Bioenergy and Related Policies in China	李智勇	中国林业科技(英文版)	2009,8(3):1-11
485	2009	Survey and Analysis of Chinese Enterprises Exploiting Forest Resources in Russia	胡延杰	CHINESE FORESTRY SCIENCE AND TECHNOLOGY	2009,第4期

(续)

序号	发表日期	论文名称	作 者	刊物名称	卷、号、页码
486	2009	Sustainable Management of Planted Forests in China: Comprehensive Evaluation, Development Recommendation and Action Framework	何友均	Chinese Forestry Science and Technology	2008,7(3): 1-15
487	2009	The Current Situation and Challenges of Plantation Development in China		中国林业科技(英文版)	
488	2009	The State and Potential of Forest Carbon Market in China		中国林业科技(英文版)	2009 vol. 84
489	2009	Valuation of Forest Ecosystem Services and Benefit Sharing: A Case Study of Qingdao Area	WU Shuirong, Guo Shitao, Lin Qiaoe, Hou Yuanzhao	中国林业科技(英文版)	2009(4)(In Press)
490	2009	北方常见直燃用小径材切削功耗研究	余颖	林业机械与木工设备	2009,37(6):27-29
491	2009	财政授权支付的预算单位电算化帐务处理中存在的问题及对策	李林	中国乡镇企业会计	2009(3)
492	2009	从国外的私有林发展看我国的林权改革	侯元兆	世界林业研究	2009(2):1-6
493	2009	俄罗斯古典木镶嵌画-城市森林风情	宿海颖、于小兰	中国城市林业	2009,7(2):77-79
494	2009	俄罗斯木材出口关税调整对中国木材贸易的影响及对策	宿海颖、李智勇	林产工业	2009,36(3):47-49
495	2009	俄罗斯原木出口关税政策调整的博弈分析	宿海颖、李智勇、陈勇	林业经济	
496	2009	关于中国东北地区森林经营的对话	侯元兆、邬可义、白秀萍、吴水荣	世界林业研究	2009(6)
497	2009	国处发展私有林主协会的启示	张德成	世界林业研究	
498	2009	国际气候变化涉林议题谈判进展及对案建议	吴水荣、李智勇、于天飞	林业经济	2009(10):29-34
499	2009	国际森林生态补偿实践及其效果评价	吴水荣、顾亚莉	世界林业研究	2009(4):11-16
500	2009	国外竹产业的发展状况	张新萍	世界林业研究	2009,VOL. 7,No2
501	2009	衡量现代林业发展水平的新标尺:森林厚度	樊宝敏、李智勇	林业资源管理	2009(2):1-5
502	2009	集体林权制度改革的制度经济学分析	赵芳、王登举	广东农业科技	2009(10): 203-209
503	2009	加拿大森林采伐管理制度及借鉴	李剑泉、谢怡、李智勇	世界林业研究	2009,22(5):6-9
504	2009	经济转型国家国有林权制度改革经验借鉴	刘勇、李智勇、徐斌	世界林业研究	2009,22(1):6-9
505	2009	林业对国民经济发展的贡献-以江西省安福县为例	吴水荣、刘图娟、刘玉华	华东森林经理	2009,23(4):27-29,43

（续）

序号	发表日期	论文名称	作 者	刊物名称	卷、号、页码
506	2009	品读日本生态文化	谭艳萍	北京业大学学报（社科版）	2009,8(3):42-44
507	2009	期刊特色栏目的经营	谭艳萍	科技创新导报	2009(12):224
508	2009	清华大学校园内不同绿地类型空气 PM10 浓度变化规律	校建民、王成、侯晓静	林业科学	2009,45(5):153-156
509	2009	全球变暖背景下的森林火灾防控策略探讨	李剑泉、刘世荣、李智勇、易浩若	现代农业科技	
510	2009	日本私有林合作化实践与借鉴	王登举	世界林业研究	2009,22(1)
511	2009	日本私有林合作化实践与借鉴	王登举	世界林业研究	
512	2009	商品林采伐限额管理制度国别经验	李剑泉、徐斌、李智勇	世界林业研究	
513	2009	私有林采伐管理制度：发达国家经验及对我国的启示	张德成	林业资源管理	2009,VOL. 22,No3
514	2009	我国自然保护区林权改革问题与对策探讨	李剑泉、谢和生、李智勇等	林业资源管理	2009(6)
515	2009	西藏草地资源价值及退化损失评估	李忠魁、拉西	中国草地学报	
516	2009	西藏森林资源价值的动态评估	李忠魁、张敏、赵建新	水土保持研究	2009(5)
517	2009	新西兰林业私有化的特点及启示	陈洁	世界林业研究	2009,22(4):7-10
518	2009	新西兰森林采伐管理制度与借鉴	何友均、李智勇、徐斌等	世界林业研究	2009,22(5):1-5
519	2009	永安：激活林权的关键点	张德成	新理财	
520	2009	制造竹质体育运动地板的可行性分析	余颖	木材加工机械	2009,20(3):31-33
521	2009	中国近现代林业产权制度变迁	樊宝敏、李淑新、颜国强	世界林业研究	2009,(4):1-6
522	2009	中国人工林开展 FSC 认证面临的潜在障碍	校建民、万坚	世界林业研究	2009,22(5):77-80
523	2009	中国制浆造纸原料供应问题与对策探讨	李剑泉、谢怡、李智勇	中国造纸学报	2009,24(增):78-84
524	2009	中国竹林认证可行性分析	夏恩龙	世界林业研究	2009,22(03)
525	2010	A Study of Afforestation Subsidy under Global Climate Change to Stimulate Multi-functional Forestry Development: Oversea Experiments and References	何友均、陈洁、李智勇	Chinese Forestry Science and Technology	2010, 9(4)
526	2010	A Study of Eco-service Valuation of Saihanba Forest	LIU Chunyan, WANG-Dengju (Corresponding author), LIU Haiying, Cheng Shun	Chinese Forestry Science and Technology	2010, 9(4):9-18

（续）

序号	发表日期	论文名称	作 者	刊物名称	卷、号、页码
527	2010	Ecosystem – Management – Based Management Models of Fast-growing and High-yield Plantation and Its Eco-Economic Benefits Analysis	WANG Dengju	Chinese Forestry Science and Technology	2010, 9(3): 43-49
528	2010	Forest Policies Addressing Climate Change in China	吴水荣、李智勇、于天飞	Chinese Forestry Science and Technology	2010(2), Vol(9): 1-12
529	2010	Global Planted Forest Development: Opportunities, Challenges and Policy Choice	何友均、陈洁、李智勇	Chinese Forestry Science and Technology	2010, 9(2): 24-31
530	2010	Main Timber legality verification schemes in the World	宿海颖、任海清、陈勇	中国林业科技(英文版)	2010,9(3)
531	2010	Problems in Fast-growing and High-yield Plantation Ecosystem Management and Their Countermeasures	WANG Dengju, HUANG Lili	Chinese Forestry Science and Technology	2010, 9(2): 13-23
532	2010	State and Potential of Forest Carbon Market in China	Tan Xiufeng, Zhou Fengzhi	Chinese Forestry Science and Technology Vol. 9 No. 1	2010:14-18
533	2010	The Impact Assessment of Forest Certification on SFM and Industry of China	赵劼、李忠魁、胡延杰	Chinese Forestry Science and Technology	2010(4)
534	2010	Valuation of forest ecosystem goods and services and forest natural capital of the Beijing Municipality, China	吴水荣、侯元兆、袁功英	Unasylva	2010/1-2: 28-29
535	2010	Valuation of Forest Ecosystem Services and Benefit Sharing: A Case Study of Qingdao Area	吴水荣、郭仕涛、林巧娥、阎秀婧、侯元兆	Chinese Forestry Science and Technology	2010(1), Vol(9): 19-27
536	2010	阿根廷人工林多功能经营实践与启示	刘道平、何友均、李智勇	西南林学院学报	2010, 30(6):7-11
537	2010	俄罗斯人工林管理现状研究	宿海颖、李智勇、崔海鸥	林业经济	2010,219(10)
538	2010	俄罗斯森林采伐管理制度研究与借鉴	宿海颖、李智勇、包应爽	林业资源管理	2010.5
539	2010	哥本哈根气候变化峰会-回顾与展望	吴水荣	林业经济	
540	2010	规避木材中远期仓单交易风险	张德成	国际木业	2010(5):15-16
541	2010	过去4000年中国降水与森林变化的数量关系	樊宝敏、李智勇	生态学报	2010, 30(20): 5666-5676
542	2010	荷兰林产品绿色采购政策与实践	包英爽、宿海颖、何友均	世界林业研究	2010, 23(5):64-68
543	2010	雷斯法修正案实施后中国企业的应对策略[J].	李剑泉、侯建筠、陈勇、虞华强、李智勇	世界林业研究	2010,23(3):77-80
544	2010	森林经营补贴的国际经验及借鉴	陈洁、张德成、王登举	中国林业科技	2010(4)

（续）

序号	发表日期	论文名称	作 者	刊物名称	卷、号、页码
545	2010	森林与全球气候变化的关系	李剑泉、李智勇、易浩若	西北林学院学报	2010,25(4):23-28
546	2010	延庆县森林资源丰富程度初步评价	江娟、樊宝敏、李忠魁	广东农业科学	2010,(1):131-134
547	2010	中俄林产品贸易互补性及潜力分析	宿海颖、李智勇、陈勇	世界林业研究	2010,23(5)
548	2010	中国林业生物能源开发优势与发展机遇[J].	李剑泉、侯建筠、李智勇	林业科技	2010,35(1):52-58
549	2010	中国林业碳汇认证建设框架研究	于天飞、吴水荣、李智勇	世界林业研究	2010(23):49-53
550	2010	主要国家林产品对外依存度因子聚类分析	陈勇、王振、宿海颖	世界林业研究	2010(23):4
551	2011	A Study of Science and Technllogy Support System for Mulrifunctional Frestry	WANG Dengju, HUANG Llli	中国林业科技(英文版)	2011,10(3):01-10
552	2011	Application of Public-Private Partnership in Land Degradation and A Case Study	WANG Dengju, CHEN Jie	中国林业科技(英文版)	2011, 10(4):1-10
553	2011	Assessment of the Wetland Spermatophyta Diversity in Hangzhou City, China, Based on Fuzzy Comprehensive Evaluation Method	刘 勇、Renate Bürger-Arndt、李智勇	林业科学	2011, 47(11)
554	2011	Comparison of Social Benefits of Forest under Different Management Models: A Case Study of Close-to-Nature Forest Management in Harbin, China	白秀萍、邬可义、赵德斌、周锦北	中国林业科技(英文版)	2011:26-37
555	2011	Development Trend of China Forestry Trade Policy	陈勇、李剑泉、陈洁	中国林业科技(英文版)	2011.5
556	2011	Discussion on Diversified Development of Forestry Cooperation Organizations in China	Zhang Chunyan, Hao Chen, Wang Dengju (Corresponding author)	中国林业科技(英文版)	2011(1/2):52-57
557	2011	FSC 标准和中国法律法规之间的冲突分析	校建民、万坚	世界林业研究	2011-1
558	2011	Impact analysis of green Procurement Policy for Forest Products in France and its Reference	Wang Xiuzhen、Chen Jie、He Youjun、Zhou Dalin	Chinese Forestry Science And Technology	2011, 10(3):24-30
559	2011	The Current Situation and Challenges of FLEGT 进程对多功能林业发展的影响及启示	李剑泉、周馥华、陈绍志、李智勇	林业经济	2011(9):91-96
560	2011	The Extraordinary Collapse of Jatropha as a Global Biofuel	P. Kant、Wu Shuirong	Environmental Science and Technology	2011, 45 (17): 7114 - 7115

（续）

序号	发表日期	论文名称	作 者	刊物名称	卷、号、页码
561	2011	The REDD Market Should Not End Up a Subprime House of Cards: Introducing a New REDD Architecture for Environmental Integrity	P. Kant、WU Shuirong	Environmental Science and Technology	2011, 45 (19): 8176-8177
562	2011	Willingness of Farmer Households for Forest Management and Its Impact Factor Analysis after Collective Forest Tenure Reform	HUANG Lili, WANG Dengju (Corresponding author)	中国林业科技(英文版)	2011,10(4):21-35,22(03)
563	2011	俄罗斯林业生物安全现状及评价	宿海颖、陈勇	世界林业研究	2011,24(3)
564	2011	菲律宾棕榈藤业发展现状及启示	李玉敏、高志民	热带农业科学	2011,31(3):76-80
565	2011	构建生态财富观的框架思考	李忠魁	生态人类	2011(4)
566	2011	关于国有林权流转若干问题的思考	晏世和、王登举、林群等、拉西	世界林业研究	2011,24(6):61-64
567	2011	国外多功能林业发展经验及启示	李剑泉、陈绍志、李智勇	浙江林业科技	2011(5):74-80
568	2011	国外林主合作组织发展新动向与启示	谢和生、李智勇	世界林业研究	2011, 24(1):69-73
569	2011	杭州市边缘区多功能土地利用规划战略与可持续影响评估研究：以西溪湿地为例	杨建军、何友均、李智勇、Stephan Pauleit	中国园林	2011, 27 (186): 18-21
570	2011	基于因子分析的消费者可追溯性食品购买行为实证研究	赵荣、陈绍志	消费经济	2011(6)
571	2011	林农合作形式多样性选择交易理论分析	谢和生、李智勇	林业经济	2011(2):32-35
572	2011	林业减排增汇机制对中国多功能森林经营的影响与启示	林德荣、李智勇、吴水荣、何友均	世界林业研究	2011,24(3):22-25
573	2011	林业野外图片信息资源的开发与应用	董其英、王忠明	林业实用技术	2011,(9):71-72
574	2011	论多功能森林经营的两个体系：	张德成、李智勇、王登举、樊宝敏	世界林业研究	2011,8
575	2011	木材追踪技术的新进展及其应用	陈勇、李茗、宿海颖	世界林业研究	2011,24(5)
576	2011	南亚热带红椎、马尾松纯林及其混交林生物量和生产力分配格局	覃林、何友均、李智勇、邵梅香、梁星云、谭玲	林业科学	2011,47(12)
577	2011	浅析植物新品种知识产权保护	文芳芳、王忠明	广东农业科学	2011,38(9):213-215
578	2011	全球棕榈藤贸易现状与趋势	李玉敏	世界竹藤通讯	2011,9(2):1-3
579	2011	日本木材为什么不能大规模进入中国	白秀萍	中国林业产业	2011(3):24-26
580	2011	我国林业知识产权预警机制问题探讨	马文君、王忠明、龚玉梅等	世界林业研究	2011,24(5):77-80

（续）

序号	发表日期	论文名称	作者	刊物名称	卷、号、页码
581	2011	我国木地板专利信息分析	马文君、王忠明、张红	中国人造板	2011(7):1-4
582	2011	我国植物新品种保护信息共享问题探	文芳芳、王忠明	世界林业研究	2011,24(3):78-80
583	2011	英国林产品绿色采购政策与借鉴	宿海颖、陈勇	林产工业	2011,38(4)
584	2011	政府在森林认证中的作用探讨	徐斌、刘小丽	世界林业研究	2011,12
585	2011	中国多功能林业思想的历史演进	宋军卫、樊宝敏、李智勇	世界林业研究	2011,24(1):8-13
586	2011	中国林业碳汇审定与核查体系的构建	于天飞、李怒云、李智勇、陈绍志、吴水荣、李金良、夏恩龙	世界林业研究	2011(5)
587	2011	主要发达国家林产品绿色采购政策影响评估与政策借鉴	王秀珍、宿海颖、何友均、李智勇、刘勇、李星、邹大林	林业经济	2011(11)
588	2012	Review of Forest Certification Development	Hu Yanjie	Chinese Forestry cience and Technology	2012,13(1/2),5-10
589	2012	美国、欧盟、日本食品质量安全追溯监管机制及对中国的启示	赵荣、陈绍志、乔娟	世界农业	2012,3:1-4
590	2012	A Study of International Forest Financing Mechanism Development	Yu Tianfei, Lu Wenming	Chinese Forestry Science And Technology	2012,11(1):1-11
591	2012	Assessment of China's Green Public Procurement Policy for Forest Products	李智勇、何友均、宿海颖	中国林业科技(英文版)	2012,11(3)
592	2012	Comparative Studies on US Lacey Act Amendment and EU Timber Regulation	宿海颖、陈勇、李茗	中国林业科技(英文版)	2012,11(3)
593	2012	Farmers' Participation Willingness of Engaging in Food Traceability Systems	Rong Zhao, Shaozhi Chen, Juan Qiao	Forest Studies in China	2012,14(2):92-106
594	2012	Multiple environmental services as an opportunity for watershed restoration	P. V. ownsend, R. J. Harper, P. D. Brennan, C. Dean, S. Wu, K. R. J. Smettem, S. E. Cook	Forest Policy and Economics	2012,17:45-58
595	2012	Should adaptation to climate change be given priority over mitigation in tropical forests?	P. Kant, S. Wu	Carbon Management	2012,3(3):303-311
596	2012	低碳经济背景下中国森林可持续经营策略	赵劼、何友均、李忠魁、于天飞	世界林业研究	2012,25(4):1-5
597	2012	多功能林业发展的三个阶段	樊宝敏、李智勇	世界林业研究	2012,25(5):1-4
598	2012	关于国产材能否满足国际市场合法性要求的实证分析	赵荣、徐斌、李剑泉、刘小丽	生态经济	2012,12
599	2012	国外城市森林建设历程与驱动模式研究	章滨森、谢和生、李智勇、韩明臣	世界林业研究	2012,25(3):38-42

（续）

序号	发表日期	论文名称	作 者	刊物名称	卷、号、页码
600	2012	花卉苗木产业引领林业县域经济发展研究	张谱、何友均、陈绍志、樊宝敏、张德成、赵荣	林业经济	2012,8:36-40
601	2012	雷斯法案修正案与欧盟木材法案比较研究及中国应对策略	宿海颖、李茗、陈勇	林业经济	2012,32(4)
602	2012	林业县域经济发展的基本经验、问题与政策建议——基于十大林业产业发展典型县(市)的实地调研	陈绍志、樊宝敏、赵荣、何友均、张德成	北京林业大学学报(社会科学版)	2012,2:92-99
603	2012	林业县域经济发展模式研究——基于十大产业发展典型县(市)的实地调研	陈绍志、陈嘉文、樊宝敏、赵荣、何友均、张德成	林业经济	2012,3:73-77
604	2012	欧盟自愿伙伴关系协议(VPA)进程案例分析	陈绍志、周馥华、李剑泉、徐斌	林业经济	2012,7:78-84
605	2012	葡萄牙林业发展现状	张谱、何友均、陈绍志、徐斌	世界林业研究	2012,25(5):63-69
606	2012	全球人工林环境管理策略研究	何友均、李智勇 Stephan Pauleit	世界林业研究	2012,25(6)
607	2012	入世后中国林产品市场与贸易发展变化及对策研究	陈绍志、李剑泉	林业经济	2012,9:28-33,60
608	2012	森林的文化功能初探	宋军卫、樊宝敏	北京林业大学学报(社会科学版)	2012,11(2):34-38
609	2012	森林认证对森林可持续经营的影响及其在中国的实践	校建民、韩睁、张欣新、万坚	世界林业研究	2012,5
610	2012	森林认证对森林可持续经营的影响研究	徐斌	林业经济	2012,2
611	2012	生态文化对生态制度的影响	王登举	中国林业科技(英文版)	2012,4
612	2012	西南桦纯林与西南桦×红椎混交林碳贮量比较研究	何友均、覃林、李智勇、邵梅香、梁星云、谭玲	生态学报	2012,32(23)
613	2012	银杏文化历史变迁述评	陈凤洁、樊宝敏	北京林业大学学报(社会科学版)	2012,11(2):28-33
614	2012	中国企业境外森林可持续经营利用案例研究	宿海颖、陈勇	林业经济	2012,9:28-33,60
615	2012	中国饲料工业发展的现状、问题与对策	宁攸凉、陈绍志、乔娟、宁泽逵	饲料工业	2012,33(19):59-64
616	2013	Carbon storage capacity of monoculture and mixed-species plantations in subtropical China	He Youjun, Qin Lin, Li Zhiyong, Liang Xingyun, Tan Ling, Shao Meixiang	Forest Ecology and Management (IF:2.766)	2013, 295, 193-198
617	2013	Elementary Experience, Problems and Countermeasures of County Forestry Economy	Shaozhi Chen, Baomin Fan, Rong Zhao	Asia Agricultural Research	2013, 5(3):16-20

（续）

序号	发表日期	论文名称	作 者	刊物名称	卷、号、页码
618	2013	Hot Issues and Trends of Global Forestry Development	Bin Xu, Decheng Zhang, Yanjie Hu, Shuirong Wu, Yong Cheng	Asian Agricultural Research	2013, 5(10):100-105
619	2013	REDD+对我国木材进口影响的实证研究	吴水荣、陈绍志、曾以禹	林业经济	2013(10):36-43
620	2013	The Approach to Increase Incomes of Peasants in China at the Present Stage	赵晓迪、朱俊峰	剑桥研究（Journal of Cambridge Studies）	2013(6):27-39
621	2013	德国林业管理体制和成效借鉴	李茗、陈绍志、叶兵	世界林业研究	2013,26(3):83-86
622	2013	发达国家科技评估特点及其对我国林业项目评估启示	万昊、王忠明	世界林业研究	2013(3)
623	2013	发达国家森林保险发展经验及对我国的启示	陈绍志、赵荣	世界农业	2013(6)
624	2013	佛教对银杏文化的影响	陈凤结、范宝敏	世界林业研究	2013(6):10-14
625	2013	古代银杏文化考略	樊宝敏	生态文明世界	2013,1(2)
626	2013	合法木材应遵循的基本原则及标准指标研究	李剑泉、陈绍志	浙江林业科技	2013,33(6):27-32
627	2013	基于区域植被类型评估的气候变化对中国森林生态系统的影响	宁攸凉、吴水荣、李智勇、刘世荣、陈绍志	生态学杂志	2013, 32 (8): 1967-1972
628	2013	基于森林可持续经营标准的我国东北地区森林监测指标分析	刘小丽、张守攻、徐斌	世界林业研究	2013, 26(3):92-96
629	2013	林业PMI指数设计初探	罗信坚、陈绍志、孟倩、胡娜娜、张晓丽	林业经济	2013(1)
630	2013	美国林业管理体系借鉴与启示	赵荣、陈绍志、胡延杰	林业经济	2013(2)
631	2013	美国绿道公共空间休闲方式初探	刘畅、郭崇、丁蕴一、谭艳萍	中国城市林业	2013,11(6):30-31
632	2013	木材合法性认定与森林认证的比较优势及影响研究	李剑泉、陈绍志、陈洁	林业经济	2013(09):47-54
633	2013	南京市3种绿地类型美学价值分析	刘畅、关庆伟、张莉	中国城市林业	2013,11(4):28-31
634	2013	南亚热带马尾松红椎人工林群落结构、物种多样性及基于自然的森林经营	何友均、梁星云、覃林、李智勇、谭玲、邵梅香	林业科学	2013,49(4):24-33
635	2013	南亚热带人工针叶纯林近自然改造早期对群落特征和土壤性质的影响	何友均、梁星云、覃林、李智勇、邵梅香、谭玲	生态学报	2013, 33 (8): 2484-2495
636	2013	欧洲森林公约谈判进展与启示	吴水荣、宁攸凉、刘昕	林业经济	2013(8): 124-128
637	2013	森林认证对林业政策与管理的影响分析	徐斌、刘小丽	林业资源管理	2013(1):6-10

（续）

序号	发表日期	论文名称	作 者	刊物名称	卷、号、页码
638	2013	世界林业发展热点与趋势	徐斌、张德成、胡延杰、吴水荣、陈勇	林业经济	2013(1):99-106
639	2013	我国林木与竹子的引进历程与展望	谢和生、陈绍志	世界竹藤通讯	2013,11(3):31-35
640	2013	我国小户竹农扶持政策分析:必要性、现状与建议	张德成	国际竹藤通讯	2013(4)
641	2013	英国林区道路发展及启示	李剑泉、田康、陈绍志	世界林业研究	2013(6):76-80
642	2013	中国森林认证:问题与挑战	徐斌、陈绍志 、付 博	林业经济	2013(11)
643	2013	中国土地退化防治伙伴关系10年与国外经验借鉴	谢和生、何友均、叶兵、张德成、李茗	中国水土保持	2013年第11期第5页至第8页
644	2013	中美畜牧业发展比较分析	周海川、周海文、王锐、周向阳	中国食物与营养	2013,19(11):22-27
645	2013	中央林业投资现状、问题与政策建议	赵荣、陈绍志、张英、宁攸凉	林业经济	2013(6):189-197
646	2014	杭州市城市森林生态保健功能动态变化监测	张志永、叶兵、杨军、陈勤娟、何奇江、董建华	西北林学院学报	2014,29(5),31-36
647	2014	新西兰林业规划实施评估理论、方法与借鉴	苏立娟、陈嘉文、覃鑫浩、陈绍志、何友均	世界林业研究	2014,27(1):7-81
648	2014	中国林业企业开展森林经营认证的动力与经济效益分析	徐斌、陈绍志、付博	林业经济问题	2014, 34(1):97-102
649	2014	中国企业应对国际合法林产品贸易需求现状调研分析	徐斌、陈绍志、李岩	林业经济问题	2014,34(2):187-192
650	2014	中国木材合法性认定体系路径选择	陈洁、徐斌、刘小丽	世界林业研究	2014, 27(5): 61-66
651	2014	伐木制品相关议题国际谈判进展及各国应对策略分析	原磊磊、吴水荣、陈幸良	林业经济	2014,41640
652	2014	我国林产品国际贸易争端案例分析及启示	李剑泉、田康、叶兵	林业经济	2014,36(01):46-54
653	2014	基于资源消费的北京市生态足迹分析	张爽、李忠魁	水土保持研究	2014,Vol.21,No.1
654	2014	美国林区道路发展模式研究	陈绍志、赵荣	林业资源管理	2014(1):173-178
655	2014	新型城镇化背景下我国林业发展的机遇及制约因素分析	赵荣、陈绍志、宁攸凉、周海川	华中农业大学学报(社会科学版)	2014(3):17-23
656	2014	全球饲料产业发展对中国的启示	周海川	农业展望	2014,27-33
657	2014	新世纪北京市生态足迹变化及对策研究	李剑泉、田康、陈绍志	林业经济	2014, 36 (04): 102-109
658	2014	英国林业法规政策体系及启示	李剑泉、田康、陈绍志	世界林业研究	2014,27(02):70-76
659	2014	Study on theEcology System of Hani Terraced Paddy Fields	赵晓迪、赵荣	Asia Agricultural Research	2014, 5(3):1793-1796

（续）

序号	发表日期	论文名称	作 者	刊物名称	卷、号、页码
660	2014	国内木材流通模式分析	胡延杰、林凤鸣、施昆山	国际木业	2014(5):1-5
661	2014	发达国家林业科技评价体系与借鉴	胡延杰、梅秀英	世界林业研究	2014,27(3):14-18
662	2014	国有林区林业林权体制改革研究:基于伊春林业林权改革试点的实践	刘振中、马强、周海川	山东科技大学学报	2014,16(3):78-82
663	2014	中国森林认证产销监管链标准与《欧盟木材法》关于合法性的比较分析	白清玉	世界林业研究	2014,(10):15-27
664	2014	林业生态文明建设的内涵、定位与实施路径	陈绍志、周海川	中州学刊	2014,91-96
665	2014	Discussion on key technologies in forestry fundamental scientific information cloud service platform	张慕博	EI	
666	2014	安徽省农村公共设施建设体制改革效应:一个投资规模效率比较的逻辑分析	刘振中、马晓河	农业经济问题	2014,416(8):65-73
667	2014	林业扶贫模式研究	赵荣、杨旭东、陈绍志、赵晓迪	林业经济	2014(8):98-102
668	2014	日本大米进口政策与WTO承诺的一致性研究	赵晓迪、朱俊峰	世界农业	2014,总第424期,94-99页
669	2014	突破绿色贸易壁垒的中国木材合法性认定体系框架构建与合法木材标准研究	李剑泉、王涛	科技成果管理与研究	2014(8)[总第94期]:87-89
670	2014	政府协议、制度环境与外商土地投资	周海川	财贸经济	2014,71-84
671	2014	中国林产品国际贸易壁垒类型现状与趋势	田康、李剑泉、叶兵	世界农业	2014(9):48~52
672	2014	北京市生态清洁小流域建设的环境效益评估	李忠魁、高发全、张爽、刘心竹	水土保持通报	2014, vol. 34, No. 5, 1-7
673	2014	美国林务局技术转移现状及启示	马文君、王忠明、龙三群	世界林业研究	2014,27卷,5期,83页
674	2014	美国林业科研发展历史研究	林昆仑、陈幸良、叶兵、赵荣	浙江林业科技	2014(5):69-75
675	2014	日本林业防灾减灾政策支持体系及借鉴	陈绍志、白秀萍	世界林业研究	2014年第5期69~73
676	2014	中国应对木材非法采伐相关贸易法规的对策建议	李剑泉、陈绍志、徐斌	国际木业	2014,(6):1-3;(8):1-3
677	2014	基于模糊综合评价法的人工林生态环境影响综合评价研究——以安徽省林业世行贷款综合发展项目为例	张明，李智勇，徐小牛	安徽农业大学学报	2014, 41(5), 848-852

（续）

序号	发表日期	论文名称	作 者	刊物名称	卷、号、页码
678	2015	1950-2010年中国森林火灾时空特征及风险分析	苏立娟、何友均、陈绍志	林业科学	2015,12(6):22-27
679	2015	发展林下经济对产业、民生和生态的影响研究	赵荣、陈绍志、张英、宁攸凉、蒋宏飞、谢和生、赵晓迪	林业经济	2015,36(12):80-85
680	2015	基于生态足迹理论的广西可持续发展能力研究	林昆仑、赵荣、陈幸良、吴海龙	林业经济	2015, 6(12):4-8
681	2015	企业生产效率的提升：拉开工资差距，还是保持相对公平	蒋业恒、李清如、董郦馥	现代财经	2015,13(4): 55-60
682	2015	森林认证对中国森林可持续经营影响的实证分析	徐斌	林业经济	2015 年第 12 期 96-99
683	2015	西班牙国家公园管理机制及其启示	陈洁、陈绍志、徐斌	北京林业大学学报(社会科学版)	2015 年第 4 期: 50-54
684	2015	China's role in the global forest sector: how will the US recovery and diminished Chinese demand influence global wood market?	Yanjie Hu、John Perez-Garcia、Alicia Robbins、Ying Liu and Fei Liu	Scandinavian Journal of Forest Research	2015年第37卷第1期:50~55
685	2015	国际森林安排独立评估报告解读及国际谈判最新进展	吴水荣、原磊磊、蒋业恒	林业经济	2015年第30卷第1期:13-25
686	2015	江西省国有林场改革进展及对策	赵晓迪、周海川、赵荣	林业经济	2015,51(1):88-96
687	2015	森林经营管理与碳汇潜力研究——以白河林业局为例	陈绍志、吴水荣、黄勤、张旭峰、刘国良	林业经济	2015年第37卷第1期:45-49
688	2015	森林认证国际新进展及启示	胡延杰、陈绍志、李秋娟	林业经济	2015年第37卷第1期:56-61
689	2015	深化集体林权制度改革综合示范区建设研究	赵荣、赵晓迪、宁攸凉、周海川、陈绍志	林业经济	2015,35(1):69-74
690	2015	世界林业机构设置概述	赵晓迪、陈绍志、赵荣	世界林业研究	2015,28(1):12-17
691	2015	以目标树为构架的人工林全林经营与天然次生林的转化研究——河北木兰林管局森林经营新探索	邬可义、陈绍志、徐成立、吴水荣	林业经济	2015年第1期
692	2015	从198.08%到2.87%反倾销案不败的要素	李剑泉、田康、叶兵	中国林业产业	2015,(2):60-61
693	2015	哈萨克斯坦林业发展现状	赵晓迪、赵荣	林业科技情报	2015,17(1):98-111
694	2015	甘肃省国有林场改革进展及对策	周海川、赵晓迪	中国经贸导刊	2015(3):46-52
695	2015	英国林业事权与支出责任划分特点及启示	李剑泉、田康、陈绍志	浙江林业科技	2015,35(01):99-105
696	2015	Empirical Analysis on Practice Feasibility of Timbers Legality Verification Work in China	Jianquan Li and Shaozhi Chen	Open Journal of Political Science	2015, Vol. 5 No. 3, 167-179

（续）

序号	发表日期	论文名称	作者	刊物名称	卷、号、页码
697	2015	How do Chinese Enterprises Respond to the International Trade Demands for Legal Forest Product?	Bin Xu, Shaozhi Chen、Yan Li	Asian Agricultural Research	2015,52
698	2015	国内林业生产的效率与生产率测算研究述评	宁攸凉	中国林业经济	2015(2):1-4
699	2015	中国集体林权制度变迁及其内在经济动因分析8 1 3 0 8 4 3 2	张旭峰、吴水荣、宁攸凉	北京林业大学学报(社会科学版)	2015年第5期:1-5
700	2015	CFCC森林经营认证综合效益调查分析	陈洁、徐斌、崔玉倩	林业资源管理	2015年第3期:130-135
701	2015	林农贷款为什么难？——基于动态博弈模型的分析	宁攸凉、宁泽逵	林业经济问题	2015年第6期:1-4
702	2015	林业对农业可持续发展的作用分析	宁攸凉、赵荣、周海川、赵晓迪	林业经济	2015(6):3-6
703	2015	中国新集体林改驱动因素研究	宁攸凉	中国林业经济	2015(6):10-15
704	2015	发展中国家贸易开放对生产率的影响:基于行业层面的实证研究	蒋业恒、李清如	经济与管理评论	2015年第7期40-45
705	2015	国际林业资金进展与比较分析	张旭峰、蒋业恒、吴水荣	林业经济	2015年第37卷第8期:97-100
706	2015	中国林业扶贫攻坚政策支持难点、成因及对策	宁攸凉、谢和生、赵荣	林业经济	2015,35(4):307-312
707	2015	国际森林公约的前景分析	蒋业恒、吴水荣	林业经济	2015年第9期,4-6页
708	2015	美国饲料产业发展及对中国的启示	周海川	农业展望	2015(9)
709	2015	中国林产品出口企业应对非法采伐贸易法规的可选途径分析	徐斌、李岩、李静	北京林业大学学报(社科版)	2015(9)
710	2015	德国森林经营及其启示	吴水荣、海因里希·施皮克尔、陈绍志、张旭峰、兰倩	林业经济	2015年第37卷第10期:34-36
711	2015	胶合板产业发展现状和原料供应情况调查(二):胶合板企业问卷调查结果分析	胡延杰	国际木业	2015年第37卷第10期:25-33
712	2015	胶合板产业发展现状和原料供应情况调查(一)	胡延杰	国际木业	2015年第37卷第10期:8~12
713	2015	北京和谐宜居之都建设中的森林文化服务提升	樊宝敏、周彩贤、马红、张德成、冯达、邹大林	林业经济	2015(11):50-56
714	2015	几内亚林业发展概况	范圣明、王忠明、张慕博、付贺龙、李安荣	世界林业研究	2015年第11期:32-40
715	2015	木材用生物质胶黏剂技术专利分析	付贺龙、王忠明、范圣明、马文君	木材工业	2015年第6期:86-90
716	2015	木地板锁扣技术国际专利分析	王忠明、马文君、龙三群	木材工业	2015年第29卷第1期:18-23

（续）

序号	发表日期	论文名称	作 者	刊物名称	卷、号、页码
717	2015	中国农村公共设施建设体制创新与社会公平	刘振中	中国农村观察	2015(1):31-37
718	2015	“可持续”深化中非林业经贸合作	李茗	国际木业	2015 年第 2 期:33-35
719	2015	巴布亚新几内亚林业概况及木材出口管理	李茗、徐斌、陈洁	国际木业	2015 年第 1 期:23-26,32
720	2015	美国丹佛生态廊道丛生美洲黑杨生长量调查与评价	谭艳萍、刘畅、丁蕴一、张德成	中国城市林业	2015,28(1):85-91
721	2015	森林保险毛费及保额计算模型研究	张德成、陈绍志、白冬艳	林业经济	2015 年第 2 期:1-7
722	2015	国外林区道路发展现状及启示	白秀萍、陈绍志、何友均、李茗、王雅菲	世界林业研究	2015 年第 3 期:52-63、86
723	2015	国外高保护价值森林判定的进展与启示	赵劼	世界林业研究	2015 年第 6 期:108-111
724	2015	基于农民增收视角的石漠化片区分类治理研究	林昆仑、陈幸良、赵荣	林业经济问题	2015(6):47-51
725	2015	山东曲阜孔庙孔府孔林古树名木的文化价值	樊宝敏、李智勇、丰伟、谢和生	生态文明世界	2015(6):7-9
726	2015	美国丹佛生态廊道古树健康分级与养护	谭艳萍、丁蕴一、刘畅、张德成	中国城市林业	2015 年第 4 期:1-5
727	2015	我国 CFO 特征与公司价值相关性实证研究	朱洁净	新智慧·财经	2015 年第 8 期:35-40,67
728	2015	我国森林文化价值的培育利用	樊宝敏	中国国情国力	
729	2015	澳大利亚土地退化管理及对策	赵晓迪、李忠魁	水土保持应用技术	2015,50(9):26-35
730	2015	林业扶贫在中国扶贫开发巩固阶段的基本经验总结	周海川、陈绍志、赵荣	林业经济	2015(5)
731	2015	农民竹业合作制度多样性及其变迁研究	谢和生、陈军华、刘永川、罗联烽	世界竹藤通讯	2015,第 4 期:84-93
732	2016	全球 REDD+筹资状况与对策研究	冯琦雅、覃鑫浩、王雅菲、何友均	世界林业研究	2016 年第 12 卷第六期:50-53
733	2016	森林经营综合效益评价方法与发展趋势	苏立娟、张谱、何友均	世界林业研究	2016 年第 13 卷第一期:50-54
734	2016	国际贸易生态足迹评估方法研究进展	李剑泉、田康、陈绍志	世界农业	2016 年第 5 期:41-47
735	2016	基于森林灾害聚类分析的防灾救灾财政政策体系研究	何友均、苏立娟、陈绍志	林业经济	2016 年第 13 卷第三期:60-62
736	2016	林业生态足迹研究进展及展望	李剑泉、巨茜、陈绍志、袁月	林业经济	2016 年第 38 卷第 6 期:70-77
737	2016	日本森林采伐管理体系	白秀萍、陈绍志、李蓓、陈勇	世界林业研究	2016 年第 37 卷第 10 期:13-19

（续）

序号	发表日期	论文名称	作 者	刊物名称	卷、号、页码
738	2016	产权改革与资源管护-基于森林灾害的分析	张英、陈绍志	中国农村经济	2016年第10期：15-27
739	2016	国有林场改革效果评价-基于职工状况的统计分析	张英、陈绍志、赵荣	林业经济	2016年第37卷第11期：73-77
740	2016	绿道的发展及在中国的实践研究	刘畅、孙欣欣、谭艳萍等	中国城市林业	2016年第13卷第6期：49-54
741	2016	我国企业境外林业投资现状分析与建议	李静、荆涛	林业资源管理	2016年12月第6期：59-63
742	2016	中国自贸区负面清单林业外商投资管理初探	张衔、樊宝敏	北京林业大学学报（社会科学版）	2016，15（2）：70-74
743	2016	基于SCI的木材用生物质胶黏剂技术文献计量分析	付贺龙、王忠明、马文君、范圣明	林产工业	2016年43卷第1期：36-40
744	2016	木/竹重组材制造技术专利分析	王忠明、范圣明、张慕博、付贺龙、李安荣	木材工业	2016年第1期：P25-30
745	2016	从林业建设角度破解“胡焕庸线”的思考	樊宝敏	中国国情国力	2016，（2）：58-60
746	2016	对我国森林资源价值核算的评述与建议	李忠魁、陈绍志、张德成、赵晓迪	林业资源管理	2016年第1期：9-13
747	2016	非木质林产品认证发展现状	李秋娟、陈绍志、胡延杰	世界林业研究	2016年第29卷第1期：14-18
748	2016	高保护价值森林与生态公益林区划比较研究	赵劼、贺薇、吕爱华、王红春	世界林业研究	2016年第29卷第2期：38-43
749	2016	全球林产品贸易分析	胡延杰	国际木业	2016年第2期：1-4
750	2016	森林火灾保险纯费率厘定模型及实证分析	张德成、陈绍志、白冬艳	林业科学	2016年第52卷第7期
751	2016	非木质林产品认证	胡延杰	森林与人类	2016年第3期：46
752	2016	基于森林认证的环境影响评估应用指南研究	赵劼	世界林业研究	2016年第29卷第3期：1-8
753	2016	俄罗斯原木法案潜在影响及政策建议	宿海颖、陈晓倩	林业经济	2016年第38卷第4期：88-91
754	2016	南京市道路绿化美景度评价	刘畅、陈小芳、孙欣欣	中国城市林业	2016年第14卷第2期：53-58
755	2016	乌兹别克斯坦林业发展现状	赵晓迪、赵荣	世界林业研究	2016年第29卷第2期：91-96
756	2016	非木质林产品认证的效益	胡延杰	森林与人类	2016年第5期：51
757	2016	日本绿道建设概况及启示	刘畅、陈小芳、孙欣欣等	世界林业研究	2016年第29卷第3期：91-96
758	2016	森林认证的市场需求	赵劼、贺薇	森林与人类	2016年第6期：134-135
759	2016	中国林业企业海外生存之路-秘鲁	陈绍志、宿海颖、刘小丽	国际木业	2016年第46卷第6期：1-4

（续）

序号	发表日期	论文名称	作 者	刊物名称	卷、号、页码
760	2016	“海外林业投资论坛”在河北曹妃甸成功召开	宿海颖、钱伟聪	国际木业	2016 年第 46 卷第 7 期:1-3
761	2016	森林自然灾害防治规划系统运行机理及政策分析——面向森林自然灾害防治的规划管理	张德成、陈绍志、白冬艳、陈勇	林业经济	2016 年 02 期
762	2016	基于DEA窗口模型的重点国有林区森工企业技术效率评估	宁攸凉、陈绍志	林业经济问题	2016 年第 36 卷第 4 期:289-294
763	2016	履行负责人森林经营中资企业在行动-12 家中资企业承诺负责任的森林经营	宿海颖	国际木业	2016 年第 46 卷第 8 期:1-3
764	2016	森林认证在中国的实践	赵劼、张军	森林与人类	2016 年第 8 期:128
765	2016	浙江淳安县竹林生态服务价值评估研究	冯琪雅、李忠魁	世界竹藤通讯	2016 年第 14 卷第 4 期:30-32
766	2016	森林公园旅游发展现状及提升对策	吴潇、陈绍志、赵荣	林业经济	2016(9):38-42
767	2016	我国非木质林产品认证发展现状与对策	胡延杰	林业经济	2016 年第 38 卷第 9 期:61-65
768	2016	澳大利亚生物多样性保护管理及政策	尚玮姣、王忠明、陈民、付贺龙、廖世容	世界林业研究	2016 年第 29 卷第 5 期,82-86
769	2016	印度治沙经验及对中国的启示	赵晓迪、李忠魁	水土保持通报	2016 年第 36 卷第 5 期:360-364
770	2016	示范林场建设重点扶持项目-现代森林经营模式和综合技术推广	陈绍志、吴水荣	科技成果管理与研究	2016 年第 5 期:64-66
771	2016	国有林场改革形势下森林经营面临的机遇与制约因素	李婷婷、陈绍志、兰倩、吴水荣	林业经济	2016 年第 27 卷第 6 期:81-85
772	2016	集约型工业原料林经营管理模式研究 ——广西壮族自治区国有派阳山林场的实践创新	兰倩、陈绍志、吴水荣、张远华、李婷婷	林业经济	2016 年 44 卷 11 期
773	2016	近自然森林发展类型在我国经营类型改进中的应用	李婷婷、陈绍志、吴水荣、邬可义、兰倩	世界林业研究	2016 年第 12 期:22-26
774	2016	中国林业企业在莫桑比克经营现状与对策分析	校建民、蒋宏飞	世界林业研究	2016 年第 6 期:1-7
775	2016	符合国际市场要求的中国木材合法性尽职调查体系构建	崔玉倩、陈洁、徐斌	世界林业研究	2016 年 44 卷 12 期
776	2016	莫桑比克林业发展现状及中莫两国林业合作探析	蒋宏飞、校建民	世界林业研究	2016 年第 3 期:82-99
777	2016	会计职能与企业价值研究现状	朱洁净	财会月刊	2016 年第 4 期:52-60
778	2016	采伐强度对水源涵养林林分结构特征的影响	李婷婷、陈绍志、吴水荣、邬可义、兰倩	西北林学院学报	2016 年 29 卷第 5 期:24-28
779	2016	近自然小流域森林经营理论与实践	兰倩、吴水荣、邬可义、陈绍志、李婷婷	世界林业研究	2016 年第 10 期:46-57

（续）

序号	发表日期	论文名称	作 者	刊物名称	卷、号、页码
780	2017	重点国有林区森工企业全要素生产率影响因素分析——基于动态面板模型的实证研究	宁攸凉、宁泽逵、郭斌	林业经济	2016年39卷第9期:57-62
781	2017	A Review and Reflection of Value Account of Forest Resources	李忠魁、陈绍志、张德成、赵晓迪、冯琪雅、王雨	Journal of Environmental Science and Engineering B	2017年5卷11期:528-534
782	2017	圭亚那林业投资环境及森林可持续经营管理	宿海颖、韩峥、宁攸凉、蒋宏飞	国际木业	2017年第11期:1-3
783	2017	重点国有林区森工企业技术效率影响因素研究——基于面板数据模型的分析	宁攸凉、宁泽逵	西北林学院学报	2017年31卷6期:308-312
784	2017	大兴安岭林业集团公司境外投资成效及经验分享	宁攸凉、宿海颖	国际木业	2017年第12期:1-3
785	2017	我国海外林业投资落实自愿性指南的激励机制研究	宿海颖、韩峥、陈勇、蒋宏飞	世界林业研究	2017年29卷第6期:75:79
786	2017	国外森林权属制度改革现状与路径	白秀萍、余涛、颜国强	世界林业研究	2017年 Vol. 30 No. 2 Apr. 2017
787	2017	基于经济学视角的现代森林经营模式驱动力分析-以木兰林管局近自然全流域森林经营模式为例	张旭峰、吴水荣、王林龙、袁红姗	林业经济	2017年39(10):66-70
788	2017	南阳市森林与湿地资源生态系统服务价值评估及其经济贡献分析	张旭峰、吴水荣、王邦磊、安静、郭占胜	西北林学院学报	2017年32(03):306-312
789	2017	森林生态系统碳储量及碳通量遥感监测研究进展	邹文涛、陈绍志、赵荣	世界林业研究	2017(5)
790	2017	树种选择与配置对森林生态系统服务的影响	程中倩、袁红姗、吴水荣、王冬琳	世界林业研究	2017,30(01):31-36
791	2017	县域尺度森林生态系统服务价值评估实践探索-以河南省西峡县为例	张旭峰、袁红姗、吴水荣、王邦磊、安静、郭占胜	生态经济	2017, 33 (11): 158-161,195
792	2017	《濒危野生动植物国际贸易公约》管制树种变化对中国木材企业的影响分析	孟倩、罗信坚、刘颖、李正红	林业经济	2017年第2期:43-46
793	2017	洪都拉斯林业现状与合作展望	李秋娟、陈绍志、谢和生、吴潇、郭姗姗.	世界林业研究	2017年30卷第1期:81-85
794	2017	基于百度指数的森林公园客流量影响因素分析	吴潇、陈绍志、赵荣	林业资源管理	2017(1):27-30
795	2017	中东欧地区林业发展现状即"16+1"合作前景分析	王燕琴、陈洁、顾亚丽	林业资源管理	2017年2月第1期:153-159
796	2017	北京市人口与森林和谐度研究	张衔、樊宝敏	林业经济	2017年第4期:83-86
797	2017	关于发展我国林业共享经济的探讨	张德成、白冬艳、马一博、朱洁净	世界林业研究	2017年30卷第4期:3-8

（续）

序号	发表日期	论文名称	作 者	刊物名称	卷、号、页码
798	2017	基于DEA-Malmquist的杜仲栽培模式投入产出效率分析	赵铁蕊、赵荣、陈绍志	林业经济问题	2017,37(4):92-95
799	2017	中国进口《濒危野生动植物国际贸易公约》管制树种的贸易动态研究	孟倩、罗信坚、刘颖、李正红	世界林业研究	2017年30卷第2期:73-76
800	2017	中国林产品采购经理指数权重体系分析	罗信坚、孟倩	世界林业研究	2017年30卷第2期:92-96
801	2017	着眼长远立足实际探索林业科学技术领域前沿课题	周红	科技成果管理与研究	2017:5-6
802	2017	中国林业PMI指数的统计检验	孟倩、罗信坚、陈绍志、刘颖	统计与决策	2017年第8期:86-89
803	2017	基于AHP的中国杜仲产业发展态势分析	赵铁蕊、赵荣、石小亮、陈绍志	林业经济	2017,39(6):49-54
804	2017	基于马克思立场和产权理论的我国集体林权制度深化改革探析	高发全、李忠魁、高川	中国林业经济	2017年第3期(总第144期):22-26
805	2017	集体林地造林潜力与造林模式研究	张英、赵荣、陈绍志	林业经济	2017,39(6):82-86
806	2017	秦皇岛市建设绿色多元化农场分析	刘荣家、叶兵	南方农业	2017:61-63
807	2017	全球野生动物资源可持续利用与贸易现状和启示	王文霞、胡延杰、陈绍志	世界林业研究	2017年30卷第3期:1-5
808	2017	CFCC/PEFC互认对认证产品市场的影响	王燕琴、陈洁、徐斌、顾亚丽	林业经济	2017年第39卷第7期:103-106
809	2017	森林保健空间的营造与培育	刘荣家、张志永	内蒙古林业	2017,(7):16-17
810	2017	森林文化价值提升路径	樊宝敏	中国国情国力	2017年第7期:29-31
811	2017	我国近20年木结构相关研究文献分析	付贺龙、王忠明、马文君、廖世容	木材工业	2017年31卷第4期:28-31
812	2017	我国人造板进出口现状及目标市场分析	陈勇、张曦	中国人造板	2017年第7期,页码:1-6
813	2017	林业精准扶贫若干问题研究——以湖南湖北两省为例	韩锋、韩非、赵荣	林业经济	2017,39(8):37-41
814	2017	山西林业精准扶贫模式研究	钱腾、仇晓璐、赵荣	林业经济	2017,39(8):42-46,92
815	2017	社区参与森林可持续经营与管理研究	谢和生、宋超、何亚婷、王鹏、何友均	世界农业	2017年第7期:50-54
816	2017	试谈互联网对林业标准化工作的作用	付贺龙、李忠魁、李安荣、尚玮姣	中国质量与标准导报	2017年总第238期:73-76
817	2017	中国古代榆树文化的基本内涵	张志永、毕超、杨晓晖、李成、叶兵	中国城市林业	2017,17(4):46-50
818	2017	中国输美木地板企业遭遇双反调查的影响实证分析	蒋宏飞、陈勇	林业经济问题	2017年37卷第3期:70-73

（续）

序号	发表日期	论文名称	作 者	刊物名称	卷、号、页码
819	2017	集体和个人所有的公益林生态补偿研究综述	仇晓璐、陈绍志、赵荣	世界农业	2017,（9）：216－220,231
820	2017	国内外地理标志保护模式比对研究	程志强、王忠明、马文君、范圣明	农产品质量与安全	2017 年第 5 期：19-23
821	2017	国有林场改革若干问题研究——以福建省属国有林场为例	韩锋、高月、赵荣	林业经济问题	2017,05, 39-43
822	2017	国有林场森林经营管理引入森林认证的思考	李秋娟、陈绍志、胡延杰、王 枫	世界林业研究	2017 年 30 卷第 5 期:93-96
823	2017	国有森林资源资产有偿使用制度探悉	周海川	林业经济问题	2017 年 37 卷第 1 期:11-17
824	2017	基于 GM(1,1)模型的我国油茶产业发展预测	吴潇、陈绍志、赵荣	林业经济问题	2017,37(05):92-96
825	2017	精准扶贫研究综述	仇晓璐、陈绍志、赵荣	林业经济	2017,(10):21-27
826	2017	林业产业发展对贫困人口数量的影响研究——基于 3 个贫困县调查数据的实证分析	李珍、商迪、赵荣、刁钢、秘天仪	林业经济	2017,(10):35-39
827	2017	林业开放获取现状与进展	尚玮姣、王忠明、付贺龙、廖世容	农业图书情报学刊	2017 年 29 卷,第 1 期:38-43
828	2017	梅花鹿驯养繁殖经济效益评价	韩锋、陈绍志、赵荣	野生动物学报	2017,38(1):22-27
829	2017	全球木质林产品贸易现状及发展趋势分析(二)	胡延杰	国际木业	2017 年第 10 期:1-3
830	2017	森林认证国际进展与启示	胡延杰	国际木业	2017 年第 1 期:1-5
831	2017	少数民族地区林业精准扶贫效果分析——基于云南省怒江州贡山、福贡两县调研	韩锋、郝学峰、包雪梅、赵荣	林业经济	2017,39(10):15-20
832	2017	我国发展林业共享经济的意义及可能性	张德成、白冬艳	林业经济	2017 年 39 卷第 10 期:81-85
833	2017	绿色信贷支持林业发展的实践与思考——以广西壮族自治区为例	宁攸凉、宿海颖	林业经济	2017 年 39 卷第 11 期:87-91
834	2017	Comparative Reasearch on Zoning of High Conservation Value Forest and Ecological Forest	赵劼、贺薇、吕爱华、王红春	Journal of Landscape Research	2017,9(1)75-79
835	2017	全球木质林产品贸易现状及发展趋势分析(三)	胡延杰	国际木业	2017 年第 10 期:1-4
836	2017	德国籍林学家戈特里布·芬次尔年谱	王希群	北京林业大学学报(社会科学版)	2017:56-62
837	2017	四川省国有林场改革问题研究	吴潇、陈绍志、赵荣	北京林业大学学报社科版	2017,16(3):56-60
838	2017	消除森林认证市场的阻碍因素	赵劼、申凯歌	森林与人类	2017,134-135

（续）

序号	发表日期	论文名称	作 者	刊物名称	卷、号、页码
839	2017	集体林开展森林认证分析	胡延杰	森林与人类	2017 年第 4 期：48-50
840	2017	全球化背景下的世界林业发展新理念	胡延杰	林业经济	2017 年 39 卷第 5 期：46-50
841	2017	森林认证有哪些理论	赵劼、陈利娜	森林与人类	2017：128
842	2017	北京乡土椴树资源开发利用对策探讨	何桂梅、邓华、何友均	林业资源管理	2017(3)：25-30
843	2017	基于网络地理信息系统的林业资源统计数据可视化系统设计	鲁东民、王忠明、付贺龙	世界林业研究	2017 年第 3 期：46-5
844	2017	绿色农业及绿色经济发展的思考	刘荣家、叶兵、张迪	湖北农业科学	2017：56-57
845	2017	森林认证驱动力在哪里	赵劼、介婷	森林与森林	2017：128
846	2017	Approach to the Distribution and Design of EcologicalCivilization Construction for the Loess Plateau Area：Taking the Upper Reaches Area of Zhihe River inYonghe County as Example	李忠魁、李有华、聂兴山、阎国振	Journal of Environmental Science and Engineering B	2017 年 6 卷 7 期：391-399
847	2017	美、加、澳的森林认证	赵劼、陈利娜	森林与人类	2017：128
848	2017	成功的森林认证体系	赵劼、介婷	森林与人类	2017：126-128
849	2017	花田在中国发展的可行性分析	刘荣家、叶兵	现代园艺	2017：30-32
850	2017	空气质量与公共健康：以森林吸收烟粉尘为例	周海川	林业科学	2017 年 53 卷第 8 期：121-130
851	2017	“Anatomy，microstructure，and endogenous hormone changes in Gnetum parvifolium during anthesis”	Qian Lan、Jian – Feng Liu、Sheng – Qing Shi、Nan Deng、Ze – Ping Jiang、and Er – Mei Chang	Journal of Systematics and Evolution	2017，Volume 9999，Issue 9999：1-11
852	2018	中国森林认证新领域—野生动物饲养管理认证	王文霞、陈绍志、胡延杰等	野生动物学报	2018，38(4)：671-674
853	2018	森林认证对生物多样性影响研究进展	王文霞、陈绍志、胡延杰等	世界林业研究	2018，30(6)：1-5
854	2018	基于 SWOT 分析的我国林业绿色信贷政策探讨	吴静、陈洁、徐斌	世界林业研究[J]. 2018 (2)	2018，31(2)：93-96
855	2018	森林经营标准化的法律依据及问题探讨	张德成、李忠魁、白冬艳	标准科学	2018 年第 1 期，第 40-45 页
856	2018	作为绿色基础设施的城市森林概念与问题分析	王鹏、樊宝敏、何友均、王剑、李智勇	世界林业研究	2018，31(02)：88-92
857	2018	中国林业产业发展与变化分析——基于世界投入产出表的实证研究	蒋业恒、陈勇、张曦	林业经济	2018 年第 40 卷第 1 期 44-49，55 页
858	2018	居民对城市森林生态文化的认知与需求研究	王鹏、何友均、李智勇	林业经济	2018，11：20-25 转 106

(续)

序号	发表日期	论文名称	作 者	刊物名称	卷、号、页码
859	2018	全国统一碳市场运行背景下林业碳汇交易发展策略分析	何桂梅、徐斌、王鹏、陈绍志	林业经济	2018, 315 (11) : 72-78
860	2018	集体林权制度改革对农户收入的影响——基于倾向得分匹配法(PSM)的实证分析	仇晓璐、陈绍志、赵荣	中国农业大学学报(自然科学版)	2018, 23 (12): 211-220
861	2018	China plies its trade	HU Yanjie	Tropical Forest Update	2018, 27(2): 11-15
862	2018	中国林业产业关联分析及未来发展预测	李秋娟、陈绍志、赵荣	林业经济	2018, 40 (3): 11-15
863	2018	中国锯材进口变化及影响因素的实证分析	李秋娟、陈绍志、赵荣	西北林学院学报	2018,33(4):282-288
864	2018	基于重心模型的中国主要木材交易市场空间分布演变分析	杨羽昆、陈绍志、赵荣	林业经济	2018, 40 (6): 64-69, 85
865	2018	中国主要木材交易市场发展时空变化分析	杨羽昆、陈绍志、赵荣、荆玉慧	世界林业研究	2018(3):48-51
866	2018	攻坚克难,加快推进国有林区改革	宁攸凉、赵荣、马一博	中国林业	2018(8):10-11
867	2018	浙江省林权抵押贷款模式创新研究	韩锋、赵铁蕊、赵荣	林业经济	2018, 40 (9): 27-30
868	2018	世界林业碳汇交易变化分析及对我国的启示	何桂梅、王鹏、徐斌、陈绍志、何友均	世界林业研究	2018,31(5):1-6
869	2018	不同经营模式对蒙古栎天然次生林林分结构和植物多样性的影响	冯琦雅、陈超凡、覃林、何亚婷、王鹏、段艺璇、王雅菲、何友均	林业科学	2018, 54 (1): 12-21
870	2018	中国与美国木质林产品贸易分析	李剑泉、郭慧敏	国际木业	2018 (1): 1 - 7; (2):1-5
871	2018	打破“胡焕庸线”的设想	樊宝敏	中国国情国力	2018 年第 1 期: 40-42
872	2018	凌道扬年谱——纪念凌道扬先生诞辰 130 周年	王希群	北京林业大学学报(社会科学版)	2018 年第 1 期:1-22
873	2018	森林抚育共享经济发展构想	张德成	中国国情国力	2018 年第 3 期: 45-47
874	2018	河南省南太行区域生态保护与社会经济发展探讨	王希群	林业经济	2018 年第 2 期: 47-50
875	2018	山东省森林文化价值评估与提升路径	樊宝敏	山东林业科技	2018 年第 3 期: 104-108
876	2018	中国传统架厢运木的历史及社会文化贡献探讨	张德成	农业考古	2018 年第 3 期: 40-48
877	2018	积极促进林业文化遗产认定与管理	樊宝敏	中国国情国力	2018 年第 7 期: 37-40
878	2018	中国林业科技进步贡献率测算分析:2000-2015 年	张娇、宁攸凉	林业经济	2018(11):90-95

(续)

序号	发表日期	论文名称	作 者	刊物名称	卷、号、页码
879	2018	论“森林国家”实现路径	樊宝敏	中国科技成果	2018 年第 21 期: 4-7
880	2018	森林保险区划研究	张英,刁钢,陈绍志、赵荣	林业经济问题	2018,38(2):66-72
881	2018	Measuring Eco-Efficiency of State-Owned Forestry Enterprises in Northeast China	Youliang Ning, Zhen Liu, Zekui Ning, and Han Zhang	Forests	2018, 9(8): 455(1-13)
882	2018	德国森林经营方案编制特点与启示	张超、刘慧珍、吴水荣、李婷婷、程中倩	世界林业研究	2018 年第 31 卷,第 6 期:65-70
883	2018	加蓬林业发展现状及中加两国林业合作展望	宿海颖、陈勇、刘小丽、钱伟聪	世界林业研究	2018 年第 31 卷第 6 期:76-81
884	2018	浅析我国农林产品地理标志知识产权的保护概况	程志强、王忠明、马文君	中国林副特产	2018(01):92-94
885	2018	国内外木质材料干燥技术专利分析	马文君、王忠明、范圣明、付贺龙	木材工业	2018,32(02):28-32+37
886	2018	基于 PSR 概念模型的我国木材安全评价	李秋娟、陈绍志、赵荣	中国农业大学学报(自然科学版)	2018(3):140-148
887	2018	我国陆路口岸管理研究——以绥芬河口岸为例	钱伟聪	国家林业局管理干部学院学报	2018 年 17 卷第 66 期:54-58
888	2018	中国在全球经济体系中的位置:基于世界投入产出数据库的研究	蒋业恒、陈勇、张曦	财政经济评论	2018 年上卷第 1 期:84-100
889	2018	林业期刊集群平台-中国林业期刊网一期建设探索与实践	李玉敏、王忠明、高发全、谭艳萍、谢袆坤、朱安明	科技与出版	2018:103-106
890	2018	绿色“一带一路”助力企业走出去 ——中莫两国签署林业谅解备忘录	刘小丽、钱伟聪	国际木业	2018 年 48 卷第 4 期:1-2
891	2018	我国森林天然更新及人工促进天然更新的现状与展望	程中倩、吴水荣、刘世荣	山西农业大学学报(自然科学版)	2018 年卷 38, 10 期: 71-76
892	2018	企业纳税筹划中的风险问题及应对策略的研讨	郑秋东	纳税	2018 年第 33 期: 3-4
893	2018	国外乡村振兴发展经验与启示	王林龙、余洋婷、吴水荣	世界农业	2018 年第 12 期
894	2018	浅析日本森林康养政策及运行机制	王燕琴、陈洁、顾亚丽	林业经济	2018 年第 40 卷第 4 期:108-112
895	2018	日本森林资源增长特点与采伐利用政策	王燕琴、白秀萍、陈洁	世界林业研究	2018 年第 31 卷第 2 期:82-87
896	2018	赴瑞典家庭林主协会考察报告	谢和生、胡元辉、汪国中、王冬、王登举	国际木业	2018 年 48 卷第 3 期:42-45
897	2018	国内外林业标准化研究概览	王雨、李忠魁	中国标准化	2018 年第 7 期: 72-76
898	2018	混交林与纯林的生态经济优势机理分析	王林龙、吴水荣、袁红姗	林业经济问题	2018 年卷 38,第 4 期:18-22

（续）

序号	发表日期	论文名称	作 者	刊物名称	卷、号、页码
899	2018	林业适应气候变化研究的现状及展望	陆霁、吴水荣	林业经济	2018年卷40、第8期:75-79
900	2018	品牌价值评价与林业应用研究	王雨、李忠魁	林业经济	2018年卷40，9期:55-60
901	2018	湿地生态补偿标准与模式研究进展	段艺璇、林田苗、赵晓迪、何友均	林业经济	2018,(7):76-81
902	2019	Study on the Price Fluctuation & Dynamic Relation between Log and Sawn Timber	Rong Zhao, Gang Diao and Shaozhi Chen	Forest Products Journal	2019,69(1):34-
903	2019	2007—2017年世界林产品贸易现况及前景展望	赵晓迪、王建华、毛玉明、余永泉	国际木业	2019年6期:60-65
904	2019	面向生态系统服务的城市森林分类体系研究	王鹏、樊宝敏、何桂梅、李智勇	中国城市林业	2019,16(06):35-39
905	2019	杉木龙泉码价定价方法考证及应用前景探讨	张德成	林业经济	2019年第40卷第12期:101-110
906	2019	汪振儒年谱——纪念汪振儒先生诞辰110周年	王希群	北京林业大学学报(社会科学版)	2019年第4期:17-29
907	2019	中国古代对竹子采伐方法的记载及辨析	张德成	竹子学报	2019年第37卷第3期:12-19+36
908	2019	浑善达克沙地榆树种群结构和动态特征	张志永、杨晓晖、张晓、刘艳书、时忠杰	中国沙漠	2019,38(3):524-534
909	2019	基于生态系统管理的土地退化治理政策研究	王鹏、谢和生、何友均、王雅菲、朱安明、王登举	生态经济	2019，35(01):202-206+224
910	2019	我国城市森林的生态系统服务探析	王鹏、王剑、何桂梅	中国城市林业	2019,17(01):71-75
911	2019	中国林业统计数据可视化系统设计与实现	程志强、王忠明、丁浩宸	世界林业研究	2019,32(01):85-90
912	2019	世界木塑复合材料专利分析	付贺龙、王忠明、马文君、范圣明	木材工业	2019,33(02):39-43
913	2019	树木学家洪涛年谱	王希群、李春义	北京林业大学学报(社会科学版)	2019年第1期:1-8
914	2019	我国东南半壁优先实现森林化的战略构思	樊宝敏	北京林业大学学报(社会科学版)	2019年第3期:1-6
915	2019	阿尔山市哈拉哈河城市绿心湿地公园设计	姜子夏、刘志成	林业科技通讯	2019年第4期:11-14
916	2019	全面停伐对长白山森工集团发展的影响及问题研究	赵荣、李秋娟、陈绍志、仇晓璐	林业经济	2019,41(5):7-10
917	2019	“关于国有林场改革的一些问题思考与经验借鉴——基于四川省改革实践的分析”	张英、赵荣、姜建军	林业经济	2019,41(7):30-35
918	2019	对凌抚元两本林业史学著作的介绍	王希群	北京林业大学学报(社会科学版)	2019年第3期:14-18

（续）

序号	发表日期	论文名称	作 者	刊物名称	卷、号、页码
919	2019	区域绿色空间用途管制理论分析与关键问题识别	王鹏、陈亚、何友均、闫钰倩	生态经济	2019, 35 (09): 177-181+221
920	2019	湿地蓄水主要监测方法研究进展	宋争、何友均	世界林业研究	2019年第4期32卷:12-17
921	2019	整体性治理视角下林长制改革研究	宁攸凉、韩锋、赵荣、王登举	林业经济	2019年第9期:93-98
922	2019	FSC森林经营认证中国标准的最新变动	校建民、赵麟萱、马利超、王艳艳	世界林业研究	2019,32(01):6-10
923	2019	分析个人所得税改革的思路和政策建议	郑秋东	时代金融	2019年第1期:80-82
924	2019	基于人林共生时间的森林文化价值评估	樊宝敏、李智勇、张德成、魏玲玲、谢和生	生态学报	2019年第39卷第2期:692-699
925	2019	进化中的自然——法国风景园林历史演变与设计响应	王鹏	生态文明世界	2019,30(04):80-91
926	2019	科研事业单位内部控制体系建设探析	苏善江、王彪、于燕峰	商业会计	2019年第667期:91-93
927	2019	中美贸易战对林产品贸易的影响及其对策建议	陈勇、王登举、宿海颖、蒋宏飞、张曦	林业经济问题	2019年第39卷、第1期:1-6
928	2019	国家公园体制试点区居民支付与受偿意愿研究	赵晓迪、于超、何友均、闫钰倩	中南林业科技大学学报	2019年11期:141-146
929	2019	Effects of tree age and waterlogging duration on the form factors of Populus deltoides	Zheng Song	Forestry Studies	2019年第70期:58-67
930	2019	国际森林认证体系FSC最新进展	王文霞、胡延杰、周银花	国际木业	2019,5:47-49
931	2019	我国野生动物饲养管理认证绩效跟踪研究	王文霞、杨亮亮、胡延杰、陈绍志、黄松林、许红军、周银花	野生动物学报	2019,40(4):1097-1100
932	2019	野生动物人工繁育对种群保护影响机制探究	王文霞、杨亮亮、胡延杰、陈绍志、黄松林	世界林业研究	2019,32(6):54-59
933	2019	Assessment of Ecosystem Services Value in a National Park Pilot	Zhao Xiaodi, Yu Chao, He Youjun, Ye Bing, Zou Wentao, Xu Danyun	Sustainability	2019年12期:online
934	2019	中国林业碳汇项目额外性论证实践	于天飞、赵惠君、武曙红	世界林业研究	2019年32卷、第六期、1-3
935	2019	“一带一路”倡议下中俄林业合作现状与政策建议	宿海颖、陈勇	林业经济	2019年第41卷、第2期:41-45
936	2019	分析事业单位会计内部控制存在的问题与对策	郑秋东	现代商业	2019年第2期:140-141
937	2019	林业科研体制中外比较研究	宋超、梁巍、吴水荣	林业科技通讯	2019年第2期46-48页

（续）

序号	发表日期	论文名称	作 者	刊物名称	卷、号、页码
938	2019	林业实现两山论的战略思考	张德成	中国国情国力	2019年第2期：42-44
939	2019	林业标准质量评估研究	王雨、李忠魁	林业经济	2019年第3期，125-128
940	2019	林业定点扶贫绩效评估研究	仇晓璐、陈绍志、赵荣、李秋娟	林业经济	2019(3):10-16
941	2019	世界木塑复合材料专利分析	付贺龙、王忠明、马文君、范圣明	木材工业	2019年第33卷第2期:43-47
942	2019	浙江省林权抵押贷款风险及防范策略研究	赵荣、韩锋、赵铁蕊	林业经济	2019(4):32-35,98
943	2019	2018年我国人造板进出口贸易分析	陈勇、张曦、王旖琳	林业经济	2019年第41卷、第5期:75-82
944	2019	Policy Forum: Challenges and ways forward in implementing " A Guide on Sustainable Overseas Forest Management and Utilization by Chinese Enterprises"	宿海颖、韩峥、Lukas Giessen	Forest Policy and Economics	2019,102(2019):114-118
945	2019	Study on the short-term and long-term Granger causality relationship between China's domestic and imported timber prices	Z Rong, K Ma, D Gang	Journal of Forest Research	2019(5):131-136
946	2019	林业文化遗产分类体系和认定标准初探	樊宝敏、杨文娟、张德成	温带林业研究	2019年第2期：34-39
947	2019	森林认证：作用机制与国际关注热点	胡延杰、王文霞	中国林业产业	2019年第5期：78-80页
948	2019	森林认证与森林可持续经营辨析	胡延杰	林业经济	2019年第41卷第5期45-48页
949	2019	生态文明建设中林业贡献率研究	袁红姗、吴水荣、余洋婷	林业经济	2019年第41卷，第5期:3-6,18
950	2019	凌道扬振兴林业思想述要	樊宝敏、王枫	林业经济	2019年第6期:8-13
951	2019	我国小规模联合森林认证效果调查与分析	校建民、赵麟萱、韩锋、马利超、王艳艳	世界林业研究	2019,32(04):97-100
952	2019	近年我国海关野生动物走私状况分析	王文霞、杨亮亮、胡延杰、陈绍志	野生动物学报	2019,40(3):797-800
953	2019	中国传统架厢运木技术	张德成、周海宾、夏恩龙、樊宝敏	林产工业	2019年第46卷第4期:57-60
954	2019	自然保护区森林旅游对社区农户收入水平影响分析	韩锋、宁攸凉、赵荣	生态经济	2019,35(8):136-140
955	2019	Captive Breeding of Wildlife Resources—China's Revised Supply-side Approach to Conservation	王文霞、杨亮亮、Torsten Wronski、陈绍志、胡延杰、黄松林	Wildlife Society Bulletin (IF 1.29)	2019,43(3):425-135

（续）

序号	发表日期	论文名称	作 者	刊物名称	卷、号、页码
956	2019	浑善达克沙地榆树疏林中木本植物空间格局及种内和种间关系分析	张志永、时忠杰、杨晓晖、刘艳书、张 晓	植物资源与环境学报	2019,28(3)：33-43
957	2019	中国古代林木主伐宜忌月份的考证与辨析	张德成	北京林业大学学报(社会科学版)	2019年第18卷第3期:42-52
958	2019	中国森林思想发展脉络探析	樊宝敏	世界林业研究	2019年第5期:1-8
959	2019	我国林业科技期刊刊群建设路径探讨	高发全	情报杂志	2019年37卷，2018年增刊,119-121
960	2019	中国林产品主要贸易国家的市场特点分析	蒋宏飞、郭慧敏、李剑泉	林业经济	2019年第41卷第3期:45-49
961	2019	钱江源国家公园体制试点区湿地生态系统服务价值评估	段艺璇、赵晓迪、邹文涛、闫钰倩、许单云、叶兵、何友均	林业经济	2019,41(4):50-57
962	2019	自然保护区森林旅游对农户收入分配结构的影响	韩锋、赵麟萱、宁攸凉、赵荣	世界林业研究	2019,32(5):102-105
963	2019	山西省中条山4种栎类林分的土壤特性	程中倩、吴水荣、耿玉清、吴应建、李红平、李亚成	安徽农业大学学报	2019年第2期
964	2019	“基于定量评价方法的《中国森林认证 森林经营》国家标准质量评估”	付博、赵劼	标准科学	2019(06):40-45
965	2019	GB/T 28952—2018《中国森林认证 产销监管链》标准解读	付博、赵劼	中国人造板	2019,26(08):31-35
966	2019	国家公园生态资源资产定价机制研究	肖仁乾、赵晓迪、何友均、闫钰倩、叶兵、许单云、邹文涛	林业经济	2019,41(8):3-9
967	1991	中国林业科技实力评价	李智勇	林业科学	1991,27(5),517-525
968	1997	黄家二岔小流域治理动态监测与系统评估方法研究 Ⅰ. 动态监测体系的建立与应用	李中魁、王礼先、孙立达	土壤侵蚀与水土保持学报	1997, 3(2), 46
969	1997	鲁中南山地刺槐萌生更新林经济效果评价	陈尔学、郭衡、梁玉堂	林业科学研究	1997, 10(1), 6
970	1998	黄土高原小流域治理效益评价与系统评估研究:以宁夏西吉县黄家二岔为例	李中魁	生态学报	1998, 18(3), 241
971	1999	21世纪初世界林业科技十大发展趋势	关百钧	世界林业研究	1999, 12(6), 2
972	1999	论我国宏观林业理论创新研究体系	侯元兆、黄先峰	世界林业研究	1999, 12(3),1

（续）

序号	发表日期	论文名称	作 者	刊物名称	卷、号、页码
973	1999	中国森林税制改革的方向—立地税:从森林税制,芬兰立地税看中国森林税制改革	张耀启、刘丹	世界林业研究	1999,12(1),68
974	1999	法属圭亚那热带雨林的经营与研究	于玲	世界林业研究	1999,12(1),63
975	1999	美国的森林采伐税及其特点	李卫东	世界林业研究	1999,12(1),58
976	1999 年	国际森林问题的背景及其发展	陆文明	中国林业	1999(1)
977	2000	世界森林资源保护及中国林业发展对策分析	李维长	资源科学	2000, 22(6), 71
978	2000	我国热带林资源现状与发展	庄作峰	世界林业研究	2000,13(6),38
979	2000	世界森林能源现状与发展趋势	关百钧	世界林业研究	2000,13(6),1
980	2000	加入 WTO 对我国林业发展的影响	徐长波	世界林业研究	2000,13(4),46
981	2000	天然林保护工程对木材相关行业的影响及对策	庄作峰	世界林业研究	2000,13(3),53
982	2000	国外人工用材林发展比较研究	侯元兆、赵杰、张涛	世界林业研究	2000, 13(3), 11
983	2000	发展海外林业经济合作的战略构想	徐长波、徐春富、李忠魁	世界林业研究	2000, 13(2), 74
984	2000	开发境外森林资源促进我国林业发展	李中魁、徐长波、徐春富、关景芬	世界林业研究	2000, 13(1), 43
985	2001	森林认证与生态良好	陆文明	世界林业研究	2001, 14(6), 54
986	2001	木材生产与生态良好(上)	沈照仁	世界林业研究	2001, 14(6), 48
987	2001	商品人工林的环境管理策略	李智勇	世界林业研究	2001, 14(6), 41
988	2001	关于生态良好的哲学思考	邵青还	世界林业研究	2001, 14(6), 8
989	2002	退耕还林(草)的含义与实施基础的研究	支玲、刘俊昌、华春	世界林业研究	2002, 15(6), 69-75
990	2002	中国林业发展背景的千年剧变和设计新型林业制度的历史使命	侯元兆	世界林业研究	2002, 15(1), 74-80
991	2002	我国西北地区森林生物灾害发生特点及可持续控制策略	刘开玲、赵文霞	世界林业研究	2002, 15(5), 41-48
992	2002	木材生产与生态良好(下)	沈照仁	世界林业研究	2002, 15(1), 29-35
993	2002	林木无性繁殖研究进展	兰彦平、顾万春	世界林业研究	2002, 15(6), 7-13
994	2002	国外林业政府机构演变和重组我国林业部的必要性	侯元兆	世界林业研究	2002, 15(5), 1-8
995	2002	发挥水土保持效益 建设良好生态环境	李忠魁	世界林业研究	2002, 15(2), 15-21
996	2003	林业可持续发展和森林可持续经营的框架理论(上)	侯元兆	世界林业研究	2003, 16(1), 1-5

（续）

序号	发表日期	论文名称	作 者	刊物名称	卷、号、页码
997	2003	林业可持续发展和森林可持续经营的框架理论(下)	侯元兆	世界林业研究	2003，16(2)，1-6
998	2003	中国历史上森林破坏对水旱灾害的影响——试论森林的气候和水文效应	樊宝敏、董源、张钧成、印嘉佑	林业科学	2003，39(3)，136-142
999	2003	蒙古栎天然群体等位酶遗传多样性研究	李文英	林业科学研究	2003，16(3)，269-276
1000	2003	清代前期林业思想初探	樊宝敏、李智勇	世界林业研究	2003，16(6)，50-54
1001	2003	对近自然林业理论的诠释和对我国林业建设的几项建议	邵青还	世界林业研究	2003，16(6)，1-5
1002	2003	中国竹业产业化发展模式研究	陈勇	世界林业研究	2003，16(5)，50-54
1003	2003	世界森林资源现状与分析	关百钧	世界林业研究	2003，16(5)，1-5
1004	2004	按照"激励相容"原理启动热带次生林和退化林地的可持续经营	侯元兆	世界林业研究	2004，17(6)，25-29
1005	2004	世界森林经营思想的演变及其对我们的启示	施昆山	世界林业研究	2004，17(5)，1-3
1006	2004	西部退耕还林经济补偿机制研究	支玲、李怒云、王娟、孔繁斌	林业科学	2004，40(2)，2-8
1007	2004	西部退耕还林工程社会影响评价—以会泽县、清镇市为例	支玲、李怒云、田治威、王娟、林德荣	林业科学	2004，40(3)，2-11
1008	2005	林业植物新品种的保护与比较	李卫东	世界林业研究	2005，18(4)，23-26
1009	2005	森林·蒸散·气候·沙漠——试论中国森林变迁对沙漠演替的影响	樊宝敏、李智勇	林业科学	2005，41(2)，154-159
1010	2005	森林面临的大挑战——淡水资源短缺	关百钧	世界林业研究	2005，18(1)，12-16
1011	2005	森林碳汇市场的演进及展望	林德荣、李智勇、支玲	世界林业研究	2005，18(1)，1-5
1012	2005	蒙古栎天然群体表型多样性研究	李文英、顾万春	林业科学	2005，41(1)，49-56
1013	2006	我国的绿色 GDP 核算研究：未来的方向和策	侯元兆	世界林业研究	2006，19(6)，1-5
1014	2006	美国的森林资源及其利用现状	李卫东	世界林业研究	2006，19(4)，61-64
1015	2006	浅议生物多样性与森林生态系统生产力的关系	林娜	世界林业研究	2006，19(2)，34-38
1016	2006	森林资产评估的基本要素	景谦平、侯元兆	世界林业研究	2006，19(2)，1-6
1017	2007	用灰色关联度法评价森林涵养水源生态效益——以辽东山区主要森林类型为例	张德成、殷鸣放、魏进华	水土保持研究	2007，14(4)，96-99，104

（续）

序号	发表日期	论文名称	作 者	刊物名称	卷、号、页码
1018	2007	打击木材非法采伐的森林执法管理与贸易国际进程	李剑泉、陆文明、李智勇、段新芳	世界林业研究	2007，20(6)，67-71
1019	2007	林业生态工程综合效益后评价工作研究进展	刘勇、支玲、邢红	世界林业研究	2007，20(6)，1-5
1020	2007	现代林业育苗的理念与技术	侯元兆	世界林业研究	2007，20(4)，24-29
1021	2007	森林认证中的失信行为及对策	台雯、刘开玲、陆文明	世界林业研究	2007，20(3)，78-80
1022	2007	俄罗斯森林资源与木材生产分析	李剑泉、陆文明、李智勇、段新芳、欧阳华、周宇	世界林业研究	2007，20(5)，48-52
1023	2007	波兰的森林认证	台雯、赵劼、陆文明	世界林业研究	2007，20(1)，70-74
1024	2008	社会性别视角下的退耕还林工程	李娜、李维长	世界林业研究	2008，21(5)，77-80
1025	2008	从政府作用角度看喀麦隆的森林认证	肖翔、陆文明	世界林业研究	2008，21(5)，64-67
1026	2008	以森林认证促进我国森林可持续经营的途径分析	赵劼、陆文明	世界林业研究	2008，21(5)，60-63
1027	2008	中俄木工机械发展现状与政策建议	宿海颖、李智勇、陈嘉文	世界林业研究	2008，21(4)，63-67
1028	2008	森林休闲发展现状及趋势	叶晔、李智勇	世界林业研究	2008，21(4)，11-15
1029	2008	日本政府木材绿色采购政策分析	申伟、陆文明	世界林业研究	2008，21(2)，58-62
1030	2009	合法木材定义的初探	王光忻、陆文明、胡延杰、孙久灵	广东农业科学	2009（12），355-357
1031	2009	林业数字参考咨询服务模式探析	周树琴、王忠明	广东农业科学	2009（11），191-194
1032	2009	中国开展人工林 FSC 认证面临的潜在障碍	校建民、万坚	世界林业研究	2009，22(5)，77-80
1033	2009	国外林产品加工业价值链升级研究概况及启示	李福生、李智勇、谢和生、张德成	世界林业研究	2009，22(5)，22-26
1034	2009	集体林权制度改革的制度经济学探析	赵芳、王登举	广东农业科学	2009（10），203-205,219
1035	2009	林农乡土技术对农户家庭年收入及森林保护意识的影响	陈娟、李维长、李子轩、赵芳	广东农业科学	2009(7)，224-227
1036	2009	中国木材进口影响因素分析	魏旸艳、陆文明、郎书平	世界林业研究	2009，22(2)，78-80
1037	2009	森林休闲概念辨析	叶晔、李智勇	世界林业研究	2009，22(2)，75-77

(续)

序号	发表日期	论文名称	作 者	刊物名称	卷、号、页码
1038	2009	智利的人工林认证标准	郎书平、陆文明、胡延杰、魏旸艳	世界林业研究	2009，22(2)，67-70
1039	2009	国外发展私有林主协会的启示	张德成、李智勇、徐斌	世界林业研究	2009，22(2)，12-16
1040	2009	从国外的私有林发展看我国的林权改革	侯元兆	世界林业研究	2009，22(2)，1-6
1041	2009	世界竹藤商品贸易现状及趋势	吴君琦、张禹	世界林业研究	2009，22(3)，69-71
1042	2009	乡土知识的林农利用研究与实践	陈娟、李维长	世界林业研究	2009，22(3)，25-29
1043	2009	森林资源资产评估管理	景谦平、侯元兆	世界林业研究	2009，22(3)，5-7
1044	2009	森林认证助推世界私有林及我国非公有制林业的发展	徐斌、夏恩龙、刘小丽	世界林业研究	2009，22(3)，1-4
1045	2009	国外生物质能源产业扶持政策	刘宁、张忠法	世界林业研究	2009，22(1)，77-80
1046	2010	森林生态系统服务价值核算理论与评估方法研究进展	孟祥江、侯元兆	世界林业研究	2010，23(6)，8-12
1047	2010	国外工业用材林集约经营技术比较与借鉴	胡延杰	世界林业研究	2010，23(5)，6-10
1048	2010	减少毁林和森林退化引起的排放：一个综述视角的分析	林德荣、李智勇	世界林业研究	2010,23(2)，1-4
1049	2011	城市森林生态效益评价及模型研究现状	韩明臣、李智勇	世界林业研究	2011，24(2)，42-46
1050	2011	基于模糊综合评价法的中国杭州市湿地种子植物多样性评价(英文)	刘勇、Renate Burger-Arndt、李智勇	林业科学	2011，47(11)，13-18
1051	2011	瑞典林业财政制度及其对我国的启示	陈洁、李剑泉	世界林业研究	2011，24(5)，57-61
1052	2011	马来西亚森林采伐管理制度研究	夏恩龙、李智勇、陈勇、董其英	世界林业研究	2011，24(4)，61-65
1053	2011	国内外林业科技成果信息共享平台现状及发展趋势	周大伟、王忠明	广东农业科学	2011，38（11），172-174
1054	2011	我国植物新品种保护信息共享问题探讨	文芳芳、王忠明	世界林业研究	2011，24(3)，78-80
1055	2011	FSC标准与中国法规之间的冲突分析	校建民、万坚	世界林业研究	2011，24(1)，60-63
1056	2012	多功能林业系统协同发展模式探讨	陈云芳、李智勇	世界林业研究	2012，25(3)，74-77
1057	2012	我国林业知识产权发展研究	范圣明、王忠明、龚玉梅、马文君	世界林业研究	2012，25(2)，57-62
1058	2012	我国林产品地理标志知识产权保护问题探讨	范圣明、王忠明、周大伟	广东农业科学	2012，39（2），185-187,191

（续）

序号	发表日期	论文名称	作 者	刊物名称	卷、号、页码
1059	2013	人工林与绿色经济	张明、李智勇、何友均	世界林业研究	2013，26(1)，7-11
1060	2013	基于ArcGis的林木和林地资产评估方法	李玉敏、杨小建、郎璞玫、侯元兆、张力、郎奎建	东北林业大学学报	2013，41(12)，123-127
1061	2013	印度尼西亚木材非法采伐现状分析	姜凤萍、陆文明、孙睿、孙久灵	世界林业研究	2013，26(3)，79-82
1062	2015	国外森林文化价值评价指标研究现状及分析	朱霖、李岚、李智勇、樊宝敏、张德成	世界林业研究	2015，28(5)，92-96
1063	2015	乌干达林业发展概况与林业管理体系	朱霖、张德成、李智勇、谢和生、苏立娟	世界林业研究	2015，28(3)，70-74
1064	2015	北京妙峰山森林文化条件价值评估	朱霖、李智勇、樊宝敏、张德成、苏立娟	林业科学	2015，51(6)，9-16
1065	2015	1950—2010年中国森林火灾时空特征及风险分析	苏立娟、何友均、陈绍志	林业科学	2015，51(1)，088-096
1066	2016	印度治沙经验及其对中国的启示	赵晓迪、李忠魁	水土保持通报	2016，36(5)，360-364
1067	2016	重点国有林区森工企业技术效率影响因素研究———基于面板数据模型的分析	宁攸凉、宁泽逵	西北林学院学报	2016，31(6)，308-312
1068	2016	全球REDD+筹资状况与对策研究	冯琦雅、覃鑫浩、王雅菲、何友均	世界林业研究	2016，29(4)，1-6
1069	2016	现行林产品政府绿色采购政策及借鉴	曹熔琨、李秋娟、陆文明	世界林业研究	2016，29(3)，7-11
1070	2017	我国国有林场森林经营管理引入森林认证的思考	李秋娟、陈绍志、胡延杰、王枫	世界林业研究	2017，30(5)，93-96
1071	2018	不同龄组长白落叶松种内及种间竞争研究	罗梅、陈绍志	北京林业大学学报	2018，40(9)，33-44
1072	2018	集体林权制度改革对农户收入的影响———基于倾向得分匹配法(PSM)的实证分析	仇晓璐、陈绍志、赵荣	中国农业大学学报	2018，23(12)，211-220
1073	2018	国际林业碳汇交易变化分析及对我国的启示	何桂梅、王鹏、徐斌、陈绍志、何友均	世界林业研究	2018，31(5)，1-6
1074	2018	森林文化价值发展动力系统机制分析	宋军卫、李智勇、樊宝敏、张德成	世界林业研究	2018，31(3)，87-91
1075	2018	CFCC与FSC林产品产销监管链认证标准对比分析	刘旭、陆文明	世界林业研究	2018，31(3)，83-86
1076	2019	自然保护区森林旅游对农户收入分配结构的影响——以我国5个国家级自然保护区周边社区474户农户为例	韩锋、赵麟萱、宁攸凉、赵荣	世界林业研究	2019，32(5)，102-105

（续）

序号	发表日期	论文名称	作 者	刊物名称	卷、号、页码
1077		Certification Mechanism for Sustainable Forest Management and Its Progress in China and Abroad	LU Wenming	Chinese Forestry Science and Technology	
1078		Study on the Value of Forest to Conserve Soil and Water in Beijing	LI Zhongkui, ZHOU Bingbing	Chinese Forestry Science and Technology	
1079		The Boundary and Object for Evaluation on Environmental Cost for Commercial Plantation	LI Zhiyong	Chinese Forestry Science and Technology	
1080		Application of Participatory Approaches in Land Conversion Project Planning: A Case Study in Quxian County、Sichuan Province	LI Weichang, DENG Huafeng	Chinese Forestry Science and Technology	
1081		Introduction of Action Plan of Forestry Sustainable Development of Qinzhou – Fangchenggang area, Guangxi Zhuang Autonomous Region, China	MENG Yongqing, SHI Kunshan, GUAN Baijun1, YE Bing, IANG Dongyun, LUO Yuxin, SUPARMO Darmo	Chinese Forestry Science and Technology	
1082		A Policy Review on Watershed Protection and Poverty Alleviation by the Grain for Green Program in China	LI Zhiyong	Chinese Forestry Science and Technology	
1083		Strategic Trend of Chinese Urban Forestry Development	Li Zhiyong	Chinese Forestry Science and Technology	
1084		Economic Benefit Analysis of Sedimentation Reduction by Forests in Miyun Watershed	XIAO Jianmin, MA Lvyi, HUANG Donghui	Chinese Forestry Science and Technology	
1085		Extension Strategies in Sloping Land Conversion Program in China: An Analysis of their Strengths and Limitations	WU Shuirong	Chinese Forestry Science and Technology	
1086		Ideas on Policy Framework of China's Bamboo Industry Development	LI Zhiyong, WANG Dengju, FAN Baomin, XIAO Jianming, CHEN Yong, LIU Yan, BAO Yingshuang	Chinese Forestry Science and Technology	
1087		Effect of Gap Size on Seedling Establishment of Tsuga longibracteata	ZHU Xiaolong	Chinese Forestry Science and Technology	
1088		Ethical Dimensions of Payment for Forest Environmental Services	WU Shuirong	Chinese Forestry Science and Technology	
1089		Problems and Countermeasures to Timber Trade between China and Russian Far East Region	LI Jianquan, HOU Jianjun, DUAN Xinfang, LU Wenming	Chinese Forestry Science and Technology	
1090		Tropical Timber Trade Flows in P. R. China	HU Yanjie, LIN Fengming, SHI Kunshan	Chinese Forestry Science and Technology	

（续）

序号	发表日期	论文名称	作 者	刊物名称	卷、号、页码
1091		A New Indicator for Modern Forestry Development: Forest Thickness	FAN Baomin, LI Zhiyong, CHEN Jie	Chinese Forestry Science and Technology	
1092		Analysis on Impact Factors for Forest Management Income of Forest Farmers in China	ZHANG Decheng, LI Zhiyong, YANG Hongguo, BAI Dongyan	Chinese Forestry Science and Technology	
1093		Evaluation of Loss of Degraded Farmland Ecosystem Services in Tibet, China	LI Zhongkui, HAN Shuyi, AWANG Baima	Chinese Forestry Science and Technology	
1094		Factors Influencing Timber Trade between China and Russia	LI Jianquan, LU Wenming, LI Zhiyong	Chinese Forestry Science and Technology	
1095		International Processes on Criteria and Indicators for Sustainable Forest Management and their Influences on China	XIA Enlong, LI Zhiyong, XU Bin, YANG Hong guo	Chinese Forestry Science and Technology	
1096		Policies, Actions and Effects for China s Forestry Response to Global Climate Change	LI Zhiyong, LI Nuyun, HE Youjun, WU Shuirong	Chinese Forestry Science and Technology	
1097		Research Review of Post-Evaluation for Comprehensive Benefits of Forestry Ecological Programs	LIU Yong, CHEN Jie, ZHI Ling	Chinese Forestry Science and Technology	
1098		Revelation from Management System Reform of State-owned Forests of Hessen State in Germany	LIU Yong, LI Zhiyong, YE Bin	Chinese Forestry Science and Technology	
1099		Status Quo of Furniture Industry Development in China	HU Yanjie	Chinese Forestry Science and Technology	
1100		Sustainable Management of Planted Forests in China: Comprehensive Evaluation、Development Recommendation and Action Framework	HE Youjun, LI Zhiyong, CHEN Jie, LIU Yong, LIU Daoping, WU Shengfu, QIN Yongsheng, XU Zhijiang	Chinese Forestry Science and Technology	
1101		BASIC CONNOTATION OF MODERN FORESTRY AND DEVELOPING TREND IN CHINA	Wang Dengju	Chinese Forestry Science and Technology	
1102		Current Situation and Challenges of Plantation Development in China	TAN Xiufeng, ZHOU Fengzhi	Chinese Forestry Science and Technology	
1103		Current Status and Development Prospect of Carbon Sequestration Forestry in China	MENG Xiangjiang, HOU Yuanzhao	Chinese Forestry Science and Technology	
1104		Impact of Russian Log Export Tariffs on China	SU Haiying, LI Zhiyong, YANG Hongguo	Chinese Forestry Science and Technology	
1105		Investigation and Analysis of Chinese Enterprises Exploiting Forest Resources in Russia	HU Yanjie	Chinese Forestry Science and Technology	

（续）

序号	发表日期	论文名称	作 者	刊物名称	卷、号、页码
1106		Potential Impact of Forest Bioenergy on Environment in China	HE Youjun, LASZLO Mathe, CHEN Jie, HAN Zheng	Chinese Forestry Science and Technology	
1107		Research on Ecological Civilization Evaluation Index System	FANG Anwen, WANG Dengju	Chinese Forestry Science and Technology	
1108		Status of Forest - Based Bioenergy and Related Policies in China	LI Zhiyong, LI Nuyun, HE Youjun	Chinese Forestry Science and Technology	
1109		Analysis on Forest Tending Subsidies Policy in China	CHEN Jie, ZHANG Decheng, WANG Dengju	Chinese Forestry Science and Technology	
1110		Cost - Benefit Analysis on Forest Certification for Forest Management and Forestry Industry Development in China	ZHAO, Jie, LI, Zhongkui, HU, Yanjie	Chinese Forestry Science and Technology	
1111		Ecosystem - management - based Management Models of Fast-growing and High - yield Plantation and Its Eco-economic Benefits Analysis	WANG Dengju	Chinese Forestry Science and Technology	
1112		Forest Policies Addressing Climate Change in China	WU Shuirong, LI Zhiyong, YU Tianfei	Chinese Forestry Science and Technology	
1113		Main Timber Legality Verification Schemes in the World	SU Haiying, REN Haiqing, CHEN Yong	Chinese Forestry Science and Technology	
1114		Problems in Fast - growing and High - yield Plantation Ecosystem Management and Their Countermeasures in China	WANG Dengju, HUANG Lili	Chinese Forestry Science and Technology	
1115		Review on Forest Policy Development in China	HU Yanjie, CHENG Liyuan, CHEN Xiaoqian	Chinese Forestry Science and Technology	
1116		State and Trend Analysis of Industrial Plantation Development in Foreign Countries	HU Yanjie, WANG Fang	Chinese Forestry Science and Technology	
1117		Valuation of Forest Ecosystem Services and Benefit Sharing: A Case Study of Qingdao City, China	WU Shuirong, GUO Shitao, LIN Qiao'e, YAN Xiujing, HOU Yuanzhao	Chinese Forestry Science and Technology	
1118		A Study of Science and Technology Support System for Multifunctional Forestry	Wang Dengju, Huang Lili	Chinese Forestry Science and Technology	
1119		Analysis and Forecast for Timber Supply and Demand in China	TAN Xiufeng	Chinese Forestry Science and Technology	

（续）

序号	发表日期	论文名称	作 者	刊物名称	卷、号、页码
1120		Comparison of Social Benefits of Forest under Different Management Models:A Case Study of Close-to-Nature Forest Management in Harbin, China	BAI, Xiuping, WU, Keyi, ZHAO, Debin, ZHOU,Jinbei	Chinese Forestry Science and Technology	
1121		Development Trend of Foreign Trade Policy for China's Forest Industry	Chen Yong, Li Jianquan,Su Haiying	Chinese Forestry Science and Technology	
1122		Key Impact Factors to Success of Forest Certification	Xu Bin	Chinese Forestry Science and Technology	
1123		Historical Changes of Ginkgo Biloba L. Culture	CHEN Feng-jie, FAN Bao-min	Asian Agricultural Research	
1124		Review and Outlook on Forest Certification Development	HU Yanjie	Chinese Forestry Science and Technology	
1125		Willingness of farmers to participate in food traceability systems: improving the level of food safety	Rong Zhao, Shao-zhi Chen	Forestry Studies in China	
1126		Intraspecific and interspecific competition of Larix olgensis plantations in different age groups(Article)	Luo M,Chen S	Journal of Beijing Forestry University	
1127		Economic Benefit Analysis of Sedimentation Reduction by Forests in Miyun Watershed, Beijing	XIAO Jianmin,MA Lvyi,HUANG Donghui	Chinese Forestry Science and Technology	
1128		Allozymes Genetic Diversity of Quercus mongolica Fisch in China	LI Wenying,GU Wanchun	Chinese Forestry Science and Technology	
1129		Current Status and Progress of Market for Forest Environmental Services	CHEN Yong,CHEN Jie	Chinese Forestry Science and Technology	
1130		Transfer of Scientific Expertise into Successful Forest Policy: Assessment for Monitoring and Evaluating Sustainable Forest Management in China	XIAO Jianmin, WANG Shurong	Chinese Forestry Science and Technology	
1131		Comparative Study on Public Forest Management and Forest Law in France and USA	CHEN Jie	Chinese Forestry Science and Technology	
1132		Economic Benefit Analysis of Carbon Sequestration of Five Typical Forest Types in BeijingMiyun Watershed	XIAO Jianmin,WU Zhiping	Chinese Forestry Science and Technology	
1133		Research on Post-evaluation in 1st Phase Aims ofThree North Shelterbelt Program Based on Fuzzy Comprehensive Evaluation Method	LIU Yong	Chinese Forestry Science and Technology	

（续）

序号	发表日期	论文名称	作者	刊物名称	卷、号、页码
1134		Assessment of China's Green Public Procurement Policy on Forest Products	LI Zhiyong, HE Youjun, SU Haiying	Chinese Forestry Science and Technology	
1135		Countermeasure Strategy for China's Wood Enterprises to Meet Timber Legality Requirements	ZHAO Jie, LUO Xinjian	Chinese Forestry Science and Technology	
1136		On Effects of Ecological Culture on Institution	WANG Dengju	Chinese Forestry Science and Technology	
1137		Thoughts on Development of Green Agriculture and Green Economy —— Based on the Survey of Farms in Qinhuangdao	RongjiaLIU, BingYE, DiZHANG	Asian Agricultural Research	
1138		Empirical Analysis on the Practical Feasibility of Timber Legality Verification Work in China	Jianquan Li, Shaozhi Chen	Open Journal of Political Science	
1139		Comparative Research on Zoning of High Conservation Value Forest and Ecological Forest	ZHAO Jie, HE Wei, LV Aihua, WANG Hongchun	Journal of Landscape Research	

注：本表仅统计科信所职工作为第一作者发表的论文。

3. 科信所建所以来科技人员出版专著译著一览表

序号	出版年	图书名称	作者	出版单位
1	1958	林业工作者手册	林凤鸣译	中国林业出版社
2	1958	山地森林学（下册）：山地森林的主伐和间伐	魏宝麟，沈照仁译	中国林业出版社
3	1974	国外林业概况	中国农林科学院科技情报研究所编	科学出版社
4	1989	林产工业经济学	陈志煊，魏宝麟，林凤鸣译	中国林业出版社
5	1989	世界林业	关百钧主编	中国林业出版社
6	1992	世界林业发展道路	董志勇主编，关百钧，魏宝麟副主编	中国林业出版社
7	1992	中国林业科技实力．水平．战略	李智勇著	吉林科学技术出版社
8	1992	林区小型木材加工企业	联合国粮食及农业组织编，施昆山等译	中国农业科技出版社
9	1994	世界林业发展概论	关百钧，魏宝麟主编	中国林业出版社
10	1994	中国竹类植物图志	朱石麟主编	中国林业出版社
11	1995	中国森林资源核算研究	侯元兆主编	中国林业出版社
12	1996	小流域综合治理监测与评估	李忠魁著	西安地图出版社
13	1996	国外林业产业政策	林凤鸣主编，闫忠学，石峰副主编	中国林业出版社
14	1997	生态林业理论与实践	（德）哈茨费尔德主编，沈照仁等译	中国林业出版社

（续）

序号	出版年	图书名称	作 者	出版单位
15	1998	社会林业理论与实践（中、英文版）	李维长，何丕坤编著	云南民族出版社
16	1998	中国林业发展的回顾与展望：亚太林业展望研究中国国家报告	施昆山，林凤鸣，李智勇编著	中国环境科学出版社
17	1998	市场经济国家的国有要林发展模式与发展道路	石峰，李智勇著	中国林业出版社
18	2000	兴生态旅游 促社区发展	李维长主编	中国环境科学出版社
19	2000	世界林业科技现状与发展趋势	孟永庆主编	中国林业出版社
20	2000	北京市森林资源价值	周冰冰，李忠魁编著	中国林业出版社
21	2001	世界热带林业研究	侯元兆主编	中国林业出版社
22	2001	中国热带森林环境资源	侯元兆主编	中国科学技术出版社
23	2001	世界私有林概览	李智勇，闫振主编	中国林业出版社
24	2001	当代世界林业	施昆山，石峰，李卫东编著	中国林业出版社
25	2002	热带林学 - 基础知识与现代理念	侯元兆，杨众养，王琦，杨家驹等编著	中国林业出版社
26	2002	自然资源与环境经济学（第二版）	侯元兆译著	中国经济出版社
27	2002	森林环境价值核算	侯元兆主编；李玉敏，张颖，张涛副主编	中国科学技术出版社
28	2002	中国私营林业政策研究	陆文明，（英）兰德尔-米尔斯主编	中国环境科学出版社
29	2003	森林可持续经营标准指标工具书	国际林业研究中心标准与指标工作组著；陆文明，胡延杰等编译	中国农业科技出版社
30	2004	森林资源核算 下：会议论文 核心文献	侯元兆主编	中国科学技术出版社
31	2004	森林资源核算：理论与方法	侯元兆主编	中国科学技术出版社
32	2004	参与式方法在退耕还林工程中的应用：云、贵、川、晋四省的案例调查	李维长主编 王登举，郭广荣副主编	贵州科技出版社
33	2004	林业可持续发展和森林可持续经营理论与案例	侯元兆著	中国科学技术出版社
34	2005	森林资源核算 上：理论方法 海南案例 绿色GDP 绿色政策	侯元兆，张颖，曹克瑜主编	中国科学技术出版社
35	2008	中国森林生态史引论	樊宝敏，李智勇著	科学出版社
36	2008	三江源自然保护区森林植物多样性及其保护研究	何友均著	中国林业出版社
37	2008	分权管理策略：森林、人民与权力	李维长主编	人民武警出版社
38	2009	主要国家《森林法》比较研究	李智勇，（德）斯特芬.曼，叶兵主编	中国林业出版社
39	2009	城市森林与树木	李智勇，何友均等译著	科学出版社
40	2009	中国林业思想与政策史（1644—2008 年）	樊宝敏著	科学出版社
41	2010	中国多功能林业发展道路探索	中国林业科学研究院“多功能林业”编写组编著	中国林业出版社

（续）

序号	出版年	图书名称	作 者	出版单位
42	2010	国外林业生物安全法规、政策与管理研究	李智勇，何友均，张德成，樊宝敏，刘勇编著	中国林业出版社
43	2010	绿色国民经济框架下的中国 森林核算研究	中国森林资源核算及纳入绿色GDP研究项目组编	中国林业出版社
44	2011	可持续森林培育与管理实践	李怒云，何友均，李智勇，韩峥主编	中国林业出版社
45	2011	多功能工业人工林生态环境管理技术研究	李智勇，李怒云，何友均主编	中国林业出版社
46	2011	2010世界林业热点问题	徐斌，张德成主编	科学出版社
47	2011	东江源区流域保护和生态补偿研究	刘良源，李玉敏主编	江西科学技术出版社
48	2011	关税与中俄林产品贸易	宿海颖著	中国林业出版社
49	2011	现代林业与生态文明	李世东，樊宝敏，林震，陈应发编著	科学出版社
50	2011	中国林业产业重大问题调查研究报告	中国林业产业重大问题调研组主编	科学出版社
51	2011	人工林：用途、影响和可持续性	fJulian Evans 主编，刘道平，何友均译	中国农业出版社
52	2012	中国食用农产品质量安全追溯体系激励机制研究	赵荣著	中国农业出版社
53	2012	木地板锁扣技术专利分析报告(2010)	国家林业局知识产权研究中心编著	中国林业出版社
54	2012	中国木材合法性认定体系研究	陈勇，林忆芯，宿海颖，夏恩龙主编	中国林业出版社
55	2012	“森林工程”蕴含的创造国民财富与福利思想研究	朱小龙，侯元兆，漆波等编著	云南科技出版社
56	2013	森林经营对多维目标功能的影响评价与模拟研究	何友均，覃林，李智勇著	科学出版社
57	2013	多功能林业发展模式	樊宝敏，吴水荣，王彦辉 编著	科学出版社
58	2013	主导协同经营导论——多功能林业的理论框架与政策选择	李智勇，温亚利，王登举等编著	科学出版社
59	2013	世界林业专利技术现状与发展趋势	国家林业局知识产权研究中心编著	中国林业出版社
60	2013	多功能林业规划模型	张德成，李智勇，白冬艳著	科学出版社
61	2014	林业县域经济发展研究	陈绍志，陈嘉文，樊宝敏，赵荣编著	中国林业出版社
62	2014	木/竹重组材技术专利分析报告	国家林业局知识产权研究中心编著	中国林业出版社
63	2014	2013中国林业知识产权年度报告	国家林业局科技发展中心，国家林业局知识产权研究中心编	中国林业出版社
64	2014	银杏文化脉络	樊宝敏，陈凤洁，韩慧编著	科学出版社
65	2014	森林认证对森林可持续经营的影响研究	徐斌著	中国林业出版社

（续）

序号	出版年	图书名称	作　者	出版单位
66	2014	应对非法采伐与相关贸易策略研究	徐斌，陈绍志，陈勇编著	中国林业出版社
67	2014	2013 世界林业热点问题	徐斌主编	中国林业出版社
68	2015	林区道路建设与投融资管理研究	陈绍志，何友均，陈嘉文，覃鑫浩编著	中国林业出版社
69	2015	水源涵养林生态补偿研究	吴水荣著	金琅学术出版社
70	2015	2014 中国林业知识产权年度报告	国家林业局科技发展中心，国家林业局知识产权研究中心编	中国林业出版社
71	2015	奋斗历程 难忘瞬间：中国林业科学研究院历史图片集	赵巍，刘改平编著	东北林业大学出版社
72	2016	中国林业企业境外可持续经营、贸易和投资国别手册：莫桑比克篇	陈勇，玛丽亚·梅，陈绍志，李茗主编	中国林业出版社
73	2016	森林认证理论与实践	徐斌，胡延杰，陈洁主编	中国林业出版社
74	2016	森林认证关键技术应用指南	赵劼主编	中国林业出版社
75	2016	中国清代以来林业史	樊宝敏著	金琅学术出版社
76	2016	支持小型林业企业发展——促进者的工具包	李剑泉等编译	中国林业出版社
77	2016	2015 中国林业知识产权年度报告	国家林业局科技发展中心，国家林业局知识产权研究中心编	中国林业出版社
78	2016	人造板连续平压机专利分析报告	国家林业局知识产权研究中心编著	中国林业出版社
79	2016	木地板锁扣技术与地采暖用木地板技术专利分析报告(2014)	国家林业局知识产权研究中心编著	中国林业出版社
80	2016	林业多元化融资支持体系研究	陈绍志，吴今，赵荣，陈晓倩等编著	中国林业出版社
81	2016	国际植物新品种保护联盟(UPOV)信息类文件汇编	胡延杰，邓华编译	中国林业出版社
82	2016	国际植物新品种保护联盟(UPOV)解释类文件汇编	邓华，胡延杰编译	中国林业出版社
83	2016	CFCC 森林经营认证实践指南	徐斌，胡延杰，陈洁主编	中国林业出版社
84	2015	我国森林保险制度创新与机制优化	陈绍志，汤晓文，张卫民等编著	中国林业出版社
85	2016	森林文化与林区民俗	张德成，殷继艳主编	中国建材工业出版社
86	2017	林业生态建设驱动力耦合与管理创新	李智勇，张德成，王登举等著	科学出版社
87	2017	城市森林基础设施建设指南——以北京平原生态林为例	樊宝敏等著	中国林业出版社
88	2017	中国林产品进出口贸易技术标准体系研究	李剑泉 等编著	中国林业出版社
89	2017	2016 中国林业知识产权年度报告	国家林业局科技发展中心，国家林业局知识产权研究中心编	中国林业出版社
90	2017	木材用生物基胶黏剂专利与文献分析报告	国家林业局知识产权研究中心编	中国林业出版社
91	2017	新疆额尔齐斯河科克托海湿地自然保护区综合科学考察	王希群，郭保香，张利著	中国林业出版社

（续）

序号	出版年	图书名称	作　者	出版单位
92	2017	单一生态系统的自然保护区总体规划：以山西灵空山自然保护区、太宽河自然保护区为例	王希群，郭保香，王玉兵等著	中国林业出版社
93	2017	多重生态系统叠加的自然保护区总体规划：以新疆额尔齐斯河科克托海湿地自然保护区为例	王希群，郭保香，张利等编著	中国林业出版社
94	2017	巴布亚新几内亚林业管理与中巴林业合作研究	陈绍志，徐斌，陈洁编著	中国林业出版社
95	2017	当代世界林业——国别篇（上册）	陈绍志，王登举，徐斌主编	中国林业出版社
96	2017	当代世界林业——国别篇（下册）	陈绍志，王登举，徐斌主编	中国林业出版社
97	2017	中国木材合法性尽职调查体系构建研究与技术指南	徐斌，陈洁，李静主编	中国林业出版社
98	2017	圭亚那可持续森林经营与投资实务	宿海颖，陈勇，韩峥主编	中国林业出版社
99	2017	中国林业碳汇产权研究	陆霁编著	中国林业出版社
100	2017	国际林产品贸易中的碳转移计量与监测研究	陈勇，陈幸良主编	中国林业出版社
101	2017	栎类经营	侯元兆，陈幸良，孙国吉主编	中国林业出版社
102	2017	圭亚那森林可持续经营与投资实务	宿海颖，陈勇，韩峥主编	中国林业出版社
103	2018	林业重点产业竞争力与发展潜力预测	陈绍志，赵荣，刁钢，蒋业恒等著	中国林业出版社
104	2018	森林经营管理模式创新实践与示范技术体系	陈绍志，吴水荣，邬可义等著	中国林业出版社
105	2018	典型家庭林业合作组织制度：比较、选择与多样化发展	谢和生著	中国商业出版社
106	2018	中国林业事业的先驱和开拓者：凌道扬 姚传法 韩安 李寅恭 陈嵘 梁希年谱	王希群，秦向华，何晓琦等编著	中国林业出版社
107	2018	城市园林绿化苗圃规划设计	王希群，巩智民，郭保香编著	中国林业出版社
108	2018	2017 中国林业知识产权年度报告	国家林业局科技发展中心，国家林业局知识产权研究中心编	中国林业出版社
109	2018	木塑复合材料专利分析报告	国家林业局知识产权研究中心编著	中国林业出版社
110	2018	俄罗斯林业管理及中俄林业合作研究	陈绍志，宿海颖编著	中国林业出版社
111	2018	木地板锁扣技术专利分析报告（2017）	国家林业局知识产权研究中心编著	中国林业出版社
112	2018	林业重点产业竞争力和发展潜力预测研究	陈绍志，赵荣著	中国林业出版社
113	2019	东北天然次生林多目标经营与经济效应研究	何友均 覃林 梁星云等著	科学出版社
114	2019	中国集体林森林认证模式研究与联合认证实践指南	徐斌，胡延杰，陈洁等主编	中国林业出版社
115	2019	中国林产品市场分析与国际贸易研究	李剑泉，蒋宏飞等编著	中国林业出版社
116	2019	云南林业科学教育的先驱和开拓者：张福延 曲仲湘 徐永椿 任玮 曹诚一 薛纪如年谱	王希群，董琼，宋维峰等编著	中国林业出版社
117	2019	可持续土地管理制度框架与政策机制研究	王登举，何友均，王鹏等编著	科学出版社

(续)

序号	出版年	图书名称	作　者	出版单位
118	2019	2018 中国林业知识产权年度报告	国家林业和草原局科技发展中心,国家林业和草原局知识产权研究中心编	中国林业出版社
119	2019	木地板行业核心专利分析与汇编	国家林业和草原局知识产权研究中心编著	中国林业出版社
120	2019	中国企业境外森林可持续投资与贸易国别手册:加蓬	宿海颖,韩峥,王磊主编	中国林业出版社

注:本表中专著译著的统计期间为 1958—2019 年。

4. 科信所历任所长一览表

所　长	任职年限
陈致生	1964
关百钧(代所长)	1965—1966
陈国兴(主持工作副所长)	1978.05—1981.10
陈致生	1981.11—1983.05
沈照仁	1983.05—1984.12
刘永龙	1894.12—1989.01
徐长波(代所长)	1989.01—1990.01
侯元兆	1990.01—1997.01
施昆山	1997.02—2001.03
李智勇	2001.03—2011.02
陈绍志	2011.02—2016.11
王彪(代所长)	2016.11—2017.06
王登举	2017.06 至今

5. 科信所历任党委书记一览表

党委书记	任职年限
刘永龙	1983.06—1987.05
徐长波	1989.04—1997.02
谈振忠	1997.02—2001.11
李凡林	2001.11—2015.10
陈绍志(代书记)	2015.10—2016.05
王　彪	2016.05 至今

6. 科信所历任所长、副所长、所长助理一览表

时 间	所 长	副 所 长	所长助理	备 注
1964—1965	陈致生	丁方		
1965—1970	关百钧(代)			因陈致生所长参加"四清",由关百钧代所长,后为情报所"革委会"领导小组组长
1970—1978				农林两院合并,关百钧为农林科学院情报所负责人之一
1978—1981		陈国兴、关百钧、沈照仁		沈照仁从1980年4月起任副所长
1981—1983	陈致生	沈照仁、刘永龙		
1983.05—1984.12	沈照仁	左书琴		
1984.12—1987.02	刘永龙	关百钧、孙本久、左书琴		
1987.02—1989.01	刘永龙	关百钧、朱石麟、郭玉书		
1989.01—1990.01	徐长波(代)	朱石麟、郭玉书、施昆山、侯元兆		
1990.01—1993.01	侯元兆	徐长波(兼)、施昆山、王秉勇		
1993.01—1997.01	侯元兆	徐长波(兼)、施昆山、王秉勇、杜庆廉	李卫东	李卫东从1995年4月起担任所长助理
1997.01—2001.03	施昆山	谈振忠(兼)、王秉勇、杜庆廉、李卫东		
2001.03—2005.12	李智勇	李凡林(兼)、李卫东、王忠明	陆文明 叶 兵	陆文明从2001年3月至2002年12月担任所长助理,叶兵从2003年5月起担任所长助理
2005.12—2010.08	李智勇	李凡林(兼)、王忠明、王登举	叶 兵	
2010.08—2010.12	李智勇	王忠明、王登举	叶 兵	
2010.12—2013.01	陈绍志	王忠明、王登举	叶 兵	
2013.01—2015.08	陈绍志	王忠明、陈军华	叶 兵	
2015.08—2015.10	陈绍志	王忠明、陈军华、叶兵		
2015.10—2016.08	陈绍志	王忠明、叶兵		
2016.08—2017.02	陈绍志	王彪(兼)、王忠明、叶兵		
2017.02—2017.05		王彪(兼)、王忠明、叶兵		
2017.05—2019.05	王登举	王彪(兼)、王忠明、叶兵		
2019.05至今	王登举	王彪(兼)、王忠明、叶兵、戴栓友		

7. 科信所内设组织机构及主要负责人一览表

机构设置	姓 名	职 务	任职时间	备 注
办公室	鲍 发	主 任	1964	
	李振英	主 任	1965	
	左书琴	副主任	1979.04—1981.12	
	左书琴	主 任	1982.01—1985.01	
	徐长波	主 任	1985.01—1985.07	
	郭玉书	主 任	1985.07—1987.01	
	杨喜兰	主 任	1987.01—1987.08	
	申裕野	主 任	1988.03—1992.12	
	徐长波	主任(兼)	1993.09—1994.02	
	闫 桐	主 任	1994.01—1999.04	
	高发全	主 任	1999.04—2010.10	
	陈 勇	副主任	2010.10—2012.12	主持工作
	陈 勇	主 任	2012.12—2018.07	
	郝 芳	副主任		
	周亚坤	副主任	2018.02—2018.08	
	张慕博	主 任	2018.08 至今	
业务处	吴国蓁	负责人	1978	
	李惠贤	副主任	1979.04	
	刘永龙	主 任	1981.06—1983.05	
	徐长波	主 任	1983.05—1984.12	
	王秉勇	主 任	1985.01—1987.02	
组织联络处	王义文	主 任	1985.01—1987.02	
业务处	王义文	主 任	1987.02—1990.01	
	张作芳	主 任	1990.02—1992.08	
	李卫东	主 任	1992.08—1993.05	
业务管理处	张作芳	主 任	1993.05—1994.02	
业务处	李卫东	主 任	1995.04—1999.04	
	李维长	主 任	1999.04—2001.08	
	陆文明	主任(兼)	2001.08—2002.12	
	唐红英	主 任	2002.12—2004.04	
	叶 兵	主任(兼)	2004.04—2010.10	
	吴水荣	副主任	2010.10—2012.12	主持工作
	吴水荣	主 任	2012.12—2020.07	
	徐芝生	副主任	2018.06 至今	

（续）

机构设置	姓 名	职 务	任职时间	备 注
人事教育处	朱锦超	主 任	1985.01—1987.05	
	杜庆廉	主 任	1987.05—1991.03	
	杜庆廉	主任（兼）	1991.03—1993.05	
	杜庆廉	主任（兼）	1993.05—1999.04	
	余 蕾	副主任	1999.04—2003.09	主持工作
	余 蕾	主 任	2003.09—2007.03	
	宋 奇	副主任（兼）	2007.03—2010.10	
	武 红	主 任	2010.10—2013.09	
	武 红	主 任	2013.09 至今	
财务科	高桂琴	主 任	1990.02—1993.09	
	于燕峰	副主任	1999.04—2002.12	主持工作
	于燕峰	主 任	2002.12—2013.09	
计划财务处	于燕峰	主 任	2013.09 至今	
财务处	蒋晓宁	副主任		
计划财务处	李 林	副主任	2017.12 至今	
科技情报咨询室	朱石麟	主 任	1985.01—1987.02	
	郭玉书	主 任	1987.02—1987.03	
	王秉勇	主 任	1987.03—1987.08	
	白俊仪	主 任	1987.08—1988.04	
情报开发部	戎树国	主 任	1990.02	
咨询开发部	王秉勇	主任（兼）	1991.03—1991.12	
技术推广室	张水荣	主 任	1992.01—1998.01	
开发办公室	闫 桐	主 任	1993.05—1994.02	
总公司办公室	黎祜琛	主 任	1999.03—2001.08	
政治处	朱锦超	主 任	1980.05—1984.12	
党委办公室	宋 闯	主任（兼）	1985.01—1987.05	
	钱士华	主 任	1989.03	
	杨湘江	副主任	1990.07—1992.04	
	杨湘江	主 任	1992.04—1996.04	
	黎祜琛	主 任	1997.04—1999.06	
	高发全	主任（兼）	2004.08—2010.10	
	宋 奇	主 任	2010.10—2013.10	
	周 红	副主任	2016.08—2017.12	
	周 红	主 任	2017.12—2018.07	
	周亚坤	副主任（兼）	2018.06 至今	

（续）

机构设置	姓　名	职　务	任职时间	备　注
出版发行室	徐春富	副主任	1985.01—1987.02	
发行室	刘增彦	副主任	1987.02—1990	
行政科	卢永保	主　任	1994.02—1999.04	
后勤服务中心	卢永保	主　任	1999.05—2011.04	
	陈　勇	主任(兼)	2011.04—2013.09	
后勤中心	陈　勇	主任(兼)	2013.09 至今	
林业情报室	关百钧	主　任	1964.03	
森工情报室	王　喻	主　任	1964.03	
资料馆	郑桂媞	主　任	1964.03	
林业情报室	邓炳生	主　任	1979.04—1981.06	
森工情报室	徐长波	副主任	1979.04—1981.06	
综合情报室	沈照仁	主　任	1979.04—1981.06	
第一研究室	魏宝麟	副主任	1981.06—1983.05	
第二研究室	贺曼文	副主任	1981.06—1983.05	
第三研究室	郑玉华	副主任	1981.06—1983.05	
第四研究室	徐长波	副主任	1981.06—1983.05	
综合情报室	魏宝麟	主　任	1983.05—1985.01	
国外林业研究室	陈如平	主　任	1983.05—1985.01	
文摘编辑室	郑玉华	主　任	1983.05—1985.01	
国内林业研究室	白俊仪	副主任	1983.05—1985.01	
综合情报室	魏宝麟	主　任	1985.01—1987.10	
专业情报室	陈如平	主　任	1985.01—1987.08	
报道室	白俊仪	主　任	1985.01—1987.08	
国外文摘室	郑玉华	主　任	1985.01—1991.03	
国内文摘室	郭玉书	主　任	1985.01—1987.08	
专业情报室	王秉勇	主　任	1987.08—1992.01	
国内文摘室	韩有钧	主　任	1987.08—1991.03	
世界林业研究室	魏宝麟	主　任	1987.10—1991.03	
报道室	张作芳	主　任	1988.08—1990.02	
	吴秉宜	主　任	1990.02—1991.03	
情报研究部	王义文	主　任	1991.03—1993.05	
	李卫东	主　任	1993.05—1994.05	
	孟永庆	主　任	1994.05—2001.08	
	徐　斌	副主任	2001.08—2002.12	主持工作
	王登举	主　任	2002.12—2006.01	
	徐　斌	主　任	2007.02—2013.09	

（续）

机构设置	姓　名	职　务	任职时间	备　注
研究部	徐　斌	主　任	2013. 09—2017. 08	
	何有均	副主任	2013. 09—2017. 08	
文摘检索部	施昆山	主任（兼）	1991. 03—1992. 01	
	刘开玲	主　任	1992. 01—1993. 05	
情报报道部	吴秉宜	主　任	1991. 03—1993. 05	林情人字（1993）13号文：情报报道部与文摘检索部合并，改称“期刊部”
期刊部	吴秉宜	主　任	1993. 05—1999. 12	
	秦淑荣	副主任	1999. 12—2003. 09	
	秦淑荣	主　任	2003. 09—2010. 10	
	高发全	主　任	2010. 10 至今	
图书资料室	鲁虹云	主　任	1979. 04	
办公室	孙祥云	主　任	1983. 05	
采编室	张杏棉	主　任	1983. 05—1987. 04	
流通借阅室	杨公陶	副主任	1983. 05—1987. 04	
编辑室	郭玉书	主　任	1983. 05	
文献资料室	姚凤卿	主　任	1985. 10	
采访室	杨公陶	主　任	1987. 04—1988. 07	
分编室	陈　琳	副主任	1987. 04—1988. 07	
借阅室	高佩荣	副主任	1987. 04—1988. 08	
采编室	陈　琳	主　任	1988. 08—1991. 03	
图书文献部	许　路	主　任	1991. 03—1993. 05	
	程冬英	主　任	1993. 05—1999. 04	
	陈　琳	主　任	1999. 12—2001. 08	
	孙小满	副主任	2001. 08—2002. 12	主持工作
	孙小满	主　任	2002. 12 至今	
计算机开发应用室	赵　巍	副主任	1985. 01	
检索室	高佩荣	副主任	1988. 08	
计算机室	张云毅	主　任	1991. 03—1991. 07	
	王忠明	主　任	1991. 08—2002. 12	
	黎祜琛	副主任	2002. 12—2003. 09	
	黎祜琛	主　任	2003. 09—2013. 09	
网络资源部	黎祜琛	主　任	2013. 09 至今	
咨询开发部	王秉勇	主任（兼）	1991. 03—1992. 01	

（续）

机构设置	姓　名	职　务	任职时间	备　注
查新咨询室	丁蕴一	主　任	1992.01—1999.12	
	王晓原	副主任	1999.12—2003.01	
	王晓原	主　任	2003.01 至今	
铅印室	王能华	副主任	1979.04—1985.01	
印刷厂	王能华	主　任	1985.01—1987.03	
	李晓姝	副主任	1987.03—1988.02	
	姚铁力	厂长	1988.08—2003.08	
	胡平界	负责人	2003.04—2003.07	
	艾秋军	负责人	2003.07—2003.09	
	艾秋军	厂长	2003.09—2009.06	
	胡平界	厂长	2009.06 至今	
声相室	李　鹏	主　任	1987.02—1989.02	
	戎树国	主　任	1991.03—1992.08	
	董其英	副主任	1992.08—1993.05	
	董其英	主　任	1993.05—1998	

8. 科信所在国际组织任职人员一览表

序号	姓　名	工作单位、职务、职称	国际重要学术组织名称	担任何种职务	任职时间
1	李智勇	中国林科院科学信息研究所所长、研究员	国际林业研究组织联盟（IUFRO）	第六学部：社会、经济、信息和政策科学（6.11.04）经济评估及多效能林业工作组 副组长	2001—2010
2	李智勇	科信所研究员	国际林业研究组织联盟（IUFRO）	第九学部（林业经济与政策学部）林业资源经济学科组多功能林业经济评价工作组（9.04.01）组长	2010 至今
3	李智勇	科信所研究员	国际竹藤组织（INBAR）	副总干事	2010—2018
4	李维长	中国林科院科学信息研究所 研究员	国际林业研究组织联盟（IUFRO）	第六学部：社会、经济、信息和政策科学（6.03.00）信息服务及知识组织机构学科组 副协调员	2001 至今
5	吴水荣	科信所研究员	国际林业研究组织联盟（IUFRO）	第九学部（林业经济与政策）林业资源经济学科组生态系统服务价值评估与碳市场工作组（9.04.02）副组长	2010—2019
6	吴水荣	科信所研究员	国际林业研究组织联盟（IUFRO）	为了绿色未来的可持续人工林特别工作组成员	2014 至今
7	吴水荣	科信所研究员	国际林业研究组织联盟（IUFRO）	可持续森林生物量网络特别工作组成员	2014—2019

（续）

序号	姓　名	工作单位、职务、职称	国际重要学术组织名称	担任何种职务	任职时间
8	罗信坚	科信所副研究员	国际热带木材组织（ITTO）	贸易咨询委员会专家组	2018 至今
9	吴水荣	科信所研究员	国际林业研究组织联盟（IUFRO）	第九学部（林业经济与政策）林业资源经济学科组生态系统服务价值评估与碳市场工作组（9.04.02）组长	2019 至今

9. 科信所正高级职称人员、享受政府特贴专家名单

年份	年度在职、在所人员名单		其　中			享受国务院政府特殊津贴专家
	总人数	人 员 姓 名	年度新增研究员	年度新增编审	年度新增教授级高工	
1987	4	沈照仁 朱石麟 林凤鸣 关百钧	沈照仁 朱石麟 林凤鸣	关百钧		
1988	3	沈照仁 朱石麟 林凤鸣				
1989	2	朱石麟 林凤鸣				
1990	3	朱石麟 林凤鸣 魏宝麟	魏宝麟			
1991	2	朱石麟 林凤鸣				
1992	2	朱石麟 林凤鸣				魏宝麟
1993	4	朱石麟 林凤鸣 施昆山 郑玉华	施昆山	郑玉华		关百钧 沈照仁
1994	3	施昆山 郑玉华 侯元兆	侯元兆			
1995	5	施昆山 侯元兆 郑玉华 韩有钧 陈如平	陈如平	韩有钧		
1996	5	施昆山 侯元兆 韩有钧 陈如平 徐长波	徐长波			
1997	3	施昆山 侯元兆 刘开玲	陈兆文	刘开玲		施昆山
1998	4	施昆山 侯元兆 刘开玲 张作芳	李智勇	张作芳		侯元兆
1999	7	施昆山 侯元兆 刘开玲 张作芳 丁蕴一 陆文明 王士坤	丁蕴一 陆文明	王士坤		林凤鸣
2000	10	施昆山 侯元兆 刘开玲 张作芳 丁蕴一 陆文明 王士坤 李卫东 孟永庆 彭修义	李卫东 孟永庆 彭修义			
2001	13	施昆山 侯元兆 刘开玲 李智勇 张作芳 丁蕴一 陆文明 王士坤 李卫东 孟永庆 王忠明 李维长 邵青还	王忠明 李维长 邵青还			
2002	10	施昆山 侯元兆 李智勇 丁蕴一 王士坤 李卫东 孟永庆 王忠明 李维长 邵青还				李智勇

（续）

年份	年度在职、在所人员名单		其 中			享受国务院政府特殊津贴专家
	总人数	人 员 姓 名	年度新增研究员	年度新增编审	年度新增教授级高工	
2003	8	施昆山 侯元兆 李智勇 李卫东 孟永庆 王忠明 李维长 邵青还				
2004	8	施昆山 侯元兆 李智勇 李卫东 孟永庆 王忠明 李维长 李忠魁	李忠魁			
2005	7	施昆山 侯元兆 李智勇 孟永庆 王忠明 李维长 李忠魁				
2006	7	施昆山 侯元兆 李智勇 孟永庆 王忠明 李维长 李忠魁				
2007	7	施昆山 侯元兆 李智勇 孟永庆 王忠明 李维长 李忠魁				
2008	6	侯元兆 李智勇 孟永庆 王忠明 李维长 李忠魁				
2009	6	侯元兆 李智勇 王忠明 李维长 李忠魁 樊宝敏	樊宝敏			
2010	6	李智勇 王忠明 李维长 李忠魁 樊宝敏 王登举	王登举			
2011	6	李智勇 王忠明 李维长 李忠魁 樊宝敏 王登举				
2012	7	李智勇 王忠明 李维长 李忠魁 樊宝敏 王登举 陈绍志			陈绍志	
2013	6	李智勇 王忠明 李忠魁 樊宝敏 陈绍志 吴水荣	吴水荣			
2014	6	李智勇 王忠明 李忠魁 樊宝敏 陈绍志 吴水荣				
2015	6	李智勇 王忠明 李忠魁 樊宝敏 陈绍志 吴水荣	何有均			
2016	7	李智勇 王忠明 李忠魁 樊宝敏 陈绍志 吴水荣 何有均	徐斌、王希群、何桂梅			陈绍志
2017	9	李智勇 王忠明 李忠魁 樊宝敏 王登举 吴水荣 何有均 何桂梅 王希群 徐 斌	王登举、胡延杰			
2018	11	李智勇 王忠明 李忠魁 樊宝敏 王登举 吴水荣 何有均 胡延杰 何桂梅 王希群 徐 斌	李剑泉			
2019	11	王忠明 李忠魁 樊宝敏 王登举 吴水荣 何有均 胡延杰 何桂梅 王希群 李剑泉 徐 斌	陈勇			

10. 科信所研究生导师名单

批准时间	硕士生导师名单	博士生导师名单
1995 年	施昆山、侯元兆	
1997 年	李智勇	
1999 年	陆文明	
2000 年	李忠魁	侯元兆
2002 年	李维长	
2003 年	王登举、孟永庆	李智勇
2004 年	王忠明	
2005 年	樊宝敏、李剑泉	
2010 年	何友均	
2011 年	陈绍志	
2012 年	吴水荣、徐斌	
2014 年		陈绍志
2017 年	胡延杰	何友均
2018 年	赵　荣	
2019 年	陈　勇	

11. 科信所承担的重点科研项目一览表(1978—2019)

序号	起始年份	项目(课题)名称	项目类型	所属领域	起止年限	负责人
1	1978	林业汉语主题词表编制	院基金	信息网络	1978—1985	孙本久
2	1986	全国林业科技情报计算机检索及编辑系统研究	林业部“七五”重点研究课题	信息网络	1986—1987	赵巍
3	1986	世界林业事实数据库的研建	院基金	信息网络	1986—1989	朱石麟
4	1993	中国竹类综合数据库	院基金	信息网络	1993—1994	李卫东
5	1995	林业汉英拉主题词表的计算机辅助编制	院基金	信息网络	1995—1999	陈兆文、王忠明
6	1995	中国林业科技成果库	林业部重点项目	信息网络	1995—1999	张作芳、王忠明
7	1996	资源核算及纳入国民经济计算体系试点研究	“九五”科技攻关	绿色核算	1996—2000	侯元兆
8	1996	林业实用技术库的研建与开发	“九五”国家科技攻关子专题	信息网络	1996—2000	张作芳、王忠明
9	1997	中国林科院图书馆自动化系统工程	院基金	信息网络	1997—2001	彭修义
10	2000	林业科技信息网络资源建设	科技部科技基础性工作专项	信息网络	2000—2004	李卫东、王忠明
11	2001	林业生产实用技术信息咨询服务系统研究与开发	“十五”国家科技攻关子专题	信息网络	2001—2002	张作芳、王忠明

（续）

序号	起始年份	项目(课题)名称	项目类型	所属领域	起止年限	负责人
12	2002	青藏高原科学考察林业文献收集整理与数字化	科技部科技基础性工作专项	信息网络	2002—2005	王忠明
13	2003	林业知识产权保护现状、趋势与对策研究	院基金重点项目	知识产权	2003—2004	王忠明
14	2003	六大林业重点工程科技信息支撑系统建设	国家科技基础条件平台	信息网络	2003—2007	王忠明、黎祜琛
15	2005	城市森林监测、评价与标准化数据采集技术引进	948 项目	城市森林监测评价	2005—2008	李智勇
16	2005	国家林业科学数据中心——文献子平台	国家科技基础条件平台	信息网络	2001—2019	王忠明、张慕博
17	2006	速生丰产林建设科技支撑信息系统研建	“十一五”科技支撑计划	信息网络	2006—2010	梅秀英、王忠明
18	2007	林业行业科技文献信息支撑系统研建	林业公益性行业科研专项	信息网络	2007—2011	王忠明
19	2008	气候变化对林业影响的综合评价及适应对策研究	林业公益性行业科研专项子课题	气候变化林业政策	2008—2012	李智勇 吴水荣
20	2009	多功能林业发展模式与监测评价体系研究	林业公益性行业科研专项	多功能林业	2009—2012	李智勇 王登举
21	2010	促进环境友好型热带林产品市场发展的中国绿色公共采购政策研究	国家软科学研究计划	绿色采购	2010—2011	何友均
22	2010	生态建设驱动模型和管理创新研究	林业公益性行业科研专项子课题	生态驱动	2010—2013	李智勇
23	2010	中国林业碳汇认证体系研究	国家林业局项目	林业碳汇审定核查	2010—2011	李智勇 何友均
24	2010	林业转基因生物安全相关法规研究与政策建议	国家林业局项目	林业遗传资源管理	2010—2011	李智勇 何友均
25	2010	中国西部土地退化区域科技创新能力评价及区域科技发展布局	国家软科学研究计划	科技创新	2010—2011	李智勇 叶兵
26	2010	城市森林保健功能监测方法与评价体系	林业公益性行业科研专项	城市森林监测评价	2010—2013	叶兵
27	2011	林业十二五规划后续重大问题研究	国家林业局项目	林业规划评估	2011—2012	陈绍志
28	2011	林业县域经济发展研究	国家林业局项目	县域经济	2011—2012	陈绍志
29	2011	研究和制定《林业转基因生物安全管理条例》	国家林业局项目	林业生物安全管理	2011—2012	何友均
30	2011	林业知识产权信息共享与预警机制研究	国家林业局项目	知识产权	2011—2013	王忠明
31	2011	面向低碳经济的林业发展策略研究	林业软科学研究	低碳经济	2011—2012	赵劼

(续)

序号	起始年份	项目(课题)名称	项目类型	所属领域	起止年限	负责人
32	2012	引进林业产业技术创新平台研建	948项目	信息网络	2012—2015	王忠明、张慕博
33	2013	国际林业植物新品种测试状况跟踪研究	国家林业局项目	知识产权	2014—2014	王晓原
34	2013	财政专项资金科研项目绩效评价研究	院基金子项目	科技评价	2013—2015	吴水荣
35	2013	中国森林认证审核导则培训班	国家林业局项目	森林认证	2013—2014	徐斌
36	2013	中美国家公园体制比较研究	国家林业局项目	国家公园体制比较	2013—2014	叶兵
37	2014	森林经营专家点评专辑	国家林业局项目	森林经营	2014—2015	白秀萍
38	2014	森林经营专家点评专辑	国家林业局项目	森林经营	2015—2016	白秀萍
39	2014	编印《全国林业碳汇计量监测体系建设总体方案》及《土地利用、土地利用变化与林业碳汇计量监测技术指南》	国家林业局项目	碳汇计量技术	2015—2016	白秀萍
40	2014	湿地公约缔约方大会有效决议汇编	国家林业局项目	湿地公约	2015—2016	陈 洁
41	2014	相关国家境外非政府组织监管体系比较研究	国家林业局项目	森林认证	2014—2015	陈洁
42	2014	示范林场建设重点扶持项目	国家林业局项目	森林经营	2014—2015	陈绍志
43	2014	研建亚太区域内木材合法性互认机制	国家林业局项目	木材合法性	2014—2015	陈绍志
44	2014	中国林业企业走出去专题研究—海外林业投资现状分析	国家林业局项目	林业海外投资	2014—2015	陈绍志
45	2014	森林保险工作机制研究	国家林业局项目	森林保险	2014—2015	陈绍志
46	2014	林业重点产业竞争力和发展潜力预测研究	院基金	林业产业发展	2014—2016	陈绍志
47	2014	林业援外人力资源开发合作“十三五”规划研究	国家林业局项目	林业外援规划	2015—2016	陈绍志徐 斌
48	2014	适应自贸区建设需要的林业相关制度研究	国家林业局项目	林产品贸易	2014—2014	樊宝敏
49	2014	中国森林资源核算及绿色经济评价体系研究	国家软科学研究计划子课题	森林资源核算	2014—2015	樊宝敏
50	2014	中国集体林业政策分析与建议研究	国家林业局项目	集体林改	2015—2015	樊宝敏
51	2014	中国森林资源核算与绿色经济评价研究/2015—R16	国家软科学研究计划	森林资源核算	2015—2015	樊宝敏
52	2014	UPOV信息文件编译与出版	国家林业局项目	知识产权	2014—2015	胡延杰
53	2014	UPOV解释类文件编译与出版	国家林业局项目	知识产权	2015—2016	胡延杰

（续）

序号	起始年份	项目(课题)名称	项目类型	所属领域	起止年限	负责人
54	2014	现代林业产业网数据更新	国家林业局项目	信息网络	2014—2015	李剑泉、陈绍志
55	2014	林业产业监测预警系统设计与评价研究	国家林业局项目	林业产业监测	2014—2014	李剑泉陈绍志
56	2014	林业产业监测模型研究	国家林业局项目	林业产业监测	2014—2016	李剑泉陈绍志
57	2014	中国绿道的思想起源与发展实践	院基金	森林文化	2014—2016	刘畅
58	2014	中国森林认证体系产品政府采购政策技术指南的制定	国家林业局引智项目	森林认证	2014—2014	陆文明
59	2014	中国森林认证体系主要体系文件的修改和完善	国家林业局项目	森林认证	2014—2015	陆文明
60	2014	重点国有林区森工企业综合效率研究	院基金	国有林区比较	2014—2016	宁攸凉
61	2014	林改信息管理制度研究	国家林业局项目	林业经济	2014—2014	宋超
62	2014	林业植物新品种与专利保护应用	国家林业局项目	知识产权	2014—2019	王忠明、张慕博
63	2014	人工林建设对区域水碳平衡的影响及适应性管理对策	林业公益性行业科研专项子课题	森林经营	2014—2017	吴水荣
64	2014	典型林农合作组织制度比较与多样化发展对策	院基金	林业合作组织	2014—2016	谢和生
65	2014	木材合法性尽职调查与追溯系统技术引进	948 项目	木材合法性	2014—2016	徐斌
66	2014	中国西部地区土地退化防治公私伙伴关系机制创新研究	国家软科学研究计划	土地退化防治	2014—2014	叶兵
67	2014	引进日韩森林疗养技术模式专题研究	国家林业局项目	森林疗养	2014—2015	叶兵
68	2014	我国古代森林采伐技术研究	院基金	森林文化	2014—2016	张德成
69	2014	林业植物新品种数据库与信息平台研建	国家林业局项目	知识产权	2008—2013	张慕博
70	2014	深化集体林权制度改革示范区管理制度研究	国家林业局项目	林业经济	2014—2015	赵荣
71	2015	浙江省美丽乡村典型模式与示范推广	院省合作项目	美丽乡村	2015—2017	李智勇
72	2015	中国工程科技知识中心建设项目—林业工程专业知识服务系统建设	中国工程院大数据项目	信息网络	2015—2018	唐守正、陈绍志、王忠明
73	2015	美国国家公园公私合作模式研究	国家林业局项目	国家公园模式	2015—2015	章红燕叶 兵
74	2015	浙江省林权抵押贷款融资风险及金融创新研究	院省合作项目	林权抵押	2015—2017	赵荣

（续）

序号	起始年份	项目(课题)名称	项目类型	所属领域	起止年限	负责人
75	2016	丝绸之路经济带和21世纪海上丝绸之路野生动物保护 合作规划	国家林业局项目	野生动物保护	2016—2017	陈绍志、何友均
76	2016	中国森林思想史研究	院基金	森林思想史	2016—2018	樊宝敏
77	2016	保护区森林旅游产业对社区生计影响研究	院基金	森林旅游	2016—2018	韩锋
78	2016	基于植物功能性状的蒙古栎天然次生林多目标经营研究	国家自然基金	森林多目标经营	2016—2017	何友均
79	2016	资本下乡与生态保护 、林农生计共赢模式研究	院基金	林业经济	2016—2019	何友均
80	2016	国家公园体制试点区生态补偿与管理体系研究	院基金	国家公园管理	2016—2019	何友均、叶兵
81	2016	全球价值链与中国林产品制造业竞争力研究	院基金	林产品制造	2016—2018	蒋业恒
82	2016	中国林业标准体系优化及其实施体制研究	院基金	林业标准化	2016—2018	李忠魁
83	2016	图书馆数字资源建设与服务功能完善	院基金	图书馆数字化	2016—2018	孙小满
84	2016	林业引智成果汇编与绩效评价研究	国家林业局项目	林业引智	2010—2019	王忠明
85	2016	林业生态文明建设绩效考评体系与制度研究	院基金	生态文明绩效评价	2016—2018	吴水荣
86	2016	森林疗养基地认证标准与指标体系研究	院省合作项目	森林疗养	2016—2018	叶兵
87	2016	国有林场改革绩效评价——基于职工经济福利角度	院基金	国有林场绩效改革	2016—2018	张英
88	2016	全面天保后中国木材供给策略研究	院基金	木材供应策略	2016—2018	赵荣
89	2016	北极航线的开通对中国林业产业升级的影响研究	院基金	林业产业升级	2016—2018	周海川
90	2017	中国森林资源核算及绿色经济评价	国家软科学研究计划	森林资源核算	2017—2017	樊宝敏
91	2017	国家林业重点龙头企业经济运行情况分析	国家林业局项目	林产品贸易	2017—2018	李剑泉
92	2017	世界林业现代化发展道路与借鉴研究	院基金	林业发展道路	2017—2019	王登举、何友均
93	2017	林业重点国别政策研究	国家林业局项目	国别研究	2017—2017	徐斌、陈洁
94	2017	欧洲及北美自然资源社会组织类型及其监管模式研究	国家林业局项目	欧美自然资源NGO研究	2017—2017	叶兵、陈洁
95	2018	森林康养林业词典(中英)汇编	国家林业局项目	森林康养	2018—2018	陈洁

（续）

序号	起始年份	项目（课题）名称	项目类型	所属领域	起止年限	负责人
96	2018	森林法比较研究	国家林业局项目	森林法比较	2018—2018	陈洁
97	2018	世界林业热点动态追踪与监测研究	院基金	世界林业	2018—2019	陈洁
98	2018	林业文化遗产保护利用前期工作	国家林业局项目	森林文化	2018—2018	樊宝敏
99	2018	不同经营模式下蒙古栎琳土壤碳的固定机制	院基金	森林经营	2018—2019	何亚婷、何友均
100	2018	非木质林产品认证效益跟踪研究	国家林业局项目	森林认证	2018—2019	胡延杰
101	2018	一带一路倡议对林产品贸易的影响研究	院基金	林产品贸易	2018—2020	蒋宏飞
102	2018	林业企业税费政策研究	国家林业局项目	林业企业税费	2018—2019	李剑泉
103	2018	中国木材合法性贸易法规框架构建研究	院基金	木材合法性	2018—2019	李静
104	2018	中国森林认证体系国际对接及国际推广	国家林业局项目	森林认证	2018—2019	陆文明
105	2018	林业知识产权动态跟踪分析研究	国家林业局项目	知识产权	2016—2019	马文君
106	2018	林业授权植物新品种转化应用情况分析研究	国家林业局项目	知识产权	2018—2019	马文君
107	2018	科研事业单位内部控制的构建	院基金	内控制度	2018—2019	苏善江
108	2018	非木质林产品（腾冲普洱茶）认证推广与应用	国家林业局项目	森林认证	2018—2019	王登举、赵劼
109	2018	丝绸之路经济带核心区生态建设政策体系研究	院基金	生态体系建设	2018—2019	王鹏、何友均
110	2018	森林认证实用技术研究与典型认证类型实践推广	国家林业局项目	森林认证	2018—2019	徐斌
111	2018	黑河上游山地森林植被系统结构、生态水文过程及生态参数化研究	国家自然基金子课题	森林保护	2018—2019	杨文娟
112	2018	国际乡村林业发展政策机制研究	国家林业局项目	国际乡村机制	2018—2018	叶兵、陈洁
113	2018	中非森林可持续经营合作研究	国家林业局项目	森林可持续	2018—2019	叶兵、校建民
114	2018	森林认证技术规范研究与宣贯	国家林业局项目	森林认证	2018—2019	赵劼
115	2018	森林认证项目绩效跟踪及认证效益分析	国家林业局项目	森林认证	2018—2019	赵麟萱
116	2018	国有林场改革监测	国家林业局项目	国有林场监测	2018—2018	赵荣
117	2018	天然林全面商业禁伐背景下中国木材安全风险及其防范研究	国家社会科学基金	天然林保护	2018—2018	赵荣

（续）

序号	起始年份	项目（课题）名称	项目类型	所属领域	起止年限	负责人
118	2018	林业科技统计监测体系研究	院基金	林业科技	2018—2019	赵铁蕊
119	2018	中国林业机构发展历程研究	国家林业局项目	林业机构发展	2018—2019	赵晓迪
120	2018	绿色消费行为及驱动机制研究	院基金	绿色消费	2018—2019	赵晓迪
121	2019	林业文化遗产调查与志书编纂	院基金	林业文化遗产	2019—2021	樊宝敏
122	2019	林学学科发展态势评估研究	院基金	林学学科发展	2019—2020	付贺龙
123	2019	林业补贴政策效益监测	国家林草局项目	林业补贴政策	2019—2019	韩锋
124	2019	我国林业科技需求分析研究	院基金	林业科技需求	2019—2020	韩锋
125	2019	2018年国家林业重点龙头企业经济运行分析	国家林草局项目	林业企业运行	2019—2019	李剑泉
126	2019	全国重点木材市场监测与信息发布	院基金	木材市场监测	2019—2022	李剑泉
127	2019	中国木材行业发展报告（2018）	国家林草局项目	木材行业发展	2019—2019	罗信坚
128	2019	基于全要素生产率的林业高质量发展实现路径研究	院基金	林业高质量发展	2019—2021	宁攸凉
129	2019	重点国有林区管理体制改革及机构体系建设研究	国家林草局项目	国有林去改革	2019—2019	吴水荣、王登举、兰倩
130	2019	中国林科院公派留学项目	院基金	公派留学	2019—2020	徐斌
131	2019	在华涉林境外非政府组织项目活动专项调研评估	国家林草局项目	境外非政府组织	2019—2019	叶兵、陈洁
132	2019	中国南方主要森林医学实证指标与评价研究	院基金	森林医学	2019—2020	叶兵、刘立军
133	2019	国家林业和草原局林业科技基础管理信息系统研建	院基金	信息网络	2019—2020	张慕博
134	2019	中国工程科技知识中心建设项目—林业工程专业知识服务系统建设	中国工程院大数据项目	信息网络	2019	张守攻、王登举、王忠明
135	2019	森林认证项目绩效跟踪及不符合项分析	国家林草局项目	森林认证	2019—2020	赵麟萱

12. 科信所承担的重点国际合作项目一览表（1996—2019）

序号	项目（课题）名称	项目类型	所属领域	起止年限	负责人
1	海南热带林分类经营利用示范项目	国际合作（ITTO）	森林分类经营	1996—2000	侯元兆
2	2010年中国林产品消费及其对国际热带林产品市场需求研究	国际合作（ITTO）	林产品供需	1997—1998	施昆山
3	林业与社会信息网	国际合作（福特基金会）	社会林业	1999—2008	李维长
4	可持续的中国热带林产品信息系统	国际合作（ITTO）	林产品信息	2000—2001	林凤鸣

（续）

序号	项目(课题)名称	项目类型	所属领域	起止年限	负责人
5	中国热带森林资源价值核算及纳入国民经济核算体系的研究	国际合作(ITTO)	绿色核算	2000—2003	侯元兆
6	中国黑龙江友好林业局森林认证能力建设项目	国际合作(宜家)	森林认证	2002—2003	陆文明
7	满足中国日益增长的木浆需求—中国和东南亚地区人工林和纤维供应对天然林的影响评价	国际合作(EU)	林产品贸易影响	2003—2004	陆文明
8	中国热带林产品流通与趋势研究	国际合作(ITTO)	热带林产品贸易	2005—2006	施昆山
9	林业与社会	国际合作(福特基金会)	社会林业	2005—2008	李维长
10	城市及其周边地区土地利用战略规划和评估工具研究	国际合作(EU)	城市森林规划	2005—2010	李智勇
11	雨林联盟“中国负责任的林业能力建设”	国际合作(RA)	森林认证	2006—2008	徐斌
12	创建和支持中国热带森林环境服务市场	国际合作(ITTO)	森林生态服务市场	2006—2009	侯元兆
13	中国负责任森林经营和可持续木材供应链能力建设(RA 二期)	国际合作(RA)	森林认证	2008—2011	徐斌
14	国际林产品市场信息(MIS)	国际合作(ITTO)	林产品信息	2008—2012	谭秀凤
15	中国木材合法性认定体系研究	国际合作(DFID)	合法性认定	2009—2011	李智勇、陈勇
16	2020 年中国热带林产品市场供需展望	国际合作(ITTO)	林产品供需	2009—2011	胡延杰
17	对中国中小林业企业进行能力建设以促进源自合法和可持续经营的热带木材的采购	国际合作(ITTO)	绿色采购	2010—2013	罗信坚
18	中国森林生态效益补偿政策与林农权益保障研究	国际合作(RRI)	生态补偿	2010—2014	陈绍志
19	中国商品人工林可持续采伐管理研究与指南制定	国际合作(FAO)	人工林经营	2011—2012	何友均
20	中国林业海外投资初评	国际合作(RRI)	林业投资	2013—2014	陈绍志
21	支持境外森林可持续经营和利用指南的推广	国际合作(WWF)	境外森林经营	2013—2014	宿海颖
22	促进合法和可持续的林产品贸易与投资研究	国际合作(FT)	林产品贸易	2013—2015	陈勇
23	中俄林产品贸易研究	国际合作(FT)	林产品贸易	2013—2015	宿海颖
24	中国负责任的林业与供应管理技术体系	国际合作(宜家)	森林认证	2013—2015	徐斌
25	中国负责任森林经营与供应链管理技术研究与能力建设—森林可持续经营认证研究	国际合作(宜家)	森林认证	2013—2015	校建民
26	宜家福建可控木材及高保护价值森林判定	国际合作(宜家)	森林认证	2013—2016	赵劼
27	莫桑比克中资林业企业调研	国际合作(WWF)	林产品贸易	2014—2014	校建民
28	西部地区适应气候变化土地管理政策与能力建设专题研究	国际合作(GEF)	土地管理制度	2014—2015	吴水荣

（续）

序号	项目(课题)名称	项目类型	所属领域	起止年限	负责人
29	中非合作提升森林资源管理——中国林科院部分	国际合作(国际环境与发展研究所)	森林经营	2014—2015	陈绍志
30	高保护价值森林比较研究	国际合作(WWF)	森林价值研究	2014—2016	赵劼
31	中英合作国际林业投资与贸易项目—产出1木材合法性认定体系	国际合作(英国林德士国际有限公司)	林业贸易	2014—2016	陈绍志
32	中英合作国际林业投资与贸易项目—产出2企业自愿性指南	国际合作(英国林德士国际有限公司)	林业贸易	2014—2016	陈绍志
33	中英合作国际林业投资与贸易项目—产出4意识提高与能力建设	国际合作(英国林德士国际有限公司)	林业贸易	2014—2016	陈绍志
34	EFI合法木材信息窗研建项目	国际合作(EFI)	木材合法性	2015—2015	徐斌
35	中非合作提升森林治理—产出1	国际合作(IIED)	森林治理合作	2015—2015	陈绍志
36	中非合作提升森林治理—产出2	国际合作(IIED)	森林治理合作	2015—2015	陈绍志
37	中非合作提升森林治理—产出3	国际合作(IIED)	森林治理合作	2015—2015	陈绍志
38	中美合法性试点2期项目	国际合作(TNC)	木材合法性	2015—2015	徐斌
39	莫桑比克中资林业企业调研(第二期)	国际合作(WWF)	企业调研	2015—2016	校建民
40	中英合作国际林业投资与贸易项目—产出3中国集体林改知识分享和信息传播	国际合作(英国林德士国际有限公司)	集体林改	2015—2016	赵荣
41	中国负责任的林业可持续供应链管理技术研建	国际合作(宜家)	林业供应链管理技术	2015—2018	徐斌
42	中非森林治理学习平台	国际合作(IIED)	中非合作	2016—2016	陈绍志
43	中国出台法律促进合法木材贸易的可行性研究	国际合作(EFI)	木材贸易	2016—2017	陈勇
44	FSC受控木材风险评估(广西、山东)	国际合作(FSC)	森林认证	2016—2017	徐斌
45	加强中国热带木材中小企业及进口商对CITES认知度,提升遵守CITES法规能力	国际合作(ITTO)	热带木材管理	2016—2017	罗信坚
46	中国省级高保护价值森林能力建设	国际合作(WWF)	森林保护	2016—2017	赵劼
47	人工林可持续经营认证与试点	国际合作(WWF)	森林认证	2016—2017	校建民
48	中国林产品及清真食品市场开发新策略	国际合作(韩国国立山林科学院)	林产品开发策略	2016—2017	陈勇
49	中国负责任的林业与可持续供应链管理技术研建5期项目	国际合作(宜家)	森林经营	2017—2019	徐斌
50	探索中国如何认可印尼V—legal木材作为进口木材和木制品合法性证明的研究	国际合作(EFI)	林产品贸易	2018—2018	陈勇
51	欧盟激励私营部门实施林产品可持续采购政策经验研究	国际合作(EFI)	林产品贸易	2018—2018	宿海颖
52	支持产业园和小农户的绿色金融发展	国际合作(WWF)	森林金融	2018—2018	宿海颖
53	TNC中国印尼负责任林产品贸易研讨会	国际合作	林产品贸易	2019—2019	罗信坚
54	中国天然林禁伐后的木材供给	国际合作	天然林禁伐	2019—2019	陈勇、蒋业恒

（续）

序号	项目(课题)名称	项目类型	所属领域	起止年限	负责人
55	中国与欧盟和VPA国家木材产品贸易研究	国际合作	木材合法性	2019—2019	陈勇
56	中国在老挝林业投资评估	国际合作	老挝林业投资	2019—2019	宿海颖
57	加强欧盟市场木材合法性信息窗建设项目	国际合作	木材合法性	2019—2020	徐斌
58	中国—东盟加强森林治理与合法木材贸易合作机制与平台构建	国际合作	木材合法性	2019—2020	王登举、徐斌
59	中国木材合法性贸易政策的潜在影响评估	国际合作	木材合法性	2019—2020	徐斌
60	橡胶林可持续经营	国际合作	森林可持续经营	2019—2021	校建民

13. 科信所参加中国林科院大型党群活动荣获一等奖一览表

活动年度	活动内容	获奖等级	参加人员	备 注
1998. 10	庆祝中国林科院建院40周年合唱比赛	一等奖	科信所60多人合唱队	合唱歌曲《同一首歌》《游击队之歌》
2005. 09	“抗战历史我知道”知识竞赛	一等奖	科信所6人代表队	
2006. 05	中国林科院2006年“育苗杯”大众广播体操比赛	一等奖	科信所49人体操队	
2006. 09	中国林科院纪念中国工农红军长征胜利70周年合唱比赛	一等奖	科信所68人合唱队	合唱歌曲《突破封锁线》《大会师》
2007. 06	中国林科院迎奥运首届汽排球比赛	一等奖	科信所9人代表队	
2007	感受大赛精神，加强党性锻炼，立足岗位再创新业绩	优秀主题党日活动一等奖	科信所职能开发党支部	
2008. 09	庆祝中国林科院建院50周年合唱比赛	一等奖	科信所70人合唱表演队	合唱歌曲《今天是你的生日 中国》《天路》
2009. 09	中国林科院庆祝新中国成立60周年红歌大赛	一等奖	科信所10人舞蹈队	舞蹈《东方红》
2011. 04	纪念建党九十周年、扎实开展创先争优——党建党史知识竞赛	一等奖	科信所6人代表队	
2011. 06	中国林科院庆祝中国共产党成立90周年合唱比赛	一等奖	科信所72人合唱表演队	合唱歌曲《我为伟大祖国站岗》《我是一个兵》
2011. 08	“创先争优强作风、兴林富民促发展”演讲比赛	一等奖	尚纬娇	演讲题目《杨善洲是我终生学习的好榜样》
2012	庆祝建党90周年系列活动	优秀党群活动10项品牌活动	科信所党政群组织	
2014	“让好书共读同享”读书活动	2013—2014年度院十佳党群活动	科信所党委及下属各党支部	荣获“2015年国家林业局直属机关优秀主题党日品牌”称号
2017. 06	2017年中国林科院职工棋类比赛象棋团体赛	一等奖	科信所3人代表队	
2018. 05	中国林科院2018年职工篮球赛	一等奖	科信所16人篮球代表队	
2018. 10	中国林科院纪念建院60周年合唱大会	一等奖	科信所60人合唱代表队	合唱歌曲《春天的故事》《迎风飘扬的旗》

14. 科信所在职职工

序号	姓名	序号	姓名	序号	姓名
1	陈　超	41	李玉敏	81	王一彭
2	陈　洁	42	李忠魁	82	王旖琳
3	陈君红	43	廖世容	83	王忠明
4	陈科屹	44	廖　望	84	吴水荣
5	陈　民	45	刘　畅	85	武　红
6	陈　勇	46	刘　丹	86	校建民
7	陈正德	47	刘　婕	87	谢和生
8	戴栓友	48	刘文闻	88	邢彦忠
9	邓　华	49	刘小丽	89	宿海颖
10	樊宝敏	50	刘　颖	90	徐　斌
11	范圣明	51	刘诸頔	91	徐井远
12	冯春平	52	陆　霁	92	徐芝生
13	冯鹏飞	53	罗信坚	93	许单云
14	付　博	54	马文君	94	闫钰倩
15	付贺龙	55	马一博	95	杨文娟
16	高发全	56	孟　倩	96	叶　兵
17	高　月	57	宁攸凉	97	于天飞
18	韩　锋	58	钱　腾	98	于燕峰
19	何桂梅	59	钱伟聪	99	张　曦
20	何　璆	60	秦淑荣	100	张超
21	何亚婷	61	尚玮姣	101	张超群
22	何友均	62	宋　超	102	张德成
23	胡延杰	63	宋　丹	103	张建华
24	姜子夏	64	宋　争	104	张金晓
25	蒋宏飞	65	苏善江	105	张慕博
26	蒋旭东	66	孙小满	106	张水荣
27	蒋业恒	67	谭秀凤	107	张孝仙
28	焦龙鳍	68	谭艳萍	108	张志永
29	兰　倩	69	万宇轩	109	赵　丹
30	黎祜琛	70	王　彪	110	赵　劼
31	李　博	71	王登举	111	赵麟萱
32	李　虹	72	王姣姣	112	赵　荣
33	李　慧	73	王林龙	113	赵铁蕊
34	李剑泉	74	王　璐	114	赵晓迪
35	李　静	75	王璐(图)	115	郑秋东
36	李　林	76	王　鹏	116	周亚坤
37	李　茗	77	王文霞	117	朱洁净
38	李婷婷	78	王希群	118	邹文涛
39	李　岩	79	王雅菲		
40	李　洋	80	王燕琴		

15. 科信所退休职工名单(2019年)

(以汉语拼音排序)

序 号	姓 名	序 号	姓 名	序 号	姓 名
1	艾秋军	33	李 琦	65	王士坤
2	白俊仪	34	李维长	66	王晓原
3	白秀萍	35	李 星	67	王义文
4	陈 琳	36	林宝玲	68	王 莹
5	陈兆文	37	林宝秀	69	王子建
6	程冬英	38	林绍梅	70	吴秉宜
7	戴晓佳	39	刘成凤	71	夏晓东
8	丁蕴一	40	刘改平	72	肖 民
9	董其英	41	刘开玲	73	邢春华
10	杜庆廉	42	刘瑞刚	74	徐春富
11	高佩荣	43	刘森林	75	徐长波
12	高 伟	44	刘艳春	76	闫 桐
13	郭 戈	45	刘增彦	77	杨凤枝
14	郭广荣	46	卢银盛	78	杨力卓
15	韩有钧	47	卢永保	79	杨 舒
16	郝 芳	48	孟京爽	80	杨亚斌
17	郝 萍	49	孟永庆	81	于小兰
18	何 军	50	彭修义	82	余 颖
19	洪宝亮	51	郄丽萍	83	袁亦生
20	侯元兆	52	戎树国	84	张连山
21	胡平界	53	商莹石	85	张素芳
22	胡燕芳	54	邵青还	86	张新萍
23	黄少萍	55	施昆山	87	张作芳
24	惠清延	56	石蕴山	88	赵崇光
25	蒋晓宁	57	史玉群	89	赵春林
26	景德昌	58	史忠立	90	赵 巍
27	康 剑	59	宋 奇	91	赵新华
28	李 蓓	60	陶 绿	92	郑海涛
29	李凡林	61	滕淑芝	93	郑玉华
30	李惠琴	62	王秉勇	94	周吉仲
31	李金虎	63	王 红	95	朱多贵
32	李 鹏	64	王乃贤	96	朱敏慧

大事记
（1964—2019年）

1964年

2月25日，国家科委批复林业部，同意建立“林业科学技术情报研究所”，其编制列在国家规定的林业部劳动计划内。

3月8日，中国林科院正式下达文件，在北京建立林业科学技术情报研究所。

10月，情报所所长陈致生以及林凤鸣、李慧琴、张静兰、王莹、王乃贤等同志到我国东北林区搞“四清”，直到1966年7—8月才返回北京。这期间关百钧同志临时为情报所代所长，并兼情报所党支部书记，主持情报所工作。

10月，受林科院委派，邓炳生同志和林业部、广西林科所、四川林科所的同志一起到阿尔巴尼亚学习油橄榄栽培技术，直到1965年年底结束学习回到北京。

1965年

3月27日晚上，率中国党政代表团访问阿尔巴尼亚的团长周恩来总理和谢富治副团长等在地拉那中国大使馆接见在阿中国专家和留学生，正在阿学习油橄榄栽培技术的邓炳生同志一行四人荣幸地参加了周总理的接见活动。

7月，张静兰同志在“四清”期间严格要求自己，于1965年7月光荣地加入了中国共产党。

1966年

3月份，邓炳生同志与林业部李聚祯、林研所熊惠、李彬同志到云南昆明海口林场蹲点，工作4个月后于7月份返回北京。

1967年

11月6日，中国援缅甸胶合板厂的工程技术人员和翻译黄伟观同志一行平安回到北京。

11月14日晚7:30，毛泽东主席、周恩来总理、陈毅副总理等中央领导在人民大会堂接见从印尼归来的外交战士和从缅甸撤回来的经援专家。黄伟观同志荣幸地参加了毛主席的接见活动。

1968年

9月，林业情报所革命委员会成立。革委会领导小组组长为百关钧同志，委员有师丛文和金正铁同志。

11月，林科院革委会响应毛主席号召，在广西邕宁县砧板原劳改农场建立“五·七”

干校。沈照仁、邓炳生、许云龙、毕绪岱等同志首批下放干校劳动锻炼。

1970 年

8 月 23 日，中国林科院和中国农科院合并，成立中国农林科学院。院址在海淀区白颐路 30 号，原中国农业科学院旧址。

1971 年

5 月，中国林科院情报所和中国农科院情报室合并，成立中国农林科学院情报研究所。

1972 年

10 月 4—18 日，以农林部梁昌武副部长为团长的中国林业代表团一行参加在阿根廷首都布宜诺斯艾利斯召开的联合国第七届世界林业大会，为期 2 周。情报所黄伟观同志任代表团翻译。会后，中国林业代表团顺访设在意大利罗马的联合国粮农组织(FAO)林业司，为期 1 周，目的是了解 FAO 林业司的情况，为恢复在 FAO 的地位做工作。

1973 年

9 月，情报所黄伟观同志受农林部国际司委派，出任中国常驻联合国粮农组织代表处(意大利罗马)官员，处理中国与 FAO 一切相关业务，并兼任同声传译工作。

1974 年

11 月，中国科学出版社出版由林业情报组(当时为农林情报所)编写的《国外林业概况》一书。本书由农林科技情报所副所长关百钧同志任主编，组织了本所和高等林业院校 41 位专家教授，历经二年时间写成，全书共有 138 万字。此书的出版是农林科技情报所合并成立以来最大的一项研究成果。该书是在占有大量的国外林业科技文献的基础上，以历史唯物主义观点，全面地、系统地和准确地综合评述了 20 世纪 60 年代末 70 年代初国外林业先进国家林业生产现状、科技水平、经验和发展趋势；准确地论述了世界森林资源、木材和林产品供需的预测、森林生态作用等问题，并详细论述了 65 个不同类型国家的林业现状、科技水平、经验及发展趋势。该书 1986 年获国家科学技术委员会科技情报成果三等奖。

1977 年

10 月，全国农林科技情报工作座谈会在广西柳州召开，出席大会的有全国各省农林研究院所和农林大专院校科技情报研究室正式代表 225 人，其中林业代表约 60 人。大会由中国农林科学院院长金善宝主持，关百钧和何昌茂同志任大会秘书长。大会重点研究农林科技情报如何为农业学大寨服务和组建农林情报网等事宜。

1978 年

3 月 13 日，国务院批准恢复中国林业科学研究院，同时恢复了中国林科院科技情报研究所。陈国兴同志任林业情报所党支部书记，并兼副所长，主持全面工作。关百钧同志任副所长，主管林业情报所业务工作。情报所恢复初期设立三个职能部门、6 个业务部门，即办公室、政治处、业务处三个职能处室；林业情报研究室、森工情报研究室、综合情报研究室、图书馆、资料室以及铅印室。

恢复情报所建制后，组建了一支英、俄、德、日、法、西班牙、捷克和波兰等近10种语言组成的翻译队伍，加强了相应的研究力量，系统地开展了国外林业研究。

情报所搜集整理、翻译编写《国外林业经营管理现状》等六个综合分析专辑，约有26万字，对国内外林业新技术、新苗头、新动向进行了综合分析研究，结合我国的情况，提出我国林业赶超目标，为领导制定技术经济政策提供了依据。

1978年，为配合编制我国林业科技8年发展规划和23年设想，情报所编写《国内外林业现代水平及赶超设想》，进一步摸清了20世纪70年代世界几个主要发达国家林业生产和科技新水平，并提出了发展我国林业政策，为制定发展规划提供了依据。

1978年，在河南鄢陵召开全国林业工作会议期间，关百钧同志主持召开了全国林业科技情报网会议，以恢复被"文化大革命"破坏的林业情报网络。参加会议的有21名代表，大家一致赞成尽快组建全国林业科技情报网。

1978年10月，黄伟观同志结束在联全国粮农组织代表处工作，回所上班。

1978年，启动"林业汉语主题词表编制"课题。

1979年

1979年，为庆祝新中国成立30周年，情报所邀请了50多位林业知名专家、学者撰写了《中国林业科技三十年》一书。同年还撰写了《向科协技术现代化进军》的论文。

1979年，图书馆、情报所资料室合并。

1980年

1980年，科信所业务处油印《林业参考消息》和《国外林业管理体制参考资料》两个临时性内部刊物是专为向和林业部和林科院提供的情报研究资料，受到部和院领导的重视。

3月，林科院调北京师范大学干部刘文翰同志任情报所党支部书记。

11月，情报所在北京海运仓召开了第一届全国林业科技情报工作会议，会议由中国林科院副院长杨子争主持，关百钧同志任大会秘书长。中国林科院郑万钧院长、陶东岱副院长、情报所刘文翰书记出席了会议。出席会议的还有全国各省(自治区)林业研究所和林业大专院校科技情报室的负责人约150人。会议期间林业部副部长梁昌武同志到会讲话。会上通过了《关于加强林业科技情报工作的几点意见》，建立我国林业科技情报网，研究联合出版《中国林业科技资料目录》和组建世界林业研究会等事宜。根据此次会议精神，科信所创办全国林业科技情报网网刊《林业情报》(油印)，由所业务处编辑出版。这是全国林业系统唯一的情报工作方面的刊物。

1980年情报所为配合林科院重点研究课题，开展了一系列情报研究工作，先后编辑出版了《森林病虫害生物防治》《国外沙荒造林》《立地分类与评价》《水土保持》《世界热带林现状》《林火预报》《林木生理生化》《伐区联合机工作装置的结构与特点》《胶合剂和木材改性近况》《木材工业产品质量管理的统计方法》等专题研究材料。

1981年

1981—1984年，沈照仁同志任林业情报所所长主持全面工作，刘文翰同志任情报所党支部书记(1980年3月至1983年5月)。

1981年，在江西九江召开全国林业科技情报网会议，由中国林科院副院长杨子争主持，关百钧任大会秘书长。出席大会的有全国各省(自治区)林业研究所和林业大专院校科技情报室的负责人。会议主要是研究组建中国林业科技情报网，制定《全国林业科技情报网络章程》。会后相继成立了林机、林化、紫胶、林业调查和基建五个专业情报网，从而，全国形成了一个初具规模的全国林业情报网络。

1981年利用中国农科院图书馆从英国进口的CAB磁带开展文献定题检索服务。

1982年

1982年机构改革后，情报所的任务是：搞好林业情报工作，为林业生产建设和林业科研服务；承担全国林业科技中心的任务，做好有关组织协调工作。

科信所从1982年开始，对本所职能机构和业务机构不断地改革调整，不断地完善以适应林业发展新形势的需要，并跟上时代发展的步伐，先后出台有组织的聘任制、引入进入和退出的机制，创造竞争机制，情报所的工作步入有序渐进、快速发展的新阶段。

1982年3月，情报所综合室主任沈照仁同志参加中国农业科技情报考察团赴日本访问。

1982年，加强了情报研究和情报所服务的工作，全年共完成情报调研18份。其中魏宝麟同志牵头编写的《国外林业发展战略调研文集》对我国研究制定林业发展战略有很好的参考作用，并荣获林业部1986年科技进步三等奖。另外，撰写的《国外七十年代林业科技水平》初稿，对“七·五”计划和十年规划有很好的参考价值。

1982年，图书馆与情报所分治，图书馆直接由院部领导。

1983年

5月17日，林业部杨钟部长任命沈照仁同志为中国林业科学研究院林业科技情报所所长。

7月8日至8月4日，情报所所长沈照仁同志参加由杨钟部长率领的中国林业代表团赴加拿大、美国访问。

1983年，中国林科院分党组将情报所党支部提升为情报所党委。首任情报所党委书记是刘永龙(1983—1987)，沈照仁同志任所长，主管情报所业务工作。

10月5-11日，在北京圆明园华都招待所召开第二届全国林业科技情报工作会议。林业部杨钟部长、董志勇副部长、中国林科院黄枢院长和杨文英书记出席了会议，并在会议上作了重要讲话。根据林业建设发展要求，使情报工作更好地为“四化”服务，会议决定成立林业部科技情报中心，由林科院代管，挂靠在林科院情报所，两块牌子(林业部科技情报中心、林科院情报所)一套人马，林业科技情报中心主任由林科院院长黄枢兼任，副主任由情报所刘永龙所长和林业部科技司顾锦章同志担任，情报中心工作由林业部董智勇副部长分管。林业部情报中心主要任务是：组织协调、制定规划、干部培训和业务指导。林业部科技情报中心的成立，标志着我国林业情报工作进入一个新的历史时期，全国将会建成上下全方位的脉络疏通的情报交流体系。根据会议的要求，林业部科技情报中心很快起草了情报中心工作条例和工作计划，并报林业部批准于1984年1月由林业部向全国各省、自治区、直辖市林业厅(局)和林业部直属单位印发了《林业部科技情报中心工作条例(试行)》和《林业部科技情报中心工作计划》。

1983年，为配合林业部制定“七五”计划和长远发展规划，科信所组织所内外50多位专家、学者编写《70年代—80年代初国外林业技术水平文集》。

1984年

7月27日，情报所在陕西延安召开了我国北方林业情报网片会。情报所左淑琴副所长、延安地区林业局张风山副局长出席了会议，有52名代表出席。与会代表在会上交流情报工作经验和存在的问题，并讨论了今后工作方向。情报所郭玉书同志汇报了《中国林业文摘》这一检索性刊物工作筹备情况，并就建立文摘员工作做了说明和要求。

10月，中国林学会林业情报专业委员会在湖南株洲市召开成立大会。出席会议的有中国林学会顾问陶东岱同志、中国林学会副理事长王恺同志、林业部政策研究室张桂新处长、林业部科技情报中心刘永龙书记、中国林科院情报所沈照仁所长、湖南省林业厅彭德纯处长、湖南省林科所冯菊玲副所长。会议经民主讨论、协商产生林业情报专业委员会第一届委员，由35人组成。委员会会议选举产生主任委员沈照仁同志，副主任关百钧和李光大同志(东北林业大学)，秘书长王义文同志和7名常委。在这次会议上，举办了专业学术讨论会，讨论了全国林业信息计算机管理系统建立问题。与会同志就计算机管理系统的方针、指导思想、系统构成、数据库和机型等方面发表了很好的意见，首次提出了建立全国林业信息计算机检索系统的设想，并统一了认识。这次会议为建立全国林业信息机检奠定了理论基础。

10月，林业部科技情报中心在浙江省中国林科院亚热带林业研究所召开《中国林业文摘》第一次编辑会议，100多人参加了会议。会议由林业部科技情报中心副主任关百钧同志主持，并在会议上做了题为当前我国林业形势对信息工作的要求，编辑出版《中国林业文摘》的必要性和其作用的报告。这次会议着重讨论和通过了《中国林业文摘编辑工作条例》《中国林业文摘编辑工作规范》《1985年中国林业文摘编辑工作规划》三个文件，选举产生“中国林业文摘编委会”，主编关百钧同志，副主编刘永龙、孙本久和郭玉书三位同志，并设10名常务编委，20名编委。

12月27日，院长办公会议研究同意将林业科技情报研究所和中国林科院图书馆与林业部科技情报中心合并为一套班子，对外仍用三块牌子。情报所对原有的机构设置作了调整，原则是：继续保持情报所在宏观战略情报研究方面的优势基础上，重点加强了为生产技术和经济建设服务的情报工作，开拓了情报研究和服务的新领域，加强了情报中心的组织和协调作用。根据这些原则，情报所的业务机构作了调整。

12月，党委书记刘永龙同志兼任情报所所长(1984年12月至1989年1月)，主持全面工作，关百钧、左淑琴和孙本久同志任副所长。关百钧同志分管情报所业务工作，左淑琴同志分管行政和开发工作，孙本久同志分管图书文献工作。

1984年在整改过程中，合并后的情报所将原图书馆编辑出版的《中文资料目录》改为《中国林业文摘》作为图书馆整改的突破口。经过1984年的酝酿、组织、试刊。

1985年

1985年，林业部科技情报中心创办机关刊物《林业信息快报》，由白俊仪同志任主编。本报年出版36期，报道约400条信息，累计22万字。《快报》报道内容广泛，有科技成果、科研动态、经济和商品信息、会议信息、产品广告、评论，还有党的方针政策方面的文章。读者面比较宽，既有领导干部、也有科技人员，还有二者合一的读者。本报贴近实际，深受林业生产基层领导和科技人员的欢迎。

8月上旬，中国林学会林业情报专业委员会在四川成都召开了全国林业科技情报计算机检索系统发展规划研讨会，有29名科技情报、计算机检索等方面的专家、教授和技术人员参加。这次会议是根据1984年株洲会议的决定，起草了《全国林业科技情报计算机检索系统发展规划》，会议就此《发展规划》进行了认真讨论，与会代表同意该《规划》的指导思想、要求和措施。

1985年，情报所调整了机构，重新任命了室主任，明确规定了各科室的任务和人员编制。根据工作发展需要，经请示院里有关同志，恢复了文献资料室。

1985年《中国林业文摘》正式出版，年报道量5000多条。《中国林业文摘》的出版填补了国内林业方面文摘的空白，受到了领导和读者的充分肯定。林业部董智勇副部长在一次林业工作会议上说，《中国林业文摘》这本刊物是很好的刊物，并号召同志们订阅。广大读者认为这是一本很成功的检索刊物，使用起来节约时间，查找资料方便。

8月28日，中国林科院情报所在北京召开了《中国林业文摘》第一届第一次常务编委扩大会议。参加会议的有在京的常务编委、林业部情报中心领导、特邀编辑、部分文摘员和外地在京的代表共41人。会议内容是听取编辑部1985年上半年工作总结和对办刊的意见和反应，讨论文摘的摘录技巧和著录方法，常委会通过有关决议。

1985年，在完成国务院农村能源领导小组下达的“农村能源”课题研究，又完成了林业部科技司下达的《我国林业科技预测》初稿，还撰写了《国内林业科研水平与现状》的初稿和《国内外林业新技术革命动向》的专题材料。

1985年开始从事林业科技文献数据库的建设工作。

1985年图书馆全部迁入新建成的情报楼。图书馆的全部藏书搬迁到了情报楼西北侧新建的书库。

1985年，图书馆与情报研究所合并为中国林业科学研究院科学技术信息研究所，为便于国际交流，图书馆对外用中国林业科学研究院图书馆的名称。

1986年

1986年，情报所与林业部森工司多种经营处合作，创办“林业多种经营信息网”，以专业情报研究室为主，综合情报研究室和报道室参加。该信息网的宗旨是运用信息手段，加速林(山)区自然资源的开发利用，促进林业多种经营的发展，变资源优势为经济优势，繁荣林(山)区经济。该信息网创办第一年就有270个网员，收入3.9万元。该信息网刊深受林业基层领导和科技人员、林(山)区职工和各级森工局的欢迎。该网刊承办8年，为扩大情报所影响，为情报所创收，为缓解森林资源危机、森工企业危困发挥了积极的作用。

由于多种原因该信息网于1993年12月停办，有关业务移交《林业科技通讯》编辑部。

1986年，魏宝麟同志主持的《国外林业发展战略调研文集》获林业部科技进步三等奖。

1986年，《国外林业和森林工业发展趋势》和《国外林业概况》均获国家科委科技情报成果三等奖。

1986年，为适应我国林业发展战略的需要，科信所组织力量开始编写《世界林业》一书。该书主编关百钧同志，副主编施昆山同志。本书着重世界森林资源、木材和林产品供需现状及预测、林业发展战略、林业和森林工业科技、教育水平现状及发展趋势进行了科学的论述，并较详细地介绍了世界100个国家林业现状和展望，以及4个国际林业组织的概况。科信所承担了林业部重点课题"我国林业科技发展战略研究"。

4月，中国林学会林业情报专业委员会在北京召开了"中国林业图书分类法"学术讨论会。会议就采用"中国法"和增加"森林树种""林业经济"两个三级类目录等问题进行了认真的讨论，取得了一致意见．后来被"中国法编委会"所采纳。

4月，林业部科技情报中心施昆山编辑出版《第九届世界林业大会论文集》，内部发行。

5月6—9日，林业部科技情报中心在北京召开了《中国林业文摘》第二次编辑工作会议。有75位编委和特邀编辑代表参加。会议由林业部科技情报中心刘永龙同志主持，关百钧同志代表林业部科技情报中心致开幕词。编辑部副主任韩有钧同志做了创刊以来的工作汇报。会议重点讨论了办刊方针和提高刊物质量以及扩大发行等问题。

5月至1997年1月，徐长波同志任科信所党委书记。

1987年

1987年，科信所以计算机室为主体与院森计中心合作完成的林业部"七五"重点研究课题"全国林业科技文献微机检索及编辑系统"，于当年6月通过了林业部的鉴定。

1987年，科信所专业室研究完成了《八十年代中期国外木材采运工业水平及发展趋势》《国外木材工业科技水平》《世界林产品工业的现状和发展趋势》等12篇研究报告和文章。

1987年，林业部科技情报中心在北京召开了第三届全国林业科技情报会议，来自全国林业情报部门80多名主要负责同志参加了会议。会议上制定并通过了《林业科技情报评定标准和奖励办法(试行)》、《全国林业科技情报微机检索系统发展规划》两个纲领性文件，前者解决了多年来悬而未解的问题，对促进全国林业科技情报事业快速发展起到巨大作用，后者对尽快建立我国林业科技文献信息库总库作出了统一安排和布置。同时，在会议上通过了《全国林业科技情报声像网章程》，并成立了全国林业科技情报声像网，会议还交流了情报工作经验等。

1月13日，所党委根据1986年12月26日会议决定：杨喜兰同志为所办公室主任，从1987年1月1日起生效。

1月23日，所党委根据1987年1月15日会议决定，郭玉书同志任咨询室主任，刘增彦同志为发行室副主任，从1987年2月1日起生效。

2月27日，经所党委研究决定，任命李鹏同志为声相室主任，钮心池同志为副主任，从3月1日起生效。同时研究决定将所组联处与业务处合并，统称业务处，任命王义文同志为业务处主任，还任命花寿永同志为专业情报室副主任。

3月12日，所党委于1987年3月9日决定任命李晓姝、姚铁力同志为铅印厂副厂长。

4月20日，所党委于1987年4月16日会议决定，任命杨公陶同志为采访室主任，陈正德同志为副主任；任命陈琳、周吉仲同志为室副主任；高佩荣、许路、程冬英同志为借阅室副主任。

5月19日，所党委会于1987年5月18日会议决定任命杜庆廉同志为人事教育处主任。

7月13日，《关于吴秉宜等同志具备中级职称任职资格的通知》：

助理研究员：吴秉宜、刘开玲、戎树国、惠清延、杜庆廉、侯元兆、徐春富、邵青还、李卫东、李智勇；

工程师：魏向东、丁蕴一、王士坤、赵巍、钮心池；

编辑：王秉勇、刘森林、王晓原；

翻译：何永晋、黎红旗、胡馨芝；

馆员：姚凤卿、彭修义、杨公陶、赵春林、李惠琴、许路、高佩荣、程冬英、周吉仲、李维长、王乃贤、张素芳、黄少萍；

会计师：高桂琴。

8月31日，所党委于1987年8月11日会议决定任命白俊仪同志为咨询室主任，王秉勇同志为专业情报室主任，韩有钧同志为国内文摘室主任，刘开玲同志为国外文摘室副主任。

10月29日，为了工作方便、经林科院领导同意，将情报所原“综合情报研究室”改为“世界林业研究室”，主要从事世界林业(发展战略、方针、政策等)的研究工作。从发文之日起实行。

11月，林业部科技情报中心在北京召开了关于“林业科技发展战略”学术研讨会，会议着重就我国林业科技发展战略的指导思想、目标、重点、途径和措施等问题进行了认真的讨论，并提出了很多很好的论点和建议。

12月9日，《关于郑海涛等同志具备初级职称任职资格的通知》：

助理工程师：郑海涛、史玉群、陆文明、朱敏慧、张水荣、郑锋、王忠明、申裕野、洪宝亮、路岩、董其英、徐季佳、刘增彦、卢银盛、陶绿；

研究实习员：彭南轩、张云毅；

助理翻译：白秀萍、罗维平、李青、袁茜；

助理编辑：白雪松、袁遂芳、高发全、黎祜琛、杨超、李蓓、刘婕、张世瑞、刘道平、陈昆、苏立明；

助理美术编辑：赵崇光；

助理馆员：宋慧玲、刘艳春、滕淑芝、石蕴山、史忠立、郭红燕、杨力卓、胡燕芳、商莹石、陈正德、张新萍、李星、陈琳、康剑、王甘、孙小满、于玲、李琦；

助理会计师：于燕峰；

技术员：林艳玲、戴晓佳。

1988年

1988年，科信所已基本完成林业部“七五”重点课题“中国林业科技发展战略研究”和承担的“世界林业事实数据库”，于1991年均获林业部科技进步三等奖。

1988年，创办的《世界林业研究》为季刊，后来改为双月刊。这是我国唯一的研究世界林业的学术刊物。本刊以综述为主，以研究中外林业为主要特点，跟踪报道世界林业发展趋势与热点，探讨交流世界林业发展道路与规律，系统介绍世界林业科学发展新理论和新技术及其应用，促进我国林业建设与国际交流，其独特的报道形式和内容赢得了领导、专家的肯定，以及广大读者的好评。

2月10日，中国林学会发文将中国林学会林业情报专业委员会正式更名为林业情报学会。

1988年魏宝麟同志主持的“林业技术改造研究”获林业部科技进步三等奖。

1988年12月，中国林业出版社出版《1987年中国林业年鉴》一书，在“国际林业信息”(574~580)一栏中，情报所李维长介绍了菲律宾林业，李卫东介绍了印度尼西亚林业，朱石麟介绍了英国林业，高佩荣介绍了匈牙利林业，郑海涛介绍了智利林业。

1989年

1989年，中国林学会林业情报学会在湖北武汉召开会议，会议内容主要是讨论选举情报学会第二届理事会。会上，首先由第一届委员会沈照仁理事长汇报第一届理事会的工作，大会交流了工作经验，最后经民主协商，选举产生第二届林业情报学会新理事。本次会议选举产生40名委员，主任委员由刘永龙同志担任，关百钧同志任副主任委员，王义文同志任秘书长。

1989年，科信所完成林业部《中国林业科技发展战略的研究》《中国林业概况》《国内外林业研究人员概况对比》《中苏林业对比》《苏联林业概况》《马来西亚林业概况》《我国应注意发展无性系林业》《从世界角度看我国造林事业》《八十年代国外林业科研回顾》《日本林业科研体制的改革》等论文的综述和述评，其中多篇是直接为林业部领导服务的。《我国应注意发展无性系林业》一文，林业部高德占部长看了后亲自批示要求有关单位研究落实。

2月23日，情报所所长办公会议决定声像室解体。

3月3日，经所党委研究决定任命钱世华同志为所党委办公室主任。

4月19日，经4月4日所长办公会议决定任命：李卫东同志为所世界林业研究室副主任；白俊仪同志为所林科公司经理(室主任)；张水荣同志为所林科公司副经理(室副主任)。

5月11日，情报所职称改革领导小组决定任命以下同志相应的技术职务：李智勇、陆文明同志为助理研究员；史忠立、张新萍同志为编辑；陈琳、石蕴山同志为馆员；史玉群同志为工程师。以上同志聘期从1988年12月开始。

10月至1990年1月，党委书记徐长波同志兼任科信所所长，主持全面工作，施昆山和朱石麟同志任副所长。施昆山同志分管情报业务工作，朱石麟同志分管图书文献工作。

12月12日，根据院人事处下达到情报所中级技术职务的指标于12月11日经所领导研究决定，聘任以下同志中级技术职务：张水荣同志为工程师，白秀萍同志和郑海涛同志为翻译，赵崇光同志为美术编辑，郭红艳、宋慧玲、滕素芝同志为馆员。

80年代末，科信所主要刊物有国外《林业文摘》和《森林工业文摘》《中国林业文摘》三个检索刊物，年报道量为13300多条，报道字数接近500万字。《林业科技通讯》和《林业信息快报》两个报道类刊物，年报道量68万多字。

1989年，科信所三个检索刊物参加国家科委第三次全国检索刊物评比，《中国林业文摘》荣获一等奖，国外《森林工业文摘》获三等奖，国外《林业文摘》获表扬奖。

1989年，中国林科院图书馆和科信所编写的《林业汉语主题词表》和《七十—八十年代初国外林业技术水平文集》获林业部科技进步三等奖。科信所的“中国林业科技文献库”获国家科委科技情报数据库评比三等奖。

1989年启动中国林业科技信息系统工程建设。

1990年

1990—1991年，孟永庆同志作为访问学者，在新西兰从事人工林经营研究。

1990年科信所完成了“国外丰产林研究”“国外林业工业技术进步及发展纲要”“国外国有林发展道路的研究”“世界林业发展道路的研究”“林业产业政策研究”。

90年代初科信所拥有8个刊物，主要是：《林业科技通讯》《世界林业研究》《中国林业摘》、国外《林业文摘》《森林工业文摘》《中国林业文摘(英文选编)》《竹类文摘(中文版)》。全年报道量800万字。

1990年，科信所为拓宽服务面，扩大本所的影响力，与林业部全国林业工作总站合办《林业工作站网通讯》，由科信所编辑出版。

1月15日，情报所召开1989年工作总结大会。大会宣布1989年院先进个人：郑玉华、黎祜琛、卢永保。所先进个人：徐春富，胡馨芝、邢春华、张桂梅、于玲、余蕾、何军、朱多贵、蒋晓宁、王乃贤、杨公陶、洪宝亮、杨湘江、刘瑞刚。

2月10日，情报所领导研究决定聘任以下已具备副高级专业技术职务任职资格的同志担任相应的技术职务：徐长波、杜庆廉同志为高级工程师；姚凤卿同志为副研究馆员；刘开玲、吴秉宜、戎树国同志为副编审。

2月20日，经所长会议研究并征求党委意见，所长决定增设情报开发部、财务科两个机构，并任命戎树国同志为情报开发部主任，高桂琴同志为财务科主任。与此同时，任命吴秉宜同志为报道室主任，张作芳同志为业务处主任。

6月1日，情报所领导研究决定重组声像部，重组声像部正式名称是“中国林业科学研究院科技声像部”，又称“林业部科技情报中心声像部”。

7月14日，情报所工会委员会于7月6日举行第二届委员会第一次会议，协商分工如下：

主席：王秉勇同志；民主管理委员：余蕾同志；组织委员：卢永保同志；宣传委员：杨湘江同志(兼职工会干部)；福利委员：宋奇同志；体育委员：周亚坤同志；文娱委员：孙小满同志。

7月30日，情报所党委研究决定，任命杨湘江同志为所党委办公室副主任。

8月18日，中国林业科学研究院工会委员会批准王秉勇同志任情报所第二届工会委员会主席。

1991年

1月5日，情报所召开1990年工作总结大会，大会宣布1990年度先进集体：报道室和铅印厂。先进个人：林凤鸣，姚铁力，张水荣、李卫东、邢春华、史忠立、高发全、魏祜琛、于玲、于小兰、朱多贵、王乃贤、史玉群、蒋小宁、陈兆文、杨公陶、胡燕芳、刘成凤、陈君红。

2月，施昆山同志主编的《世界林业》由中国林业出版社出版，并获林业部科技进步二等奖。

1991年，王忠明同志主持的《用WS文本文件进行刊物编辑建库和SAB微机通用情报数据管理系统的研建》获林业部科技进步三等奖。

1991年11月11—15日，林科院情报所主办的全国部分省份多种经营信息交流在陕西户县召开。来自全国19个省份的森工企业、林业管理、科研、国营林场及高等院校49位代表参加了会议。情报所徐长波书记、林业部森工司张广有处长、陕西森工局罗克修局长、副局长陈东升同志出席了会议。会议由情报所徐春富同志主持，出席会议的49位代表交流了经验，会议上制定了《全国林业多种经营信息网章程》和1992年工作计划。

1991年，科信所撰写的《中国非木质林产品开发利用现状及预测》和《世界林业发展道路的研究》被国际林联第19届世界林业大会论文集收编进去，成为国际林业文献。

朱石麟同志主持的“世界林业事实数据库”于1991年获林业部科技进步三等奖。

3月13日，为了适应情报工作发展需要，所长办公会议研究对现有机构设置进行适当的调整，并报院主管院长批准，从原有的16个机构调减到现在的12个机构，减幅接近30%，整改力度是比较大。

科信所组织力量编写《世界林业》，主编关百钧同志，该书于1991年获林业部科技进步二等奖。

9月，邓炳生同志获水电部中国水土保持学会奖。

1992年

1月6日，1991年12月30日所长办公会议决定任命：刘开玲同志任文摘检索部主任，张水荣同志任技术推广室主任，丁蕴一同志任查新室主任。

1月11日，情报所召开1991年工作总结大会，并宣布1991年度先进集体：情报报道部、《中国林业文摘》编辑部，情报报道部获院先进集体。1991年年度先进工作者：于小兰、高发全、徐春富、朱多贵、李智勇、陆文明、吴秉宜、董其英、周亚坤、陈兆文、王忠明、杨舒、卢永保、冯春平。其中于小兰、高发全荣获院先进工作者。

1月15日，情报所正式编发《情报所简讯》。《情报所简讯》编委会成员如下：

主任编委：徐长波；

编委：王秉勇、张作芳、申裕野、杨湘江、余蕾；

责任编辑：杨湘江、余蕾。

1 月 15 日，所职代会代表、室主任听取侯元兆所长等 5 位领导的工作述职报告，并在 1 月 16 日下午的座谈会上对我所工作提出建议和意见。刘于鹤院长参加了座谈会。院科研处潘允中处长、院人事处王东玉处长及何捷同志参加考评。

2 月 20 日，林科院批准情报所第三届学术委员会成立。情报所第三届学术委员会主任、副主任、委员名单如下：

主任委员：施昆山；

副主任委员：侯元兆、张作芳；

委员：施昆山、侯元兆、张作芳、郑玉华、韩有钧、陈如平、李智勇、彭修义、白俊仪、丁蕴一、沈照仁、关百钧、魏宝麟。

2 月 27 日，情报所专业技术职务评审委员会组成人员，经林科院人事处批复、名单如下：

主任委员 ：侯元兆；

副主任委员：徐长波、杜庆廉；

委员：施昆山、王秉勇、张作芳、李卫东、刘开玲、白俊仪、吴秉宜、林凤鸣、徐春富、陈如平、王义文、李智勇、朱石麟、许路、戎树国、闫桐、丁蕴一、张水荣。

3 月 25 日，邓炳生同志荣获水电部中国水土保持学会奖。

4 月 20—30 日，李卫东、郭戈同志根据国际热带木材组织资助“中国以竹材代热带材作为原材料的研究”项目的活动计划，到美国考察竹类资源及竹子数据库方面的情况。

4 月 24 日，情报所党委研究决定，批准中共预备党员高发全同志按期转正。

5 月 8 日，经所党委、所长研究决定：对具备任高级、中级技术职务的同志聘任相应的技术职务：

副研究员：邵青还、李智勇；

副编审：王士坤；

副研究馆员：彭修义；

助理研究员：朱敏慧，张耀启、王琦、郭戈；

工程师：于玲、王忠明、申裕野、江荣先、李星、杨超、陈正德、张世瑞、陈民、洪宝亮、董其英；

编辑：刘婕、李蓓、高发全、秦淑容、彭南轩、黎祜琛；

馆员：胡燕芳、康剑、商莹石；

会计师：于燕峰；

助工：林宝玲。

5 月 13 日—6 月 5 日，为执行国际热带木材组织合作项目，徐长波、林凤鸣、陆文明、朱敏慧同志一行四人考察巴布亚新几内亚、印度尼西亚和马来西亚的热带林资源、森林工业和木材进出口贸易情况，并探讨了今后进一步合作的途径。

5 月 19—29 日，应亚太地区林业研究支持项目(FORSPA)和英联邦农业局国际合作处(CABI)邀请，李智勇同志参加在马来西亚农业大学举办的“目前的农业情报趋势”培训班，就CAB林业文摘光盘系统和联合国科教文组织开发推广的CDSISIS文本数据库系统进系统和实用性培训。

5月21—23日，施昆山同志等5人参加林业部科技司在河北石家庄召开的林业部直属单位科技期刊管理工作座谈会。会上，施昆山同志就本所的期刊情况作了发言，吴秉全、李维长同志分别对《林业科技通讯》和《世界林业研究》的办刊情况进行详细的汇报，刘玲同志对我所三个检索刊物作了宣传。会上，对17种期刊进行了评审，并推荐《林业科技通讯》《世界林业研究》同其他5种刊物参加当年9月份全国优秀科技期刊评比活动。

6月19日至7月8日，朱石麟研究员、张新萍同志及院外事处杨素兰同志为执行国际热带木材组织的“中国以竹替代热带材作为原材料的研究”项目，考察了英国、德国当地的植物园、竹类标本及竹类研究工作。

6月18—20日，林业部科技情报中心在四川成都召开了“全国林业情报工作会议”。参加会议的有全国各省、自治区林业厅(局)的科技处长、各省林业情报中心主任、各专业情报主任和部分省林科所所长以及中国林业科学研究院各所情报室主任共90人。

会议由林业部科技司顾锦章司长主持，蔡延松副部长出席了会议，并在会上做了《改革和加强林业科技情报工作　为促进林业科技与经济发展做出更大贡献》的讲话。国家科委情报司石耀山处长就国家有关科技情报的方针、政策和即将召开的全国科技情报工作会议有关情报改革的思路作了介绍，中国林科院宋闯副院长作了林业部科技情报中心工作总结；吉林省林业科技情报中心、辽宁省林科院、北京林业大学、全国木材综合利用横向联合网、全国林场信息委员会和中国林科院科技情报所等单位在会上介绍了情报中心管理、文献资源开发、情报咨询服务、情报研究为决策服务以及拓宽服务领域、开展有偿服务经验交流。蔡延松副部长最后就如何建立健全林业科技情报体系、提高和增加必要的情报工作经费和设备条件、加强科技情报队伍建设、积极制定保障和促进科技情报事业发展的各项政策和利用改革开放带来的发展机遇，积极开展科技情报对外交流与合作五个方面的分析讲话。会议期间，代表们认真讨论和修订了《林业科技情报中心工作条例》《全国林业情报发展规划(1992—2000)》《全国林业系统科技文献布局方案及协调办法》和《全国林业科技情报计算机检索系统建设协调方案》。

6月26日至1995年1月5日，徐春富同志被卫生部借用参加援非洲几内亚医疗队工作。

8月28日，情报所党委研究决定，批准中共预备党员王乃贤、陈应发同志按期转正。

8月29日，8月26日所长会议决定任命张作芳同志任情报中心办公室主任，李卫东同志任业务处主任，戎树国同志任查新咨询室副主任，董其英同志任声像室副主任。

9月1日，情报所成立职工福利服务小组，其组成人员如下：

组长：卢永保；

副组长：宋奇；

组员：卢永保、宋奇、刘艳春、梁锭、杨力卓、黎祜琛、何军。

9月20—23日，联合国粮农组织驻亚太地区办事处官员Wood先生来科信所检查项目执行情况。科信所向该组织申报的《中国林业文摘(英文版)》和《中国流域治理政策的系统设计》已开始执行，所领导就有关项目的执行情况与Wood先生进行了讨论。

9月20—30日，联合国粮农组织《森林、树木与人》第二期项目派Fopma女士前来科信所，就我所向该项目申报的“中国社会林业信息网”子项目等有关事宜进行探讨，并参观图书馆外文期刊阅览室等。

9月20—27日，印度竹类情报中心项目负责人Pollai先生到科信所参观竹类情报中心，由朱石麟同志接待印度来宾，并介绍竹类情报中心的情况。

9月21—22日，林科院举行第二届青年优秀论文和基金论文报告会。科信所李智勇、王忠明同志参加报告会，并宣读了各自的论文。经院评委会评比，李智勇的论文《科技进步对营林产业经济的贡献率研究》被评为三等奖。

10月，科信所退休干部沈照仁同志被林业部评为部《林业工作研究》刊物优秀特约研究员。

10月12—14日，林业部科技情报中心主办的《中国林业文摘》编辑技术研讨会暨《中国林业文摘》第四次编辑工作会议在西安召开。来自15个省(自治区、直辖市)的特邀编辑和文摘员参加了会议。施昆山副所长出席会议，并作了讲话。会议选举产生了18名《中国林业文摘》编委会成员，表彰了20名优秀特邀编辑，重新聘任了35名特邀编辑。

11月8—15日，受林业部委派，本所施昆山同志赴泰国参加由联合国粮农组织举办的“热带林业行动计划”会议。

11月13—26日，侯元兆同志以中国代表团副团长的身份，赴日本横滨参加ITTO第13届理事会、第11届常设专业委员会和ITTO协定重新谈判第一次谈判预备会议。本次会议审议了本所承担的PD42/88及PD124/91两个项目的进展(即中国热带木材市场及以竹代木项目)，审议批准了PD14/92项目分期实施计划(即海南项目)。

11月22日至12月15日，为执行国际热带木材组织PD42/88项目，本所林凤鸣、王秉勇和陆文明同志赴法国和巴西考察其发展林业和木材工业的经验和其进口及加工利用热带木材的情况，重点考察了巴西北部亚马孙天然热带林区和东南部桉树人工林，并探讨了与两国开展合作的可能性途径。

11月27—28日，林业部科技情报中心在北京成立全国林业科技文献协调委员会，并召开第一次会议。会议由林业部科技情报中心常务副主任侯元兆同志主持，参加会议的有全国林业科技协调委员会的9个成员单位的馆长、副馆长和主任等15人。会上，侯元兆同志首先宣布全国林业科技文献协调委员会成立，并向全体委员传达全国科技情报工作会议的精神；杜庆廉同志汇报林业部科技情报中心关于全国林业科技文献资源、现状和高价期刊分布情况的调查结果。会议就有关高价期刊的协调订阅、书刊资源共享、建立全国林业文献合作搜集网及其实施方案作了研究。

11月29日至12月5日，世界野生生物基金会(亦称世界自然基金会)美国亚洲林业政策研究资助计划在泰国清迈召开了亚洲林业政策研讨会。“中国海南林业发展政策研究”作为该项计划的受资助项目，应邀派出项目代表李智勇副研究员参加了会议，并在大会上以中国海南林业政策研究结果及应用过程和效果作了发言。

12月，在北京市新闻出版局、北京科学技术期刊编辑学会主办的北京优秀期刊评比中，本所《林业科技通讯》《中国林业文摘》《国外林业文摘》《世界林业研究》获7个单项奖。郑玉华同志获老编辑金奖，吴秉宜、张作芳、刘森林同志获银奖。

1992年，沈照仁、邓炳生同志荣获国家科委“全国科学技术情报系统先进工作者”。

1992年，科信所情报研究部编写的《森林与全球生态环境》在《决策与参考》上刊出后，得到林业部部长的表扬。

1992年，《中国林业文摘》被国家新闻出版局、中宣部和国家科委评为全国检索刊物二等奖，并获北京市期刊评比两个单项奖；《林业科技通讯》被评为三个单项奖。

1992年，魏宝麟同志主持的中国林业科技实力评价与发展战略研究获林业部科技进步三等奖。

12月20—26日，科信所在北京国际饭店召开“国际竹藤”会议。会议由朱石麟的加拿大竹子项目课题组承办。

1993年

5月，经人事部批复，同意中国林业科学研究院林业科学技术情报研究所正式更名为中国林业科学研究院林业科技信息研究所。

5月9—22日，沈照仁研究员与科信所张新萍同志一起赴印度考察竹木工业利用情况。

1993年创办的《林业与社会》网刊，是美国福特基金会资助的项目刊物。这是一本报道中国乡村林业、村民和妇女参与的林业活动和成功经验；报道亚洲乃至世界社会的林业现状、发展趋势的宣传和普及刊物。

侯元兆所长和沈照仁研究员共同主持的“中国林业发展道路的研究”课题于1993年获林业部科技进步一等奖。

林凤鸣研究员主持“中国林产品进出口贸易问题的研究——改革开放以来我国林产品贸易的发展和改进建议”课题于1993年获林业部科技进步三等奖。

1月14日，应中国科协之邀，科信所李智勇副研究员作为中国科协第二届青年科技奖获奖代表参加了由全国政协科学技术委员会和中国科协召开的首都科技界迎新春茶话会，受到中央书记处温家宝同志的接见。

2月10日，王秉勇同志开始出国进修一年。

2月19日，林业部科技情报中心宣布成立林业科技文献协调委员会。委员会单位由中国林业科学研究院林业科技情报所、北京林业大学、东北林业大学、南京林业大学、西北林业大学、西南林业大学、四川省林科院、中南林学院和林业部规划院组成。

3月，科信所声像室拍摄的电视片《云台山抒怀》获首届“大森林奖”一等奖。这次活动是由林业部、新华社、人民日报社、中央电视台、中央人民广播电台、中国电视艺术家协会联合主办。

3月，科信所侯元兆同志的《树立现代治水观念》和王义文同志的《城市森林——城市现代化的重要标志》科技文章获首届“大森林奖”二等奖。

3月8—22日，科信所周吉仲同志由国际热带木材组织资助赴日本考察图书馆管理，先后访问了日本国会图书馆、日本森林综合研究所图书馆、京都大学木材研究所等6个图书馆。

3 月 9—14 日，根据科信所与新加坡 AP 技术出版公司的协议，郑玉华和张作芳同志前往新加坡，就《亚太森林工业(中文版)》的编辑、出版事宜进行磋商，并对第一期及数据进行了修改与校对。

3 月 23 日，林业部科技情报中心申报国家级查新咨询单位。林业部科技情报中心向林业部科技司提交了《关于向国家科委申请成为全国第二批查新咨询单位的请示报告》。3 月 25 日，林业部科技司向国家科委信息司提交了该报告。

3 月 26—29 日，国家科委信息司在河北保定召开“第四次科技文献检索评比表彰经验交流会”。科信所的《中国林业文摘》主编韩有钧同志在会上发了言，会上《中国林业文摘》荣获二等奖。

5 月 2 日至 6 月 11 日，科信所林科公司与国家科委成果办公室、林业部长江中下游防护林办公室在北京联合举办了三期全光照喷雾扦插育苗技术培训班。林业部科技司刘于鹤司长、推广处魏殿生处长、长防处刘孟龙主任、国家科委成果办宋瑞霄处长及科信所领导到会并讲话，给予全光照喷雾扦插育苗技术及推广工作予以充分肯定。163 位学员通过学习、参观，从理论上和实践上了解该项技术，且购买设备十分涌跃。林科公司已发售设备 200 余套，并不断有新用户订购。

5 月 9—22 日，为执行国际热带木材组织，科信所沈照仁研究员、张新萍同志对印度科研教育委员会(ICFRE)、印度胶合板工业研究所和喀拉拉邦林业研究所进行考察，就竹材作为造纸原料的前景、竹材工业利用等问题同印度竹类专家进行了探讨。

5 月 25 日，在福建厦门召开的“中国林学会第八届全国委员会代表大会”上，科信所徐长波同志当选为中国林学会第八届理事会理事。

5 月 27 日，科信所林科公司向中国林科院幼儿园捐款 1000 元，以支持林科院幼教事业。

5 月 27 日至 29 日，科信所侯元兆同志被林业部徐有芳部长聘为林业部第四届科学技术委员会委员。本届科技委共设 49 位委员，科技委是部长的决策咨询机构。

6 月 28 日至 7 月 1 日，国际竹藤联络网会议在新加坡召开。科信所朱石麟研究员被聘为情报部的专家组成员，参加了会议，并讨论了各国申请项目的资助问题。

7 月 5 日，林科院发布通知，经 1993 年 7 月 3 日院分党组会议研究，任命陈统爱同志兼任中国林业科学研究院图书馆馆长，侯元兆和杜庆廉同志任图书馆副馆长。

7 月 9 日，所工会举办原情报所职工、离休干部李树苑同志个人画展。宋闯副院长等林科院绘画爱好者 100 多人参观了展览，侯元兆、施昆山、王秉勇、杜庆廉及所工会为画展题词。

7 月 10 日，林科院《关于院科技情报研究所更名的通知》，各所、中心，院属各处(室)：

根据 1993 年 5 月 31 日林业部林人直〔1993〕99 号文件的通知，经人事部批复，同意我院科技情报研究所更名为“中国林业科学研究院林业科技信息研究所”。

15—21 日，林业部科技委在山东烟台召开了 1993 年林业部科技进步奖初审暨修改《林业部科技进步奖励办法》研讨会。林业部科技情报中心办公室主任张作芳同志代表情报奖初审组出席了会议。

8月3日，国家科委科技信息司委托林业部科技情报中心召开查新工作研讨会。中国科技信息研究所等9个单位的代表、国家科委信息司副司长胡海棠、林业部科技司陈人杰副司长和林科院宋闯副院长出席了会议。在会上，胡海棠副司长作了重要发言，本中心丁蕴一同志做了题为《如何提高查新报告质量》的发言，并提出搞好查新工作的5条措施，还分发了《查新报告50例》。各单位就共同关心的问题进行了深入的讨论。林科院科研处潘允中处长、信息所侯元兆所长分别就科研部门对查新质量的反映及科信所概况作了介绍。

8月12—25日，朱石麟研究员、李卫东高级工程师赴日本考察竹类资源及竹材利用情况。

8月26日，英联邦农业局国际合作处副总干事Cilmore率代表团一行4人来科信所商谈有关向世界银行(WB)申请"农业及农用林业光盘数据库(CD-ROM/TREECD)"资助项目事宜。宋闯副院长、侯元兆所长、杜庆廉副所长及有关人员会见了Mr. Cilmore副总干事长。

9月15—17日，科信所的《林业科技通讯》和《林业与社会》信息网座谈会在苏州市吴县召开。施昆山、杜庆廉副所长及吴秉宜、李维长和李蓓同志参加了会议。我国著名生态经济专家石山同志、中南林学院徐国祯教授、福建科学院张建国院长出席了会议，并在会上作了报告。

9月22日，侯元兆所长、施昆山副所长会见了《亚太森林工业》顾问莱恩士先生及马来西亚沙捞越三菱公司Angela Wee女士。双方就《亚太森林工业(中文版)》第一期合作(1993—1994)执行合同中的有关问题进行了协商。马来西亚三菱公司就在中国投资兴办中密度纤维板事宜向本所林凤鸣研究员进了可行性咨询。双方还就今后进一步开展国际间科技信息合作进行了探讨，并取得了共识。

10月18日至11月5日，朱敏慧同志前往马来西亚出席ITTO举办的"热带林业和木材贸易统计"研讨会。

10月26—29日，中国林学会情报学会在山东泰安召开了学术讨论暨理事换届会。出席会议的代表50人。中国林学会理事长沈国舫教授亲临会议指导，并作了重要讲话。会议传达了中国林学会"八大"精神；总结了第二届理事会工作；关百钧和林凤鸣先生分别作了《世界林业科技信息现状和展望》《当代世界林业面临的主要问题和产业政策的调整及21世纪前期展望》的学术报告，10位代表宣读了关于林业科技信息、市场经济理论和方法等方面的论文，侯元兆同志作了《中国林学会林业情报学会工作改革意见及活动计划》的报告。

10月30日，科信所北京天梯林业咨询公司成立。公司主营：技术咨询、开发、转让、培训、会议展览、代办设备进出口。兼营：批零售相关的各种设备及产品，并承担城乡园林设计工程。

11月2—13日，由林研所熊跃国，科信所杜庆廉、吴秉宜、李维长、李蓓及中国科学院土壤所徐礼煜同志组成的中国社会林业及农用林业考察小组对印尼爪哇岛的部分农田林业、社会林业及庭院林业和家庭林业等试验点进行了实地考察，并参观了印尼最大的林业图书馆-FRDC图书馆，使中国林科院图书馆与其建立了国际交换关系。

11月3-6日，思茅林业行动计划课题组在北京召开专题研讨会，联合国粮农组织总部、总部外事司派官员出席会议。林科院陈统爱院长宴请了FAO官员及与会代表。科信所施昆山副所长、魏宝麟、关百钧研究员和刘丹同志参加了会议。

11月6—9日，FORSPA项目官员B. Maraille女士对资助科信所该项目的“中国流域治理政策系统设计”和“林业文摘光盘服务(TREECD)”进行了检索评估。B. Muraille女士对“中国流域治理政策系统设计”项目按计划进行及已取得的阶段性成果表示肯定，并详细询问了查新技术细节，认为与其他引进光盘的国家和单位相比，科信所工作很出色，是最好的。

11月8日，日本海外林业咨询协会主任、日本竹子保护协会参事铃木健敬先生访问了科信所竹子情报中心。侯元兆所长、王秉勇副所长和朱石麟研究员会见了铃木先生，双方交流了竹类生产、利用情况及研制的竹类新产品。会谈期间，侯元兆所长向日本朋友介绍了科信所的情况并表示愿就某些项目进行合作研究。

11月15日，经11月8日所长办公会议研究决定，任命李智勇同志为北京天梯林业咨询公司经理，任命陆文明同志为情报研究部副主任。

11月23—27日，侯元兆所长前往新加坡参加“九三亚洲木工机械展览会”。

11月25—28日，朱石麟研究员前往印度尼西亚参加国际竹类大会。

11月29日至12月16日，王秉勇副所长为林业部技术考察组成员，赴古巴考察其林业形势和技术。

12月12—19日，施昆山副所长赴泰国参加联合国粮农组织亚太社会林业培训中心召开的FTPP(森林与人类项目)会议。

12月25日，共青团林科院第四次代表大会在北京召开，科信所叶兵同志当选为林科院团委委员。

12月至1995年6月，李卫东同志赴美国学习。

1994年

1月，沈照仁研究员与陆文明同志一起赴印度尼西亚考察热带森林经营情况(本次考察是国际热带木材组织资助的课题“中国海南岛热带森林分类经营永续利用示范”第5子项目“情报调研”的科研任务)。

1月11日，经科信所党委研究，批准蒋晓宁同志为中共预备党员。

1月22日，科信所《关于调整所机构及任免的通知》，经1993年12月22日和1994年1月19日所长办公会议研究决定：

所办公室与开发办公室合并，一个机构两块牌子，两类职能称所办公室。

设立行政科，统管全所总务、后勤等。

撤销查新咨询室《林业多种经营网》，业务移交《林业科技通讯》。

任命闫桐同志为所办公室主任，宋奇同志为办公室副主任；卢永保同志为行政科主任，何军同志为行政科副主任；聘任张作芳同志为《林业科技通讯》主编。

1月25—26日，中国林学会在北京召开八届一次学术委员会暨二级学会秘书长会议。

会上，林业情报专业委员会荣获优秀二级学会奖。科信所中国林学会青年委员李智勇、情报专业委员会秘书长张作芳、城市林业分会筹委王义文同志参加了会议。

2月1日，经科信所党委研究，批准中共预备党员彭南轩同志按期转正，党龄从1993年12月22日起计算。

2月7日，经所领导研究决定，聘任以下同志相应的专业技术职务：

编审：郑玉华；馆员：孙小满、谢家禄。聘期从1993年12月开始。

2月21—23日，朱石麟研究员出席国际竹藤联络网吉隆坡会议。

2月24日，中国林科院批复科信所党委班子人员：党委书记为徐长波同志，党委委员：侯元兆、杜庆廉、施昆山、王秉勇、李卫东和张作芳同志。

3月20日，孟永庆同志赴泰国出席PECOFIC(社会林业区域培训中心)举办的"非木材林产品销售"培训班。

4月，孟永庆同志参加在泰国RECOFTIC非木质林产品培训班学习。

4月19日，林业部科技司在林科院科信所主持召开"国家一级科技查新咨询单位"资格授予大会。胡海棠副司长代表国家科委宣布：中国林科院林业科技信息研究所被正式批准为国家一级科技查新咨询单位。林业部刘于鹤副部长到会表示热烈祝贺，代表林业部宣布聘任73位专家为国家级查新咨询专家。

4月24至5月15日，FAO"思茅林业行动计划"项目组负责人施昆山同志，成员关有钧和刘丹同志赴印尼和越南考察这二个国家热带林行动计划的执行情况。

5月15日，李卫东同志受所里委派赴美国俄勒冈州世界林业研究所进修。李卫东同志在美国除学习现代林业信息技术和知识外，还承担发展"中国窗口"的工作。

5月25日，科信所发布通知：任命孟永庆同志为本所研究部主任，免去李卫东同志研究部主任，并保留正科级待遇。

5月29日至6月4日，科信所召开"世界热带林永续经营培训班"暨"ITTO海南热带林项目第二次工作会议"。林业部刘于鹤副部长、前副部长雍文涛、国际合作司巡视员李禄康、中国林学会理事长沈国航以及林业部科技司、计划司有关领导出席开幕式，并作重要讲话，中国林科院院长陈统爱出席闭幕式，并发表重要讲话，这是一次提高研究和学术水平的培训班，也是带有国际热带林学术交流性质的研讨会。

6月12—17日，孟永庆同志赴菲律宾参加ITTO组织的"亚太地区永续生产热带木材供求宏观经济趋势分析研讨会"。

6月20日，施昆山副所长赴泰国参加"第二次热带林行动计划会议"。

6月29日至7月4日，林业部科技情报中心、黑龙江省森工总局和黑龙江省林科院联合举办"开发林业科技信、发展信息产业研讨会"在山东青岛召开。参加会议的有13个省份、31个地区从事林业情报研究、开发及管理人员。会议代表共同学习国家科委领导有关加快科技信息服务改革和发展的讲话，听取关百钧先生的《世界林业科技信息现状与展望》《世界林业科技进展》和张作芳同志《改革开放以来，我国林业科技信息工作的新进展》的报告；代表们宣读了发展信息服务，促进信息产业化的论文；交流了发展、创办信息的经验与体会。会议期间，举办了科技信息发布会、科技成果新产品展示会，由15个专业情报中心、省中心和企业局发布了科技成果、新技术、新产品信息 58 项，有力地促进了科技信息的传播和成果的推广。

7 月 1 日，科信所由 21 名评委组成的第三届职称评审委员会经林科院批准：主任委员为侯元兆同志，副主任委员是施昆山和杜庆廉同志。

8 月 22 日，经 1994 年 8 月 22 日所长办公会议研究，聘任以下同志担任相应的专业技术职务：侯元兆同志为研究员，陆文明同志为副研究员；闫桐、徐春富和张水荣同志任高级工程师，聘任时间从 1994 年 8 月起计算。

8 月 28 日至 9 月 9 日，联合国粮农组织(FAO)在菲律宾乡村改造学院(IIRR)举办“山区农业与自然资源管理”研讨会，郑威同志参加研讨会，并提交了题为《中国山地的水土保持系统》论文一篇。

9 月 1—20 日，孟永庆同志参加由联合国粮农组织 FTPP 和巴勒斯坦 AKRSP 举办的巴勒斯坦北部地区参与性林业的研究考察。

9 月 10 日，ITTO 中国海南热带林项目指导委员会第二次会议在海南省林业局召开。科信所侯元兆、陆文明和于玲同志参加了会议。

9 月 13—14 日，为加强中德木材加工领域中的合作与技术交流，科信所受德国 Hermes 砂光材料有限公司的委托，经过周密的筹划，在北京共同召开“中-德木材砂光材料研讨会”。应邀出席会议的有中、德木材工业、研磨工业的知名专家、工程技术人员、行政、企业的决策者和记者共有 46 位代表。

9 月 25—29 日，科信所“林业与社会信息网”在湖南长沙市主持召开全国社会林业研讨会。施昆山副所长、吴秉宜、李维长、黎祜琛、刘婕同志参加了会议。来自林业、农业、中科院、社科院等系统的 40 位代表出席了会议。“林业与社会信息网”的顾问、福特基金会驻北京代表孟泽思先生(Nicholas K. Menzies)、福建林学院张建国教授、中南林学院徐国祯教授以及福特基金会驻印席代表处顾问 Anil C. Shah 先生出席了会议，并在会上作了发言。会后，全体与会代表参观了湖南省桃源县的社会林业和传统林业示范点。

9 月 28 日，王秉勇副所长受国家教委委派赴西班牙进修一年。

10 月 12 日，经科信所党委研究，批准中共预备党员胡燕芳、王军和陈军华同志按期转正，党龄分别由 1994 年 6 月 2 日、1994 年 6 月 18 日、1994 年 6 月 19 日起计算。

11 月 27 日至 12 月 17 日，陆文明副研究员赴马来西亚参加由国际热带木材组织主办的“国际热带林业和木材贸易培训暨研讨会”。

12 月 8—15 日，侯元兆所长、孟永庆同志和林科院资信所鞠洪波副所长应日本森林综合研究所和宇宙开发事业团的邀请访问日本。

12 月 17 日至 1995 年 1 月 2 日，沈照仁研究员、陆文明副研究员前往印度尼西亚考察热带林永续经营技术。考察组组长是林科院副院长、ITTO 中国海南热带林项目主任洪菊生研究员、考察组成员有林科院资源信息所所长华网坤研究员和海南省坝王玲林业局杨秀森高级工程师。

1994 年，由关百钧研究员撰写的《世界林业科技信息现状与展望》和《世界林业科技进展》论文以及张作芳同志撰写的《改革开放以来，我国林业科技信息工作的新进展》论文在山东青岛由林业部科技情报中心和黑龙江森工总局、黑龙江省林科院联合召开的“开发林业科技信息，发展信息产业”研讨会上作了宣读。

1994年，邵青还同志承担的“德国林业经营思想和理论发展200年”研究课题于1994年6月通过了专家书面鉴定。

1994年，完成情报大楼局域网布线工程，建成了情报楼内Novell局域网。

1995年

1月9日，应荷兰莱顿大学的邀请，孟永庆同志参加了在荷兰召开的中国农林发展讨论会，来自中、美、德、意、以色列和荷兰的30余位学者出席了会议。

1月17日，李智勇副研究员作为青年科学家代表应邀参加了全国政协科技委员会和中国科学技术协会联合举办的“首届科技界新春茶话”。

1月27日，施昆山副所长和李维长同志于1月27日至2月6日赴印度尼西亚日惹出席FTPP(森林、树木和人)第三次工作会议，汇报1994年的工作及经费使用情况，并协调1995的工作。

2月10日，中国林学会林业情报专业委员会宣传委员会在京成立，会议通过了《中国林学会情报专业委员会宣传委员会章程》。林业情报专业委员会董智勇主任、侯元兆常务副主任和张作芳秘书长应邀出席了会议。

1995年2月14日，中国林学会情报学会在北京召开了第三届二次常务会议。会议由常委会主任董智勇主持，常务副主任侯元兆、副主任高庆有、何乃琛等11位常委出席了会议。会上秘书长张作芳同志汇报了专业委员会1994年的工作；侯元兆副主任就专业委员会1995—1996年计划作了说明。会议讨论通过了《中国林学会林业情报专业委员会关于增设常委及委员的决定》《关于批准成立中国林学会林业情报专业委员会宣传委员会等三个区域分会的决定》和《中国林学会林业情报专业委员会活动经费筹集、使用及管理办法》。

2月28日，李卫东同志结束在美国世界林业研究所参加林业信息管理实习培训活动。

3月6—9日，张作芳同志应邀出席在昆明举办的95全国木材加工新技术与新产品展示交流交易会。

3月31日科信所决定《世界林业研究》《中国林业文摘》、国外《林业文摘》和《森林工业文摘》实行亏损承包制，科信所与各编辑部签约协议书。《森林工业文摘》编辑部开始探索如何与市场接轨的问题，走社会办刊的道路，走减亏为赢的路子。

《世界林业研究》编辑部利用本刊的优势，发展广告业务，补充办刊经费不足的问题，达到减轻所财政负担。

3月，徐春富同志结束对几内亚二年半的援外医疗队工作回所上班。

4月11日，施昆山副所长会见了应邀来华访问的FTPP(森林、树木与人项目)亚洲地区协调员Cor Veer先生。双方就1995年在中国召开第四次FTPP亚洲地区计划工作会议及其他有关问题进行了磋商。

4月16日，印度喀拉拉邦林研所Mohanan Choran博士于1995年4月11—16日来本所访问了竹类情报中心，与朱石麟教授及该中心成员就亚洲地区及中国的竹害情况、危害程度和防治措施等进行了座谈。

5月14日，应林业部邀请，美国世界林业研究所所长于1995年5月10—14日来华访问。Landis先生在京期间到科信所参观了正在建设的Novell网络工程和图书馆中外文阅览室以及数据库的演示。

5月17日，科信所所务会议讨论了各单位分散保存的计算机数据库及做好数据库入网的工作，并发布《关于清理和积累计算机数据库的通知》。

5月16—18日，中国林学会情报学会华东区委员会在杭州富阳召开成立大会暨学术研讨会。张作芳秘书长宣读了中国林学会林业情报学会关于成立华东区委员会的批文，她还传达了1994年全国科技信息座谈会的精神。浙江省林业厅副厅长、浙江省林学会理事长沈旋同志出席了会议，并在会上做了《浙江林业生产和今后发展思路》的报告。会议上，与会代表审议通过了78个委员单位，选出了13名联络员。经过民主选举产生第一届华东委员会主任和副主任。陈益泰为主任委员，郭永健、俞东波、陈建华、丛玉梅和刘胜清五位副主任，陈爱芬为秘书长。会议期间召开了华东委员会第一次常委会会议，讨论通过了《中国林学会情报学会华东区委员会章程》《华东区委员会1995—1996年活动计划》和讨论出版会讯，即《华东林业科技情报》等事宜。

1995年，国家科委科技信息司和中国科技情报所联合组织全国第五次文献检索期刊评比活动。此次评比中，中国林科院科信所的《中国林业文摘》荣获二等奖。

5月26日，王义文同志主持的“外资对我国林业科技发展的影响及其研究”(本所郭戈和刘丹同志参与研究，并和四川省林科院合作研究完成)，通过了部级鉴定。

6月13—15日，中国林学会林业情报学会在哈尔滨召开成立情报学会东北区委员会暨成果交流会，出席会议的有东北三省60多个委员单位的代表37人。

6月18日，李卫东同志前往马来西亚吉隆坡参加为期二周的CABI光盘应用技术培训班。

6月26日，经科信所党委研究，批准陈兆文同志为中共预备党员，预备期从1995年6月19日起计算。

7月21日，李维长、周吉仲同志赴印尼茂物市参加由国际林业研究中心(CIFOR)主办的“国际林业编辑研讨会”。

8月10日，美国福特基金会资助的“林业与社会信息网”第一次联络员会议在北京召开，项目主持人施昆山同志、副主持吴秉宜同志、李维长同志分别介绍了目前社会林业在国内外开展的情况等。

8月6—12日，国际林业研究组织联盟第20届世界大会在芬兰佩雷市举行。本所李智勇、陆文明副研究员作为代表团成员出席了这次大会。

8月16日，为适应图书馆的发展，科信所公派谢家禄同志赴美，到美国世界林业研究所进修一年。

9月8日，应国家科委的邀请，日本森林综合研究所佐佐明幸、粟屋善雄博士于9月4—8日访问了山东省。侯元兆所长和孟永庆同志陪同外宾考察了山东泰山的水土保持林、兖州地区农用林。

9月8—20日，“森林、树木与人”项目第四届亚洲区域工作会议在昆明召开，科信所施昆山副所长和李维长同志出席了会议。施昆山同志在会上就科信所承担该项目的工作做了报告，并就科信所与该项目今后的合作事宜进行了探讨。

9月21—23日，在美国福特基金会的资助下，由科信所主办的“亚洲村社林业发展经验研讨会”在云南昆明召开。出席会议的有中国等10个国家及联合国粮农组织(FAO)、福特基金会、FTPP和亚太地区农用林业协用网(APAN)等国际组织代表共计50多位代表。

9月29日，ITTO中国海南热带林项目指导委员会第四次会议在中国林科院科信所召开。

10月6日，李维长同志受美国福特基金资助赴肯尼亚内罗比国际培训中心参加为期3个月的培训。

10月7日，国家教委公派王秉勇同志到西班牙马德里科技大学高级林业工程师学习一年结束回国。

10月8—12日，国际林业研究中心(CIFOR)研究与信息部主任Framcis先生来林科院参观访问，参观了科信所计算机室和图书馆。侯元兆所长和施昆山副所长分别向外宾介绍了科信所业务工作状况，并探讨双方继续合作的可能性。

11月2日，德国联邦经济合作开发部Dirter Speidel博士在德国技术合作公司(GTZ)驻京办事处主任Niels Vsn Keyserlink的陪同下来科信所拜访施昆山副所长。施昆山同志向客人介绍了科信所业务工作情况，双方就相互关心的问题交换了意见。

11月6日，美国福特基金会纽约总部农村贫困与资源部主任及亚洲项目部主任在驻京首席代表Arrthong J. Saich和项目官员郝克明(Horkner)先生陪同下来科信所检查“林业与社会信息网”项目执行情况。施昆山同志向客人介绍了本所的情况，并代表项目组汇报了“林业社会信息网”的进展情况、存在的问题及今后的打算。

11月7日，以侯元兆所长为组长的ITTO海南项目情报子项目考察组于10月22日至11月7日前往泰国和缅甸等地考察。考察组还与香港嘉汉木业有限公司商讨了有关人工林方面合作等事宜，并初步达成合作意向。

12月22日，科信所领导研究决定聘任以下同志专业技术职务：

陈如平同志为研究员，孟永庆同志为副研究员；王忠明同志为高级工程师；刘森林和郭广荣同志为副编审；郝萍同志为馆员；李琦同志为工和师；余蕾同志为助理工程师。

1995年度科信所先进个人：陈如平、陆文明、李卫东、吴秉宜、刘开玲、张桂梅、王忠明、宋奇、卢永政、邢彦忠、姚铁力、刘瑞刚、罗信坚、孙小满、李琦、王晓原、郝芳。

科信所先进集体：《国外森林工业文摘》编辑部、《林业科技通讯》编辑部和所属铅印厂。

12月28日，科信所党委研究决定，批准宋奇同志为中共预备党员，预备期从1995年12月21日起计算。

1995年开始实施新政策，各编辑部可根据本刊的特点，采取社会办刊、或集资办刊、或合作经营等办刊方式，只要保持刊物生存，减轻所财政负担，增加编辑人员的收入，各种办刊方式都可以尝试。在这种改革大潮下，具有40多年办刊历史的《林业科技通讯》由所天梯公司承包负责编辑出版发行工作。要求第一年限定负责亏损额，减亏奖励，超亏罚款；第二年必须扭亏为赢利。

1996 年

1 月 21—28 日，应日本农林水产省综合研究所所长邀请，杜庆廉副所长赴日本筑波森林综合研究所，为中日合作实施的“全球研究网络系统、森林植被项目”商讨研究合作计划，并参加 1 月 25—26 日两天的日本宇宙开发事业团主持的中日合作研究项目“森林植被数据库”有关会议。

3 月 23 日，应亚洲村社林业培训中心(RECOFTC)及印度生物、社会发展研究所(IBRAD)与促进荒地开发协会(SPWD)的邀请，FTPP 项目主持人施昆山同志和项目组成员刘开玲、高发全同志及社会林业项目组吴秉宜、孟永庆同志一行五人于 1996 年 3 月 3—23 日对泰国和印度的社会林业进行了为期 21 天的考察。

3 月 27—28 日，林业部科技情报中心在北京主持召开“林业科技信息计算机检索广域网建设座谈会”。会议目的是加速网络体系建设，尽快实现信息资源共享。参加会议的有林业部科技司、国家科委信息司、中国林科院、中国林学会、我国主要林业院校、部分省(自治区)林业科研院所、部分林业企业信息机构的领导人共 40 人。会议讨论了全国林业信息网络建设、信息资源开发利用和建立二级查新单位、筹备全国科技情报 40 周年纪念活动事宜。

5 月 15 日，科信所“林科网络(Lknet)”经过 8 年建设，投资近 400 万元，在试运行半年之后通过领导和专家的验收。参加验收的有国家科委、林业部、清华大学、中国农科院、三北林业局、中国林科院职能处室、京内各研究所以及本所领导和专家共 50 人。该网络通过验收，正式开通运行，建成林科网络(Novell)信息服务系统，采用微波通讯方式与国家图书馆实现了广域网互联，可查询 10 多个国内外数据库资源，丰富了网上资源，为全行业提供林业科技信息共享服务，解决了 Novell 网络环境下 CD-ROM 光盘共享和数据库全文检索等关键技术问题，建成了全国林业系统共享的信息资源系统。

5 月，中国林业出版社出版林凤鸣主编、闫忠学和石峰副主编的《国外林业产业政策》一书。

5 月 2—5 日，印度生物-社会发展研究所的 S. B. Roy 教授应邀来科信所参观访问，侯元兆所长、施昆山副所长等领导接见了他，并与他进行了会谈，双方就加强社会林业领域交流与合作和 FTPP 项目进行了座谈。施昆山副所长代表两个项目组介绍了本所开展社会林业项目的情况，S. B. Roy 教授介绍了印度开展合作森林经营管理的情况。

5 月 6—30 日，施昆山同志应聘参加荷兰专家组赴云南思茅等地对荷兰政府援助我国云南林业项目进行了认定，并到项目所在地进行了现场考察。

5 月 10 日，江泽慧院长在熊耀国副院长等的陪同下来科信所检查指导工作。侯元兆所长等领导陪同检查。江院长一行首先检查了“林科网络”中心机房、图书馆目录厅、书库和中外文期刊阅览室，然后与全所中层干部和部分高级专家见面，听取了侯元兆所长的汇报后，发表了讲话。

5 月 22 日，中国林学会林业情报学会协同林业部科技情报中心、林业部造林司在北京共同举办了林业新技术开发推广展示会暨林业技术培训班。中国林科院陈统爱院长，熊跃国和宋闯副院长出席了会议开幕式，应邀参加会议的还有林业部科技司巡视员马驹如同志、林业部科技司李兴处长、造林司办公室梁宝君主任、造林司李世东处长、全国林业种苗站李维正处长、全国林业工作站张周冰副站长、北京市林业局森保站陶万强副站长、山西林业厅科技处王玉田处长、河北廊坊市林业局马志友局长、河北永青县委李相国书记以及中国林科院有关单位负责人和来自全国各地参加培训的同志共百余人。

8月12—16日，应德国联邦经济部的邀请，陆文明副研究员代表中国林业可持续发展研究中心出席了在德国波恩举行的“林产品贸易和标签及森林可持续经营的认证”专家工作组国际会议，借此机会同海南项目第二期捐助国瑞士的代表讨论了海南项目的执行情况，并探讨了由科信所举办国际热带木材组织培训班的可行性。

8月17日，谢家禄同志结束在美国俄勒冈州波特兰市的世界林业研究所一年的进修学习回到北京。

8月8—21日，陆文明副研究员陪同林科院洪菊生副院长访问马来西亚。访问期间考察了马来西亚沙巴州执行ITTO项目“热带天然林永续经营模式的研究”，并探讨了在沙巴州种植泡桐人工林的可行性。

9月16—22日，科信所王秉勇、李卫东同志和木材所崔银珠同志一行三人访问了韩国。此次访问是根据“中韩林业比较研究”项目计划的活动安排的。

10月7—11日，“林业与社会”项目组在四川都江堰举办了“林业与社会信息网”联络员和网员的社会林业培训班。

10月17—19日，林业与社会信息网与亚太地区农用林业网(APAN)在北京共同主持召开了“社会林业与农用林业网络可持续发展国际研讨会”，施昆山副所长在会上介绍了“林业与社会信息网”的活动情况。

10月21日，中国林业经济学会世界林业经济委员会(第二届)第一次会议暨学术研讨会在湖北宜昌市召开。施昆山、李维长、陆文明同志出席了会议。第二届专业委员会主任由李禄康同志担任，副主任由林业部曲桂林、科信所施昆山同志担任，施昆山同志兼任秘书长，李维长同志任副秘书长。委员由35人组成，科信所李卫东、孟永庆和陆文明同志为委员。

10月21—27日在南京举办的中国林科院第三届青年优秀论文报告会上，科信所王忠明同志撰写的《林科网络(Lknet)信息服务系统的总体设计与实施》论文荣获二等奖。

科信所侯元兆所长主持的“中国林业科技信息系统工程”研究课题于1996年获国家科委部级二等奖，“中国森林资源价值核算”研究获国家科委部级三等奖。林凤鸣研究员主持的“国外林业产业政策研究”课题于1996年获林业部科技进步三等奖。

10月30日，根据林科院有关规定，经所、院两级评审委员会评审通过，聘任以下同志专业技术职务：徐长波为研究员，胡馨芝为副研究员，郑海涛为副编审，李忠魁在原单位已具备副研究员资格，余蕾和罗信坚同志为工程师。聘期从1996年8月起计算。

11月5—15日，应科信所海南项目情报调研子项目的邀请，澳大利亚吉宁士夫妇来华访问。6日上午，吉宁士先生在科信所作了《亚太地区的人造板工业》和《澳大利亚的森林工业》的学术报告，下午与科信所和木材所有关专家进行了座谈。

11月12—22日，施昆山同志赴日本参加热带木材理事会会议。会上科信所提交的“2010年中国林产品消费及其对世界热带木材的需求”项目获得批准，并由日本提供近18万美元的项目经费。

11月，科信所由美国福特基金会资助的“林业与社会信息网”项目第三期经费落实，为12万美元(1997—1998年两年)。

12月24日，科信所宣布1996年度先进集体是：《林业科技通讯》编辑部、业务处和查新室。先进个人是：高发全、韩有钧、刘森林、刘丹、徐斌、王忠明、林宝玲、商莹石、邢彦忠、高桂琴、卢永政、余蕾、徐景远、戎树国、孙小满、姚铁立同志。

1997年

1997年，李卫东同志主持的“中国竹类综合数据库”获林业部科技进步三等奖。

1997年，国家计委和林业部立项的“我国境外森林资源开发投资发展战略研究”课题由科信所和林业部计资司共同承担完成。该课题由本所徐长波同志和林业部计资司外经处许庆同志共同主持。课题组成员有科信所徐春富和高发全同志，部计资司外经贸处陈嘉文同志。由于课题全体人员的共同努力，预期完成研究，撰写出研究报告，得到国家计委和林业部有关部门的好评。

1月12—26日，由林业部国际合作司项目官员范晓杰、科信所施昆山副所长及孟永庆、关百钧、刘丹同志和广西林科院副院长项东云、钦州市林业局罗宇兴工程师组成的考察组对广西钦防地区进行了较为全面的调查，并初步确定了农村能源、生物多样性等5个专题研究及林业发展战略综合研究，并启动由FAO资助、科信所和广西有关部门共同执行的“钦防林业行动计划”的项目。

1月22—30日，科信所侯元兆、孟永庆同志及本院资信所鞠洪波同志应邀去横滨参加由日本宇宙开发事业团(NASDA)组织召开的“亚太地区地球科学数据网(GRNS)”会议。

2月13日上午，林科院宋闯副院长和院人事处李向阳处长到科信所宣布新一届领导班子。李向阳处长宣布院人事处的聘任书：京区党委任命谈振忠同志为科信所党委书记，施昆山同志为科信所所长，并同意施昆山同志聘任谈振忠、王秉勇、李卫东和杜庆廉同志为副所长。

2月27日，科信所宣布《世界林业动态》编辑部成立，由陈如平同志主持，隶属研究部。研究部主任孟永庆，副主任陆文明负责抓全面的国外林业信息调研。

3月11日，芬兰林业经济学教授Matti Palo先生来科信所，就国外林业现状等主题举办了97年科信所首次学术报告会。陆文明同志参与了此次学术活动的筹备和接待工作。

4月14—24日，FAO亚太办事处林业官员苏帕莫先生来华考察并指导项目，并访问了科信所。施昆山所长和李卫东副所长接待了客人，并向客人介绍了科信所情况，并陪客人参观了图书馆和计算机室。4月16—22日，苏帕莫先生在项目组成员孟永庆、张佩昌、叶兵同志的陪同下考察了广西钦州和防城港市的林业现状。考察工作在广西林业厅、两市政府林业局的大力支持下，取得圆满的成功。

4月15—30日，海南情报子项目组长侯元兆同志等访问、考察了法国和法属圭亚那。

4月18日，科信所召开工会换届选举工作，经过差额选举，产生第四届工会领导班子：工会主席为李卫东同志，副主席为宋奇同志，组织宣传委员为余蕾同志，民主管理委员为王晓原同志，体育委员为叶兵同志，文艺委员为邢彦忠同志，妇女委员为孙小满同志。

4月29日，009项目主任张卫东先生和首席顾问ABEELE先生来科信所访问，施昆山所长负责接待，并陪同参观了外文期刊阅览室和林科网络。

5月5日，科信所领导根据1997年4月10日新闻出版署编辑专业高级职务评审委员会通过刘开玲同志具备编审资格，聘任刘开玲同志为编审职务。

5月15日，科信所主编的内部科技动态刊物《世界林业动态》第1期出版发行。它将及时报道世界各国的林业发展战略、政策、经营管理、科技教育等方面的新信息以及国际林业界的新动向。

5月23日，中国林科院京区党委批准科信所党委组成名单：党委书记为谈振忠同志，组织委员为杜庆廉同志，宣传委员为施昆山同志，纪检委员为王秉勇同志，群工委员为李卫东同志，妇女委员为张作芳同志，青年委员为高发全同志。

6月2—8日，王秉勇、李卫东同志为实施“中韩林业比较研究”项目前往韩国访问，此次访问实现以下4个目的：

(1)总结了1996年项目进展情况；

(2)进一步明确了1997年研究报告内容和进度安排，并落实了研究经费；

(3)初步讨论了1988年的工作安排，特别是有关林业政策研讨会的设想；

(4)意向地商讨了进一步扩大信息交流和争取国际研究课题事宜。

6月13日，科信所第四届学术委员会作了调整和分工。调整后的学术委员会及分工如下：

主任：李卫东；副主任：陆文明；秘书：李维长；成员：施昆山、侯元兆、孟永庆、李智勇、王忠明、张作芳、刘开玲、刘森林、彭修义、李忠魁同志。

6月13日，经中国林科院批准，科信所成立“中国林科院热带林产品信息和咨询中心”，中心办公室挂靠在国际热带林组织资助的“2010年的中国林产品消费及其对国际热带林产品市场的需求”项目，中心办公室成员由项目组成员兼任，该中心既不增加科信所编制，也不增加事业费，是依托项目开展工作。其责任是建立中国热带林产品数据库和中国热带林产品信息网络，并承担有关单位交办的临时性工作，如向林业部、经贸部、林科院和ITTO、FAO等国际组织提供报表和专题报告等。

7月8日，所长办公会议决定“林业综合开发服务网”工作启动。该服务网由徐春富、陶绿同志负责操作。该信息网的启动，是科信所加强科技信息建设与服务工作的又一举措，它将与前不久恢复的《世界林业动态》一道，充实网络信息的建设工作。

7月8日，科信所党委研究决定庄作峰同志按期转为中共正式党员。

7月10—18日，由ITTO资助的“中国2010年林产品消费及其对国际热带林产品消费及其对国际热带林产品市场的需求”的项目考察组，成员有施昆山、林凤鸣、孟永庆、庄作峰4位同志组成，施昆山研究员任组长。考察组一行对加纳进行了考察，考察内容主要包括森林资源状况、林业经营管理机构、林产品生产和进出口贸易等。

7月19—22日，科信所施昆山、林凤鸣、孟永庆、庄作峰一行4人考察组访问了设在瑞士日内瓦的联合国欧洲经济委员会木材处。这次访问目的是发展木材处与科信所的林业信息刊物交换关系，探讨在信息领域彼此加强合作的可能性。

7月14日，国际农业与生物科技中心(CAB International)高级项目官员张巧巧女士来科信所访问，李卫东和李维长同志接待了张巧巧女士，并就有关合作事宜进行了探讨。

7月24日至8月4日，林科院科信所组织考察团访问俄罗斯，考察团成员有施昆山、林凤鸣、孟永庆和庄作峰4位同志。在俄考察期间，考察组共访问了三个地区的6个单位，其中包括莫斯科市的俄罗斯联邦林务局、俄罗斯国家森林工业公司和俄罗斯林产品进出口贸易公司；列宁格勒州圣彼得堡市的州林业委员会和圣彼得堡林业科学研究所，以及海参威(符拉迪沃斯托克)市的海滨地区林业管理局。

8月18日，应ITTO海南热带林项目的邀请，并经林业部批准，国际热带木材组织ITTO执行主席B-C. Y. Freezailah夫妇来华访问。8月21日上午9:30时，Freezailah先生来科信所作学术报告，向50多位与会者介绍了ITTO成立背景、组织机构、ITTO 2000年目标以及ITTO成立十年来的全球保护和可持续经营热带林方面所做的努力和取得的成就。

9月1—10日，韩国林业研究院山林经营部李镇桂部长和白乙善博士访问了科信所。施昆山所长以及项目组中方成员接待了他们，与他们一起回顾了“中韩林业比较研究”项目目前执行情况，探讨了如何深入开展林业软件合作、开展新的研究项目等问题基本达成共识。

9月5日，美国联机图书馆(OCLC)专家欧阳少春(Ouyang S. Goerge)先生来科信所开展学术交流，介绍了OCLC的基本情况及其文献服务系统First Search，Worcat CD-ROM等世界最新文献全文检索、联机检索产品，就世界图书馆事业发展趋势及美国图书馆服务的现状作了学术报告。然后，双方就开展合作的可能性交换了意见。

9月9日，韩国林业研究院山林经营部李镇桂部长和白乙善博士在科信所作学术报告。报告的内容是“韩国林业税制、金融政策和补助制度”。科信所情报研究部和期刊部有关同志参加了报告会活动。

9月15—21日，施昆山所长和刘森林同志赴新加坡访问。

9月19日，科信所职能支部发展卢永保同志加入中国共产党。

10月21日，林科院批准科信所加挂“中国林科院世界林业研究所”牌子，该所与科信所是一套机构两块牌子的关系，并以国外林业为主要研究对象的研究咨询机构。该所的所长由现任的科信所施昆山所长兼任。

11月7日，科信所施昆山和张新萍同志应邀参加国际竹藤组织在北京友谊宾馆召开的成立大会。国务院姜春云副总理出席了大会，并在会上作了重要讲话。

12月1日，科信所所长办公会议研究决定，聘以下同志相应的专业技术职务：高发全、周吉仲和秦淑荣同志为副编审，杨凤芝同志为馆员。以上同志聘任从1997年9月起。陈琳和赵春林同志为副研究馆员，聘任期从1997年11月开始。陈兆文同志为研究员，叶兵和宋如华同志为助研，李文英和蒋旭东同志为编辑，宋奇为工程师，刘改平同志为助工。以上同志聘任从 1997 年 8 月开始。

12 月 3—6 日，施昆山所长和王秉勇副所长出席了中国林科院在江苏无锡召开第三次科技开发工作会议。

12 月，中国林业出版社出版沈照仁主持翻译的德国原著《生态林业理论与实践》一书。

12 月 9—19 日为期 11 天，科信所侯元兆、杜庆廉和孟永庆同志出席日本科学技术厅全球研究网络系统，为搞地球科学技术研究建立基本数据库的国际会议，同时访问了日本森林综合研究所、关西分所和九州分所，并就在研究课题中的植被数据的编制开展研究。

12 月 17—19 日，张新萍同志应联合国科教文组织的邀请，参加了在越南胡志明市召开的"在现代生活中保护和促进竹子传统技术"研讨会。会议的往返路费及食宿费用由科教文组织提供。

1997 年，在院基金的资助下启动了"中国林科院图书馆自动化系统工程"建设。

1998 年

1998 年，科信所完成"市场经济国家国有林发展模式比较研究"获国家林业局科技进步三等奖。

1998 年，恢复《世界林业动态》，刊物本着服务公益，支持决策的办刊宗旨，针对国际上广泛关注的林业热点问题出版专刊，受到国家林业局和有关部门的好评。

1998 年，科信所组织力量，开始编写《当代世界林业》一书。本书是继 1989 年出版的《世界林业》之后科信所又一部大型的跨世纪林业专著和百科全书，它对 20 世纪 90 年代世界林业发展战略、当前世界林业的热点问题、林业和林产工业科技水平以及林业各学科进行了全面论述，同时介绍了 106 个国家的林业情况，并对 21 世纪世界林业发展方向作了详尽的分析和概述。该书主编施昆山同志，副主编有石峰(林业部)和李卫东同志。

2 月 20 日，科信所"国际森林问题的发展趋势及我国的原则立场"研究项目启动。本所参与研究的有李卫东、陆文明、谭秀凤和张建华同志。林业部国际合作司原副司长李禄康教授应聘参与此项研究工作。该研究项目计划在 2000 年完成最终报告。

2 月 25 日，科信所郑玉华同志荣获中国科学技术编辑学会组织的 1997 年中国科技期刊优秀编辑评比金牛奖，吴秉宜和戎树国同志荣获银牛奖，高发全同志荣获青年奖。

3 月 15 日，科信所与新加坡 SAFAN APFI PUBLICATIONS PTE LTE 出版公司合作出版《亚洲家具设计与制造——中文版》正式签署第三期合作协议，时间为三年(1998 年 1 月至 2000 年 12 月)。

3 月 31 日，科信所业务处收到院基金项目申请书 10 份，根据所学术委员会研究决定立项 8 个并报院科研处、其顺序如下：

中国林业科技文献数据库的充实与完善	王士坤
林业汉英拉叙词表计算机辅助编制综合管理系统	王忠明
查新质量标准化研究	丁蕴一
乡村林业/社会林业示范村的建立与推广	李维长
国外人工林经营成功经验调研	庄作峰
国外花卉产业发展道路及我国花卉产业发展模式的探讨	李文英

图书馆外文期刊题录数据库　　邢彦忠

全国林业图书馆文献信息资源共享战略研究　　谢家禄

4月13日至5月1日，施昆山所长及林凤鸣、孟永庆、庄作峰同志赴美国访问。本次访问宗旨是进一步加强中美间林产品信息交流，促进林产品贸易，探讨在林业信息和科技领域开展合作的可能性。在美期间，项目组访问了美国农业部林务局、全美林纸协会、美国南方林业试验站及示范林场、华盛顿州立大学森林资源学院国际林产品贸易中心、美国惠好公司总部及林产品技术中心、制材厂、造纸厂等，另外还对美国家具市场作调查。

5月16日至6月6日，科信所情报研究部陆文明副主任率领项目组考察团一行6人考察了新西兰和澳大利亚森林可持续经营的研究和实践。

7月29日，所长办公会议根据所专业技术职务评审委员会的意见，决定聘任以下同志相应的技术职称：

胡延杰和谭秀凤同志为助理研究员；

何军、孟会敏和林宝玲同志为工程师；

杨亚斌同志为助理工程师。

10月5—8日，应国际林业研究组织联盟和联合国粮农组织的邀请，科信所研究部副主任、副研究员陆文明同志出席了在日本宫崎举行的国际林联第六学部“森林资源可持续经营和利用全球关注国际研讨会”，并在会上做了《中国人造板市场2010年展望研究》的报告。

10月7—10日，科信所主持由福特基金会资助的第二届全国乡村林业研讨会在北京召开。出席会议的有国家林业局、中国社会科学院、农业部经济研究中心、福特基金会、联合国开发计划署驻华代表处、国际竹藤组织、美国动物与环境保护协会、中国农大以及云南、四川、北京等13个省、直辖市的58位代表。中国林科院李向阳副院长、国家林业局政法司汪绚副司长、美国福特基金会项目官员郝克明先生出席会议，并在会上作了发言。另外还邀请中央电视台《绿化天地》节目组、中国绿色时报社等新闻媒体单位的记者进行了现场采访。本次会议收到80多篇论文，从中筛选出20篇具有代表性的论文在大会上进行了交流。

10月13日，应科信所国际森林问题项目组的邀请，国家林业局国际合作司苏明调研员来科信所作了关于1998年8月24日至9月4日在日内瓦召开的政府间森林问题论坛二次会议的情况报告。施昆山所长、国际森林问题项目组成员，科信所研究部部分同志以及林科院林业可持续发展研究中心部分成员参加了会议。

10月13日，李卫东副所长赴国家林业局林干院脱产学习。

10月19日至11月2日，根据中美双方政府间协议，科信所“林业与社会”项目组一行4人，在项目组施昆山所长率领下对美国乡村林业进行了考察。在美期间，施昆山同志一行还访问了美国农业部国外农业局、林务局、福特基金会和世界银行等官方机构及非政府机构，参观了美国造纸科学研究所和加州伯克利大学等科教机关，并对Hayfork集水区等进行了实地考察和交流。

11月5日，应科信所国际森林问题项目组的邀请，外交部国际司张小安副处长和条约法律司高燕平处长来本所作了国际森林问题的发展历程、发展趋势和中国政府的原则立场以及国际公约的基本特征、基本要素和谈判策略的政策报告。国家林业局苏明调研员、施昆山所长、科信所国际森林问题项目组成员、所研究部部分同志、业务处部分同志以及林科院林业可持续发展研究中心部分成员参加了报告会。

12 月 1—12 日，科信所业务处李维长副主任赴泰国访问。

12 月 8—10 日，在北京召开"变化中的国际热带林产品市场及其 2010 年发展趋势"国际研讨会。此会由国际热带木材组织(ITTO)发起，有中国林科院科信所主办。出席会议的中外代表共有 50 人，其中外宾 8 人，中方代表 42 人。在外宾中有 FAO 官员、ITTO 官员、印度林业和农垦部官员、马来西亚初级产品工业部、美国林纸协会代表、美国惠好中国有限公司经理等。中方代表除部分来自政府机构外，其他均来自产品贸易和流通公司及林产品交易市场。科信所施昆山所长、林凤鸣、庄作峰、孟永庆、和陆文明同志参办了会议全程。对外经济贸易合作部、国家林业局、国内贸易局和中国林科院的有关领导及 FAO 驻京代表在研讨会开幕式上做了重要讲话。

本次国际研讨会共征集论文 12 篇，其中国外代表提供 7 篇，中方代表 5 篇。文章就全球林产品，特别是全球热带林产品的生产、消费和贸易状况及未来发展趋势进行了详细地讨论。同时，来自热带林产品生产大国的印度尼西亚和马来西亚代表及作为林产品主要生产和消费国的美国和中国的代表还介绍了各自国家的森林资源经营保护政策和林产品生产、贸易现状及未来发展趋势。与会代表通过论文研讨，彼此间进行了广泛交流，取得了预期的效果，会议开得圆满成功。

1998 年，开通"中国林业信息网"(http：//www. lknet. ac. cn)，成为国内林业行业中信息量最大的权威性行业网站。

1999 年

3 月 1 日，"中国林业科技信息服务网络"作为林科网络的一个重要部分，以国际互联网 Internet 为依托，对外开放。"中国林业科技信息服务网络"由科信所建设和管理，网上信息资源由 12 大类 30 多个数据库组成，累计信息量达 120 万条。用户可利用公共入口免费查询中国林科院图书馆馆藏中外文图书、期刊目录以及国内外林业科技信息。

3 月 25 日，国家林业局经研究下发通知：明确林业、亚林、热林、资源、资昆、木材、林化、科信所、热林中心、亚林中心为副司局级单位。

5 月 14 日，国家林业局公布 1998 年度享受政府特殊津贴人员名单，中国林科院赵汉章、杨自湘、王志贤、陈玉培、侯元兆五人获 1998 年度政府特殊津贴。

8 月 30 日，经院学位委员会遴选并报中国林科院审定，科信所李忠魁、陆文明入围全院 21 人的硕士生导师队伍。

2000 年

2 月，中国环境科学出版社出版李维长主编的《兴生态旅游 促社区发展》一书。

3 月，图书馆自动化管理系统正式开通。

4 月 5 日，为配合西部大开发，做好退耕还林(草)示范工作，科信所正式开通"西部开发林业科技支撑信息网”，并推出西部大开发林业实用技术光盘，为用户提供林业实用技术动态信息。网站和光盘数据内容主要由中国林业实用技术数据库、引进国际先进林业科技成果数据库、世界林业动态信息数据库、林业行业每日新闻动态信息数据库、中国林业实用配套技术数据库等组成，累计信息 1.2 万多条。这是中国林科院支持西部生态环境建设的又一举措。

6 月，中国林业出版社出版由北京市林业局周冰冰 、中国林科院林业科技信息研究所李中魁、李智勇、宋如华、于玲、赵劼等著的《北京市森林资源价值》一书。

6 月，中国环境科学出版社出版中国林科院农用林业培训中心张艺华和科信所李维长主编的《自然资源管理中的社会学——研究方法案例集》一书。

7 月 12 日，经国家林业局决定，明确我院科技信息研究所所长施昆山，科技信息研究所党委书记、副所长谈振忠，资源信息研究所所长鞠洪波，木材工业研究所所长叶克林四位同志为副司局级干部。

10 月 18 日，林科院常务副院长张久荣、京区党委书记宋闯、院体改办李凡林与科信所所长施昆山、党委书记兼副所长谈振忠、副所长杜庆廉、李卫东以及中介机构筹备小组成员就中介机构进展进行了座谈。在听取施昆山所长和李卫东副所长对科信所改革进展、了解申请中介机构质询资质及网络建设等情况的汇报后，张院长、宋书记就中介机构的定位及业务范围、机构组建进展及网络建设等方面的问题做了重要指示。

2001 年

5 月，中国林业出版社出版李智勇、阎振主编，石峰副主编的《世界私有林概况》一书。

5 月，图书馆正式开通清华同方中国学术期刊全文数据库。

6 月 24 日，国家林业局决定明确中共林业科技研究所委员会书记李凡林为副司局级干部。

7 月 26 日，科信所召开“中国林业信息网”新版上网发布会，宣布“中国林业信息网”新版上网运行。发布会由所长李智勇主持，院领导宋闯、李向阳和各有关所(中心)、院属有关处室负责人及院宣传中心应邀出席了发布会。

9 月 25 日，科信所召开刘丹副研究员参加“博士服务团”茶话会，欢送刘丹同志参加“博士服务团”赴贵州，刘丹同志将在贵阳市林业绿化局任副局长，挂职锻炼一年。

10 月 29 日，科技部、财政部和中央编办联合发文，对包括我院在内的四个部、局所属的 98 个科研机构分类改革总体方案进行了批复。国家批复，分类改革实施后，国家林业局直属的 20 个科研机构中，我院的院部、林业所、热林所、亚林所、森环所、森保所、资源所和昆虫所为非盈利研究机构；科信所转制为中介机构。

2001 年，中国林科院图书馆自动化系统已基本建成，实现了图书采访、编目、流通等各环节的自动化管理，提高了工作效率。已有入库图书、期刊机读数据 8 万余条，用户可在中国林业信息网上免费查询。

2002 年

1 月 31 日，科信所《林业实用技术》(原《林业科技通讯》)《中国林业文摘》《世界林业研究》和林化所《林产化学与工业》4种刊物入选国家新闻出版署中国期刊方阵。

6月18日，中国林科院图书馆开通了“全国期刊联合目录数据库”镜像站点，我院IP范围内用户可以登录中国林业信息网免费查询。

6月，中国林业出版社出版陆文明主编，刘金龙、徐晋涛、刘璨、戴广翠副主编的《中国私营林业政策研究》一书。

11月26—27日，“中芬林业管理和投资研讨会”在北京召开，主办单位为国家林业局和芬兰农业林业部，承办单位为中国林科院科信所。李智勇所长、李凡林书记、陆文明处长、业务处唐红英等同志为这次会议顺利召开和圆满结束做了大量的工作，并参加了会议的全过程。

2003年

6月25日，国家林业局直属机关党委发布《关于表彰先进基层党组织、优秀共产党员和优秀党务工作者的决定》，科信所黎祜琛、李智勇被评为国家林业局系统优秀共产党员。

9月15—24日，科信所郭广荣同志参加亚太社区林业培训中心在泰国曼谷举办的森林管理规划培训班。

2004年

6月，中国科学技术出版社出版科信所侯元兆著《林业可持续发展和森林可持续经营理论与案例》一书。

7月29日，中国林科院欢送第四批援藏干部李忠魁、巫流民同志座谈会在京召开，院常务副书记李向阳到会并讲话。

10月，贵州科技出版社出版李维长主编，王登举和郭广荣副主编的《参与式方法在退耕还林工程中的应用——云、贵、川、晋四省的案例调查》一书。

11月，图书馆建成《维普中文科技期刊全文库镜像站点》。

2005年

6月20日至7月3日，中国森林认证代表团一行13人赴欧洲访问，国家林业局对外合作项目中心苏明副主任任代表团团长，国家林业局科技发展中心李明琪任副团长，林科院林业科技信息研究所研究部徐斌副主任为该代表团成员。结束考察回国后，由徐斌同志执笔撰写《中国森林认证代表团赴欧考察报告》。

2006年

1月6日，中国林科院发文通知，科信所领导班子任期已满，经换届考核，院分党组会议研究同意，江泽慧院长决定：继续任聘李智勇为科信所所长。同意李智勇聘任李凡林、王忠明、王登举为副所长。本届班子聘期4年，其中王忠明、王登举试用期一年。

11月30日，由国家林业局政策与法规司主办，林科院科信所与德国技术合作公司(GTZ)项目整体办共同承办的中外《森林法》比较研究研讨会在林科院召开。国家林业局政策与法规司司长汪绚出席会议并讲话。来自德国ECO咨询公司、中国社科院、武汉大学、北京林业大学、南京林业大学、国家林业局有关单位及林科院的专家学者，就借鉴国外林业立法经验，进一步修改完善我国《森林法》进行了探讨。

2007 年

9 月 19—20 日，由科信所作为中方承办的中国—欧盟林业执法和行政管理(FLEG)会议在北京召开，国务院副总理回良玉发表了书面致辞，来自 27 个国家不同政府部门、非政府组织、科研院所、相关企业及国际组织机构的 120 余名代表出席了会议。

11 月，中国林业信息网虚拟专网管理系统发布和用户培训在林科院举行。中国林业信息网虚拟专网管理系统(http://vpn. lknet. ac. cn)的建立，实现了中国林业信息网网上资源和购买的大量国内外林业数字资源的远程接入和授权访问查询，实现了林业数字资源的共享有效利用，提高了林业行业的科技文献保障与信息服务水平。

2008 年

3 月 10 日，中国林科院发文通知，经 2008 年 2 月 22 日第四次院长办公会议研究同意，“中国林科院热带林产品信息和咨询中心”名称变更为“中国林科院林产品贸易研究中心”，负责人由施昆山变更为李智勇；“中国林科院世界林业研究所”名称变更为“中国林科院世界林业研究中心”，负责人由施昆山变更为李智勇。

8 月 5 日，中国林科院发文通知，经 7 月 29 日院长办公会议研究决定，同意依托科信所成立“中国林科院林权改革研究中心”，为非独立法人机构。8 月 7 日，中国林科院举行成立“中国林科院林权改革研究中心成立仪式”。院分党组书记、院长张守攻做重要讲话并为“中心”揭牌，院分党组成员、副院长金旻主持仪式，院分党组成员、纪检组组长陈幸良宣读了《关于成立“中国林业科学研究院林权改革研究中心”的决定》，有关所和部门负责人参加了仪式。

2009 年

2 月，中国林业科学研究院“两优一先”评选中，科信所退休研究员沈照仁同志被授予优秀共产党员称号。

当年，王忠明同志荣获国家林业局“全国林业信息化工作先进个人”称号。

何友均同志荣获“2009 年国家林业局直属机关优秀共产党员”称号。

2011 年

3 月 3 日，中国林科院建成并开通全球林业信息服务网(GFIS，http://www. gfi. net)中文频道。GFIS 是由森林合作伙伴组织(CPF)倡议、芬兰林业研究所管理和维护、国际林联(IUFRO)主导开发的全球性林业信息共享网站，现已逐步成为全球各林业组织、机构共同的合作伙伴。目前已开通中文、英文、西班牙文等 11 个频道，已有 170 多个林业组织机构成为 GFIS 的合作伙伴。网站将建成为一个实现全球林业信息资源统一整合的共享平台。GFIS 中文频道提供一个多语言的信息交流平台，让世界分享了中国林业发展的成功经验，让中国共享了世界各国的林业信息，实现了林业信息资源的全球共享。

4 月 26 日，国家林业局党组成员、副局长张永利，国家知识产权局党组成员、中央纪委驻局纪检组组长肖兴威在京共同启动正式开通中国林业知识产权网(http://www. cfip. cn)。中国林业知识产权网由国家林业局科技发展中心主办、中国林科院科信所承担建设，该网整合了国内外林业知识产权信息资源，重点完善和建设了林业专利、植物新品种权、林产品地理标志、商标、着作权、林业知识产权动态、案例、文献、法律法规和主要导航等林业知识产权基础数据库14个，入库记录累计24.8万条，实现了林业知识产权信息的互动和共享。

6月，科学出版社出版由李智勇、李怒云、何友均主编的《多功能工业人工林生态环境管理技术研究》一书。

7月，中国林业出版社出版董瑞龙主编，李智勇、王军执行主编，樊宝敏、刘军朝、王登举副主编的《北京园林绿化发展战略——生态园林、科技园林、人文园林》一书。科信所于天飞、叶兵、刘畅、何友均、吴水荣、张建华、张德成、李智勇、樊宝敏等同志参与了该书的编写工作。

11月1日，中国林科院科信所承担的中英双边合作“中国木材合法性认定体系研究”项目在京召开了专家论证会。国家林业局发展规划与资金管理司张艳红副司长、英国国际开发署森林施政与贸易项目协调员 Hugh Speechiy，国家林业局国际合作司、资源司、濒管办、科技发展中心、经济发展研究中心、国际贸易研究中心等部门有关领导和来自全国木材行业协会、高校、科研院所、企业以及国际非政府组织等代表出席了此次会议。该项目通过研究提出了中国木材合法性认定体系的架构、政府为主导的同协议国签署双边协议的认定机制。以及行业协会主导的同非协议国之间建立的自愿性认定机制。研究成果将有利于木材生产国实现本国森林的合理管理和木材的合法出口。有利于保障木材进口国和消费国的利益，从而促进世界林产品贸易的有序进行，促进全球木材非法采伐及相关贸易问题的解决。

2011年，中国林科院图书馆新馆正式建成，建筑面积为3516平方米。

当年，陈勇同志荣获“2011年国家林业局优秀共产党员”称号。

2012年

1月5—18日，应美国耶鲁大学森林与环境学院和巴西林业研究所的邀请，科信所吴水荣副研究员赴巴西和美国进行了为期13天的考察访问和学术交流。

1月13日，院分党组副书记、京区党委书记叶智，院分党组成员、副院长黄坚，以及院党群部、人教处的领导与所领导一起，到科信所退休老专家赵春林和90岁高龄的退休干部苗素萍家中走访慰问，开展送温暖活动。

1月17日，科信所在院报告厅召开2012年度工作总结大会，全所职工(含在离退休及在学习的研究生)参加。黄坚副院长受叶智书记委托出席大会，应邀参加大会的有院办公室王振主任、科技处梅秀英副处长、产业处王彪处长、国际处陆文明处长、人教处黄冰副处长、计财处崔国鹏副处长、党群部贺顺钦副主任、研究生部杨茂瑞主任、后勤服务中心谭新建总经理等。会议由李凡林书记主持，陈绍志所长做工作总结并对2013年工作重点做了部署。会上，对2012年度考核为优秀的职工以及获得论文著作奖、动态投稿奖、动态组织奖的职工进行了表彰。

2月1日，《世界林业研究》编辑部与北京勤云科技发展有限公司合作研建的《世界林业研究》网站(http://www.sjlyyj.com/)开通。该网站集投稿、查稿、审稿、咨询、检索和宣传于一体，是读者和作者与编辑交流、编辑办公的平台。

2 月 8 日，国家发展和改革委员会产业经济与技术经济研究所姜长云主任来科信所座谈交流。

2 月 8—11 日，应森林管理委员会(FSC)中国办公室的邀请，科信所徐斌副研究员参加了在泰国曼谷举办的“FSC 亚洲培训班”。

2 月 10 日，台湾国立嘉义大学李俊彦教授到我所访问，并做《台湾林产品营销对策》专题学术报告。

2 月 13 日，东芬兰大学林业经济学资深教授 Olli Saastamoinen 先生应邀到科信所访问，并做了《芬兰林业发展与政策》学术报告。

2 月 16 日，加拿大森林生态技术有限公司技术总监、英属哥伦比亚大学(UBC)森林生态系统管理学博士刘国良先生应邀在科信所做《生态系统的多功能协调优化方法》学术讲座。

2 月 16 日至 3 月 16 日，为进一步落实《中华人民共和国和澳大利亚就打击非法采伐和相关贸易，支持可持续森林经营谅解备忘录》，推动中澳打击非法采伐及相关贸易工作，应澳大利亚农林渔部邀请和受国家林业局委派，国家林业局林产品国际贸易研究中心副主任陈勇博士赴澳大利亚与澳大利亚农林渔部林业部门参与共同工作。

2 月 20 日，由国家林业局发展规划与资金管理司主办，国家林业局林产品国际贸易研究中心承办的中国林产品指标企业机制试点预备会议在北京国林宾馆召开。会议由国家林业局林产品国际贸易研究中心副主任、中国林科院科信所陈绍志所长主持，国家林业局发展规划与资金管理司张艳红副司长致开幕词。参加会议的代表均来自林产品贸易、地板、人造板、家具、竹制品等 5 个行业的近 40 多家企业，其中有数家林产品领域的上市公司。

会上，国家林业局林产品国际贸易研究中心主任助理、中国林科院科信所罗信坚副研究员介绍了建立指标企业机制的设想和实施方案，到会的企业代表一一发言，围绕指标企业机制、启动仪式的筹备情况及有关文件进行了热烈地讨论。大家认为，成立中国林产品指标企业机制很有必要，符合企业的需求，对于促进中国林业产业的发展具有重要意义，并一致表示积极支持指标企业机制的发展。

3 月 23 日，科信所召开引进国际先进林业科学技术(简称“948”)“人工林多功能经营及模式预测技术”项目启动会。国家林业局科技司杨锋伟处长、资源管理司崔武社处长和林科院科技处梅秀英处长亲临指导。项目组副主任科信所陈绍志所长，合作单位广西大学的课题负责人覃林副教授，及项目组全体人员参加了会议。

3 月 26 日，“2012 年国家林业局林产品国际贸易研究中心年会暨林业对外贸易政策培训会”在上海举行。此次会议由国家林业局发展规划与资金管理司主办，国家林业局林产品国际贸易研究中心(依托科信所管理)、上海木材行业协会承办。国家林业局计财司张艳红副司长代表会议主办方在大会上致开幕辞，并做重要讲话，中心专家委员会主任、中国林业产业联合会王满秘书长和会议承办方上海木材行业协会汪少芳秘书长也分别在大会致辞，中心主任、中国林科院陈幸良副院长作了《2011 年中国林产品贸易形势分析与中心年度工作报告》；中心常务副主任、科信所所长陈绍志和国家林业局计资司外经处处长付建全分别主持“行业发展回顾与展望”“国际林产品市场的新趋势与挑战”两节会议。会上启动了中国林产品指标机制，以机制工作组的名义，向大自然家具(中国)有限公司等33家指标机制的首批企业颁发了证书和牌匾。来自国内政府机构、行业协会、教育科研单位，有关国际组织和研究机构，40多家林产品生产与贸易企业以及有关媒体的180余名代表参加了会议。

3月26至4月3日，应世界银行森林碳伙伴基金及巴拉圭环境部的邀请，吴水荣副研究员与中国绿色碳汇基金会李怒云秘书长赴巴拉圭参加了由该国在亚松森市举办的“世界银行森林碳伙伴基金第十一届执行理事会会议”。

3月，科信所承担的国家公益性行业科研专项“林业行业科技文献信息支撑系统研建”项目通过国家林业局组织的专家验收，取得了重要进展。1998年开通的“中国林业信息网”，经过该项目的5年建设，加强了软硬件系统开发和数据库资源建设，建成了林业科技文献信息共享平台，项目成果以数据库、网站、软件系统和研究报告等多种形式体现，得到了推广应用，为林业科学研究和科技创新提供了支撑。

4月5—10日，受科信所邀请，德国佛莱堡大学森林生长研究所所长、原国际林联(IUFRO)欧洲代表，中国林科院现任科技发展特聘顾问成员Heinrich Spiecker教授来京就多功能林业发展问题讲学并参观访问。

4月19—20日，科信所承办的“林业与绿色经济国际研讨会”在北京国际竹藤大厦举行。国家林业局张永利副局长出席大会并致开幕辞，中国林科院副院长陈幸良研究员出席大会并作主题报告，来自国内政府机构、教育科研单位，有关国际组织和研究机构的代表，以及中国林科院和科信所的专家共计160余人参加了会议。

4月20日，中国林科院分党组书记、副院长叶智在院党群部贺顺钦副主任陪同下，深入科信所与专家座谈，并给科信所每位研究员赠送了由著名作家叶永烈撰写的新作《钱学森》。我所研究员王忠明、王登举、李忠魁、樊宝敏和党委书记李凡林、党办主任宋奇参加了座谈和赠书活动。

4月23日，国家林业局复函中国林科院，同意依托中国林科院科信所组建“国家林业局知识产权研究中心”，开展林业知识产权创造、运用、保护、管理、信息与预警等研究工作，在管理上与科信所实行“一套机构、两块牌子”，不增加编制和干部职数。

4月23—24日，英国Chatham House打击珍贵木材非法采伐圆桌会议在伦敦举行，国家林业局林产品国际贸易研究中心陈勇副主任参加了会议。

4月24日，“国家林业局知识产权研究中心成立揭牌仪式”在中国林科院隆重举行。国家知识产权局党组成员、副局长鲍红，国家林业局总工陈凤学，以及国家知识产权局保护协调司副司长张志成、国家林业局科技司司长彭有冬、我院院长张守攻、国家林业局科技发展中心主任胡章翠出席揭牌仪式并在主席台就座。国家知识产权局鲍红副局长、国家林业局陈凤学总工程师先后发表重要讲话，并共同为中心成立揭牌，彭有冬司长宣读了《国家林业局关于成立国家林业局知识产权研究中心的复函》，我院院长张守攻致欢迎辞，胡章翠主任主持揭牌仪式。国家知识产权局，国家林业局办公室、政法司、造林司、计财司、科技司、国际司、人事司、信息办、场圃总站、宣传办、经研中心、竹藤中心、林学会、中国花协、产业协会、北京林业大学等单位的领导，我院京内各所、中心和院部各部门的负责人，科信所领导及相关部门负责人和专家代表参加了揭牌仪式。

4月24—28日，应芬兰林业研究所的邀请，吴水荣副研究员参加了在芬兰赫尔辛基举办的“全球森林、社会与环境”研讨会。

4月26日，东芬兰大学Olli Saastamoinen教授来科信所做多功能森林利用学术报告会。

5月12至6月14日，受世界自然基金会(WWF)邀请，校建民博士作为林业专家对加蓬林业发展进行了考察。

5月15日，科信所在院科技报告厅召开科研工作会议，陈幸良副院长出席会议并做重要讲话，院科研处傅峰处长、人教处于辉处长一同出席会议并讲话。会上，陈绍志所长提出了在情报研究部的基础上，建立林业宏观战略与规划、林业经济理论与政策、林产品市场与贸易、森林资源与环境经济、可持续林业管理与经营、林业史与生态文化、林业科技信息与知识产权管理、国际森林问题与世界林业等8个研究室的科研工作布局安排。科信所领导以及全所科技人员和职能部门人员共60多人参加会议。

5月23—24日，国家林业局林产品国际贸易研究中心和美国大自然保护协会主办的“中国木材合法性认定专家研讨会”在北京东方花园酒店召开。国家林业局发展规划与资金管理司张艳红副司长致开幕词，中心常务副主任、科信所陈绍志所长，中心副主任陈勇，秘书长徐斌分别在大会上作报告，来自中、美、欧等国政府、非政府组织、行业协会、研究机构和企业的40名代表参加了会议。

6月5日，科信所作为承办方之一的“中国林业碳汇产权研讨会”在四川绵阳召开，科信所相关专家参加了会议。

6月7日，中国林科院召开依托科信所“自主设置林业与区域发展二级学科专家评议会”。陈幸良副院长出席会议并讲话，院研究生部主任杨茂瑞出席会议，院研究生部副主任杨洪国主持会议，陈绍志所长代表学科依托单位科信所做了《自主设置林业与区域发展二级学科论证方案》的报告。专家组经评议一致同意依托中国林科院科信所设立“林业与区域发展”二级学科。我所领导及专家代表参加了会议。

6月12—24日，应芬兰林业研究所(METLA)、瑞典SSC林业咨询公司和丹麦哥本哈根大学的邀请，由科信所陈绍志所长带队，徐斌副研究员、胡延杰副研究员以及国家林业局计财司相关领导一行4人赴芬兰、瑞典和丹麦参加了中芬林业工作组第十七次会议，并进行了林产品贸易政策和森林可持续经营实践考察。

6月15日，“中国共产党中国林科院京区第九次代表大会”在中国林科院科技报告厅举行。我所王登举、刘开玲、杜庆廉、李凡林、李忠魁、陈勇、高发全、徐长波共8位代表出席会议，他们代表着全所72名党员。代表大会经无记名投票选举产生了新一届京区党委和纪委，我所党委委员、书记李凡林当选为新一届京区党委委员。

6月27至7月2日，宿海颖博士赴俄罗斯开展《中国企业境外森林可持续经营利用指南》的试点工作。

7月6日，国家林业局科技发展中心王伟主任、植物新品种保护办公室王琦处长一行莅临我所指导林业植物新品种网站建设的相关工作，所领导陈绍志、王忠明及有关专家参加会议。

7 月 6—16 日，李智勇研究员、王登举同志赴德国和法国考察。

7 月 21 日，科信所主办、美国权利与资源行动组织(RRI)资助的“亚洲社会性别与林权暨中国集体林权制度改革国际研讨会”在北京国林宾馆举行。国家林业局林改司杨百瑾巡视员、美国权利与资源行动组织(RRI)主任 Arvind Khare 先生和我院陈幸良副院长分别为大会致辞，我所陈绍志所长担任会议总主持。会议围绕着亚洲经验、中国视角、未来走向、改革建议等四个环节的内容展开研讨，来自国内外政府机构、教学科研单位、国际组织以及媒体机构的代表 70 余人参加了会议。

8 月 2 日，中国林科院发布《中国林科院关于“国家林业局知识产权研究中心”机构设置和人员安排的通知》，国家林业局知识产权研究中心主要负责人安排如下：主任陈绍志，常务副主任王忠明，副主任王登举。

8 月中旬，科信所新闻宣传子网站完成改版更新，正式上线运行。本子网站改版更新，共设置各类、各级宣传栏目 41 个，从新闻报道、所情概览、职能部门、软科学研究、科技期刊、信息服务、科研队伍、科技成果、国际合作、党群之窗等各个方面，对本所进行全方位宣传报道

8 月 23 日，国家林业局直属机关第二次归侨侨眷代表大会在国林宾馆举行，我所李凡林、王士坤两位侨眷作为代表参加大会。经我院推荐、本次代表大会无记名投票选举，李凡林当选为国家林业局直属机关侨联第二届委员会委员、副主席。

8 月 25—26 日，民盟北京市委举行十一届二次全委(扩大)会议及民盟北京市委各专门委员会成立大会，我所于天飞博士被民盟北京市委任命为“民盟北京市委社会工作委员会副主任”。

9 月 2—3 日，第十届中国林业青年学术年会在南京召开，我所与南京林业大学经管院共同承办了第 6 分会场——“绿色发展背景下的林业政策与体制创新”学术研讨会，南林大经管院副院长蔡志坚教授、我所副所长王登举研究员任分会场主席。来自科研机构、大专院校、林业管理部门、林业基层单位的林业青年科技工作者 80 多人参加了会议。本次会议收到论文 71 篇，经分会场学术委员会评选，19 篇被评为优秀论文，我所蒋宏飞、卢雯皎、陈凤洁 3 人提交的论文荣获优秀论文奖。

9 月 5—6 日，由科信所主持的林业公益性行业科研专项“多功能林业发展模式与监测体系研究”项目，在吉林延吉组织召开了子项目成果统稿会。会议由副所长王登举研究员主持。本所项目组全体成员以及来自中国林科院森环所、中国科学院生态环境研究中心、北京林业大学经济管理学院、北京林业大学人文科学院和广西大学林学院等合作单位的项目组成员共 26 人参加了会议。

9 月 9—19 日，陈勇副研究员和于天飞助理研究员赴加拿大和美国考察。

9 月 16—30 日，何友均副研究员、吴水荣副研究员赴奥地利维也纳自然资源与应用生命科学大学，进行“森林生态系统经营与模拟预测工具(PICUS 1.5)”的学习和培训。

9 月 20—28 日，陈勇副研究员、于天飞助理研究员出访美国俄勒冈州立大学(OSU)林学院和加拿大英属哥伦比亚大学(UBC)林学院。

9 月 21 日，由国家林业局发展规划与资金管理司组织，林科院科信所主办、中国福马

机械集团有限公司协办的《全国林业机械发展规划(2011—2020)》论证会在北京召开。会议由国家林业局发展规划与资金管理司张艳红副司长主持，中国工程院院士、北京林业大学原校长尹伟伦教授，国家林业局总工、国家林业局发展规划与资金管理司原司长姚昌恬教授，国家发改委农经司吴晓松副司长、国家开发银行评审三局陈卉处长、中国机械集团科技发展部副部长宋志明博士、北京林业大学工学院院长俞国胜教授、东北林业大学花军教授、国家林业局林产工业规划设计院总工肖小兵教授级高工、哈尔滨林机所所长杜鹏东等特邀专家组成《全国林业机械发展规划》评审小组。科信所陈绍志所长、李剑泉副研究员、宿海颖博士和张谱硕士研究生及相关部门、单位的领导、专家共20人参加了本次会议。

9月24日，国家林业局林产品国际贸易研究中心主办的第一届中国林产品指标机制(FPI)研讨会“贸易形势分析与国际采购法规应对”在浙江南浔召开，国家林业局发展规划与资金管理司张艳红副司长出席会议并讲话。

10月7—13日，应“台湾林业实验所”和“台湾森林认证发展协会”邀请，校建民博士赴台湾进行学术交流。

10月13—14日，科信所参与主办的“林业经济国际论坛2012”在北京西郊宾馆举行。论坛主题为“应对气候变化背景下中国与亚太地区林业发展”，来自中国、美国、加拿大、德国、芬兰、尼泊尔等国家和地区的近百名学者参加了会议。

10月17—19日，中国林学会林业情报专业委员会华东林业信息网暨学术研讨会在安徽滁州召开，会议总结了华东林业信息网2012年度所做的主要工作，围绕“发展现代林业，促进新农村建设”为主题进行了学术研讨和交流。中国林学会林业情报专业委员会副主任、科信所党委书记李凡林代表上级学会致辞，对华东林业信息网活动组织工作予以肯定，向各单位的大力支持表示感谢，安徽林业厅唐丽影巡视员到会祝贺、指导，并做了重要讲话。

10月18—29日，科信所举办林业经济管理系列专题讲座，邀请了来自瑞典与美国的5位林业经济管理领域的知名专家，就国际林业经济管理领域热点与前沿问题进行交流与研讨。所内30余名专家与研究生参加，累计达100余人次。

11月18—26日，宿海颖博士作为“中国企业境外森林可持续经营利用指南试点”项目工作组的主要成员，赴圭亚那、美国对中国企业及供应商进行考察，开展指南试点工作。

11月28日，刘国良博士应邀在科信所做题为《森林碳汇潜力评估与生态系统多目标规划管理决策技术》的专题讲座，全所14位专家参加了讲座并就相关问题进行了热烈讨论。

12月24日，国家林业局直属机关第八次党代会召开。经广泛征求意见、报上级党组织审批，陈绍志、王登举、高发全三位党员作为我所党员代表参加了此次党代会。

12月25日，“中国林科院2012年国际合作和创新团代建设经验交流会”在南京召开。科信所所长助理叶兵、业务处李蓓同志参加了会议，听取了会议报告，并与代表们共同交流了科信所2012年国际合作工作与经验。

12月26日，由科信所研究部主任徐斌副研究员主持的林科院基金项目“世界林业发展热点追踪与对策研究”在北京房山召开研讨会，陈绍志所长出席并讲话。会议重点就阶段性成果“世界林业热点问题”的相关报告进行了专题介绍及讨论，涉及绿色发展下的林业问题、林业绿色经济、森林多功能经营、森林生态资产评估、林业碳汇贸易、森林保险、应对非法采伐对策研究等几个专题，并且探讨了世界林业动态及年度主题等内容。本所有20多位专家、编辑参加了这次会议。

2013年

1月6日，在中国林科院召开的2013年工作会议上，对荣获2012年中国林科院科技进步奖、杰出青年奖和优秀党群活动奖的项目、个人和单位进行了表彰，所党群组织开展的“庆祝建党90周年系列活动”荣获中国林科院优秀党群活动奖。

1月14日，科信所举办了中欧FLEGT(森林执法、施政和贸易行动计划)培训研讨会，这是中国和欧盟森林执法和施政双边协调机制(BCM)下开展的一个活动。国家林业局发展规划与资金管理司付建全处长、国家林业局科技发展中心陈光处长、欧洲森林研究所(EFI)欧盟FLEGT亚洲区域项目中国协调员陈晓倩博士、大自然保护协会政府关系总监陈立伟、中国林产工业协会市场部主任吴盛富、FSC中国代表马利超、独立专家董珂、中国绿色时报记者迟诚，科信所专家陈勇、徐斌、胡延杰、校建民、宿海颖以及在读研究生等共计30余人参加了会议。

1月17日，“科信所2012年度工作总结大会”在院学术报告厅召开，黄坚副院长出席大会并讲话，院部机关各部门负责人应邀参加大会。大会由李凡林书记主持，陈绍志所长以多媒体方式对全所2012年的工作进行了总结，对2013年的重点工作进行了部署；会上，对2012年度考核为优秀的职工以及获得论文论著奖、动态投稿奖、动态组织奖的职工进行了表彰。全所在职职工、退休职工及研究生参加大会。

1月17日，《中国绿色时报》发布了《2012年中国林业产业十大新闻》，《首个林业PMI测试版指数(FPI指数)发布》入选，并被誉为“填补国内空白的林业经济‘晴雨表’”。

1月22—23日，“中欧森林执法与行政管理双边协调机制第四次会议”在比利时欧盟总部召开，国家林业局国际司章红燕副司长率团参加，科信所专家、国家林业局林产品国际贸易研究中心副主任陈勇博士随团参加会议并在会上介绍了BCM机制下中欧2012年合作情况和中国木材合法认定工作。

1月25日，权利与资源行动(RRI)和农村发展研究所(Landesa)主办、科信所承办的“森林生态补偿政策研讨会”在中国林科院报告厅举行，国家林业局天保中心樊华副主任致开幕辞，局计财司副司长刘金富出席会议并发言，科信所陈绍志所长主持研讨会。研讨会分为专题报告和开放式讨论两个阶段进行，来自国内政府机构、科研教学单位的领导及专家、国际组织的代表共计35人参加了会议。

1月28日至2月1日，宿海颖同志赴印度尼西亚参加APEC非法采伐和相关贸易专家组第三次会议。

1月30日，科信所主持的国家软科学研究计划重大合作项目“突破国际贸易壁垒的中国木材合法性认定标准体系研究”启动会在中国林科院举行。国家林业局科技司张志达巡视员、局计财司张艳红副司长、中国林科院孟平副院长等领导和相关处长、专家出席会议。项目负责人陈绍志所长主持会议，我所专家李剑泉、陈勇、徐斌就课题研究的相关问题分别进行了汇报。

2月4日，科信所召开中层干部会议，中国林科院分党组书记、副院长叶智参加会议并做重要讲话，院人教处处长于辉宣读了中国林科院任免决定：王登举同志调任中共中国林科院湿地研究所总支委员会书记，任命陈军华同志为林业科技信息研究所副所长。

2月底，由科信所专家何友均博士等完成的关于亚热带人工纯林和混交林碳储存能力比较研究的科学研究论文在国际学术期刊《Forest Ecology and Management》上在线发表。该期刊是森林生态与管理领域最权威的国际学术期刊，5年平均影响因子为2.744。

3月27日，加拿大林务局王森博士应邀到科信所做专题学术讲座：《世界林产品部门的结构变化》(Structural Change in the World's Forest Products Sector)和《森林的经济贡献》(Economic Contributions of Forests)。专题讲座由陈绍志所长主持，全所10余位专家聆听了报告，并就相关问题进行了热烈讨论。

4月15日，国家林业局科技司在北京主持召开林业公益性行业科研专项项目验收会，对我所主持的“多功能林业发展模式与监测评价体系研究”进行验收。验收委员会一致认为，项目全面完成了预定的各项任务和指标，同意通过验收。该项目是我所主持的第一个林业公益性行业科研专项重点项目，由中国林科院科信所和森环森保所、中国科学院生态环境研究中心、北京林业大学共同完成，李智勇研究员和王登举研究员为主持人。

4月18日，“2013年国家林业局林产品国际贸易研究中心年会暨林业对外贸易政策培训会议”在广州召开。国家林业局原总工程师、国家林业局林产品国际贸易研究中心名誉主任姚昌恬和广东省林业厅巡视员、厅党组成员陈俊勤分别代表会议主办方和承办方在大会上致开幕辞；国家林业局发展规划与资金管理司长张艳红作了题为《2012年中国林业对外经贸回顾与2013年工作重点》的发言；国家林业局林产品国际贸易研究中心常务副主任、科信所所长陈绍志作了题为《2012年中国林产品贸易形势分析与“中心”年度工作报告》。来自政府机构、科研教育单位、行业协会、非政府组织、林业企业的140余名代表参加了会议。

4月26日，中国林科院副院长、分党组纪检组组长李岩泉在院办公室主任王振陪同下，到我所调研指导工作，与我所领导班子成员进行了座谈。会上，陈绍志所长详细汇报了我所科研现状、科研队伍、林业科技期刊改革、图书文献资源建设、网络信息资源服务、科技查新与咨询、条件平台建设等工作情况，李凡林书记就党群、纪检监察和宣传工作进行了汇报。

5月8日，共青团国家林业局直属机关第三次代表大会在北京召开，科信所团员廖世容作为中国林科院20名团员代表之一出席大会。

5月10日，科信所在院学术报告厅举办网络信息资源服务培训讲座，院内科技人员及在读学生50多人参加了培训。

5月16—25日，余颖同志赴德国和法国完成“欧洲化学机械法制浆生产备料系统调查研究”项目，进一步加强中国林科院与德国、法国同行的合作。

5月19—25日，叶兵副研究员赴美国参与美国户外休憩专业协会和国际林联(IUFRO)

在美国密歇根特拉弗斯城市举办的“森林造福人类”和“户外休憩”国际研讨会。

5月20—26日，宿海颖和付建全同志赴莫桑比克开展《中国企业境外森林可持续经营利用指南》试点工作。

5月21—23日，吴水荣副研究员应邀参加由韩国首尔大学、中国人民大学、联合国粮农组织、联合国环境规划署及热带木材组织举办“REDD+研究与发展国际研讨会”，并在大会上做学术报告《森林转轨及其对REDD+的含义》。

5月23—30日，李智勇研究员赴美国加州大学伯克利分校环境与政策学院的邀请进行考察访问和学术交流。

5月24日至6月2日，罗信坚副研究员赴法国、英国就欧盟林产品市场状况、欧美企业应对木材法规等进行交流，并将讨论欧盟林产品市场信息合作、考察木材加工企业和林产品市场。

5月25日至6月1日，原磊磊同志赴墨西哥参加大森林论坛“林业机构下一代领导人研讨班”。

5月29—31日，李智勇研究员赴银地尼西亚出席由INBAR举办的筹资工作会议。

6月13—16日，李智勇研究员赴厄瓜多尔成就INBAR举办的拉丁美洲竹子大会。

6月16—22日，为落实中欧打击非法采伐及相关贸易双边协调机制(BCM)第四次会议成果，经中欧双方同意，由国家林业局、商务部和国家林业局林产品国际贸易研究中心联合组团赴马来西亚考察交流，科信所陈勇副研究员随团参加考察交流。

6月16—30日，受科信所有关项目邀请，奥地利维也纳自然资源与应用生命科技大学(BOKU) Manfred J. Lexer教授和Werner. Rammer博士到中国林科院就“森林生态系统管理斑块复合模型”(PICUS)进行培训和指导，开展了2场关于PICUS应用和奥地利森林可持续经营规划的学术讲座。

6月18日，院京区党委下发批复，经我所党委研究上报、院京区党委会议研究，同意增补陈军华同志为科信所党委委员。

6月20日，由李凡林书记、宋奇主任带队，尚玮姣、马文君、郑秋东、蒋宏飞、廖世容、李茗6位同志为队员，参加了“中国林科院学习党的十八大精神和新党章知识竞赛”。此次知识竞赛有13个代表队参赛，经过激烈角逐，我所代表队名列第四，荣获三等奖。

6月21—30日，罗信坚副研究员出席有关机构就欧盟林产品市场状况、欧盟企业应对木材法规等进行交流，并将讨论欧盟林产品市场信息合作、考察相关木材加工企业和林产品市场。

6月28日，国家林业局科技司彭有冬司长在我院张守攻院长陪同下，到科信所调研指导工作，国家林业局科技司综合处、计划处、推广处和标准处的领导，以及我院办公室、科技处的领导一同参加了调研活动。彭有冬司长一行听取了陈绍志所长的工作汇报，深入图书馆新馆中外文图书阅览室、期刊阅览室、电子阅览室、网络中心机房和图书密集书库进行逐一考察，详细了解了图书馆的智能化管理、馆藏文献资源和林业数字图书馆建设情况，并对科信所的发展提出了希望。我所领导班子成员以及业务处、研究部的负责人李凡林、王忠明、叶兵、吴水荣、徐斌等参加了活动。

6月29日，由中国林科院、中国绿色碳汇基金会和广西壮族自治区林业厅联合主办，科信所和广西林科院承办的“国际林产品贸易中的碳转移及碳汇产权研讨会”在南宁市召开。来自国家林业局、财政部、有关省(自治区、直辖市)林业厅(局)和高校及企事业单位的近百位专家和代表出席了会议。

7月3日，国家林业局科技发展中心在北京国际竹藤大厦组织召开“林业专利分析报告专家论证会”，对《世界林业专利技术现状与发展趋势》和《重组材技术专利分析报告(2011)》进行专家论证。国家林业局科技发展中心胡章翠主任主持会议，国家林业局知识产权研究中心(依托科信所管理)常务副主任、我所副所长王忠明研究员向专家组介绍了两份林业专利分析报告的有关背景和总体情况。专家组认为，两份专利分析报告不仅对林业行业的技术创新具有重要作用，还对政府有关部门科学决策提供了数据支撑。

7月7—14日，陈绍志所长、陈洁、付建全、沈和定一行4人赴英国和瑞士出席查塔姆非法采伐会议，并在瑞士实地了解欧盟木材法案的影响。

7月10日，我所在北京国林宾馆召开“加强中国中小林业企业能力建设，促进热带木材合法采购”ITTO项目汇报及政策建议报告研讨会。国家林业局发展规划与资金管理司张艳红副司长、项目资助方国际热带木材组织李强官员和Michael Adams顾问出席会议并分别做重要讲话。我所项目负责人罗信坚副研究员从项目主要活动、产出和影响，研究的主要方向和政策建议三方面进行了汇报。国家林业局有关司处的领导，该领域专家及国际组织的代表，我所领导、项目组成员及相关专家共30多人参加了会议。

7月15—19日，徐斌研究员赴美国和墨西哥参加“中美打击非法采伐第五次双边论坛”和“中墨林业工作组会议”。

7月15日，中国林科院下发《关于2013年增列研究生指导教师的通知》，科信所陈绍志所长增列为硕士生指导教师。

8月14—28日，科信所李玉敏副研究员赴德国执行学习欧洲栎类经营技术任务。

8月13日，应科信所国家林业公益性行业科研专项“城市森林保健功能监测方法与评价体系研究”项目的邀请，日本医科大学李卿博士来院做《森林浴对人体健康的影响研究》专题报告，来自科信所、资信所、森环森保所和林业所的与会者与李卿博士做了深入而广泛的交流。会后，李卿博士应邀到杭州项目试验点进行了考察，并与相关单位专家就杭州的森林保健功能监测与评价体系研究内容提出了指导意见。

8月20—22日，应印尼出口商协会(GPEI)的邀请和受国家林业局委派，国家林业局林产品国际贸易研究中心陈勇副主任参加了在印尼雅加达举办的第三届市场高峰对话。

8月21日至9月1日，业务处吴水荣处长、郭文福同志赴德国交流学习德国及欧洲的近自然经营理论与技术体系，尤其是不同森林类型(包括不同树种选择)如何开展近自然经营及其对森林多重服务功能的影响，并实地考察森林多目标经营实践。

8月26—29日，李智勇研究员赴印度尼西亚参加第二届印尼林业研究国际会议。

8月，人力资源社会保障部、国家知识产权战略实施工作部际联席会议办公室下发《关于表彰国家知识产权战略实施工作先进集体和先进工作者的决定》，国家林业局知识产权研究中心常务副主任、科信所副所长王忠明研究员被评为“国家知识产权战略实施工作先进工作者”，成为全国30位获奖者之一。

9月2日，科信所研发的“林业948项目综合管理信息系统”软件获国家版权局颁发的软件著作权登记证书。

9月3—17日，科信所宿海颖同志赴俄罗斯，与俄罗斯林务局、世界自然基金会俄罗斯办公室、中资企业就俄罗斯在林业、森林资源可持续利用与保护以及合法性等领域的政策和发展情况展开对话与研讨。

9月3日，科信所与湖北星斗山国家级自然保护区管理局在北京举行科研合作协议签字仪式，陈绍志所长和吕世安局长分别代表科信所和保护区管理局签字并交换科研合作协议文本。双方同意在未来五年内，通过挂牌设置教学科研实习基地、提供人才培训、共同申报项目等方式，分阶段分重点稳步推进自然保护区资源保护、社区共建和区域发展研究，为民族地区、经济欠发达地区乃至全国自然保护区建设探索出可持续的发展模式、政策体系和管理方式。

9月13日，科信所下发《关于规范所内各部门名称及排序的通知》，所内各部门的名称和排序规范如下：办公室、业务处、人教处、财务处、党委办公室、后勤中心、研究部、期刊部、图书文献部、网络资源部、查新咨询室。

9月22—28日，李智勇研究员赴印度出席国际竹藤组织召开的亚洲竹藤研讨会。

9月24日，国家林业局计财司在中国林科院举行项目评审验收会，科信所主持完成的“森林保险政策制度设计及运行机制研究”项目顺利通过评审验收。项目主持人、我所陈绍志所长进行了全面汇报，项目组成员和有关专家参加了会议。

9月24日，2013中国城市森林建设座谈会揭晓了第五届关注森林奖获奖名单。科信所主办的期刊《世界林业研究》荣获第五届关注森林——梁希图书期刊奖。

9月，中国林科院图书馆、科信所正式建成并开通了林业移动数字图书馆。林业移动数字图书馆以中国林业数字图书馆为依托，林业行业用户和读者均可通过智能手机、iPad等移动终端浏览、下载和阅读林业数字图书馆丰富的国内外数字资源。

10月16—17日，科信所赵劼副研究员参加了在泰国曼谷举行的“亚洲FLEGT能力建设需求地区研讨会”，在会上代表中国政府做了《中国打击非法木材及相关贸易的政策工具》的发言。

10月24日，民盟北京市委在中国林科院召开民盟中国林科院支部成立大会。科信所于天飞博士被任命为民盟中国林科院支部主任委员、宿海颖博士为宣传委员。

10月24日，国家林业局林产品国际贸易研究中心主办的“中国林产品指标机制(FPI)第二届研讨会暨中国林产品指标企业高峰论坛”在上海召开，来自国内外政府部门、国际组织、行业协会和企事业单位的代表120多人参加了会议。此前一天，还召开了“中国林产品指标机制专家委员会会议”，20余位中外领导和专家参加了会议，与会专家表达了对中国林产品指标机制(FPI)的高度认可，并期望它对中国林业产业的健康和可持续发展作出有益的贡献。

10月28日，科信所先后下发《科信所关于印发〈中国林科院科信所学术委员会章程〉的通知》和《科信所关于成立第六届学术委员会的通知》。

10月29日，科信所承担的国际热带木材组织(ITTO)“加强中小企业能力建设，促进热带木材可持续经营”项目第三次指导委员会会议在科信所召开。会议由商务部国际司梁红处长主持，国际热带木材组织项目官员李强先生、国家林业局国际司多边处张忠田处长、中国林科院国际处陆文明处长、葛宇航高工、科信所王忠明副所长、罗信坚副研究员等9人参加了会议。

10月30—31日，欧盟森林执法、施政与贸易自愿伙伴关系协议(FLEGTVPAs)国家经验交流会在北京召开，国家林业局国际合作司苏春雨司长出席会议并致辞。本次会议由中国林科院科信所、国家林业局林产品国际贸易研究中心、欧洲森林研究所欧盟FLEGT基金共同主办，来自亚洲、非洲、欧洲和美洲等多国的政府官员、专家学者、企业代表、以及国内高校和科研机构人士及企业代表150多人参加了会议。

10月，中国林科院图书馆、科信所建成并开通中国林业数字图书馆统一资源整合服务平台，包括“统一检索“和“林业发现”两方面的主要内容。

11月6—15日，科信所组织2013年新入职的9名职工赴我院广西凭祥热林中心，开展了以“学习林业知识、体验林区生活”为主题的培训锻炼活动。

12月15日，科信所作为主办方之一的“林业经济国际论坛2013：全球气候变化背景下的中国集体林经营”在北京西郊宾馆举行，来自中国、美国、新西兰等国家的50余名学者参加了论坛。

12月20日，科信所陈绍志所长与江苏省常州地板协会沈鸣生会长久成立“中国林产品指标机制常州强化地板秘书处”举行了签约仪式。

12月23日，中国林科院科信所、杭州市林科院、北京林业大学等单位共同承担的“杭州城市森林保健功能监测与评价研究”项目评审会在杭州举行。中国生态学学会理事长、我院副院长刘世荣研究员，浙江省林业厅副厅长吴鸿教授，日本医科大学李卿教授等领导和专家出席会议并组成专家评审组，我所叶兵副研究员作为项目承担单位的负责人参加了会议。

12月26日，北京市召开2013年特约人员聘任大会，科信所于天飞博士被北京市人民检察院聘为特约检察员。

当年，尚玮姣同志荣获“中国林科院2011—2013年度优秀共青团干部”称号。

2014年

1月10日，“中国林科院科信所青年联合会成立大会”在所302会议室隆重举行，院党群工作部副主任、院青联主席贺顺钦等领导，所党委书记李凡林，副所长王忠明、陈军华，所长助理叶兵应邀出席大会，我所40岁以下青年职工29人参加大会。经本次大会无记名投票选举，报所党委研究同意，科信所青年联合会第一届委员会委员由马文君、李岩、李茗、宋超、张慕博、陈勇、尚玮姣、赵晓迪、徐斌9人组成，徐斌担任主席，陈勇、张慕博担任副主席。

1月22日，李岩泉副院长专程来到科信所看望我所的干部职工，院办公室王振主任一同参加了看望走访活动。

1月23日，科信所承担的项目“国外林区道路发展与启示研究”组织召开专家评审会，陈绍志所长和何友均博士代表项目组进行汇报。经专家质询讨论，评审组一致同意通过项目评审。

2月12日，中国林科院党群工作部下发《关于院京区妇工委换届调整结果的通知》，科信所妇工委主任孙小满继续当选为院京区妇工委委员。

2月20—21日，“推动合法和可持续中俄木材贸易国际研讨会”在黑龙江省绥芬河市召开，国家林业局发展规划与资金管理司张艳红副司长参加会议并做主题报告，国家林业局林产品国际贸易研究中心常务副主任、我所陈绍志所长做了大会发言。会议由中国林科院科信所、国家林业局林产品国际贸易研究中心、森林趋势、欧洲森林研究所欧盟FLEGT基金，世界自然基金会联合主办，来自中国、俄罗斯、美国、欧盟等国家和地区的政府官员、专家学者、以及高校和科研机构人士及企业代表100多人参加了会议。

2月24—28日，科信所专家徐斌、陈洁和李茗同志赴巴布亚新几内亚进行实地考察与交流，对《中国企业进口巴布亚新几内亚热带硬木风险缓解指南》进行测试。

3月11日，科信所和图书馆在中国林科院图书馆新馆电子阅览室举办网络信息资源有效利用专题讲座：“中国经济与社会发展统计数据的挖掘与利用”，我院科研人员和研究生50多人聆听了讲座。

3月25—27日，“国家林业局林产品国际贸易研究中心年会暨促进合法可持续的林产品贸易和投资国际研讨会”在上海召开。国家林业局发展规划与资金管理司张艳红副司长出席会议并致辞，国家林业局林产品国际贸易研究中心常务副主任、所长陈绍志做主题报告。来自亚洲、非洲、欧洲和美洲等多国的政府官员、专家学者、企业代表、以及国内高校和科研机构人士及企业代表120多人参加了会议。

4月2日，受科技部办公厅调研室的委托，国家林业局科技司在中国林科院组织召开了国家软科学研究计划重大合作项目“突破国际贸易壁垒的中国木材合法性认定标准体系研究”结题验收会。科技部战略研究院科研处项目主管胡琼静、国家林业局科技司巡视员张志达、我院副院长李岩泉出席会议。该项目是我所近年来首次承担的国家软科学研究计划重大合作项目，经专家组评审通过了结题验收。

4月6—16日，李智勇研究员参加FAO热带生态补偿国际论坛和赴牙买加参加牙买加国家竹业论坛。

4月13—20日，吴水荣研究员访问费莱堡各廷根大学，交流主题为人工林多目标经营与珍贵木材的培育技术；赴意大利访问单位包括意大利国家研究委员会、植物保护研究所以及图西亚大学生物与农林生态系统系。

4月15日，所党委举行中心组学习扩大会，邀请第十二届全国政协委员、我院森环森保所杨忠岐研究员做了《学习习近平总书记系列讲话和全国两会精神的体会》主题报告，本所副处级以上干部、各科室负责人、党群系统干部参加了学习。

4月15—30日，中国林科院院省科技合作办公室牵头开展向甘肃小陇山林业实验局捐赠图书期刊的活动，我所图书文献部代表中国林科院图书馆积极响应，向小陇山林业实验局捐赠科技图书116册。

4月22日，科信所召开保密工作会议，认真学习《中华人民共和国保守国家秘密法实施条例》以及局、院相关保密工作的文件，部署并自查本所的保密工作，所领导以及中层以上干部参加会议。

4月24日，国家新闻出版广电总局下发批复，同意科技期刊《林业实用技术》更名为《林业科技通讯》。从2015年1月1日起，《林业实用技术》将更名为《林业科技通讯》，栏目内容进行适当调整。

5月9—25日，陈勇副研究员赴斐济参加林业政策高级培训班的活动。

5月18—23日，陆文明研究员出席国际标准化林产品销监管链认证标准建设委员会(ISO/TC287)第一次会议。

5月19日，中国林科院下发《关于明确陈军华级别的通知》，明确陈军华副所长为正处级干部，试用期一年。

5月20—29日，张慕博博士赴美国田纳西大学访问、交流及项目培训，并参观木材制品加工厂。

5月26日，国家林业局办公室发文《关于明确国家林业局林产品国际贸易研究中心和国家林业局国际林业科技培训中心为非法人相对独立机构的批复》。其中，同意明确依托科信所成立的"国家林业局林产品国际贸易研究中心"为非法人相对独立机构；中心设主任1名(正处级)、副主任2名(副处级)。

6月11—15日，陈勇副研究员随国家林业和草原局孙扎根副局长组团的"中加林业工作组会议"代表团赴加拿大渥太华参加第七次中加林业工作组会议。

6月13日，应加拿大林务局邀请，陈勇副研究员参加了在加拿大渥太华举行的中加林业合作联合工作组第七次会议，在会上介绍了中国打击非法采伐及相关贸易的情况，并就中加在此领域的合作提出建议。

6月16日，《科信所职工在职攻读研究生学位暂行规定》印发执行。

6月20日，"国家林业局林产品国际贸易研究中心及林业战略与规划工作汇报会"在我院报告厅西厅举行。国家林业局计财司张艳红副司长、我院张守攻院长听取汇报并做重要讲话，陈绍志所长汇报了国家林业局林产品国际贸易研究中心及林业战略与规划研究近年来的工作进展情况。我院相关职能处室领导以及我所相关专家参加会议。

6月，校建民副研究员、李茗助理研究员赴加蓬和莫桑比克，开展了中国林业企业境外经营现状评估及《中国企业境外森林可持续经营利用指南》培训工作。

6月，中央国家机关团工委授予李茗同志"中央国家机关优秀共青团员"荣誉称号。

7月10日，科信所专家主持研发的"多功能森林经营规划系统软件(MFM)1.0"获得国家版权局颁发的计算机软件著作权登记证书。

7月14日，中国林科院下发《关于2014年增列研究生指导教师的通知》，陈绍志教授级高级工程师增列为博士生指导教师。

7月21—26日，中国林科院2014年青年基层调研实践调研组赴黑龙江省山河屯林业局开展以"深入基层，根在基层"为主题的调研实践活动。此调研专题小组由科信所具体负责组织，院京区党委委员、我所党委书记李凡林亲自带队，院青联副主席、我所研究部主任、副研究员徐斌担任组长，院青联常委、我所团支部书记李茗和所青联委员李岩担任副组长，来自我院京内外 9 个单位的 15 位青年科技人员参加了调研实践活动。

7 月 27 日至 8 月 5 日，何友均研究员参加新一代林业机构领导者：全球自然资源治理培训研讨会的报告与欧方洽谈 FLEGT 和欧盟木材法案进展以及有关共建打击非法采伐信息窗项目合作事宜。

8 月 5 日，科信所(国家林业局知识产权研究中心)研发的“林业知识产权管理信息系统”软件获得国家版权局颁发的计算机软件著作权登记证书。

8 月 31 至 9 月 7 日，应欧洲森林研究所和英国 LTS 咨询公司的邀请，陈绍志所长、徐斌副研究员等一行 4 人，就有关应对非法采伐及相关贸易、欧盟木材法案的实施与进展以及各方的合作出访西班牙和英国。

9 月 1 日，高保护价值森林专家研讨会在北京举行。这是科信所赵劼副研究员主持的 948 项目“森林认证关键技术与认证模式研究”的项目活动之一。来自英国的专家 Richard John Robertsson 应邀介绍了国外开展高保护价值森林工作的经验。项目组介绍了我国高保护价值森林试点情况及比较研究的成果。来自国家林业局、北京林业大学、东北林业大学、国家林业局规划设计院、黑龙江森工总局等单位的 20 多位专家和项目组成员一起参加了讨论。

9 月 11—13 日，受国家林业局科技发展中心委托，科信所成功举办中国森林认证审核导则培训班。来自中林天和认证公司、吉林松柏森林认证公司、江西山和森林认证公司以及临沂金兴森林认证公司 30 多位学员参加了此次培训。

10 月 4—14 日，李智勇、何友均、吴水荣、张德成、叶兵同志一行 5 人赴美国参加 2014IUFRO 世界大会。

11 月 1—6 日，由科信所、江苏致远森林认证中心有限公司和江苏省林业科学研究院联合开办的 CFCC 中国森林认证审核员培训班在江苏省南京市举行。国家林业局科技发展中心常务副主任、中国森林认证管理委员会王伟主任等领导莅临培训班，并介绍了中国森林认证的形势、任务和最新进展。我所森林认证专家、国家林业局森林认证研究中心徐斌副研究员、赵劼副研究员和胡延杰副研究员等在培训班上针对森林认证相关标准及审核实践方法等内容进行详细解读，并带领审核员前往位于扬州的森林认证企业开展现地模拟审核。江苏省有关单位的领导、专家，以及 40 多名预备审核员参加了培训和考核。

11 月 2—9 日，罗信坚副研究员参加国际热带木材理事会(ITTC)第 50 届会议及 ITTO 贸易咨询专家组(TAG)会议。

11 月 2—17 日，吴水荣研究员赴德国开展近自然育林技术培训与学术交流。

11 月 14 日，“科信所 2014 年趣味运动会”在院篮球场举办，院京区工会常务副主席陈明山应邀参加开幕式。本次趣味运动会的开场项目是体操表演，比赛项目设背夹球、迎面插旗接力跑、五人踢键、定点投篮、沙包掷准及集体跳绳共 6 项，分 8 个小组进行，主要突出各组的团结合作，全所在职职工 70 多人参加了活动。

11 月 16—23 日，陆文明研究员参加 PEFC 会员大会和 PEFC 森林认证周活动。

11 月 19—26 日，陈勇副研究员出席欧洲林业 1 研究所及 Nepcon 举行会谈。

11 月 24 日，科信所作为主办方之一的“中国林业经济学会第五届世界林业经济专业委员会2014年度学术研讨会”在北京国际竹藤大厦召开，主题为“森林景观恢复与民生林业”。国家林业局副局长、中国林业经济学会常务副理事长刘东生出席研讨会并致辞，陈绍志所长出席会议，并做河北省木兰林管局小流域森林经营案例研究报告，来自国内政府机构、行业学会协会、教育科研单位，有关国际组织和研究机构的领导及专家学者共计70余人参加了会议。

11月下旬至12月上旬，所党委和各党支部开展了学习贯彻党的十八届四中全会精神活动。所党委购买了《中华人民共和国宪法》和宪法注释单行本，发给每位职工和科室负责人，在职工中普遍开展宪法教育，弘扬宪法精神。

12月18日，中英合作国际林业投资与贸易项目(InFIT)第二次项目指导委员会会议在北京召开，科信所相关专家参加会议。

12月25日，《科信所关于规范各类经费管理的暂行规定》下发实行。

12月28日，科信所作为主办方之一的“林地流转问题及政策研讨会”在中国林科院学术报告厅举行。国家林业局林改司刘拓司长出席会议并讲话，陈绍志所长主持研讨会，来自国内政府机构、科研高校单位以及兰德萨农村发展研究所的领导和专家出席会议，专家代表分别对国内外林权流转相关问题做了研究报告。

2015年

1月3日，科信所与北京市木业商会签订战略合作协议，双方将联手搭建资源共享平台，共同推动中国林产品指标机制(FPI指数)的编制、发布推广工作。科信所所长陈绍志和北京市木业商会常务副会长冯亚堂分别代表双方在合作协议上签字。

1月8日，国家林业局科技发展中心李明琪副主任带领综合处、新品出、执法处等相关处室人员来科信所，对知识产权信息平台建设情况进行调研。科信所副所长、知识产权研究中心常务副主任王忠明研究员向调研组详细汇报了国家林业局知识产权研究中心的工作以及信息平台建设情况，科信所相关专家参加了会议。

1月14—16日，陈绍志所长赴缅甸参加中缅森林治理与木材合法性认证研讨会。

1月19—23日，国家林业局林产品国际贸易研究中心副主任兼秘书长、科信所副研究员徐斌应邀参加在美国华盛顿举办的“森林合法性联盟第12次会员大会”，在大会上做了《木材贸易法规对中国林产工业的影响》的主题报告，并与欧洲和美国代表团就中国木材合法性认定体系进展以及木材法案等相关问题举行非正式讨论与交流。

1月24—29日，陈勇副研究员赴菲律宾参加APEC2015年第一次高官会议。

1月26—31日，徐斌副研究员赴美国参加森林合法性联盟年度会议，并与美国世界资源研究所进行会谈。

1月29日，经2014年12月17日林科院党政联席会议研究，决定聘任叶兵为国家林业局林产品国际贸易研究中心主任(正处级)；陈勇为国家林业局林产品国际贸易研究中心副主任(副处级)，徐斌为国家林业局林产品国际贸易研究中心副主任(副处级)；以上三人试用期一年。

1月29日，经2014年12月17日林科院党政联席会议研究，决定明确于燕峰、武红为副处级干部，试用期一年。

2月5日，国家林业局林产品国际贸易研究中心专家委员会在北京举行，国家林业局计财司张艳红副司长及其他领导、专家委员会成员和“中心”的专家30余人参加了会议。科信所所长、国家林业局林产品国际贸易研究中心常务副主任陈绍志做了关于“中心”近年来的工作汇报及下一步5个方面的工作重点。会议对上一届专家委员会的工作给于充分的肯定，并决定成立第二届专家委员会，并宣布了成员名单，张艳红副司长向获聘专家颁发了证书。

2月2—8日，吴水荣研究员赴瑞士参加联合国森林论坛国家倡议会议暨因特拉肯+10—森林景观治理10年经验及2015年展望国际会议。

2月25日至3月1日，吴水荣研究员赴奥地利参加国际林联总部召开的森林预见审视专家组会议。

3月8—15日，陈勇副研究员赴比利时参加中欧森林执法与治理双边协调机制第6次会议。

3月14—23日，陆文明研究员赴巴西出席国际标准化组织ISO/PC287木材和木材产品销监管链认证标准会议。

4月21—25日，吴水荣研究员赴尼泊尔参加喜马拉雅尼泊尔东部高瑞山卡保护区综合森林经营选择合作研讨会。

5月6—17日，吴水荣研究员赴美国参加在纽约联合国总部召开的联合国森林论坛第十一届会议。

6月3日至7月19日，李茗同志赴英国参加“提高森林施政培训课程”活动。

6月6—16日，李智勇研究员赴意大利对FAO、IFAD和拉齐奥地区进行INBAR工作访问，并参加米兰世博会中国日活动。

6月20—27日，陈勇副研究员、徐斌副研究员赴喀麦隆雅温得和杜阿拉参加中国—非洲森林治理学习平台的第二次学习活动。

8月21—26日，陈勇副研究员赴菲律宾参加APEC2015年第三次高官会议。

8月23—30日，徐斌副研究员、陈洁高级工程师赴丹麦参加木材合法性尽职调查及追溯系统交流会议。

8月23日至9月4日，赵洁副研究员赴丹麦对NEPCon组织、宜家集团、Dong组织、丹麦自然资源署和FSC开展学术交流。

9月5—13日，科信所吴水荣、将业恒、李智勇、何友均、徐斌一行5人赴南非参加第十四届世界林业大会。

9月15—27日，胡延杰副研究员、叶兵副研究员赴美国针对引进的林产品贸易模型(CGTM)的应用技术与CINTRAFOR研究人员开展学术交流，同时考察美国林产工业现状和林产品市场情况。

9月17—26日，陈绍志所长赴瓦努阿图、斐济、新西兰执行大洋洲森林资源开发利用合作磋商。

9月21—24日，吴水荣研究员参加在美国华盛顿召开的森林景观恢复论坛会议。

9月21—30日，陈勇副研究员和李茗助理研究员随由国家林业局计财司、中国林科院组团赴老挝、缅甸、柬埔寨参加应对非法采伐和木材合法性磋商会议。

9月24—27日，吴水荣研究员参加在德国弗莱堡大学召开的近自然森林经营研讨会。

10月18—24日，陈绍志所长和马一博同志赴土耳其参加联合国防治荒漠化公约第十二届缔约方大会。

11月8—15日，陆文明研究员赴英国参加国际标准化组织木材和木制品产销监管链标准技术委员会(ISO/PC)会议。

11月5—22日，罗信坚副研究员赴马来西亚参加国际热带木材组织(ITTO)年度理事会。

11月21—29日，陈勇副研究员和宿海颖副研究员赴秘鲁、圭亚那参加应对非法采伐及木材合法性磋商工作会议。

12月4—11日，李智勇研究员赴法国参加联合国气候变化框架公约第二十一次缔约方大会。

12月6—12日，陆文明研究员赴瑞士参加PEFC会员大会和PEFC森林认证周活动。

12月15—18日，赵荣副研究员和何璆助理研究员志赴日本参加第九轮中日韩谈判司局级磋商会。

当年，赵荣同志荣获“2015年中国林科院优秀共产党员”称号。

2016年

1月28日至2月4日，陈绍志教授级高工、陈勇副研究员、徐斌研究员、赵荣副研究员一行4人赴印度尼西亚、马来西亚中心中英合作项目开展与印尼和马来西亚木材合法性交流。

2月19—24日，陈勇副研究员赴秘鲁参加APEC打击非法采伐专家组第九次会议。

2月21—27日，陈洁高级工程师、胡延杰研究员、徐斌研究员、赵荣副研究员赴菲律宾参加第三届亚太林业周活动。

3月20—24日，陈勇副研究员赴澳大利亚探讨中澳林业工作组团组与澳大利亚加深在有关森林治理和打击非法采伐方面的合作。

4月5—9日，何璆助理研究员赴韩国参加第十轮中日韩谈判司局级磋商会。

4月12日，科信所经党政领导联席会议研究决定，郝芳兼任后勤中心副主任，聘任赵荣为林业经济理论与政策研究室主任。

4月19日，中国林科院根据国家国家林业局党组《关于王彪同志任职的通知》，经研究，决定聘任王彪为林业科技信息研究所副所长(兼)，免去王彪中国林科院产业发展处处长职务。

5月10日，经所党政领导联席会议研究，按照稳定有序、权责一致、高效规范的原则，明确所领导班子成员工作分工如下：所长陈绍志同志领导所行政全面工作。分管人教处(人事)和研究部；所党委书记、副所长王彪同志领导所党的建设和精神文明建设工作。分管所办公室(含党委秘书)、后勤中心、财务处、林业印刷厂、工会和老干部工作；副所长王忠明同志分管图书文献部、网络资源部、查新咨询室；副所长叶兵同志分管人事处(学科建设、研究生教育)、业务处期刊部。协助陈绍志所长分管研究部。

6月6—15日，陈勇副研究员赴缅甸、老挝、泰国参加东南亚可持续林产品贸易与投资及木材合法性磋商会议。

6月7—17日，吴水荣研究员赴法国参加人工林可持续经营国际学术研讨会。

6月15—24日，叶兵副研究员赴加蓬、喀麦隆、法国开展中非可持续林业投资合作与欧盟木材法案实施磋商工作。

7月5日，科信所召开工会委员大会，进行换届选举。选举结果产生11名委员：陈勇、邓华、李剑泉、李忠魁、刘諸頔、宋超、孙小满、张慕博、赵荣、周红。7月7日，科信所第八届工会委员举行第一次会议，经充分酝酿一致同意：陈勇担任工会主席(兼民主管理)，张慕博位工会副主席(兼文体委员)，孙小满为女工委员，周红为宣传委员，刘诸頔为福利委员。

7月18—25日，陈勇副研究员和李茗助理研究员赴印度尼西亚、马来西亚参加落实中欧打击非法采伐及相关贸易双边协调机制(BCM)第七次会议。

8月至2018年10月，何璆助理研究员作为中日合作青年行政人员培训项目代表国家林业局赴日本访问交流。

8月14—21日，宿海颖副研究员赴秘鲁参加2016年APEC非法采伐及相关贸易专家组第十次会议。

8月28日至9月3日，何友均研究员赴法国参加第五届世界生态高峰会。

8月31日，根据工作需要，经2016年8月30日所党政领导联席会议研究决定，聘任周红同志为科信所党委办公室副主任。

8月8日，根据2016年7月29日所党政联席会议研究决定，张金晓同志调整到办公室工作。

8月31日，经所长办公会议研究决定，对所职称评审委员会人员组成进行了调整。调整后的职称评审委员会由19人组成，名单如下：主任委员陈绍志，副主任委员王忠明。委员：白秀萍、陈勇、樊宝敏、高发全、何友均、黎祜琛、李忠魁、孙小满、王彪、王晓原、吴水荣、武红、徐斌、叶兵、于燕峰、周吉仲和赵荣同志。

10月3—8日，吴水荣研究员赴朝鲜参加“促进朝鲜可持续发展”国际学术研讨会。

10月31日至11月4日，陈绍志教授级高工和徐斌研究员赴美国参加打击非法采伐与相关贸易双边论坛第七次会议。

11月12—20日，李智勇研究员赴摩洛哥参加联合国气候变化框架公约第二十二次缔约方大会。

11月13—19日，陆文明研究员赴印度尼西亚参加2016年PEFC会员大会和PEFC森林认证周活动。

11月16—19日，陈勇副研究员赴西班牙与欧洲森林研究所续签谅解备忘录，商定下年度合作计划。

12月5—9日，陈洁高级工程师和廖望助理研究员赴印度尼西亚参加第五届木材合法性保证地区培训研讨会。

12月7日，经2016年11月22日所党政领导联席会议决定，陈洁任国际森林问题与世界林业研究室主任，兼《世界林业动态》编辑部主编；邓华为国际森林问题与世界林业研究室副主任。

12月20日，陈绍志已就任中国绿色时报社党委书记，为不影响工作，按照中国林科院《关于暂由王彪同志负责科信所行政工作的通知》，王彪同志行使科信所法定代表相关职责。

当年，武红同志荣获“2016年国家林业局优秀共产党员”称号。何友均同志荣获“2016年中国林科院优秀共产党员”称号。

2017年

1月22—28日，陆文明研究员访问荷兰，并出席在阿姆斯特丹CFC总部举行的CFC项目评审咨询委员会第49次会议。

1月9日，经各组推荐，所党政领导联席会议研究同意，2016年职工年度考核中被评为优秀者，现予公布：研究部徐斌、何友均、赵荣、张德成、胡延杰、宿海颖、范宝敏、谢和生、宁攸凉、李剑泉、李忠魁、陈洁、白秀萍；期刊部陈超、李玉敏；图书馆付贺龙、李琦；网络组张慕博、马文君；职能后勤组苏善江、陈勇、武红、于燕峰；印刷厂冯春平。

2月13—19日，陈勇副研究员和张曦助理研究员随国家林业局团队(国际合作司章红燕副司长为团长)赴比利时、西班牙参加中欧森林执法与治理双边协调机制(BCM)第八次会议，并访问位于西班牙的欧洲林业研究所(EFI)西班牙办公室。

2月17—22日，宿海颖副研究员随团(国家林业局国际合作司张忠田处长为团长)赴越南芽庄参加2017年APEC非法采伐及相关贸易专家组第十一次会议。

3月24—31日，李智勇研究员赴泰国、马来西亚协调推动竹藤国际合作事宜。

4月9—13，宿海颖副研究员赴日本参加中日韩自贸区第十二轮谈判。

4月24—26日，科信所邀请印度林业专家Maharaj Kuthoo来华开展学术交流，探讨中国森林认证制度建设、国际森林认证形势以及森林认证产品政府采购等相关内容，同时还请专家介绍国际森林认证发展状况及存在的问题，为本所承担的森林认证专项经费项目《森林认证体系比较与推广》执行提供宝贵意见和建议。

5月23—30日，科信所承担的《森林认证体系比较与推广》项目组邀请爱沙尼亚生命科学大学Henn Korjus教授来华开展合作交流。

5月30日至6月6日，邓华副研究员随团(国家林业和草原局科技发展中心李明琪巡视员为团长)赴美国和日本进行植物新品种保护测试技术交流。

6月4—10日，陆文明研究员访问日本，并出席6月5日至9日在横滨ITTO总部举行的ITTO项目评审专家组会议。

6月11—18日，胡延杰副研究员随团(中国林科院吕建雄常务副所长为团长)赴加拿大温哥华参加国际林联第五学术部研讨会。本次出访的随员还有中国林科院蒋佳荔副研究员等8人。

6月11—21日，陆文明研究员赴加拿大参加国际林联第五学部(木材科学)大会并开展学术交流，访问加拿大林业科学研究机构，中心合作协议和开展学术交流。此次出访由中国林科院李岩泉副院长带队，随员还有陈晓明研究员、蔡道雄研究员、陈川副处长。

6月18—25日，以陈勇副研究员为团长，率徐斌研究员和陈洁高级工程师赴英国、德国参加查塔姆国际会议并开展学术交流。

6月18—27日，吴水荣研究员访问英国，参加在伦敦和爱丁堡举行的新一代人工林与森林管理经验分享国际研讨会并就相关领域开展学术交流。

6月25日至7月5日，科信所承担的森林认证专项经费项目“森林认证体系比较与推广”执行顺利，特邀请美国农业部林务局 RobrtL. Deal 博士来华访问。

7月2—9日，陆文明研究员访问荷兰，出席7月3日至7日在阿姆斯特丹 CFC 总部举行的 CFC 项目评审咨询委员会第60次会议。

7月13日，中国林科院根据国家林业局《关于王登举任职的通知》，经研究，决定聘任王登举为林业科技信息研究所所长(副司局级)，试用期一年。

7月23—27日，马文君副研究员随团(国家林业局科技发展中心王焕良主任为团长)赴加拿大开展中加林业知识产权高中交流。随员还有局科技发展中心龚玉梅处长。

8月17—23日，宿海颖副研究员赴越南参加 APEC 非法采伐及相关贸易专家组第十二次会议。此次出访由国家林业局亚太森林网络管理中心张忠田副主任任团长，随员还有国家林业局计财司靳涛副处长。

8月24日至9月2日，科信所邀请德国弗赖堡大学森林生长研究所主席、中国林科院外籍科学顾问海因里希施皮克尔(Heinrich Spiecker)教授来华开展多目标经营技术与决策优化合作与培训的报告。

9月7—12日，科信所为本所承担的森林认证专项经费项目“森林认证体系比较与推广”顺利进行，邀请印度林业专家 Waharaj k Muthoo 先生来华开展学术交流。

9月12—21日，陆文明研究员访问捷克、瑞士和德国，开展学术交流并出席国际林联成立125周年大会。

9月17—24日，吴水荣研究员、何友均研究员、谢和生副研究员、程中倩助理研究员随以中国林业科学研究院惠刚盈研究院为团长的代表团赴德国参加国际林业研究组织联盟(IUFRO)125周年大会。他们都在大会主题分会上做了口头学术报告和墙报展示。

9月23日至10月1日，科信所邀请赞比亚林业部 Mercy Mupeta Kandulu 林业官员等6人来华开展国际合作项目研究与交流。

9月23日至10月1日，科信所邀请刚果民主共和国自然资源网络 Jean-Warie Nkanda Yemome 项目经理等9人来华开展国际合作项目研究与交流。

9月23日至10月1日，科信所要去国际环境研究(IIED)开展的“中非森林治理”，邀请非洲利益相关代表，来自刚果民主共和国、喀麦隆、赞比亚和乌干达的国15位国际专家来华开展学习和国际交流。目的是为了非洲利益相关方提供实地学习和经验分享的甲流机会，加深非洲对中国森林经营及木材生产、加工和贸易的了解，意义在于促进中非在森林可持续经验和木材加工方面的合作。

10月10—17日，陈勇副研究员随国家林业局团组赴日本、印度开展为期8天的双边林业贸易与投资磋商。此次出访由国家林业局计财司闫振司长任团长，随员的还有国家林业局计财司孙嘉伟处长、荆涛副处长。

10月22—30日，王登举研究员、陈勇副研究员、徐斌研究员、陈洁高级工程师、李茗助理研究员一行5人赴莫桑比克、赞比亚参加中非森林治理学习平台会议，并就中国—赞比亚林业经贸合作事宜进行交流。

10月23—27日，科信所"森林认证-PEFC对接"项目组为了工作顺利执行，邀请德国森林专家Hannah Sophie Kuhfeld来华开展学术交流。

10月29日至11月1日，科信所"森林认证体系比较与推广"项目组为了工作顺利执行，邀请英国林业专家Loan Ploir Loras教授和George Gabriel Rozoea副研究员、罗马尼亚林业专家Loan Vasile Abrudan教授、捷克林业专家Marusak Robert教授来华开展森林认证和森林可持续经营学术交流。

10月30日至11月3日，谢和生副研究员赴瑞典开展家庭林主协会交流活动。此次出访由国家林业局对外合作项目中心胡元辉同志为团长，随员还有中国林科院王冬高级工程师。

11月12—19日，陆文明研究员赴芬兰赫尔辛基参加2017年PEFC会员大会和PEFC森林认证周活动。

11月26日至12月5日，罗信坚副研究员随以国家林业局亚太森林网络管理中心张忠田副主任为团长的代表团赴秘鲁利马市参加国际热带木材组织理事会(ITTC)第53届会议及委员会联合会议。

12月12—18日，科信所"中国森林认证体系与PEFC的对接以及国际跟踪"项目组为了项目顺利开展，邀请罗马尼亚森林认证专家Gheoghe Lgnea教授和Emilia-Adela Salca副教授来华开展学术交流。

12月14—23日，何友均研究员赴澳大利亚访问，此次出访主要是完成国家自然科学基金"基于植物多功能性状的蒙古栎天然次生林多目标经营研究"项目合同书规定的国际交流活动。

12月15日，根据工作需要，经2017年12月11日科信所党委会议研究，决定聘任周红同志为所党办主任、李林同志为财务处副主任，聘期从2017年12月15日算起，试用期一年。

2018年

1月22—28日，陆文明研究员赴荷兰出席CFC项目评审咨询委员会会议。

2月22—27日，宿海颖副研究员赴巴布亚新几内亚参加APEC非法采伐及相关贸易专家组第十三次会议。

3月28—31日，陈勇副研究员赴越南参加亚太地区木材法案执法交流会，并与越南林业局就中越木材监管机制及木材合法性体系互认工作进行沟通和交流。

6月21—22日，科信所与国家热带木材组织(ITTO)在北京国际会议中心共同主办"全球林产品绿色供应链国际研讨暨领军企业对话会"，协办单位为上海木材行业协会。本次会议有两个主要议题：①全球林产品供需现状及趋势；②全球林产品绿色供应链领军企业对话。与会代表约有100来人，其中有13位外宾。会议总结了全球林产品供需限制及趋势，包括主要森林资源国的森林资源储量、木材供应现状及未来趋势，美国、欧盟国家等主要林产品需求国的林产品需求现状及趋势、林产品未来流行趋势以及中国林产品供需现状及趋势。研讨与利益相关方协作在推动全球林产品绿色制造、绿色流通、绿色消费方面的国际趋势、实现路径和价值及意义。

7 月 1—6 日，陆文明研究员赴荷兰代表中国出席 CFC 项目评审专家咨询委员会会议，评审 CFC 资助的项目。

7 月 2—6 日，李茗助理研究员赴泰国出席在清边市举办的第六届木材合法性保障次区域研讨会，与东盟成员国交流区域和国家层面的木材合法性保障体系和相关政策，分享对中国认可东南亚国家木材合法性的路径研究。

7 月 9—13 日，宿海颖副研究员随国家林业和草原局中俄可持续林业投资合作团组(国家林业和草原局计财司张建民副司长为团长)赴俄罗斯出席为期 3 天的第五次中俄可持续林业投资合作圆桌会议。

8 月 8—14 日，宿海颖副研究员随团(国际林业和草原局计财司付建全处长为团长)赴巴布亚新几内亚首都莫尔兹比港参加 2018 年 APEC 非法采伐及相关贸易专家组第十四次会议。随团还有国家林业和草原局国际司肖望新副处长。

8 月 30 日至 9 月 6 日，陈勇副研究员随团(国家林业和草原局计财司孔明巡视员为团长)赴芬兰恩苏、英国伦敦执行“打击非法采伐国际合作及欧盟木材法案实施磋商”的任务。

9 月 9—14 日，张孝仙助理研究员(任出访团团长)和王鹏助理研究员赴新西兰参加基督城国际林联(IUFRO)举办的“扩展与知识交流会议”。

9 月 23—29 日，校建民副研究员赴喀麦隆参加国际林联举办的“非洲涉林政策研讨会”。

9 月 24 日至 2019 年 9 月 23 日，邓华赴研究员赴美国就农林知识产权保护，特别是植物新品种保护开展博士后学习与研究。

10 月 23—27 日，中国林科院在北京国家会议中心承办“第四届世界人工林大会”，科信所为主要组织单位，该大会主办单位是联合国粮农组织、国家林业和草原局、国际林联。本次会议邀请参加会议的代表均来自各国政府部门、科研机构、高等院校、国际组织、私营企业等知名专家与学者。本次与会代表有 750 人，其中外国专家 80 名。本次大会旨在探究变化背景下人工林对绿色发展的贡献，大会主题包括气候变化背景下人工林的可持续性以及未来人工林在生物资源可持续性、环境保护和绿色发展中的作用。大会也为科学界、社会大众以及政府政策行动提供相互交流的一个平台。

10 月 28 日至 11 月 6 日，科信所“花卉认证”项目组邀请意大利罗马论坛主席 Maharaj Krishen Muthoo 先生来华访问，与项目组成员开展森林可持续经营和森林认证学术交流，帮助项目组更好地执行该项目任务。

10 月 29 日至 11 月 3 日，科信所“中国森林认证体系主要体系文件的修改和完善”项目组为项目顺利执行，邀请摩尔多瓦国家环保中心 Vitalie Gulca 博士来华开展学术交流。

10 月 29 日至 11 月 4 日，科信所“中国森林认证技术规范通用要求”项目组邀请美国农

业部林务局林产品实验室Richard Daniel Bergman博士来华开展森林认证和可持续经营学术交流

10月30—31日，科信所在北京友谊宾馆承办“森林认证国际研讨会”，本研讨会得到国家林业和草原局科技发展中心的支持。协办单位有：国际林业研究中心(CIFOR)、中国森林认证委员会(CFCC)、森林认证体系认可计划(PEFC)、国际林联林产品可持续利用学科组(IUFRO RG)、美国林务局西北太平洋研究院和林产品研究所。本次与会代表有150人，其中外方代表50人，中方代表100人。本次会议主要内容是介绍并研讨PEFC体系及各成员国国家森林认证体系发展及认证现状，研讨森林认证对森林可持续经营、森林生态系统服务功能等的影响及其面临的机遇和挑战，研究森林认证对认证木材和非木质林产品市场及其国际贸易的影响。

11月4—10日，胡延杰研究员赴日本横滨出席第五十四届国际热带木材理事会会议。此次出访由国家林业和草原局亚太森林网络管理中心张忠田副主任带队(团长)，随员还有国家林业和草原局国际合作司肖望新副处长、亚太森林网络管理中心卢茜副处长。

11月13—18日，李茗助理研究员随团(国家林业和草原局规划财务司付建全处长为团长)赴越南出席为期4天的控制非法木材和森林产品跨境贩运区域合作工作组会议。随员还有国家林业和草原局森林公安局柳学军政委、耿永平副研究员。

11月18—25日，国家林业和草原局国际竹藤中心李智勇副主任随团赴葡萄牙、法国开展2019北京世园会宣传招展工作，推进中葡林业人才交流和培养、湿地保护和规划工作。此次出访由国家林业和草原局党组成员谭光明同志带队(团长)，随员还有国家林业和草原局湿地管理司程良巡视员、对外合作项目中心许强副主任、林业调查规划设计院马国青副院长、中国花卉协会张引潮副秘书长。

11月25日至12月4日，以王登举研究员为团长率领何友均研究员、叶兵副研究员、陈勇副研究员赴澳大利亚、新西兰执行学术交流林业生态建设、科技创新和林业政策任务。

当年，党委书记王彪荣获“2015—2017年度中国林科院京区工会优秀职工之友”称号；孙小满荣获“2015—2017年度院京区工会优秀妇女工作干部”称号；张金晓同志荣获“2015—2017年度院京区工会优秀工会积极分子”称号。

2019年

2月19—25日和6月24—27日，校建民副研究员先后赴瑞典和葡萄牙参加FSC联合认证标准修订研讨会。在这两次研讨会中，中国专家被选定为亚洲地区的唯一代表，标志着中国在FSC认证领域处于亚洲领先地位。

4月23—29日，校建民副研究员赴刚果金参加“The forestry sector as an inequality machine? Agents, agreements and global politics of trade and investment in the Congo Basin”项目申报工作。该项目在2019年12月正式得到批准。项目参与方由5家单位：芬兰赫尔辛基大学、德国哥根廷大学、刚果金沙萨大学、喀麦隆雅温得大学和中国林业科学研究院林业科技信息研究所。该项目的启动标志着科信所在国际合作领域的一项重要进展。

8月21—24日，校建民副研究员赴俄罗斯西柏利亚地区开展木材供应链调研工作。本次活动调查了俄罗斯当地的森林经营企业、木材初加工企业、中国林产品贸易企业和木材深加工企业经营状况，并对木材供应链中非法木材的风险进行了初步分析。

9月28日至10月8日，科信所叶兵副研究员(任副团长)、吴水荣研究员、何友均研究员、谢和生副研究员、赵晓迪和高月助理研究员一行6人赴巴西库里蒂市参加第二十五届国际林联(IUFRO)世界大会。本次大会的主题是“促进可持续发展的森林研究与合作”。出席会议的科信所专家先后在大会上作了报告。吴水荣研究员做了题为《近自然多目标森林经营——中国的选择》的口头报告；何友均研究员和叶兵副研究员共同撰写的题为《中国适应和减缓气候变化的林业政策与实践》的论文在大会上由何友均研究员做口头报告；赵晓迪助理研究员做了题为《农户收入与道路要素对森林转型的影响研究》的口头报告；谢和生副研究员在大会上展示了题为《如何为中国当地小规模私有林业选择合适的家庭林业合作组织》的壤报报告；何友均研究员和高月助理研究员共同撰写的题为《天然次生林经营模式对叶功能性状和土壤理化性质的影响》的论文由高月在大会上做壤报报告。

11月11—16日，校建民副研究员赴喀麦隆，对合盛农业(Halcyon)位于喀麦隆的两家大型橡胶种植园开展调研工作。合盛农业注册成立于新加坡，是全球前五大天然橡胶企业。目前，中资公司中化国际已经收购了合盛农业50%以上的股份。本次调查主要目的是了解该企业现在的基本情况，并为中资海外企业履行企业社会责任、提高企业形象方面做出典范。